含1DVD

AutoCAD 2015中文版
入门与提高

李波 冯燕 等编著

机械工业出版社
CHINA MACHINE PRESS

全书分为4篇16章，第1篇（第1～第6章）为二维绘制篇，讲解了AutoCAD的基础知识、二维图形的绘制与编辑、面域与图案填充、精确绘图命令、图层设置、图形编辑命令等；第2篇（第7～第11章）为辅助功能篇，讲解了图形对象的显示控制、文字与表格、尺寸标注、图块与外部参照、设计中心和工具选项板等；第3篇（第12～第13章）为三维绘制篇，讲解了三维图形的绘制与编辑、实体建模等；第4篇（第14～第16章）为综合实战篇，有针对性地给出了机械、建筑和电子电路设计的工程实例，力求提高读者的实战能力。

本书实例丰富、结构清晰、图文并茂，可作为AutoCAD初学者的入门与提高教程，也可供相关大中专或高职高专院校的师生使用，还可供CAD培训机构及在职工作人员学习使用。本书还配有配套多媒体DVD光盘，其中收录了本书的相关素材案例及多媒体视频。

图书在版编目（CIP）数据

AutoCAD 2015 中文版入门与提高/李波等编著. —北京：机械工业出版社，2015.3

ISBN 978-7-111-49460-7

Ⅰ. ①A… Ⅱ. ①李… Ⅲ. ①AutoCAD 软件 Ⅳ. ①TP391.72

中国版本图书馆 CIP 数据核字（2015）第 037595 号

机械工业出版社（北京市百万庄大街 22 号 邮政编码 100037）
策划编辑：崔滋恩 责任编辑：崔滋恩
版式设计：霍永明 责任校对：陈延翔
封面设计：陈 沛 责任印制：李 洋
三河市国英印务有限公司印刷
2015 年 5 月第 1 版第 1 次印刷
184mm×260mm·26.25 印张·711 千字
0001—3000 册
标准书号：ISBN 978-7-111-49460-7
 ISBN 978-7-89405-702-0（光盘）
定价：69.00 元（含 1DVD）

Preface　　　　　　　　　　　　　　前言

　　AutoCAD 软件是美国 Autodesk 公司开发的产品，是目前世界上应用最广泛的 CAD 软件之一。目前，AutoCAD 的最新版本为 AutoCAD 2015，于 2014 年 3 月上市。

读者需求：

　　在当前的计算机时代，如果您想成为一名工程设计人员，AutoCAD 软件的学习和掌握是必需的。我们从以下几点来分析：

　　1）AutoCAD 是一款通用计算机辅助设计软件，具有易于掌握、使用方便、体系结构开放等优点，目前已广泛应用于机械、建筑、电子、航天、造船、石油化工、土木工程、冶金、地质、气象、纺织、轻工、商业等领域。该软件已成为各行各业相关设计人员的首选设计软件。

　　2）AutoCAD 能够绘制二维图形与三维图形、标注尺寸、渲染图形以及打印输出图样，可以说，使用 AutoCAD 软件来进行辅助设计，无所不能，无处不用。

　　3）目前，所有大中专院校都开设有 AutoCAD 这门功课。而通过 AutoCAD 工程师考试认证，更是提高各类工程设计人员的数字化设计能力所必需。

　　4）学好 AutoCAD 软件，除了能应对各项必备工作技能和认证考试之外，还可为我们身边的设计之需提供帮助，如进行自家房屋建筑的设计、家具布置设计、水暖电气设计、家具模型图设计、工厂机械零件的设计与装配等，这些工作既可提高学习的兴趣，又可将其应用到实际生活中。

本书的特点：

　　1）新增功能，一览无余。针对 AutoCAD 2015 中一些新增的功能和命令，在第 1 章的开始部分就单独列出进行讲解。

　　2）知识要点，五步讲解。针对 AutoCAD 的主要工具和命令，按照命令概述、执行方法、操作步骤、命令详解、提示技巧的方式来进行讲解。

　　3）多图组合，步骤编号。为节省版面空间，将多个相关的图形组合编排，并进行步骤编号注释，读者看图即可操作。

　　4）配套光盘，网络互动。在所附 DVD 光盘中提供了本书所涉及的素材、案例、视频等，开通了 QQ 高级群，以便于读者加入并进行网上互动式交流学习。

　　5）上机操作，巩固练习。每章后都设有上机操作环节，操作题目都力求贴近实战，以便于读者对所学知识要点进行巩固掌握。

本书的内容：

　　全书以入门与提高为出发点，由浅入深、循序渐进地对 AutoCAD 2015 软件的使用和应用进行讲解，并配有大量的实例和上机操作，全书共分为 4 篇 16 章。

　　第 1 篇（第 1 ~ 第 6 章）为二维绘制篇，讲解了 AutoCAD 的基础知识、二维图形的绘制与编辑、面域与图案填充、精确绘图命令、图层设置、图形编辑命令等，并通过大量的实例和上机操作进行反复的演练，以使读者全面掌握 AutoCAD 软件的二维绘图功能。

第 2 篇（第 7 ~ 第 11 章）为辅助功能篇，讲解了图形对象的显示控制、文字与表格、尺寸标注、图块与外部参照、设计中心和工具选项板等，使读者所设计的 AutoCAD 图形更加精确、规范。

第 3 篇（第 12 ~ 第 13 章）为三维绘制篇，首先讲解了 AutoCAD 的三维坐标系统、坐标系的建立与设置、视图的控制与动态观察方法；接着讲解了三维网格曲面、基本三维曲面的绘制和三维曲面的编辑方法；最后讲解了基本三维实体的创建、三维实体的布尔运算及特性操作、实体三维操作、特殊视图、编辑实体，以及三维实体的显示形式、贴图、材质与渲染等，使读者能够通过 AutoCAD 软件来创建所需要的三维模型图。

第 4 篇（第 14 ~ 第 16 章）为综合实战篇，首先讲解了机械设计工程实例，包括机械二维视图、机械三维视图、机械零件工程图等的绘制方法；其次讲解了建筑设计工程实例，包括建筑平面图、建筑立面图、建筑剖面图等的绘制方法；最后讲解了电子电路设计工程实例，包括常用电气符号、录音机电路图、车床电气线路图等的绘制方法，力求提高读者的实战能力。

读者对象：

1）AutoCAD 的初学者。

2）相关单位和各个培训机构的学员。

3）计算机辅助设计的爱好者和自学人员。

4）涉及 CAD 技术相关企业的设计人员。

配套光盘：

本书的配套多媒体 DVD 光盘中，包含相关素材案例及多媒体视频。

另外，作者开通了 QQ 高级群（15310023），以开放更多的共享资料，便于读者互动交流和学习。

本书主要由李波编写，参与编写的人员还有冯燕、江玲、王利、刘小红、袁琴、王洪令、刘冰、姜先菊、荆月鹏、李松林、牛姜、陈本春、黄妍、李友等。

感谢您选择了本书，希望我们的努力对您的工作和学习有所帮助，也希望您把对本书的意见和建议告诉我们，我们的电子邮箱是 Helpkj@ 163. com。书中难免有疏漏与不足之处，敬请读者批评指正。

Content 目录

V

第2篇 辅助功能

第 3 篇　三维绘制

第4篇　综合实战

第 1 篇

二维绘制

第1章
AutoCAD 2015入门

🌐 课前导读

AutoCAD 是在 20 世纪中期由美国 Autodesk 公司研发的一款在计算机上运行的交互式绘图软件，也是应用广泛的计算机辅助设计软件之一，被广泛应用于航天、建筑、机械、广告设计等多个领域。AutoCAD 软件利用计算机硬件和软件系统的强大计算功能和其本身的图形处理能力大大地提高了设计人员的绘图效率。而最新出品的 AutoCAD 2015 与老版本软件相比，功能更加强大，界面更友好，命令操作更便捷。

本书主要针对 AutoCAD 2015 软件进行深入系统的学习。在进行系统学习之前，首先要了解 AutoCAD 2015 的操作界面和掌握软件的基础知识。

📖 本章要点

- 掌握 AutoCAD 2015 的新增功能。
- 掌握 AutoCAD 2015 操作界面。
- 掌握绘图环境的设置方法。
- 掌握配置绘图系统的设置。
- 掌握图形文件的管理。
- 掌握 AutoCAD 基本输入操作。
- 上机操作——创建样板文件。

1.1 AutoCAD 2015 的概述与新增功能

AutoCAD 2015（简体中文版）是 Autodesk 公司于 2014 年 3 月推出的最新 CAD 软件，广泛应用于机械设计、电子、服装、建筑设计、室内设计等领域，主要用于二维绘图、详细绘制、设计文档和基本三维设计，现已经成为国际上广为流行的绘图工具。

AutoCAD 2015 分为标准版（常用的版本）、机械版（AutoCAD Mechanical 2015）、电气版（AutoCAD Electrical 2015）、基础版（AutoCAD LT 2015）、建筑版（AutoCAD Architecture 2015）和 3D 机械版（AutoCAD Inventor 2015），专业人士可以用专业版本，普通用户使用 AutoCAD 2015 标准版即可。

AutoCAD 软件随着版本的更新，功能也越来越强大，新版本的 AutoCAD 2015 在老版本基础之上又增加了许多强大的功能，其操作界面也发生了很大变化，从而使系统更加完善，操作起来更加方便快捷。

为尽快使读者了解 AutoCAD 2015 新版本的相关功能，这里从以下几个方面来快速地进行介绍。

1. 新选项卡方面

1）启动 AutoCAD 软件过后，将显示"新选项卡"界面，在其"创建"版块中，用户可以访问样例、最近使用的文档、产品更新通知以及连接社区等界面，如图 1-1 所示。

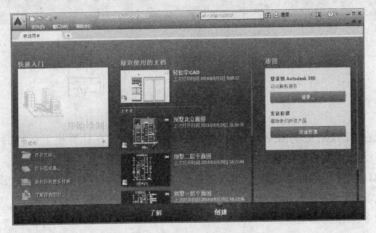

图1-1 "创建"页面

2）在"最近使用的文档"下，可以打开和查看最近使用的图形，还可以将图形固定到列表（改变下排列方式才可以固定），如图 1-2 所示。

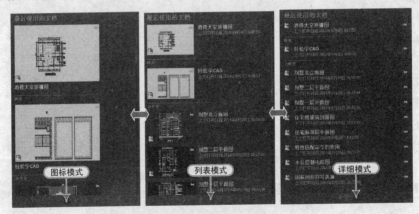

图1-2 最近使用文档的查看

3）在"快速入门"下使用"开始绘制"工具，将从默认样板中开始一个新图形，还可以从样板列表中进行选择，如图 1-3 所示。

4）在"了解"页面中，可以看到入门视频、提示和其他联机学习资源，帮助用户快速学习 AutoCAD 新增功能及其他知识，如图 1-4 所示。

2. 全新的深色主题界面

1）全新的深色主题界面结合了传统的深色模型空间，可最大限度地降低绘图区域和周围工具之间的对比，如图 1-5 所示。

2）状态栏得到了简化，用户可从自定义菜单中选择要显示哪些工具，如图 1-6 所示。

图1-3　开始创建文件

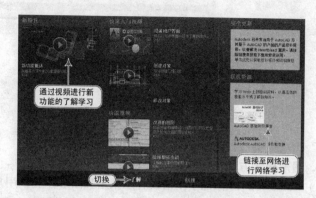

图1-4　通过"了解"学习

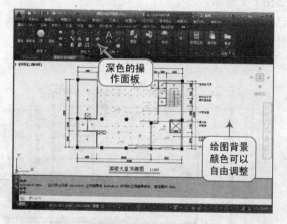

图1-5　面板为深色

图1-6　自定义状态栏

3）状态栏的各种状态，提供了下拉式菜单，方便快速设置相应参数，如图1-7所示。

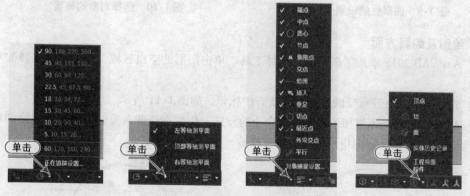

图1-7　状态栏的下拉菜单选择

3. 更人性化的帮助

1）在每个新版本中功能区都会提供附加的上下文选项，可轻松访问相关工具。

2）添加了新的方法可帮助查看所需要的工具，只要单击按钮图标或查找链接，就会显示动态显示的箭头，将用户引导至功能区域的工具，如图1-8所示。

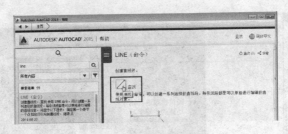

图 1-8　帮助的查找链接

4. 图形显示方面

1）AutoCAD2015 添加了平滑线显示来增强图形体验，用户可以在新的图形性能对话框中启用平滑线显示，诸如直线和圆等对象，以及类似栅格线的工程图附注都具有更平滑的显示。要打开更多视觉增强功能，请打开硬件加速，如图 1-9 所示。

2）在创建和编辑对象时，视觉反馈已得到改善。当选择任意对象时，它的颜色将发生变化，并保持亮显，以清楚地将其标志为选择集的一部分，如图 1-10 所示。

图 1-9　图形性能设置

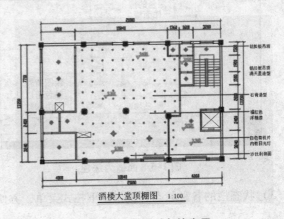

图 1-10　选择对象的亮显

5. 绘图及编辑方面

1）AutoCAD 2015 添加了新的套索选择工具。单击图形的空白区域，并围绕要选择的对象进行拖动。

2）光标被提升为带有反映常用操作状态的标记，如图 1-11 所示。

3）AutoCAD 2015 还添加了常用编辑命令的预览，例如在修剪对象时，将对被删除的对象进行稍暗显示，而且光标标识指示该线段将被修剪，如图 1-12 所示。

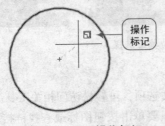

图 1-11　显示操作标记

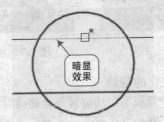

图 1-12　暗显预览

6. 视图方面

1）AutoCAD 2015 中显著增强了模型空间视口，在模型空间中创建了多个视口后，亮蓝色边界会标示活动视口，拖动到边界的边缘来删除另一个视口。通过拖动水平或垂直边界，可以调整任意视口的大小，在拖动边界的同时按住 Ctrl 键可拆分模型空间视口。

2）增强了动态观察工具，使用户可以更好地控制目标点。绿色球形将标记动态目标观察点。关闭"orbitautotarget"（输入命令将系统变量值改为 0）之后，可在处理这些对象时更好地进行控制，用户可以通过单击来指定目标点。

1.2 AutoCAD 2015 操作界面

要想熟练地使用 AutoCAD 2015 软件，首先应掌握进入该软件的方法，然后对其操作界面有一个全方位的了解和掌握。

1.2.1 进入操作界面

进入 AutoCAD 2015 的操作界面，首先必须启动 AutoCAD 2015 软件。当用户计算机安装 AutoCAD 2015软件后，在计算机桌面上会出现一个快捷图标，通过双击该图标可以启动软件。除此之外，在开始菜单中也可以通过找到相应的启动项来启动软件，从而进入 AutoCAD 2015 操作界面。

➢ 通过双击桌面上的快捷图标▲，如图 1-13 所示。

➢ 右击桌面上的 AutoCAD 2015 快捷图标▲，在弹出的快捷菜单中选择"打开"命令，如图 1-14所示。

➢ 通过选择"开始│所有程序│Autodesk│AutoCAD 2015 简体中文"命令，如图 1-15 所示。

图 1-13 双击图标

图 1-14 右击图标

图 1-15 通过"开始"菜单

> **注意** 通常情况下我们采用第一种方法进入 Auto 2015 的操作界面，除以上三种方法外，用户还可以在 AutoCAD 2015 的安装文件中双击 acad. exe 文件启动软件。

1.2.2 熟悉 AutoCAD 2015 的界面

当用户进入 AutoCAD 2015 操作界面后，系统将自动弹出一个如图 1-16 所示的"欢迎"界面。"欢迎"界面由"了解"和"创建"两部分组成。用户可单击下方的"了解"按钮进入 AutoCAD 2015 新功能的学习界面，观看 AutoCAD 2015 视频教程；单击"创建"按钮用户可进入到"文档操作"界面，进行新建、打开以及打开最近文档等操作；还可以通过"连接"选项登录到 Autodesk 360 进行联机服务等操作。

图 1-16 "欢迎"界面

在左侧的"快速入门"选项当中，用户可以通过单击"开始绘制"按钮进入系统操作界面，这时系统将自动打开默认的操作界面——"二维草图与注释"工作空间模式，如图 1-17 所示。

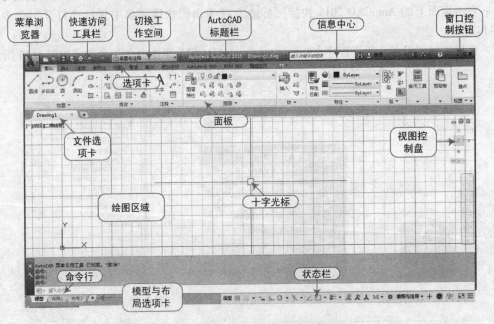

图 1-17 AutoCAD 2015 的操作界面

> **注意** AutoCAD 2015 中有四种工作空间模式："二维草图与注释""三维基础""三维建模"和"AutoCAD 经典"，本书当中以默认的"二维草图与注释"工作空间操作界面来进行讲解。

1. 标题栏

标题栏在窗口的最上侧位置，其从左至右依次为：菜单浏览器、快速访问工具栏、工作空间切换、文件名、搜索栏及窗口控制区域，如图 1-18 所示。

图 1-18 标题栏

➢ "菜单浏览器"：在窗口的左上角的标志按钮 为菜单浏览器，单击该按钮将会出现一个下拉列表，其中包含了文件操作命令，如"新建""打开""保存""打印""输出""发布""另存为""图形实用"工具等常用命令，还包含了"命令搜索栏"和"最近使用过的文档区域"，如图 1-19 所示。

➢ "快速访问工具栏"：主要作用是为了方便用户更快找到并使用这些工具，在 AutoCAD 2015 中，通过直接单击"快速访问工具栏"中的相应命令按钮就可以对一些工具进行设置。

➢ "工作空间切换"：用户可通过单击右侧的下拉按钮，在弹出的组合列表框中，选择不同的工作空间来进行切换，如图 1-20 所示。

➢ "文件名"：当窗口最大化显示时，将显示 AutoCAD 2015 标题名称和图形文件的名称。

➢ "搜索栏"：用户可以根据需要在搜索框内输入相关命令的关键词，并单击 按钮，对相关命令进行搜索。

➢ "窗口控制区域"：用户可以通过窗口控制区域的三个按钮，对当前窗口进行最小化、最大化、还原和关闭的操作，如图 1-21 所示。

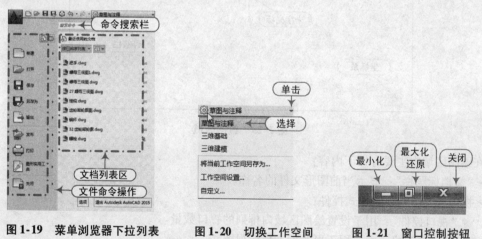

图 1-19 菜单浏览器下拉列表   **图 1-20 切换工作空间**   **图 1-21 窗口控制按钮**

> 注意　在"快速访问工具栏"中，单击"自定义访问工具 "按钮就可以把需要的工具显示出来，如果单击"打印预览"在"快速访问工具栏"中就会出现"打印和预览"的快捷按钮 ，单击"显示菜单栏"就会显示"菜单栏"。如果再次单击该按钮，就会隐藏已显示的快捷按钮。

2. 选项卡

在标题栏下方区域为选项卡区域，AutoCAD 2015 将各个工具按其类型划分在不同的选项卡中，而每个选项卡下包含了多个工具面板，用户可直接单击工具面板上的相关工具按钮即可执行相应命令，如图 1-22 所示。

图 1-22 功能区

3. 绘图区域

在操作界面中间最大的空白区域为图形区域，也称绘图区域，它是用户绘制和编辑图形的地方，如图 1-23 所示。

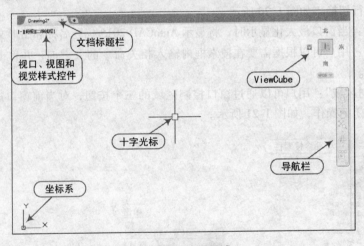

图 1-23 绘图区域

在绘图区域中主要有如下内容：

➢"文档标题栏"：显示当前图形文件的名称。

➢视口、视图和视觉样式控件：

◆"视口控件"：用于设置绘图区域内排列的视口数量。

◆"视图控件"：主要用于更改标准预设视图。

◆"视觉样式控件"：用于更改模型显示样式。

➢"十字光标"：由两条相交的十字线和小方框组成，用来显示鼠标指针相对于图形中其他对象的位置和拾取图形对象。

➢"ViewCube"：是一个可以在模型的标准视图和等轴测视图之间进行切换的工具。

➢"导航栏"：在"导航栏"中，可以在不同的导航工具之间切换，并可以更改模型的视图。

4. 命令窗口

命令窗口位于绘图区域下方，如图 1-24 所示，其主要由以下两部分组成：

➢ "命令行": 输入相应的命令字符, 显示当前执行的命令以及命令提示。
➢ "历史命令区": 执行命令后, 显示系统反馈的相应命令信息。

图 1-24 命令窗口

> 注意 在 AutoCAD 中, 命令行中的 [ ] 的内容表示各种可选项, 各选项之间用/隔开, < > 符号中的值为程序默认值, 如图 1-24 所示, 用户可以用鼠标单击选项或输入相应的字符来进行下一步操作。

5. 状态栏

屏幕最下端为状态栏, 用于显示 AutoCAD 当前的状态, 如当前的工作空间、坐标、命令和按钮的说明等, 如图 1-25 所示。

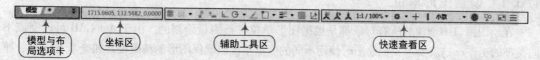

图 1-25 状态栏

在 AutoCAD 2015 中, 状态栏根据显示内容不同被划分为以下几个区域:
➢ "模型"与"布局"空间:
◆ "模型空间": 此空间为默认设置下的绘图空间, 在该空间中, 用户可以按任意比例绘制图形, 并确定图形的测量单位。
◆ "布局空间": 主要用于安排在模型空间绘制的图形的各种视口, 以及添加标题栏、边框、尺寸标注等内容, 然后打印输出图形。

> 注意 在模型与布局选项卡中, 用户可单击 " + " 按钮新建布局空间, 单击右侧的 下拉按钮, 可以在模型与布局空间之间进行切换。

➢ "坐标区": 在绘图窗口中移动光标时, 状态行的 "坐标区" 将动态地显示当前坐标值。
➢ "辅助工具区": 主要用于设置一些辅助绘图功能, 比如设置点的捕捉方式、设置正交绘图模式、控制栅格显示等, 如图 1-26 所示。

图 1-26 辅助功能区

➢ "快速查看区": 其包含显示注释对象、注释比例、切换工作空间、当前图形单位、全屏显示等按钮, 如图 1-27 所示。

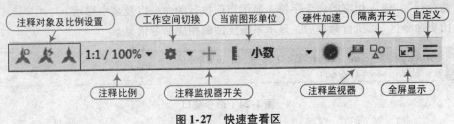

图 1-27　快速查看区

1.3　设置绘图环境

　　用户在绘制图形之前，首先要对绘图环境进行设置。它是绘图的第一步，任何正式的工程绘图都必须从绘图环境设置开始。比如在机械制图中，设计人员首先要根据机械图形的精密程度进行图形单位的设置，然后才能根据机械零件的大小进行图形界限的设置。

1.3.1　设置图形单位

　　在绘图窗口中创建的所有对象都是根据图形单位进行测量绘制的。由于 AutoCAD 可以完成不同类型的工作，这就要求我们绘图时使用不同的度量单位以确保图形的精确度，如毫米（mm）、厘米（cm）、分米（dm）、米（m）、千米（km）等。在工程制图中最常用的是毫米（mm）。

　　在 AutoCAD 中，用户可以通过以下两种方法来设置图形单位：

➢ 选择"格式丨单位"菜单命令。

➢ 在命令行中输入"UNITS"命令（其快捷键为"UN"）。

　　当执行"单位"命令之后，系统将弹出"图形单位"对话框，如图 1-28 所示，用户可以根据自己的需要对长度类型、角度类型、精度及方向进行设置。

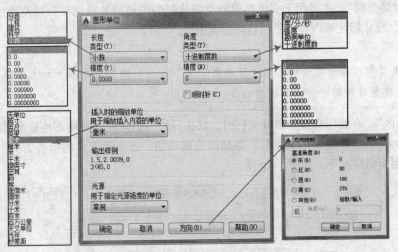

图 1-28　"图形单位"对话框

> **注意**　通常情况下，系统默认的正角度方向为逆时针，如果勾选了"图形单位"对话框中的"顺时针"复选框，那么系统将以顺时针方向计算角度值。所以一般情况下，该选项不勾选。

1.3.2　设置图形界限

设置图形界限就是设置 AutoCAD 2015 绘图区域的图样幅面，相当于手工绘图时选择纸张的大小。

在 AutoCAD 中，用户可以通过以下两种方法来设置图形界限：

➢ 选择"格式│图形界限"菜单命令。

➢ 在命令行中输入"LIMITS"命令（其快捷键为"LIM"）。

执行图形界限命令之后，在命令行中提示指定图形界限的左下角（默认为坐标原点）和右上角坐标，用户可根据需要输入相应的坐标值确定图样幅面范围。

下面以设置 A4 幅面大小的图形界限为例，其操作步骤如下：

步骤 1 ▶ 执行"格式│图形界限"菜单命令。

步骤 2 ▶ 在命令行中输入图形界限的左下角点（0，0），按回车键确定。

步骤 3 ▶ 在命令行中输入图形界限的右上角点（297，210），按回车键确定，其命令行提示如下：

命令：LIMITS　　　　　　　　　　　　　　　　　　\\ 执行"图形界限"命令
重新设置模型空间界限：
指定左下角点或［开(ON)/关(OFF)］<0.0000,0.0000>：0,0　\\ 输入左下角点坐标值
指定右上角点 <420.0000,297.0000>：297,210　　　　　\\ 设置横向的图样幅面大小

步骤 4 ▶ 为了使所设置的 A4 图样幅面显示出来，这时用户可以按键盘上的 F7 键或单击状态栏中的"栅格显示"按钮▦，打开"栅格显示"模式，查看图形界限设置效果，如图 1-29 所示。

> **注意**　如用户设置好图样界限并打开栅格显示后，屏幕上显示的是满屏的栅格效果，这时用户可以执行"草图设置（SE）"命令来打开"草图设置"对话框，在"捕捉和栅格"选项卡中取消"显示超出界限的栅格"复选框，如图 1-30 所示，设置完成后就会显示图形界限设置后的效果了。

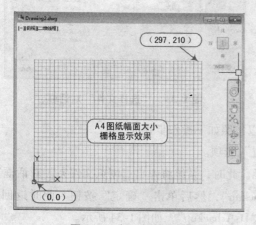

图 1-29　打开栅格显示

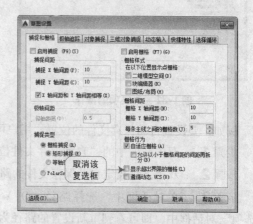

图 1-30　取消超出界限的栅格显示

1.4 配置绘图系统

绘图环境设置完成后，用户还需对绘图系统进行相应的配置，配置绘图系统是通过"选项"对话框来实现的。用户可以通过以下三种方法打开"选项"对话框：

➤ 在菜单栏中，选择"工具│选项"菜单命令。

➤ 在绘图区域单击鼠标右键，在弹出的快捷菜单中选择"选项"命令。

➤ 在命令行中输入"OPTIONS"（其快捷键为"OP"）。

执行"选项"命令之后，系统将自动弹出选项对话框，其中包含"文件""显示""打开和保存""绘图""选择集"等多个选项卡，如图 1-31 所示，本节内容将针对一些主要的选项进行详解。

图 1-31 "选项"对话框

1.4.1 文件的设置

在"选项"对话框的"文件"选项卡中，用户可以进行文件的相应设置。"文件"选项主要用于确定系统搜索支持文件，驱动程序文件、菜单文件和文件的自动保存设置。

在左侧的"搜索路径、文件名和文件位置"列表区中，用户可以根据需要来设置不同文件的位置。单击"+"按钮即可展开该选项，从而查看当前选项所在的文件路径，如图 1-32 所示。双击该文件路径，或单击右侧的"浏览"按钮，即可打开"选择文件"对话框，从而重新设置新的路径和文件，然后单击"打开"按钮，如图 1-33 所示。

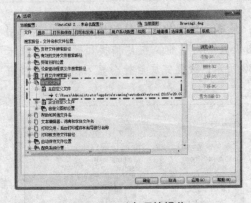

图 1-32 列表项的操作

图 1-33 "选择文件"对话框

例如，要设置自动保存文件的位置，用户可以按照如下操作步骤进行。

步骤 1 ▶ 双击选项中的"自动保存文件位置"选项。

步骤 2 ▶ 双击下级指定自动保存文件的路径。此时，系统将弹出"浏览文件夹"对话框。

步骤 3 ▶ 在对话框中，选择路径"D:\ backup"，然后单击"确定"按钮。此时返回到"选项"对话框中，即可看到重新设置的路径为"D:\ backup"，如图 1-34 所示。

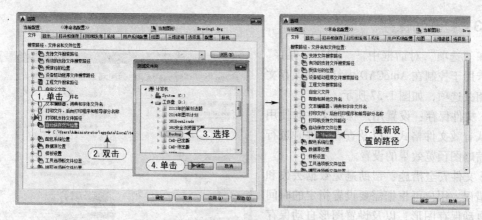

图 1-34　重新设置路径的操作

1.4.2　显示的设置

在"选项"对话框的"显示"选项卡中，可设置窗口元素、显示精度、显示性能、十字光标大小和参照编辑的颜色等，如图 1-35 所示。

在"显示"选项卡中，各主要选项的含义如下：

➢ 窗口元素：可以对 AutoCAD 当前窗口的各个窗口元素进行设置，如单击窗口元素的配色方案可对图形窗口颜色进行设置，如图 1-36 所示。

➢ 布局元素：用于控制当前绘图窗口的显示元素。

➢ 显示精度：用于设置圆弧和圆的平滑度，以及每条多段线曲线的线段数量等。

➢ 十字光标大小：用于控制当前绘图过程中鼠标指针的大小。

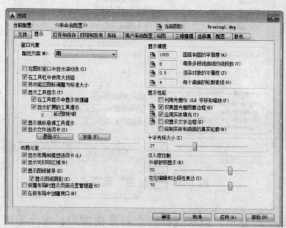

图 1-35　"显示"选项卡

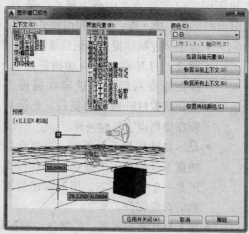

图 1-36　"图形窗口颜色"对话框

> **注意**　在"显示"选项卡中，用户还可以根据日常绘图习惯，单击并拖动"十字光标大小"选项中的滑动块按钮，或在文本框中输入相应数值（数值为 1~100），对十字光标大小的进行调节。

1.4.3 打开和保存

在"选项"对话框中，"打开和保存"选项卡用于控制在 AutoCAD 中打开和保存文件的相关选项，如图 1-37 所示。

➢ 文件保存：设置用户保存文件时使用的默认有效文件格式，以及查看文件时进行相关缩略图预览效果的设置。

➢ 文件安全措施：帮助避免数据丢失和检测错误。用户可根据需要设置指定的时间间隔自动保存图形，以及设置图形自动保存的位置。

➢ 文件打开：设置文件打开时显示的最近使用该文件数量。

➢ 外部参照：指定在保存图形时是否创建图形的备份副本。

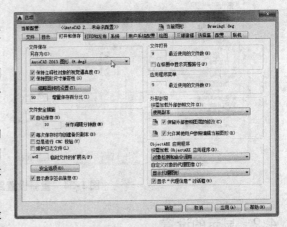

图 1-37 "打开和保存"选项卡

1.4.4 绘图的设置

在"选项"对话框中，"绘图"选项卡用于设置对象草图设置的相关参数，如自动捕捉、自动追踪和靶框大小等，如图 1-38 所示。

➢ 自动捕捉设置：控制与对象捕捉的相关设置。通过对象捕捉，用户可以精确定位点和平面，包含端点、中点、圆心、节点、象限点、交点、插入点、垂足和切点平面等。

◆ 标记：控制捕捉点标记的显示。

◆ 磁吸：打开或关闭自动捕捉磁吸。捕捉磁吸帮助靶框锁定在捕捉点上，就像打开栅格捕捉后，光标只能在栅格点上移动一样。

◆ 显示自动捕捉工具提示：控制自动捕捉工具栏提示的显示。工具栏提示是一个文字标志，用来描述捕捉到的对象部分。

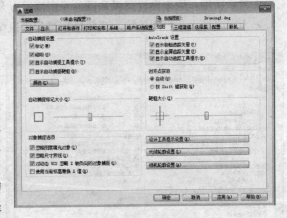

图 1-38 "绘图"选项卡

◆ 显示自动捕捉靶框：控制自动捕捉靶框的显示。当您选择一个对象捕捉时，在十字光标中将出现一个方框，这就是靶框。

◆ 颜色：指定自动捕捉标记的颜色。

➢ 自动捕捉标记大小：设置自动追踪标记的显示尺寸。

➢ 靶框大小：靶框的大小控制捕捉的范围，靶框越大其锁定的距离越长，也就是说，较远的距离就能够捕捉到点；如果靶框比较小的话，那么靶框距离目标点很近才能捕捉到点，如图 1-39 所示。

➢ 对象捕捉选项：

◆ 忽略图案填充对象：指定是否可以捕捉到图案填充对象。

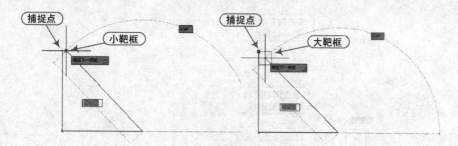

图1-39 框把大小的对比

- ◆ 忽略尺寸界线：指定是否可以捕捉到尺寸界线。
- ◆ 使用当前标高替换 Z 值：指定对象捕捉忽略对象捕捉位置的 Z 值，并使用为当前 UCS 设置的标高的 Z 值，在二维绘图中不可用。
- ◆ 对动态 UCS 忽略 Z 值负向的对象捕捉：指定使用动态 UCS 期间对象捕捉忽略具有负 Z 值的几何体，在二维绘图中不可用。

> 注意
>
> 靶框的大小控制捕捉的范围，靶框越大其锁定的距离越长，也就是说，较远的距离就能够捕捉到点；如果靶框比较小的话，那么靶框距离目标点很近才能捕捉到点。

1.4.5 选择集的设置

在"选项"对话框中，"选择集"选项卡用于控制与对象选择方法相关的设置，如拾取框大小、选择集模式、夹点大小、夹点颜色等，如图1-40 所示。

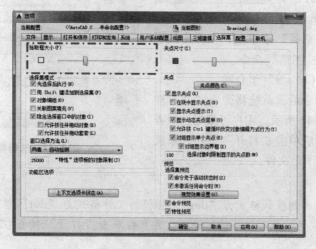

图1-40 选择集选项卡

➢ 拾取框大小：拾取框是在编辑命令中出现的对象选择工具，单击并拖动滑动块按钮，用户即可以像素为单位设置对象选择目标的高度，如图1-41 所示。

➢ 选择集模式：控制与对象选择方法相关的设置。

➢ 夹点尺寸：用户单击滑动块按钮，即可以像素为单位设置夹点框的大小。

➢ 夹点颜色：显示"夹点颜色"对话框，可以在其中指定不同夹点状态和元素的颜色。

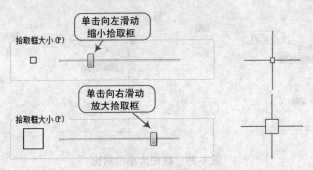

图 1-41　拾取框的操作

1.5　图形文件管理

用户要保留自己的工作成果，就必须将绘制的图形进行保存，这就需要用户对图形文件进行管理操作。图形文件的管理操作主要包括以下几个内容：新建文件、打开现有图形文件、保存文件和关闭文件及退出图形文件操作等。

1.5.1　新建文件

新建 AutoCAD 图形文件的方式有四种：

➤ 软件启动后自动新建一个文件，且新建文件的默认名称为 Drawing1. dwg。

➤ 单击"快速工具栏" ▭▭▯▊▊▊▊▩▩·▵· 中的"新建"按钮▯。

➤ 单击"菜单浏览器"按钮▲，在弹出的下拉列表中选择"新建｜图形"命令。

➤ 按键盘上的"Ctrl + N"组合键。

执行"新建"命令后，系统将弹出"选择样板"对话框，如图 1-42 所示。用户可根据绘图需要选择样板文件，然后单击"打开"按钮，系统将以此样板创建新的图形文件。

图 1-42　选择样板文件

> 注意　AutoCAD 文件的默认格式为"dwg"，样板的文件格式为"dwt"格式，用户可以根据样板文件创建图形文件，也可以不通过样板文件直接单击"打开"按钮右侧的下拉按钮选择"无样板打开"。

1.5.2　打开文件

在 AutoCAD 中，若图形已经完成并要对其进行修改，此时需要打开已有的图形文件，打开图形文件有以下三种方法：

➤ 通过单击"快速工具栏"中的"打开"按钮▱。

➤ 单击"菜单浏览器"按钮▉，在弹出的快捷菜单中选择"打开｜图形"菜单命令。

➢ "命令行"中输入"OPEN"或按"Ctrl + N"组合键。

通过执行以上操作，系统将弹出"选择文件"对话框，如图 1-43 所示。用户可以在"文件类型"选项下拉列表中，选择文件的格式，如 dwg、dws、dxf、dwt 等。在"查找范围"下拉列表中，用户可选择文件路径和要打开的文件名称，最后单击"打开"按钮即可打开选中的图形文件。

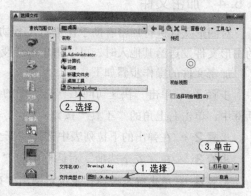

图 1-43　打开文件

1.5.3　保存文件

用户在进行 AutoCAD 绘图过程中或者在绘图完成时，需要对图形文件进行保存或者另存图形的操作，这样做是为了防止绘图过程中意外丢失图形文件。

执行"保存"命令主要有以下四种方法：

➢ 单击"快速工具栏"中的"保存"按钮 █。
➢ 单击"菜单浏览器" ▲，在弹出的快捷菜单中单击"保存"按钮 █。
➢ 在"菜单栏"中，选择"文件 | 保存"命令。
➢ 按键盘上的"Ctrl + S"组合键。

执行"保存"命令后，系统将弹出"图形另存为"的对话框，用户可以在弹出的对话框中设置图形文件的保存类型以及路径，其操作步骤如下：

步骤 1 ▶ 在弹出的"另存为"对话框中指定文件保存路径。

步骤 2 ▶ 在"文件类型"下拉列表中选择文件的保存格式。

步骤 3 ▶ 在"文件名"文本框中输入图形文件的名称。

步骤 4 ▶ 单击"保存"按钮 █，对文件进行保存，如图 1-44 所示。

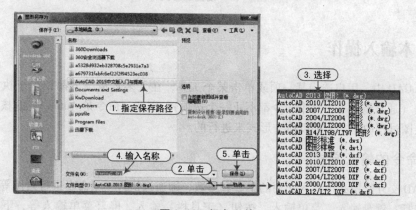

图 1-44　保存文件

> **注意**　如果用户首次对文件进行保存后再次执行保存命令，系统将不会弹出"图形另存为"对话框，而是在原有的文件基础上进行保存；如用户想将该文件保存为另一个图形文件，可单击快速工具栏当中的"另存为" █ 按钮，这时系统会再次弹出"图形另存为"对话框。

1.5.4 加密文件

对图形文件进行加密有助于在进行工程协作时确保图形数据的安全。尤其是将附加了密码的图形文件发送给其他人时，可以防止未经授权的人员对其进行查看。

加密文件的操作步骤如下：

步骤 1 ▶ 单击"快速访问工具栏"中的"另存为"按钮 🖫，在弹出的"图形另存为"对话框中，单击右上角的"工具"按钮。

步骤 2 ▶ 在弹出的下拉列表中选择"安全选项"，系统将会弹出"安全选项"对话框。

步骤 3 ▶ 在"安全选项"对话框中的"密码"文本框中输入密码。

步骤 4 ▶ 单击确定按钮，系统将弹出"确认密码"对话框。

步骤 5 ▶ 在"确认密码"对话框的"确认密码"文本框中再次输入上次输入的密码。

步骤 6 ▶ 单击"确定"按钮，完成图形文件的加密操作，如图 1-45 所示。

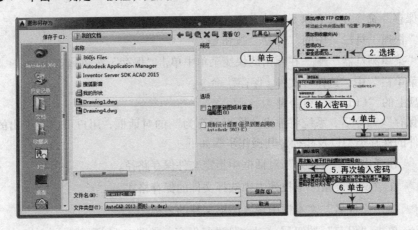

图 1-45 设置加密文件

1.6 基本输入操作

在 AutoCAD 中，用户选择某一项或单击某个工具，在大多数情况下都相当于执行了一个带选项的命令（通常情况下，每个命令都不止一个选项）。因此，命令是 AutoCAD 的核心，在利用 AutoCAD 绘图过程中基本上都以命令形式来进行的。

1.6.1 命令的输入方式

AutoCAD 交互绘图必须输入必要的指令和参数，即通过执行一项命令进行绘图等操作。命令输入方式包括：键盘输入、菜单输入、按钮（工具栏）输入、屏幕菜单输入等，下面我们对其中常用的三种命令输入方式进行讲解。

1. 使用菜单栏输入命令

通过鼠标左键在主菜单中单击下拉菜单，再移动到相应的菜单条上单击对应的命令。如果有下一级子菜单，则移动到菜单条后略微停顿，系统自动弹出下一级子菜单，这时移动光标到子菜单对应的命令上单击即可执行相应操作，如图 1-46 所示。

> **注意** 通过"菜单栏"执行命令时，菜单中带有符号 ▶ 的选项，表示打开含有子菜单；如菜单中带有省略符号"…"，表示单击后会打开对话框；如菜单中显示灰色，则表示当前条件下该命令不可用。

2. 使用工具栏和面板输入命令

工具栏由表示各个命令的图标组成。单击工具栏中的相应图标可以调用相应的命令，如图1-47所示。用户也可在面板中单击某个命令，或单击带有下拉符号 ˇ 的命令按钮，选择执行该按钮选项下的相应命令，如图1-48所示。

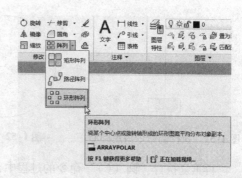

图1-46 执行子菜单命令　　**图1-47 工具栏输入命令**　　　**图1-48 命令下拉按钮**

3. 使用快捷命令

在 AutoCAD 中，用户可以通过在命令行直接输入命令的方式执行相应命令。例如，要通过命令行执行"直线（L）"命令，其操作步骤如下：

步骤1 ▶ 在命令行中输入"直线（L）"命令快捷键大写字母"L"，命令行将显示该命令以及与之相关的命令，如图1-49所示。

步骤2 ▶ 按键盘上的空格键或"Enter"键，即可激活"直线"命令。

步骤3 ▶ 命令行将出现相应的命令提示，如图1-50所示。

步骤4 ▶ 根据命令行提示用户可在屏幕上指定点，绘制直线。

图1-49 输入"直线"命令快捷键

图1-50 命令行提示

1.6.2 重复、撤销、重做

为了使绘图更加方便快捷，AutoCAD 提供了"重复""撤销""重做"命令。有了这些命令，用户在绘图过程中如出现失误就可以使用重做和撤销来返回到某一操作步骤中了。

1. 重复

重复命令是指执行完一个命令之后，在没有进行任何其他命令操作的前提下再次执行该命令。此时，用户不需要重新输入该命令，直接按空格键或"Enter"键即可重复命令。

以重复执行圆命令为例，其操作步骤如下：

步骤 **1** ▶ 执行"圆（C）"命令，然后在绘图区单击一点指定圆的圆心，如图 1-51 所示。

步骤 **2** ▶ 输入圆的半径值为 200，完成圆的绘制，如图 1-52 所示。

步骤 **3** ▶ 按空格键重复"圆（C）"命令，提示再次绘制圆以指定新圆圆心，如图 1-53 所示。

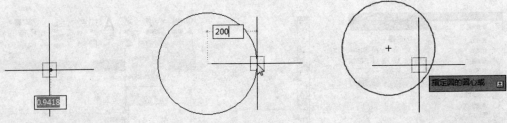

图 1-51　执行圆命令指定圆心　　图 1-52　指定圆的半径　　图 1-53　再次执行圆命令

再重复执行"圆（C）"命令的过程中，命令行将出现如下提示：

```
命令:C
指定圆的圆心或［三点(3P)/两点(2P)/切点、切点、半径(T)］:
指定圆的半径或［直径(D)］<562.9071>:200
命令:CIRCLE
指定圆的圆心或［三点(3P)/两点(2P)/切点、切点、半径(T)］:
```

2. 撤销

在绘图过程中，如果执行了错误的操作，这时就要返回到上一步的操作。在 AutoCAD 中可以通过以下四种方式执行"撤销"命令：

➢ 在"快速工具栏"中单击"撤销"按钮 。

➢ 执行"编辑｜放弃"菜单命令。

➢ 在命令行中输入快捷键"U"。

➢ 按键盘上的"Ctrl + Z"组合键。

执行一次"撤销"命令只能撤销一个操作步骤，若想一次撤销多个步骤，用户可以通过单击"快速工具栏"中"撤销"按钮右侧的下拉按钮 ，选择需要撤销的命令，执行多步撤销操作，如图 1-54 所示。

注意 用户还可以直接在命令行中执行命令输入"UNDO"，然后根据提示进行相应设置，输入要撤销的操作数目，进行多步骤撤销操作。用户如只是撤销当前正在执行的操作，可直接通过按键盘上的"Esc"键终止该命令。

3. 重做

"重做"命令就是取消或放弃单个操作的效果。在 AutoCAD 中，用户可以通过以下四种方式来执行"重做"命令。

➢ 在"快速工具栏"中单击"重做"按钮 ⌒。

➢ 在菜单栏中，选择"编辑 | 重做"菜单命令。

➢ 在命令行中输入快捷命令"REDO"。

➢ 按键盘上的"Ctrl + Y"组合键。

想要一次性重做多个步骤，用户可单击"快速工具栏"中"重做"命令按钮右侧的下拉按钮，选择步骤进行多步骤重做，如图 1-55 所示。

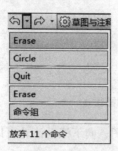

图 1-54 选择撤销几步   图 1-55 多步重做

 "重做（REDO）"命令要在"放弃（UNDO）"命令之后才能执行。

1.6.3 透明命令

在 AutoCAD 中，一些命令可以在执行其他命令过程中执行，这种命令被称为透明命令。当透明命令完成后，原命令将继续执行其常规操作。通常透明命令多为修改图形设置的命令，以及绘图附加工具命令，如"缩放""平移"等。

下面以绘制矩形过程中执行"平移"命令为例进行介绍，其操作步骤如下：

步骤 1 ▶ 在"绘图"工具栏中单击"矩形"按钮 □。

步骤 2 ▶ 用鼠标左键在绘图区域内任意拾取一点作为矩形的左下角点。

步骤 3 ▶ 在确定矩形的右上角点之前，单击鼠标右键，在弹出的下拉列表中选择"实时平移"命令。

步骤 4 ▶ 此时，鼠标变成 ✋ 形状，按住鼠标左键进行拖动，即可对视图进行平移。

步骤 5 ▶ 按"Esc"键终止"实时平移"命令，系统提示用户继续确定矩形的右上角点，暂时中断的矩形命令恢复执行。如图 1-56 所示。

1.6.4 命令执行方式

AutoCAD 中命令的执行方式有两种，一种是鼠标操作，另一种是键盘操作。

➢ 使用鼠标执行命令：鼠标在绘图区域以十字光标的形式显示，在选项板、功能区、对话框等区域中，则以箭头显示。我们可以通过单击或者拖动鼠标来执行相应命令的操作。利用鼠标左键、右键、中键（滚轮）可以进行如下操作：

◆ 鼠标左键：通常用于单击命令按钮、指定点、选择对象等。

◆ 鼠标右键：在绘图区内单击右键将弹出一个快捷菜单，选择菜单里的选项，可以执行相应的命令，如确认、取消、放弃、重复上一步操作等。

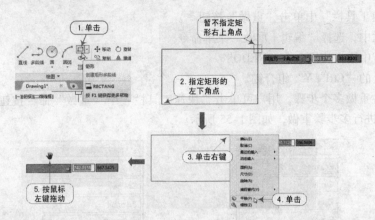

图 1-56 透明命令的操作

◆ 鼠标中键（滚轮）：向上滚动滚轮可以放大视图；向下滚动滚轮可以缩小视图；按住鼠标滚轮，拖动鼠标可以平移视图。

➢ 使用键盘执行命令：在 AutoCAD 中，执行命令最常用的方法为键盘操作。使用键盘可以快速地在命令行中输入命令、系统变量、文本对象、数值参数、点坐标等。

> **注意** 在执行绘图命令过程中，按住"shift"键同时单击鼠标右键，将会弹出一个快速捕捉点的快捷菜单，用户可以单击捕捉点进行临时捕捉。

1.6.5 按键定义

在 AutoCAD 2015 中，除了可以通过命令行输入命令、单击工具栏按钮或选择菜单栏中的各选项来执行外，还可以通过使用键盘上的一组或单个按键来实现指定功能。例如，按键盘上的"F1"键，即可打开 AutoCAD 帮助对话框；按键盘上的"Ctrl＋C"组合键，即可执行复制命令。

另外，有些快捷键在 AutoCAD 的菜单中已经指出，用户在执行相应菜单命令时即可看到相关命令的说明。熟练掌握这些快捷按键，可大大提高绘图效率。

1.6.6 坐标系统与数据输入法

用户在绘图过程中，使用坐标系作为参照，可以精确定位某个对象，以便精确地拾取点的位置。AutoCAD 的坐标系提供了精确绘制图形的方法，利用坐标值（X，Y，Z）可以精确地表示具体的点。用户可以通过输入不同的坐标值，来进行图形的精确绘制。

1. 认识坐标系统

在 AutoCAD 坐标系统分为世界坐标系（WCS）和用户坐标系（UCS）两种。

➢ 世界坐标系（WCS）。它是系统默认的坐标系，由三个相互垂直并相交的坐标轴 X、Y、Z 组成（二维图形中，由轴 X、Y 组成），如图 1-57 所示。Z 轴正方向垂直于屏幕，指向用户。世界坐标轴的交汇处显示方形标记。

➢ 用户坐标系（UCS）。AutoCAD 提供了可改变坐标原点和坐标方向的坐标系，即用户坐标系在用户坐标系中，原点可以是任意数值，可以是任意角度，由绘图者根据需要确定。默认情况下的用户坐标系，如图 1-58 所示，用户坐标轴的交汇处没有方形标记，用户可执行"工具│新建 UCS"菜单命令创建用户坐标系，如图 1-59 所示。

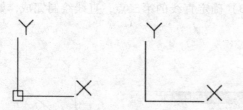

图 1-57　世界坐标系　　　图 1-58　用户坐标系　　　图 1-59　"新建 UCS"

2. 坐标的表示方法

在 AutoCAD 中，点坐标可以用直角坐标、极坐标、球面坐标和柱形坐标来表示，其中，直角坐标和极坐标为 CAD 中最为常见的坐标表示方法。

➤ **直角坐标法**：直角坐标法是利用 X、Y、Z 值表示坐标的方法。其表示方法为（X，Y，Z），在二维图形中，Z 坐标默认为 0，用户只需输入（X，Y）坐标即可。例如，在命令行中输入点的坐标（5，3），则表示该点沿 X 轴正方向的长度为 5，沿 Y 轴正方向的长度为 3，如图 1-60 所示。

➤ **极坐标法**：极坐标法是用长度和角度表示坐标的方法，其只用于表示二维点的坐标。极坐标表示方法为（L<α），其中"L"表示点与原点的距离（L>0），"α"表示连线与极轴的夹角（极轴的方向为水平向右，逆时针方向为正），"<"表示角度符号。例如某点的极坐标为（5<30），表示该点距离极点的长度为 5，与水平方向的角度为 30°，如图 1-61 所示。

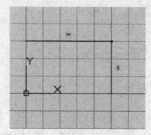

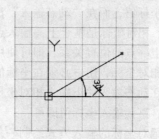

图 1-60　直角坐标系　　　　　　图 1-61　极坐标系

3. 数据输入方法

在 AutoCAD 中，坐标值需要通过数据的方式进行输入，其输入方法主要有两种：静态输入和动态输入。

➤ **静态输入**：指在命令行直接输入坐标值的方法。"静态输入"可直接输入绝对直角坐标（X，Y）、绝对极坐标（X<α）。如果输入相对坐标，则需在坐标值前加@前缀。

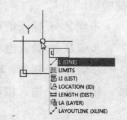

➤ **动态输入**：单击"状态栏"中的"动态输入"按钮 ，即可打开或关闭动态输入功能。"动态输入"可直接输入相对直角坐标值（X，Y）、相对极坐标值（Y<α）。如输入绝对坐标，则需在坐标前加#前缀。例如，在动态输入法下绘制直线，其操作步骤如下：

图 1-62　确定第一点

步骤 **1** ▶ 输入"直线"命令的快捷键"L"，鼠标右下角将弹出与直线命令有关的相应命令，如图 1-62 所示。

步骤 **2** ▶ 按空格键激活"直线"命令，鼠标右下角提示输入坐标值，如图 1-63 所示。

步骤 **3** ▶ 根据提示输入绝对坐标值（#2，1），确定直线的第一点，如图 1-64 所示。

步骤 **4** ▶ 接着，输入相对坐标值（4，3）确定直线的第二点，直线绘制完成，如图 1-65 所示。

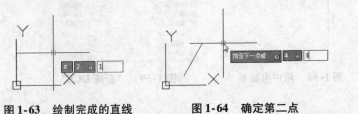

图 1-63 绘制完成的直线　　　　图 1-64 确定第二点　　　　图 1-65 绘制完成的直线

> 注意　启动"动态输入"模式，动态输入按钮将亮显，同时鼠标光标右下角会出现相应提示，用户可根据相应的提示进行下一步操作。

4. 绝对坐标与相对坐标

坐标输入方式有两种：绝对坐标和相对坐标。

➤ 绝对坐标：是相对于当前坐标系坐标原点（0，0）的坐标。已知某一点坐标精确的 X 和 Y 值时，用户即可利用绝对坐标绘制图形。如果用户启用"动态输入"方法输入坐标值，则必须在坐标值前加"#"前缀来指定绝对坐标。例如，输入绝对坐标（3，4），在静态输入法下可在命令行直接输入其坐标值，而在"动态输入"法下则需输入（#3，4）。

➤ 相对坐标：相对坐标是基于上一输入点的坐标。如果已知某一点与上一点的位置关系，即可使用相对坐标绘制图形。要指定相对坐标，用户必须在坐标值前添加一个 @ 符号。如用户在动态输入法下输入相对坐标值，则可以不用添加@ 符号，直接输入坐标值即可。

下面将利用绝对坐标的输入方式绘制一条直线段，接着再利用相对坐标的方法绘制两条线段，从而绘制一个三角形。其操作步骤如下：

步骤 **1** ▶ 按键盘上的"F7"和"F9"，打开"栅格"及"捕捉"模式。在命令行中输入"直线（L）"命令快捷键"L"。

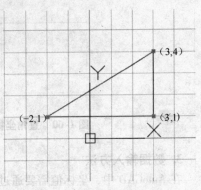

图 1-66 绘制的三角形

步骤 **2** ▶ 输入绝对坐标（#3，4），确定直线的一点。

步骤 **3** ▶ 输入绝对坐标（#-2，1），确定直线的第二点，绘制第一条直线。

步骤 **4** ▶ 接着，输入相对坐标值（5，0），绘制第二条直线。

步骤 **5** ▶ 输入相对坐标值（0，3），绘制第三条直线，三角形绘制完成，如图 1-66 所示。

1.7　上机练习——创建样板文件

 视频\01\创建样板文件.avi
案例\01\样板1.dwt

在熟悉了解 AutoCAD 2015 的操作界面、掌握设置绘图环境、配置绘图系统以及命令的基本输入操作之后，进入本章节的练习部分，通过练习用户进一步巩固本章所学知识，同时为下一章节的学习做铺垫。

步骤 **1** ▶ 执行"文件│新建"菜单命令，或者按"Ctrl＋N"组合键，系统会弹出一个"选择样板"对话框，如图 1-67 所示，单击"打开"按钮右侧的下拉按钮，在展开的选项中选择"无样板打开-米制（M）"，以创建一个新图形文件。

图 1-67　无样板打开

步骤 **2** ▶ 选择"格式│单位"菜单命令，打开"图形单位"对话框，以此来设置图形文件的单位类型和精度，如图 1-68 所示。

步骤 **3** ▶ 设置图形界限为 A3 纸张幅面大小的图形界限＜420.00，297.00＞，具体操作方法参照本章 1.3.2 节内容。

步骤 **4** ▶ 执行"文件保存"命令，在弹出的"图形另存为"对话框中，单击文件类型右侧的下拉按钮，选择"AutoCAD 图形样板（dwt）"文件类型，在"文件名"文本框中输入"样板1"，单击"保存"按钮，如图 1-69 所示。样板文件创建完成。

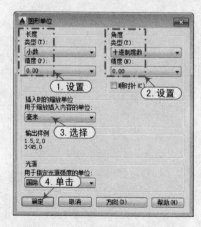

图 1-68　"图形单位"对话框

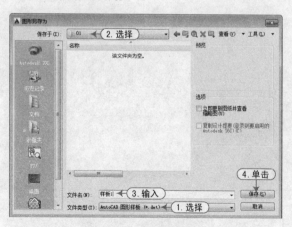

图 1-69　保存样板文件

本 章 小 结

　　通过本章的学习，读者首先应掌握 AutoCAD 2015 软件的新增功能，再掌握 AutoCAD 2015 的操作界面，以及系统绘图环境的设置方法。熟练掌握图形文件的管理操作，即新建文件、打开文件、保存文件等操作；掌握 CAD 的基本输入操作方法，如命令的输入方法、命令的执行方法等。

　　最后，读者应了解坐标系统并熟练掌握坐标及数据的输入方法，为下一步的学习打下坚实的基础。

第2章

二维绘图命令

🌐 课前导读

二维图形是指二维平面空间绘制的图形，AutoCAD 提供了大量的绘图工具，可以帮助用户完成二维图形的绘制。用户利用 AutoCAD 提供的二维绘图命令，可以快捷、方便地完成平面图形的绘制。本章主要讲解"直线""圆""圆弧""椭圆""椭圆弧""矩形""正多边形""点""多段线""样条曲线"等绘图命令的执行方法和绘制技巧。

📖 本章要点

- 📖 直线的绘制。
- 📖 圆、圆弧、椭圆及椭圆弧的绘制。
- 📖 矩形、正多边形的绘制。
- 📖 点的绘制。
- 📖 多段线的绘制和编辑。
- 📖 样条曲线的绘制。
- 📖 多线的绘制与编辑。
- 📖 上机操作——绘制小木屋模型立面图。

2.1 直线类命令

直线是各种图形中最常用、最简单的一类图形对象，指定直线起点和终点，即可绘制一条直线。在 AutoCAD 中，直线类命令主要包括有：直线段命令、射线命令、构造线命令等，本节当中将针对常用的"直线"和"构造线"绘图命令进行讲解。

2.1.1 直线段

直线是最常用的基本图形元素。使用"直线（L）"命令，可以创建一系列连续的直线段，而且每条线段均为可以单独进行编辑的直线对象。

在 AutoCAD 中，执行"直线（L）"命令主要有以下三种方法：

➤ 在菜单栏中，选择"绘图|直线"菜单命令。

➤ 在"默认"选项卡的"绘图"面板中，单击"直线"按钮⬚。

➤ 在命令行中输入"LINE"（快捷键为"L"）。

执行上述操作后，根据命令行提示，指定直线的第一点和下一点，再按键盘上的"Enter"

键确定，即可绘制出一条直线。

执行"直线（L）"过程中，命令行将出现如下提示和选项，其中各选项含义如下：

命令：LINE   \\ 执行"直线"命令
指定第一个点：   \\ 指定直线起点
指定下一点或[放弃(U)]：   \\ 指定第二点
指定下一点或[闭合(C)/放弃(U)]：   \\ 按"Enter"键结束命令

➤ 指定第一点：在屏幕上指定一点作为直线的起点。

➤ 指定下一个点：指定直线的第二点（即端点）。

➤ 放弃（U）：删除直线序列中最近绘制的线段。多次输入U将按绘制次序的逆序逐个删除线段。

➤ 闭合（C）：以第一条线段的起始点作为最后一条线段的端点，形成一个闭合的图形。在绘制了一系列线段（两条或两条以上）之后，可以使用"闭合"选项。

> 注意 用户可以用键盘输入坐标和鼠标单击的方式，确定点和线的位置。在以坐标方式输入时，一定要注意坐标值（X，Y）中间的逗号为小写的英文状态，其他输入状态输入的逗号，程序不执行命令。

2.1.2 实例——绘制矩形

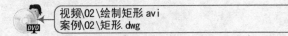
视频\02\绘制矩形.avi
案例\02\矩形.dwg

下面以"直线（L）"命令绘制矩形为例，进一步介绍绘制直线的方法，操作步骤如下：

步骤**1** ▶ 正常启动 AutoCAD 2015 软件，系统自动新建一个图形文件；再单击"保存"按钮 💾，将其保存为"案例\02\矩形.dwg"。

步骤**2** ▶ 在"默认"选项卡的"绘图"面板中，单击"直线（L）"按钮 ✏，在绘图区域任意单击一点 A，作为直线的起点。

步骤**3** ▶ 按"F8"键打开"正交"模式，将鼠标向右移动，输入距离值200，确定第2点B。

步骤**4** ▶ 将鼠标向下移动，输入距离值100，确定第3点C。

步骤**5** ▶ 将鼠标向左移动，输入距离值200，确定第4点D。

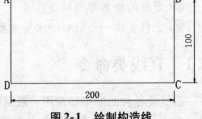
图2-1 绘制构造线

步骤**6** ▶ 在命令行中输入"C"闭合矩形，矩形绘制完成，如图2-1所示。

绘制矩形过程中，命令行提示与操作如下：

命令：_line   \\ 单击"直线"按钮
指定第一个点：   \\ 指定起点A
指定下一点或[放弃(U)]：<正交 开>200   \\ 按F8键打开正交，鼠标向右移动
                                          并输入200，确定B点
指定下一点或[放弃(U)]：100   \\ 鼠标向下移动，并输入100，确定C点
指定下一点或[闭合(C)/放弃(U)]：200   \\ 鼠标向左移动，并输入200，确定D点
指定下一点或[闭合(C)/放弃(U)]：c   \\ 按C键与起点A闭合

步骤 **7** ▶ 按"Ctrl + S"组合键将文件保存。

2.1.3 构造线

构造线是两端无限延长的直线，没有起点和终点，它不像直线、圆、圆弧、正多边形等作为图形的构成元素，而是仅仅作为绘图过程中的辅助参考线。在绘制机械三视图时，常用构造线作为长对正、宽相等和高平齐的辅助作图线。

在 AutoCAD 中，执行"构造线"命令主要有以下三种方法：

➢ 在菜单栏中，选择"绘图｜构造线"菜单命令。
➢ 在"默认"选项卡的"绘图"面板中，单击"构造线"按钮 ✓。
➢ 在命令行中输入"XLINE"（快捷键为"XL"）。

执行"构造线（XL）"命令后，命令行提示如下，其中各选项含义如下：

命令：XLINE   \\ 执行"构造线"命令
指定点或［水平(H)/垂直(V)/角度(A)/二等分(B)/偏移(O)］： \\ 指定一点或选择选项

➢ 指定点：指定构造线上的点，确定构造线的位置，如图 2-2a 所示。
➢ 水平（H）：用于创建平行于 X 轴的构造线，如图 2-2b 所示。
➢ 垂直（V）：用于创建平行于 Y 轴的构造线，如图 2-2c 所示。
➢ 二等分（B）：用于创建一条参照线，它经过选定的角顶点，并且将选定的两条线之间的夹角平分，如图 2-2d 所示。
➢ 角度（A）：用于绘制与 X 轴正向成指定角度的构造线，如图 2-2e 所示。
➢ 偏移（O）：用于绘制与指定线相距指定距离的构造线，如图 2-2f 所示。

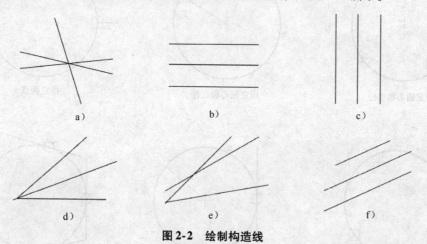

图 2-2 绘制构造线

> **注意** 构造线主要用于绘制辅助线，图形绘制完成后应将其删除，或通过修剪使其成为图形的一部分。

2.2 圆类命令

AutoCAD 2015 提供了多种圆类对象，包括圆、圆弧、圆环、椭圆和椭圆弧。本节将针对这五种绘图命令进行讲解。

2.2.1 圆

圆是在平面内到定点的距离等于定长的点的集合，是最常用最基本的图形元素之一。在 Au-toCAD 中，执行"圆（C）"命令主要有以下三种方法：

➢ 在菜单栏中，选择"绘图｜圆"子菜单命令，如图 2-3 所示。

➢ 在"默认"选项卡的"绘图"面板中，单击"圆"按钮 ⊘，或单击下拉按钮，执行子菜单命令，如图 2-4 所示。

➢ 在命令行中输入"CIRCLE"（快捷键为"C"）。

图 2-3 "圆（C）"命令子菜单   图 2-4 "圆"按钮下拉菜单

AutoCAD 2015 提供了圆的六种绘制方式，如图 2-5 所示。用户可通过选择"绘图｜圆"子菜单命令或单击"圆"命令按钮右侧的下拉按钮，根据已知条件选择不同的方式来绘制圆对象。

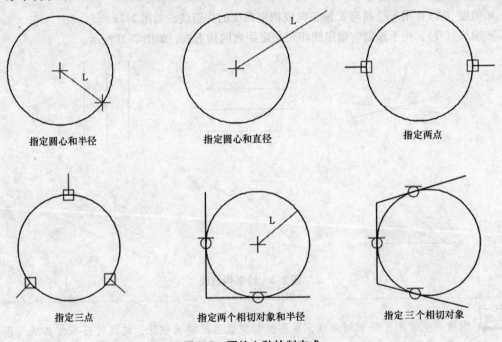

指定圆心和半径   指定圆心和直径   指定两点

指定三点   指定两个相切对象和半径   指定三个相切对象

图 2-5 圆的六种绘制方式

2.2.2 实例——连环圆的绘制

视频\02\连环圆的绘制.avi
案例\02\连环圆.dwg

下面以"圆（C）"命令绘制连环圆为例，介绍绘制圆的各种方法和操作技巧。其操作步骤如下：

步骤 1 ▶ 正常启动 AutoCAD 2015 软件，新建一个图形文件；再单击"保存"按钮 🖫，将其保存为"案例 \ 02 \ 连环圆 . dwg"文件。

步骤 2 ▶ 执行"绘图｜圆｜圆心、半径"命令绘制圆 A，如图2-6所示。命令行提示与操作如下：

命令：CIRCLE	\\ 执行"圆"命令
指定圆的圆心或 [三点(3P)/两点(2P)/切点、切点、半径(T)]：150,160	\\ 指定圆心位置
指定圆的半径或 [直径(D)]：40	\\ 输入圆的半径值40

步骤 3 ▶ 执行"绘图｜圆｜三点"命令，在命令行中分别输入三个点的坐标值，绘制圆 B，如图2-7所示。命令行提示与操作如下：

命令：CIRCLE	\\ 执行"圆"命令
指定圆的圆心或 [三点(3P)/两点(2P)/切点、切点、半径(T)]：3P	\\ 选择"三点"选项
指定圆上的第一个点：300,220	\\ 指定圆上第 1 点
指定圆上的第二个点：340,190	\\ 指定圆上第 2 点
指定圆上的第三个点：290,130	\\ 指定圆上第 3 点

 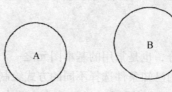

图2-6 绘制圆 A   图2-7 绘制圆 B

步骤 4 ▶ 执行"绘图｜圆｜两点"菜单命令，在命令行中分别输入两个点的坐标值，绘制圆 C，如图2-8所示。命令行提示与操作如下：

命令：CIRCLE	\\ 执行"圆"命令
指定圆的圆心或 [三点(3P)/两点(2P)/切点、切点、半径(T)]：2P	\\ 选择"两点"
指定圆直径的第一个端点：250,10	\\ 指定圆上第 1 点
指定圆直径的第二个端点：240,100	\\ 指定圆上第 2 点

步骤 5 ▶ 执行"绘图｜圆｜相切、相切、半径"菜单命令，绘制圆 D，如图2-9所示。命令行提示与操作如下：

命令：CIRCLE	\\ 执行"圆(C)"命令
指定圆的圆心或 [三点(3P)/两点(2P)/切点、切点、 半径(T)]：_ttr	\\ 选择"相切、相切、半径"选项
指定对象与圆的第一个切点：	\\ 在圆 B 下象限点处指定切点
指定对象与圆的第二个切点：	\\ 在圆 C 右象限点处指定切点
指定圆的半径 <45.0000>：45	\\ 输入半径值45

步骤 6 ▶ 执行"绘图｜圆｜相切、相切、相切"菜单命令，绘制圆 E，如图2-10所示。命令行提示与操作如下：

命令：_circle   \\ 执行"圆(C)"命令
指定圆的圆心或［三点(3P)/两点(2P)/切点、切点、
    半径(T)］：_3p   \\ 选择"相切、相切、相切"
指定圆上的第一个点：_tan 到   \\ 在圆 A 右象限点处指定切点
指定圆上的第二个点：_tan 到   \\ 在圆 B 左象限点处指定切点
指定圆上的第三个点：_tan 到   \\ 在圆 C 上象限点处指定切点

至此，连环圆绘制完成。

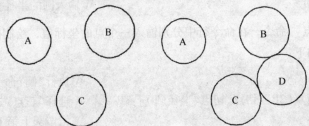
图 2-8　绘制圆 C

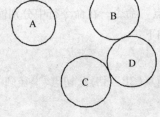
图 2-9　绘制圆 D

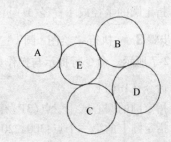
图 2-10　绘制完成的连环圆

步骤 7 ▶ 按"Ctrl + S"组合键保存图形文件。

2.2.3　圆弧

圆弧是圆的一部分，也是常用的基本图元之一。AutoCAD 为用户提供了 11 种圆弧的绘制方式，用户可根据不同的已知条件选择不同的方式绘制圆弧对象。

在 AutoCAD 中，执行"圆弧（A）"命令主要有以下三种方法：

➢ 在菜单栏中，选择"绘图|圆弧"的子菜单命令，如图 2-11 所示。

➢ 在"默认"选项卡的"绘图"面板中单击"圆弧"按钮 ⌒，或单击下拉按钮，执行子菜单命令，如图 2-12 所示。

➢ 在命令行中输入"ARC"（快捷键"A"）。

1."三点"方式

"三点"方式绘制圆弧，使用圆弧周线上的三个指定点绘制圆弧，如图 2-13 所示。

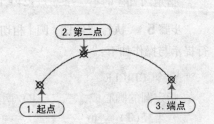

图 2-11　"圆弧（A）"子菜单　　图 2-12　"圆弧"按钮下拉菜单　　图 2-13　三点绘制圆弧

➢ 起点：指定圆弧的第一个点。

➢ 第二点：为圆弧周线上的一点。

➢ 端点：指定圆弧上的最后一点。

注意　在绘制圆弧时，如果未指定点就按"ENTER"键，最后绘制的直线或圆弧的端点将会作为起点，并立即提示指定新圆弧的端点。这将创建一条与最后绘制的直线、圆弧或多段线相切的圆弧。

2. "起点圆心"方式

"起点圆心"方式绘制圆弧，是指用户先指定圆弧的起点，再指定圆的圆心，最后通过圆弧的端点或角度、弧长等参数精确绘制圆弧的方式。利用此方式绘制圆弧有以下三种方法：

➢ "起点、圆心、端点"：指定起点和圆心后，向端点逆时针绘制圆弧，如图2-14所示。
➢ "起点、圆心、角度"：指定起点和圆心后，按指定包含角逆时针绘制圆弧，如图2-15所示。
➢ "起点、圆心、弦长"：指定起点和圆心后，基于起点和端点之间的直线距离绘制劣弧或优弧，如图2-16所示。

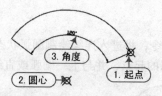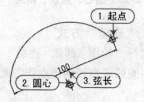

图2-14　起点、圆心、端点　　　图2-15　起点、圆心、角度　　　图2-16　起点、圆心、弦长

注意　默认情况下，以逆时针方向绘制圆弧。按住"Ctrl"键的同时拖动鼠标，可以顺时针方向绘制圆弧，如角度值输入为负值，也可以顺时针方向绘制圆弧。

3. "起点端点"方式

"起点端点"方式绘制圆弧，是指用户先指定圆弧的起点，再指定端点，最后确定圆弧的角度、半径或方向精确绘制圆弧的方式。利用此方式绘制圆弧有三以下种方法：

➢ "起点、端点、角度"：指定圆弧的起点和端点后，通过输入角度值逆时针绘制圆弧。如果角度为负，将顺时针绘制圆弧，如图2-17所示。
➢ "起点、端点、方向"：指定圆弧的起点和端点后，从起点向端点逆时针绘制一条劣弧。如果半径为负，将绘制一条优弧，如图2-18所示。
➢ "起点、圆心、半径"：指定圆弧的起点和端点后，通过鼠标移动，确定圆弧的方向，绘制的圆弧在起点处与指定方向相切，如图2-19所示。

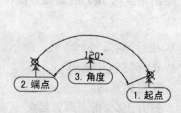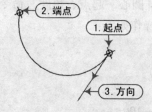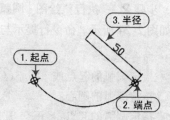

图2-17　起点、端点、角度　　　图2-18　起点、端点、方向　　　图2-19　起点、端点、半径

4. "圆心起点"方式

"圆心起点"方式绘制圆弧，与"起点圆心"绘制圆弧类似，不同的是"圆心起点"方式

先指定圆弧的圆心，再指定圆弧的起点。同样，利用此方式绘制圆弧有以下三种方法：

➤ "圆心、起点、端点"：指定圆心和起点后，向端点逆时针绘制圆弧，如图 2-20 所示。

➤ "圆心、起点、角度"：指定圆心和起点后，按指定包含角逆时针绘制圆弧，如图 2-21 所示。

➤ "圆心、起点、长度"：指定圆心和起点后，基于起点和端点之间的直线距离绘制劣弧或优弧，如图 2-22 所示。

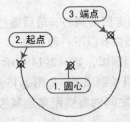 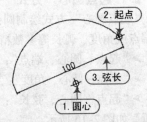

图 2-20　圆心、起点、端点　　　图 2-21　圆心、起点、角度　　　图 2-22　圆心、起点、弦长

5. "连续"方式

执行"绘图│圆弧│连续"命令，将进入连续绘制圆弧状态。此方式所绘制的圆弧，将自动以前一圆弧或直线的终点作为圆弧的起点，并与上一圆弧或直线相切，如图 2-23 所示。

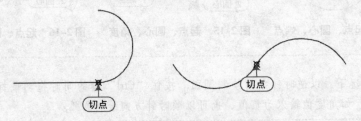

图 2-23　"连续"方式绘制圆弧

2.2.4　实例——椅子平面图的绘制

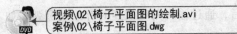

视频\02\椅子平面图的绘制.avi
案例\02\椅子平面图.dwg

下面通过"圆弧（A）"命令来绘制椅子平面图，目的是使读者掌握绘制圆弧的各种方法和操作技巧。其操作步骤如下：

步骤 1 ▶ 正常启动 AutoCAD 2015 软件，新建一个图形文件；再单击"保存"按钮🖫，将其保存为"案例 \ 02 \ 椅子平面图．dwg"文件。

步骤 2 ▶ 执行"绘图│圆弧│圆心、起点、角度"命令，绘制角度为 180°的圆弧，操作过程如图 2-24 所示。命令行提示与操作如下：

命令：_arc	\\ 执行"圆弧"命令
指定圆弧的起点或［圆心（C）］：_c	\\ 选择"圆心"选项
指定圆弧的圆心：	\\ 指定圆弧圆心
指定圆弧的起点：< 正交 开 > 100	\\ 打开正交，指定圆弧起点
指定圆弧的端点（按住 Ctrl 键以切换方向）或	
［角度（A）/弦长（L）］：_a	\\ 选择"角度"选项
指定夹角（按住 Ctrl 键以切换方向）：180	\\ 输入圆弧角度值

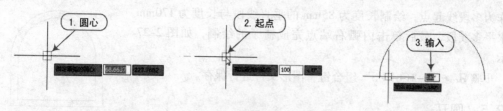

图 2-24 绘制椅背外轮廓

步骤 **3** ▶ 执行"绘图│圆弧│圆心、起点、角度"命令,绘制角度为 180°的第二条圆弧,操作过程如图 2-25 所示。命令行提示与操作如下:

命令:_arc	\\ 执行"圆弧(A)"命令
指定圆弧的起点或 [圆心(C)]:_c	\\ 选择"圆心"选项
指定圆弧的圆心:	\\ 指定上一圆弧圆心为圆心
指定圆弧的起点:<正交 开> 85	\\ 打开正交,指定圆弧起点
指定圆弧的端点(按住 Ctrl 键以切换方向)或	
[角度(A)/弦长(L)]:_a	\\ 选择角度选项
指定夹角(按住 Ctrl 键以切换方向):180	\\ 输入圆弧角度

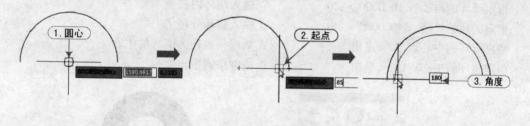

图 2-25 绘制椅背

步骤 **4** ▶ 执行"多段线(PL)"命令,然后单击外圆弧左端点作为起点,将鼠标向下移动,输入距离值为 100,按"Enter"键确定。

步骤 **5** ▶ 右移鼠标指针,输入距离值 200,按"Enter"键确定。

步骤 **6** ▶ 上移鼠标指针,单击外圆弧右端点为终点,按"Enter"键确定。多段线绘制过程,如图 2-26 所示。

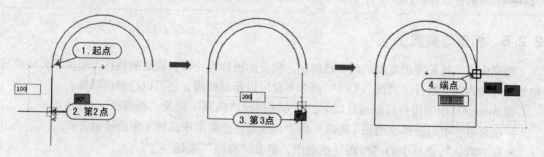

图 2-26 绘制多段线

步骤 **7** ▶ 再次按"Enter"键激活"多段线(PL)"命令,采用同样的方法,以内弧的左端点作为多段线起点，绘制长度为 85mm 的垂直线段与长度为 170mm 的水平多线段，最后单击内弧右端点完成椅子的绘制，如图 2-27 所示。

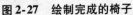

步骤 **8** ▶ 按 "Ctrl + S" 组合键将图形文件进行保存。

图 2-27　绘制完成的椅子

2.2.5　圆环

圆环由两条圆弧多段线组成，这两条圆弧多段线首尾相接而形成圆环。多段线的宽度由指定的内直径和外直径决定。如果将内径指定为 0，则圆环将填充为圆。

在 AutoCAD 中，执行 "圆环" 命令主要有以下三种方法：

➢ 在菜单栏中，执行 "绘图 | 圆环" 菜单命令。

➢ 在 "默认" 选项卡的 "绘图" 面板的下拉菜单中，单击 "圆环" 按钮◎，如图 2-28 所示。

➢ 在命令行中输入 "DONUT"（快捷键 "DO"）。

执行 "圆环（DO）" 命令后，以绘制一个内径为 20mm，外径为 40mm 的垫片为例，效果如图 2-29 所示，在绘制过程中命令提示如下：

命令：DONUT	\\ 执行 "圆环" 命令
指定圆环的内径 <10.0000>：20	\\ 输入圆环内径值
指定圆环的外径 <40.0000>：40	\\ 输入圆环外径值
指定圆环的中心点或 <退出>：	\\ 拾取一点作为圆环的中心
指定圆环的中心点或 <退出>：	\\ 按空格键退出命令

图 2-28　单击 "圆环" 按钮

图 2-29　圆环垫片

注意　如果将圆环的内径与外径设为相同数值，就可以利用 "圆环" 命令绘制圆对象。

2.2.6　椭圆与椭圆弧

椭圆由定义其长度和宽度的两个轴确定，较长的轴称为长轴，较短的轴称为短轴，长轴和短轴相等时即为圆。执行 "椭圆（EL）" 命令不仅可以绘制椭圆，还可以绘制椭圆弧。

在 AutoCAD 中，用户可以通过以下三种方法执行 "椭圆" 以及 "椭圆弧" 命令：

➢ 在菜单栏中，选择 "绘图 | 椭圆" 命令，然后在子菜单中选择不同的绘制方式。

➢ 在 "默认" 选项卡的 "绘图" 面板中，单击 "椭圆" 按钮 ◉ 。

➢ 在命令行中输入 "ELLIPSE"（快捷键为 "EL"）。

执行 "椭圆（EL）" 命令后，单击鼠标左键指定椭圆的轴端点，移动鼠标指定轴的另一个端点，再移动鼠标输入另一个轴的长度，即可绘制椭圆，如图 2-30 所示。

图 2-30　绘制椭圆

绘制"椭圆"过程中，命令行提示与操作如下：

命令：ELLIPSE　　　　　　　　　　　　　　\\ 执行"椭圆"命令
指定椭圆的轴端点或［圆弧(A)/中心点(C)］：　\\ 指定椭圆的轴端点
指定轴的另一个端点：　　　　　　　　　　\\ 指定轴的另一个端点
指定另一个半轴长度或［旋转(R)］：　　　　\\ 指定另一个轴的长度

其中，命令行各主要选项含义如下：

➤ 圆弧（A）：创建一段椭圆弧。第一个轴的角度确定了椭圆弧的角度。第一个轴可以根据其大小定义为长轴或短轴。椭圆弧上的前两个点确定第一个轴的位置和长度。第三个点确定椭圆弧的圆心与第二个轴的端点之间的距离。第四个点和第五个点确定起点和端点角度，如图 2-31所示。

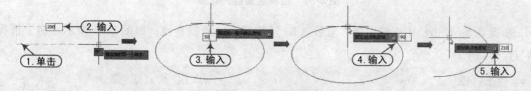

图 2-31　绘制椭圆弧

➤ 中心点（C）：使用中心点、第一个轴的端点和第二个轴的长度来创建椭圆。可以通过单击所需距离处的某个位置或输入长度值来指定距离，如图 2-32 所示。

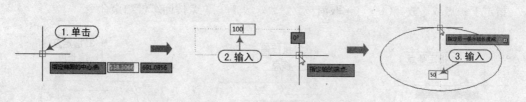

图 2-32　"中心点"方式绘制椭圆

> 注意　在 AutoCAD 中"椭圆（EL）"命令还有一个重要的用途，就是在等轴测视图中绘制等轴测圆，绘制等轴测圆仅在捕捉类型为"等轴测"时才可使用。

2.2.7　实例——洗脸盆的绘制

视频\02\洗脸盆的绘制.avi
案例\02\洗脸盆平面图.dwg

39

下面以"直线（L）""圆弧（A）""椭圆（EL）"等命令绘制洗脸盆平面图为例，介绍"椭圆（EL）""圆弧（A）"等命令的运用技巧。其操作步骤如下：

步骤 **1** ▶ 正常启动 AutoCAD 2015 软件，在"快速工具栏"中单击"新建"按钮，新建一个图形文件；再单击"保存"按钮，将其保存为"案例 \ 02 \ 洗脸盆平面图 . dwg"文件。

步骤 **2** ▶ 在"默认"选项卡的"绘图"面板中单击"直线"按钮，在绘图区域中单击指定直线的起点，然后按"F8"键打开"正交"模式，将鼠标向右进行拖动，输入长度值 480，如图 2-33 所示。

图 2-33　绘制直线

步骤 **3** ▶ 在菜单栏中，选择"绘图 | 圆弧 | 起点、端点、角度"菜单命令，单击直线左端点作为圆弧的起点，单击直线的右端点作为圆弧的端点，然后输入圆弧的角度 225°，按"Enter"键确定，如图 2-34 所示。

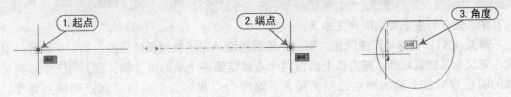

图 2-34　绘制洗脸盆外轮廓

步骤 **4** ▶ 单击绘图面板中的"直线（L）"按钮，绘制直线，如图 2-35 所示。命令行提示与操作如下：

命令 : LINE	\\ 执行"直线"命令
指定第一个点 : from	\\ 输入自命令
基点 :	\\ 指定直线左端点为基点
<偏移> : @0, -50	\\ 输入偏移坐标
指定下一点或 [放弃(U)] : 480	\\ 输入直线长度
指定下一点或 [放弃(U)] : *取消*	\\ 按回车键结束命令

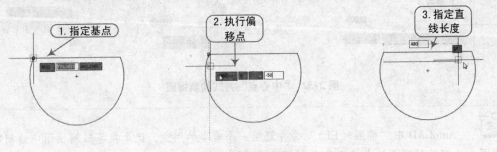

图 2-35　绘制直线

步骤 **5** ▶ 在菜单栏中，选择"绘图 | 圆弧 | 圆心、起点、端点"菜单命令，然后将鼠标光标移至圆弧，接着单击指定圆弧圆心为新的圆弧圆心，以直线的两个端点为圆弧的起点和端点绘制圆弧，如图 2-36 所示。命令行提示与操作如下：

命令:ARC　　　　　　　　　　　　　　　　　\\ 执行"圆弧"命令
指定圆弧的起点或［圆心(C)］:C　　　　　　 \\ 选择"圆心"选项
指定圆弧的圆心:　　　　　　　　　　　　　 \\ 指定圆心
指定圆弧的起点:　　　　　　　　　　　　　 \\ 指定圆弧起点
指定圆弧的端点(按住 Ctrl 键以切换方向)或
　　［角度(A)/弦长(L)］:　　　　　　　　　 \\ 指定圆弧端点

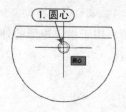 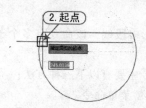 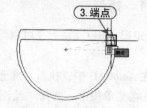

图 2-36　绘制内弧圆弧

步骤 **6** ▶ 在"默认"选项卡的"绘图"面板中单击"椭圆"按钮 ⬭，然后单击圆弧圆心作为椭圆的轴端点，将鼠标向下移动输入轴长 215，按回车键确定；再将鼠标向右移动输入另一个轴长 165，按"Enter"键确定，如图 2-37 所示。

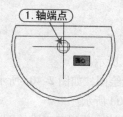 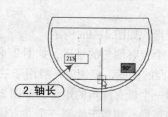 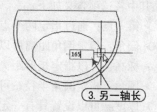

图 2-37　绘制椭圆

命令:ELIPSE　　　　　　　　　　　　　　　　　\\ 执行"椭圆"命令
指定椭圆的轴端点或［圆弧(A)/中心点(C)］:　　 \\ 指定椭圆的轴端点
指定轴的另一个端点:215　　　　　　　　　　　 \\ 指定椭圆轴的另一个端点
指定另一条半轴长度或［旋转(R)］:165　　　　 \\ 指定另一半轴长度

步骤 **7** ▶ 在"默认"选项卡的"绘图"面板中单击"圆"命令按钮 ⊘，在相应位置处绘制一组半径值分别为 15mm 和 25mm 的同心圆，如图 2-38 所示。

步骤 **8** ▶ 按空格键重复执行"圆"命令，在相应位置绘制两个半径为 20mm 的圆，效果如图 2-39 所示。至此，洗脸盆绘制完成。

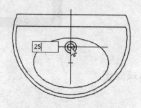 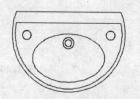

图 2-38　绘制同心圆　　　　**图 2-39　绘制完成的洗手盆**

步骤 **9** ▶ 按 "Ctrl + S" 组合键将文件保存。

2.3 平面图形

在 AutoCAD 中，矩形和正多边形为最常用的平面图形，本节将针对 "矩形" "正多边形" 这两种平面绘图命令进行讲解。

2.3.1 矩形

"矩形（REC）" 命令可以绘制矩形多段线，该命令有多个子选项，用于指定矩形的外观和尺寸。

在 AutoCAD 中，执行 "矩形" 命令主要有以下三种方法：

➤ 在菜单栏中，选择 "绘图 | 矩形" 菜单命令。

➤ 在 "默认" 选项卡的 "绘图" 面板中，单击 "矩形" 按钮 ▭。

➤ 在命令行中输入 "RECTANG"（其快捷键为 "REC"）。

执行 "矩形（REC）" 命令之后，命令行提示如下内容：

命令：RECTANG
指定第一个角点或 [倒角(C)/标高(E)/圆角(F)/厚度(T)/宽度(W)]：

其中各选项含义如下：

➤ 第一点：通过指定两个点绘制矩形，如图 2-40a 所示。

➤ 倒角：指定倒角距离可以绘制一个带有倒角的矩形，如图 2-40b 所示。

➤ 标高：可以指定矩形距离 XY 平面的高度，该选项一般用于三维绘图，如图 2-40c 所示。

➤ 圆角：指定圆角半径，可以绘制一个带有圆角的矩形，如图 2-40d 所示。

➤ 厚度：可以设置具有一定厚度的矩形，相当于绘制一个立方体，该选项用于三维绘图，如图 2-40e 所示。

➤ 宽度：可以绘制具有一定宽度的矩形，如图 2-40f 所示。

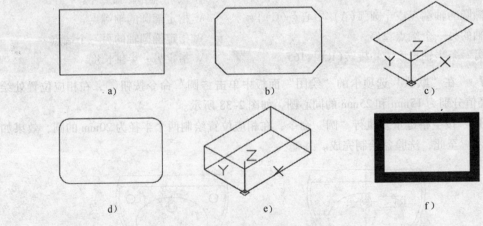

图 2-40 矩形的各种样式

2.3.2 实例——方头平键的绘制

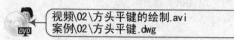

视频\02\方头平键的绘制.avi
案例\02\方头平键.dwg

下面以"直线（L）""构造线（XL）""矩形（REC）"等绘图命令绘制机械零件三视图方头平键为例，介绍"矩形（REC）"命令的运用技巧。其操作步骤如下：

步骤1 ▶ 正常启动 AutoCAD 2015 软件，在"快速工具栏"中单击"新建"按钮，新建一个图形文件；再单击"保存"按钮，将其保存为"案例 \ 02 \ 方头平键.dwg"文件。

步骤2 ▶ 绘制图形的主视图。在"默认"选项卡的"绘图"面板中单击"矩形"命令按钮，绘制主视图的外轮廓，如图2-41所示。命令行提示与操作如下：

命令：RECTANG	\\ 执行"矩形（REC）"命令
指定第一个角点或［倒角（C）/标高（E）/圆角（F）/厚度（T）/	
宽度（W）］：0,30	\\ 指定矩形第1点
指定另一个角点或［面积（A）/尺寸（D）/旋转（R）］：@100,11	\\ 指定矩形第2点

步骤3 ▶ 执行"直线（L）"命令，绘制主视图的两条棱线，其中一条棱线坐标为（0，32）和（@100，0），另一条棱线坐标为（0，39）和（@100，0），效果如图2-42所示。命令行提示与操作如下：

命令：LINE	\\ 执行"直线（L）"命令
指定第一个点：0,32	\\ 指定直线的第一点
指定下一点或［放弃（U）］：@100,0	\\ 指定直线的第二点
指定下一点或［放弃（U）］：	\\ 按"空格"键结束命令
命令：LINE	\\ 按"空格"键重复命令
指定第一个点：0,39	\\ 指定直线的第一点
指定下一点或［放弃（U）］：@100,0	\\ 指定直线的第二点
指定下一点或［放弃（U）］：	\\ 按"空格键"结束命令

图2-41 主视图外轮廓　　　　　**图2-42 绘制两条棱线**

步骤4 ▶ 执行"构造线（XL）"命令，选择"垂直（V）"选项，在主视图上捕捉矩形相应点，绘制两条辅助线，效果如图2-43所示。命令行提示与操作如下：

命令：XLINE	\\ 执行"构造线"命令
指定点或［水平（H）/垂直（V）/角度（A）/二等分	
（B）/偏移（O）］：V	\\ 选择"垂直"选项
指定通过点：	\\ 绘制第1条构造线
指定通过点：	\\ 绘制第2条构造线

步骤5 ▶ 绘制图形的俯视图。执行"矩形（REC）"命令，绘制俯视图的外轮廓，如

图 2-44 所示。命令行提示与操作如下：

命令：RECTANG	\\ 执行"矩形"命令
指定第一个角点或［倒角（C）/标高（E）/圆角（F）/	
厚度（T）/宽度（W）］：	\\ 在左侧构造线上指定一点
指定另一个角点或［面积（A）/尺寸（D）/旋转（R）］：	
@100，-18	\\ 输入矩形另一角点的坐标值

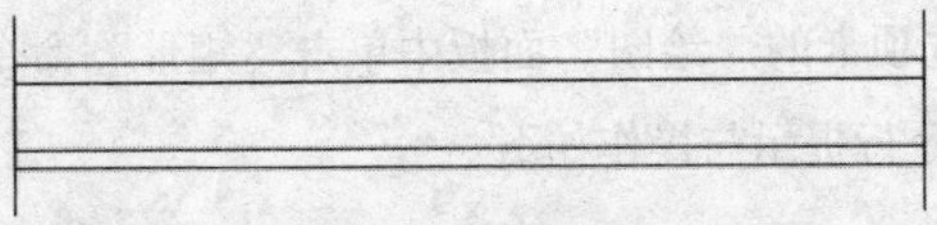

图 2-43　绘制构造线 　　　　　　　**图 2-44　绘制俯视图轮廓**

步骤 **6** ▶ 执行"直线（L）"命令，绘制俯视图视图的两条棱线，如图 2-45 所示。命令行提示与操作如下：

命令：LINE	\\ 执行"直线"命令
指定第一个点：from	\\ 执行"捕捉自"命令
基点：	\\ 指定下方矩形左下角点
＜偏移＞：@0，2	\\ 确定直线起点
指定第一个点：@100，0	\\ 确定直线端点
命令：LINE	\\ 空格键重复"直线"命令
指定第一个点：from	\\ 执行"捕捉自"命令
基点：	\\ 指定下方矩形左上角点
＜偏移＞：@0，-2	\\ 指定第二条直线起点
指定第一个点：@100，0	\\ 指定第二条直线端点

步骤 **7** ▶ 再次执行"构造线（XL）"命令，选择"水平（H）"选项，在主视图上捕捉矩形角点，绘制两条水平辅助线，如图 2-46 所示。

图 2-45　绘制构造线　　　　　　　**图 2-46　绘制两条棱线**

步骤 **8** ▶ 最后绘制图形的左视图，执行"矩形（REC）"命令，选择"倒角（C）"选项，绘制倒角距离为 $2×2mm$ 的倒角矩形，如图 2-47 所示。命令行提示与操作如下：

命令:RECTANG	\\ 执行"矩形（REC）"命令
指定第一个角点或［倒角（C）/标高（E）/圆角（F）/	
厚度（T）/宽度（W）］:C	\\ 选择"倒角"选项
指定矩形的第一个倒角距离 ＜0.0000＞:2	\\ 输入第一个倒角距离
指定矩形的第二个倒角距离 ＜2.0000＞:2	\\ 输入第二个倒角距离
指定第一个角点或［倒角（C）/标高（E）/圆角（F）/	
厚度（T）/宽度（W）］:	\\ 在上水平构造线上指定点
指定另一个角点或［面积（A）/尺寸（D）/	
旋转（R）］:@18,-11	\\ 指定矩形另一点。

步骤**9** ▶ 执行"删除（E）"命令，删除构造线，图形绘制完成如图2-48所示。至此，方头平键绘制完成。

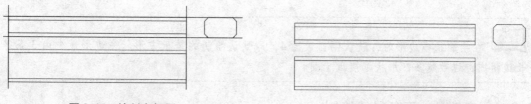

图2-47　绘制左视图　　　　　　　　图2-48　绘制完成的图形

步骤**10** ▶ 按"Ctrl + S"组合键将文件进行保存。

2.3.3　正多边形

"多边形（POL）"命令用于绘制有多条边且各边长度相等的闭合图形，多边形的边数可在3～1024之间选取。使用"多边形"命令绘制正多边形时，可以通过边数和边长来定义一个多边形，也可以指定圆和边数来定义一个多边形。

在AutoCAD中，执行"多边形"命令主要有以下三种方法：

➤ 在菜单栏中，选择"绘图│多边形"菜单命令。

➤ 在"默认"选项卡的"绘图"面板中，单击"矩形"按钮 □ 右侧的下拉按钮，在弹出的列表中单击"多边形"按钮⬡。

➤ 在命令行中输入"POLYGON"（其快捷键为"POL"）。

执行"多边形（POL）"命令之后，命令行提示如下内容：

命令:POLYGON	\\ 执行"多边形（POL）"命令
POLYGON 输入侧面数 ＜4＞:5	\\ 输入侧面数
指定正多边形的中心点或［边（E）］:	\\ 指定中心点
输入选项［内接于圆（I）/外切于圆（C）］＜I＞:	\\ 选择选项
指定圆的半径:	\\ 输入内接圆或外接圆的半径

其中各选项的含义如下：

➤ 边：通过指定第一条边的端点来定义正多边形，如图2-49a所示。

➤ 内接于圆：指定外接圆的半径，正多边形的所有顶点都在此圆周上。用定点设备指定半径，决定正多边形的旋转角度和尺寸。指定半径值将以当前捕捉旋转角度绘制正多边形的底边，如图 2-49b 所示。

➤ 外切于圆：指定从正多边形圆心到各边中点的距离。用定点设备指定半径，决定正多边形的旋转角度和尺寸。指定半径值将以当前捕捉旋转角度绘制正多边形的底边，如图 2-49c 所示。

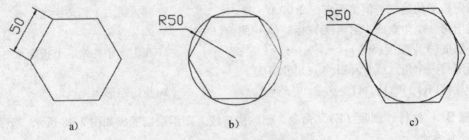

a)   b)   c)

图 2-49 绘制完成的图形

> **注意** 在绘制正多边形时，默认侧面数为 4，即默认绘制的是正方形。多边形最少由 3 条等长边组成，边数越多，形状越接近于圆。

2.3.4 实例——五角星的绘制

视频\02\五角星的绘制.avi
案例\02\五角星.dwg

下面以"多边形（POL）""圆环（DO）"等命令绘制五角星图形为例，介绍"多边形（POL）"及"圆环（DO）"命令的运用技巧。其操作步骤如下：

步骤 1 ▶ 正常启动 AutoCAD 2015 软件，在"快速工具栏"中单击"新建"按钮 ，新建一个图形文件；再单击"保存"按钮 ，将其保存为"案例 \ 02 五角星.dwg"文件。

步骤 2 ▶ 执行"绘图∣圆环"菜单命令，绘制一个圆环图形，如图 2-50 所示。命令行提示与操作如下：

命令：DONUT	\\ 执行"圆环"命令
指定圆环的内径 <120.0000>：120	\\ 输入内径值
指定圆环的外径 <140.0000>：140	\\ 输入外径值
指定圆环的中心点或 <退出>：	\\ 任意单击，并按"空格"键结束

步骤 3 ▶ 执行"绘图∣多边形"菜单命令，在圆环内绘制一个正五边形，如图 2-51 所示。命令行提示与操作如下：

命令：POL	\\ 执行"多边形（POL）"命令
POLYGON 输入侧面数 <5>：5	\\ 输入侧面数
指定正多边形的中心点或 ［边（E）］：	\\ 指定圆环圆心为中心点
输入选项 ［内接于圆（I）/外切于圆（C）］ <I>：I	\\ 选择"内接于圆"选项
指定圆的半径：60	\\ 输入内接于圆的半径值 60

图 2-50　绘制圆环

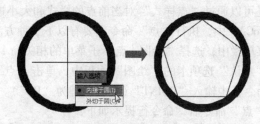

图 2-51　绘制正五边形

步骤 4 ▶ 执行"直线（L）"命令，连接间隔的两点绘制五角星轮廓，如图 2-52 所示。

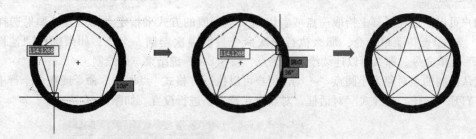

图 2-52　绘制五角星轮廓

步骤 5 ▶ 执行"删除"命令，删除正五边形，效果如图 2-53 所示。

步骤 6 ▶ 执行"填充"命令，选择"SOLTD"图案对五角星进行图案填充，效果如图 2-54 所示。至此，五角星图形绘制完成。

图 2-53　删除正五边形

图 2-54　绘制完成的五角星

步骤 7 ▶ 按"Ctrl + S"组合键将文件进行保存。

 注意　"删除（E）"命令和"填充（H）"命令，将在本书后面的章节中具体讲解。

2.4　点

在 AutoCAD 中，可以一次绘制单个点，也可以一次绘制多个点。用户可以通过"单点""多点""定数等分"和"定距等分"四种方式来创建点对象。

2.4.1　创建点

点对象可以作为捕捉对象的节点。通过"点（PO）"命令用户可以指定某一点的二维和三维位置。还可以通过"点样式"对当前点的样式和大小进行设置。

在 AutoCAD 中，执行"点"命令主要有以下三种方法：

➢ 在菜单栏中，选择"绘图 | 点"子菜单的相关命令，如图 2-55 所示。

➢ 在"默认"选项卡的"绘图"面板中，单击"点"按钮 。

➢ 在命令行中输入"POINT"（其快捷键为"PO"）。

执行"点"命令后，命令行提示如下：

POINT	\\ 执行"点（PO）"命令
当前点模式:PDMODE = 0　PDSIZE = 0.0000	\\ 当前点样式和大小
指定点：	\\ 在屏幕上指定点的位置

用户可以通过在屏幕上拾取一点或者以输入坐标值的方式来指定点的位置。如果选择的是"绘图 | 点 | 单点"菜单命令，那么执行一次命令只能一次绘制一个点；如果选择"绘图 | 点 | 多点"菜单命令，那么可以连续绘制多个点，按"Esc"键结束点的绘制。

默认绘制的点对象为小圆点"·"，用户可以执行"格式 | 点样式"命令或在命令行中输入"DDPTYPE"打开"点样式"对话框，对点样式及大小进行设置，如图 2-56 所示。

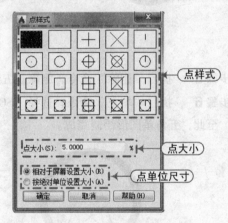

图 2-55　绘制点的几种方式　　　　图 2-56　"点样式"对话框

 注意　PDMODE：显示当前所使用的点样式；PDSIZE：显示当前点的大小。

2.4.2　定数等分

定数等分点，可把选定的直线或圆等对象等分成指定的份数，这些点之间的距离均匀分布。

在 AutoCAD 中，执行"定数等分（DIV）"命令主要有以下三种方法：

➢ 在菜单栏中，选择"绘图 | 点 | 定数等分"菜单命令。

➢ 在"默认"选项卡的"绘图"面板中，单击"定数等分"按钮 。

➢ 在命令行中输入"DIVIDE"命令（快捷键为"DIV"）。

执行"定数等分"命令后，命令行提示如下：

命令:DIVIDE	\\ 执行"定数等分"命令
选择要定数等分的对象：	\\ 选择定数等分对象
输入线段数目或 [块（B）]：	\\ 输入线段数量

例如，将圆对象定数等分成8等分，其操作步骤及效果如图2-57所示。

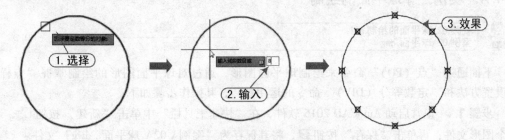

图2-57　定数等分圆效果

2.4.3　定距等分

定距等分点，是指在选定的对象上，按指定的长度放置点的标记符号。在 AutoCAD 中，执行"定数等分（ME）"命令主要有以下三种方法：

➢ 在菜单栏中，选择"绘图｜点｜定距等分"菜单命令。
➢ "默认"选项卡的"绘图"面板中单击"定距等分"按钮 ⚿ 。
➢ 在命令行中输入"MEASURE"（快捷键为 ME）。

执行"定数等分（ME）"命令后，命令行提示如下：

命令:MEASURE	\\ 执行"定距等分(ME)"命令
选择要定距等分的对象：	\\ 选择定距等分对象
指定线段长度或［块(B)］：	\\ 输入定距等分距离

例如，将160mm 的垂直线段，按照定距等分点的方式，以30mm 的长度来进行等分，其效果如图2-58所示。

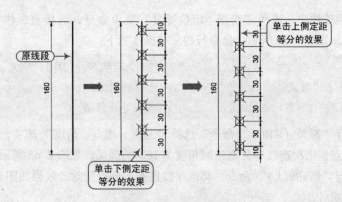

图2-58　定距等分线段

> 注意　"定数等分（DIV）"和"定距等分（ME）"命令的使用方法相似，只是"定距等分（DIV）"命令将点的位置放置在离拾取对象最近的端点处，从此端点开始以相等的距离计算度量点，直到余下部分不足一个间距为止。

2.4.4 实例——球平面的绘制

视频\02\球平面的绘制.avi
案例\02\球平面.dwg

下面通过"点（PO）"命令来绘制球平面图形，通过对球平面图形的绘制掌握"点样式"的设置方法和"定数等分（DIV）"命令的运用技巧，其操作步骤如下：

步骤 1 ▶ 正常启动 AutoCAD 2015 软件，在"快速工具栏"中单击"新建"按钮 🗋，新建一个图形文件；再单击"保存"按钮 💾，将其保存为"案例\ 02 \ 球平面 . dwg"文件。

步骤 2 ▶ 执行"圆（C）"命令，绘制一个直径为 70mm 的圆，如图 2-59 所示。

步骤 3 ▶ 执行"直线（L）"命令，连接圆的左右象限点绘制直线，如图 2-60 所示。

步骤 4 ▶ 设置点样式，在菜单栏中，选择"格式│点样式"命令，在弹出的对话框当中设置点样式及大小，如图 2-61 所示。

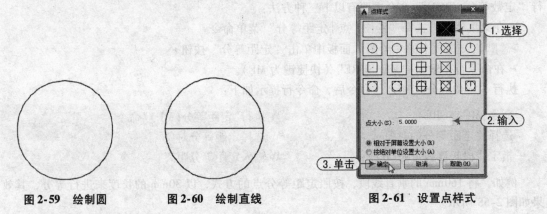

图 2-59　绘制圆　　　　图 2-60　绘制直线　　　　图 2-61　设置点样式

步骤 5 ▶ 在菜单栏中，选择"绘图│定数等分"菜单命令，选择直线作为定数等分对象，将直线等分为 6 份，如图 2-62 所示。命令行提示与操作如下：

命令:DIVIDE	\\ 执行"定数等分(DIB)"命令
选择要定数等分的对象:	\\ 选择圆对象
输入线段数目或［块(B)］:6	\\ 输入等分数量

步骤 6 ▶ 执行"圆弧（ARC）"命令，选择"起点、端点、角度"选项，分别以直线的左、右端点作为圆弧起点，依次连接等分点绘制角度为 180°的圆弧，如图 2-63 所示。

步骤 7 ▶ 执行"删除（E）"命令，将水平线段和等分点删除，效果如图 2-64 所示。至此，球平面图形绘制完成。

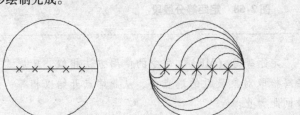

图 2-62　等分直线　　　　图 2-63　绘制圆弧　　　　图 2-64　绘制完成的球体

步骤 **8** ▶ 按 "Ctrl + S" 组合键将文件进行保存。

2.5 多段线

多段线是 AutoCAD 中最常用且功能较强的对象之一，它由一系列首尾相连的直线和圆弧组成，可以具有宽度，并可绘制封闭区域。因此，多段线可以替代一些 AutoCAD 对象，如直线、圆弧、实心体等。

2.5.1 绘制多段线

多段线的特点主要有两个：首先，多段线在 AutoCAD 中被作为一个对象，因此绘制三维图形时，常利用封闭多段线绘制二维图形的截面图形，然后再利用拉伸方法将其拉伸为三维图形；其次，由于多段线中每段直线或弧线的起始和终止宽度可以任意设置，因此可使用多段线绘制一些特殊符号或轮廓线。

在 AutoCAD 中，执行 "多线段" 命令主要有以下三种方法：

➤ 在菜单栏中，选择 "绘图 | 多段线" 菜单命令。

➤ 在 "默认" 选项卡的 "绘图" 面板中单击 "多段线（PL）" 命令按钮 ⌐⊃。

➤ 在命令行中输入 "PLINE"（快捷键为 "PL"）。

在执行 "多段线（PL）" 命令后，其命令行提示如下：

命令：PLINE	\\ 执行"多段线(PL)"命令
指定起点：	\\ 指定多段线起点
指定下一个点或［圆弧(A)/半宽(H)/长度(L)/	
放弃(U)/宽度(W)］：	\\ 指定下一个点

其中，命令行各主要选项含义如下：

➤ 圆弧（A）：用于从直多段线切换到圆弧多段线，如图 2-65 所示。

➤ 半宽（H）：设置多段线的半宽，如图 2-66 所示。

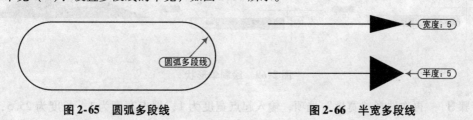

图 2-65　圆弧多段线　　　　　　　　　图 2-66　半宽多段线

➤ 长度（L）：用于设定新多段线的长度，如果前一段是直线，延长方向与该线相同；如果前一段是圆弧，延长方向为端点处圆弧的切线方向。

➤ 放弃（U）：用于取消前面刚刚绘制的一段多段线。

➤ 宽度（W）：用于设定多段线线宽，默认值为 0。多段线初始宽度和结束宽度可分别设置不同的值，从而绘制出诸如箭头之类的图形，如图 2-67 所示。

➤ 闭合：用于封闭多段线（用直线或圆弧）并结束 "多段线（PL）" 命令，该选项从指定第三点时才开始出现。

> **注意** 当用户设置了多段线的宽度时，可通过"FILL"变量来设置是否对多段线进行填充。
> 如果设置为"开（ON）"，则表示填充；若设置为"关（OFF），则表示不填充，如图 2-68
> 所示。

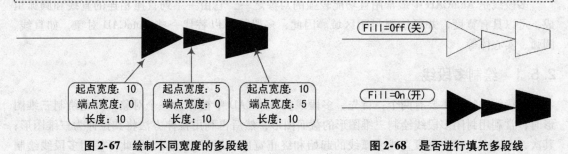

图 2-67 绘制不同宽度的多段线   图 2-68 是否进行填充多段线

2.5.2 实例——雨伞图形的绘制

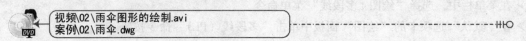

视频\02\雨伞图形的绘制.avi
案例\02\雨伞.dwg

下面以"多段线（PL）"命令绘制雨伞图形为例，介绍"多段线（PL）"命令的运用技巧。
绘制方法和操作步骤如下：

步骤 1 ▶ 正常启动 AutoCAD 2015 软件，在"快速工具栏"中单击"新建"按钮 🗋，新建
一个图形文件；再单击"保存"按钮 🖫，将其保存为"案例 \ 02 \ 雨伞 . dwg"文件。

步骤 2 ▶ 在菜单栏中，执行"绘图│多段线"命令，选择"宽度"选项，输入起点宽度为
0，端点宽度为 40，长度为 5，绘制一个伞形状，如图 2-69 所示。

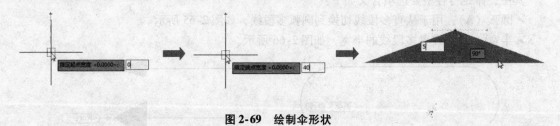

图 2-69 绘制伞形状

步骤 3 ▶ 再次选择"宽度"选项，输入起点宽度为 1，端点宽度为 1，长度为 25.5，绘制
伞杆，如图 2-70 所示。

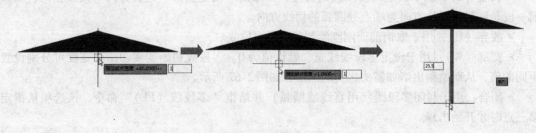

图 2-70 绘制伞杆

步骤 **4** ▶ 接着，选择"圆弧"选项，再选择"角度"选项，输入角度为180°，选择"半径"选项，输入半径值为5，绘制伞把，如图2-71所示。至此，雨伞图形绘制完成。

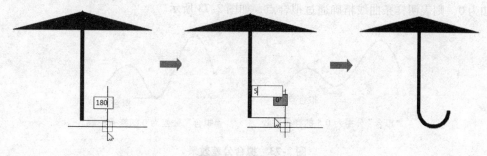

图 2-71　绘制伞把

步骤 **5** ▶ 按"Ctrl + S"组合键将文件进行保存。

2.6　样条曲线

在 AutoCAD 中，样条曲线是一种特殊的线段，用于绘制曲线、平滑度圆弧，它是通过或接近指定点的拟合曲线。在机械图形中，样条曲线主要用来绘制断面线、零件的三维示意图、汽车设计或地理信息系统（GIS）所涉及的曲线，如图2-72所示。

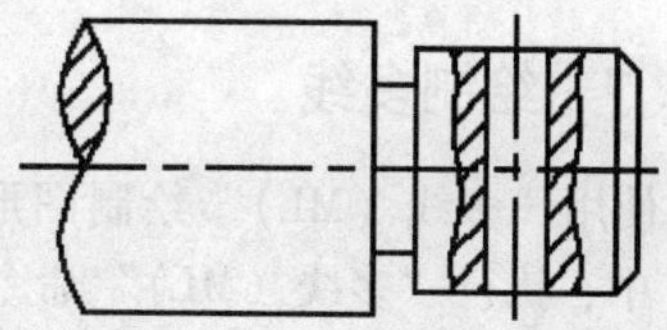

在 AutoCAD 中，执行"样条曲线"命令主要有以下三种方法：

➢ 在菜单栏中，选择"绘图|样条曲线"菜单命令。

图 2-72　利用样条绘制断面线示意图

➢ 在"默认"选项卡的"绘图"面板中，单击"样条曲线"按钮 ∿。

➢ 在命令行中输入"SPLINE"（快捷键为"SPL"）。

执行"样条曲线（SPL）"命令后，按照其命令提示行如下：

命令:SPLINE　　　　　　　　　　　　　　　　\\ 执行"样条曲线"命令
指定第一个点或［方式(M)/节点(K)/对象(O)］:
输入下一个点或［起点切向(T)/公差(L)］:
输入下一个点或［端点相切(T)/公差(L)/放弃(U)］:
输入下一个点或［端点相切(T)/公差(L)/放弃(U)/
　闭合(C)］:
输入下一个点或［端点相切(T)/公差(L)/放弃(U)/
　闭合(C)］:　　　　　　　　　　　　　　　　\\ 在非正交下依次指定点

其中，命令行各主要选项的含义如下：

➢ 指定第一个点：该默认选项提示用户指定样条曲线的起始点。确定起始点后，AutoCAD 提示用户指定第二点。在一条样条曲线中，至少应包括三个点。

➢ 对象：可以将已存在的由多段线生成的拟合曲线转换为等价样条曲线。选定此选项后，AutoCAD 提示用户选取一个拟合曲线。

➢ 指定下一个点：继续确定其他数据点。

53

➢ 闭合（C）：使样条曲线起始点、结束点重合，并使它在连接处相切。

➢ 拟合公差（F）：控制样条曲线对数据点的接近程度。公差越小，样条曲线就越接近拟合点。如为 0，则表明样条曲线精确通过拟合点，如图 2-73 所示。

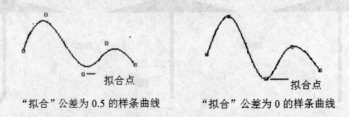

图 2-73　拟合公差效果

➢ 起点切向：按 Enter 键，AutoCAD 将提示用户确定样条曲线起点和端点的切向，然后结束该命令。

2.7　多线

多线是一种复合线，是由两条或两条以上的平行元素构成的复合线对象。

2.7.1　绘制多线

使用"多线（ML）"绘制图形能够大大提高绘图效率，保证图线之间的统一性。在 Auto-CAD 中，执行"多线（ML）"命令主要有以下两种方法：

➢ 在菜单栏中，执行"绘图 | 多线"菜单命令。

➢ 在命令行中输入"MLINE"（快捷键为"ML"）。

在执行"多线（ML）"命令后，其命令行提示如下，

命令:MLINE
指定起点或［对正(J)/比例(S)/样式(ST)］:

其中，命令行各主要选项的含义如下：

➢ 指定点：指定多线的起点。

➢ 对正：该选项用于设置多线的基准，共有三种对正类型。

  ◆ 上：在光标上方绘制多线，如图 2-74a 所示。

  ◆ 无：将光标作为原点绘制多线，如图 2-74b 所示。

  ◆ 下：在光标下方绘制多线，如图 2-74c 所示。

➢ 比例：设置多线平行线之间的间距。输入零时，平行线重合；输入负值时，多线的排列倒置。

➢ 样式：用于设置当前使用的多线样式。

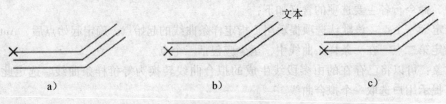

图 2-74　对正方式

2.7.2 定义多线样式

使用系统默认的多线样式，只能绘制由两条平行元素构成的多线，如果用户需要绘制其他样式的多线，需要执行"多线样式"命令进行设置。

在 AutoCAD 中，定义"多线样式（MLST）"主要有以下两种方法：

➤ 在菜单栏中，执行"格式│多线样式"菜单命令。

➤ 在命令行中输入"MLSTYLE"（快捷键为"MLST"）。

执行"多线样式（MLST）"命令后，系统将打开"多线样式"对话框。在该对话框当中用户可以对多线样式进行定义、保存和加载等操作，如图 2-75 所示。

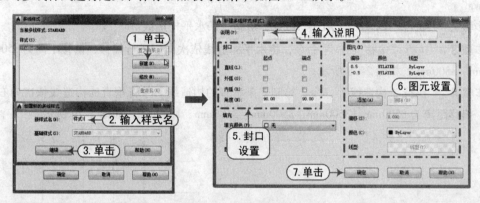

图 2-75　设置多线样式

2.7.3 编辑多线

启用"编辑多线"命令的执行方法如下：

➤ 在菜单栏中，执行"修改│对象│多线"菜单命令，如图 2-76 所示。

➤ 在命令行中输入"MLEDIT"。

执行"编辑多线"命令后，弹出如图 2-77 所示的"多线编辑工具"对话框。

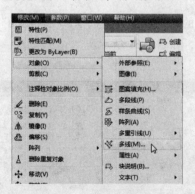

图 2-76　修改对象菜单

图 2-77　"多线编辑工具"对话框

通过"多线编辑工具"对话框，可以创建或修改多线的模式。对话框中多线编辑工具被分为四列，第一列是十字交叉形式的，第二列是 T 形式的，第三列是拐角结合点和节点，第四列是多线被剪切和被连接的形式，用户可以根据需要选择相应的示例图形。

2.7.4 实例——墙体的绘制

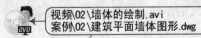

视频\02\墙体的绘制.avi
案例\02\建筑平面墙体图形.dwg

下面以"多线（ML）"命令绘制建筑平面墙体为例，介绍"多线（ML）"、定义"多线样式"以及"编辑多线"的运用技巧。其操作步骤如下：

步骤 1 ▶ 正常启动 AutoCAD 2015 软件，在"快速工具栏"中单击"新建"按钮，新建一个图形文件；再单击"保存"按钮，将其保存为"案例 \ 02 \ 建筑平面墙体图形 . dwg"。

步骤 2 ▶ 执行"构造线（XL）"命令，绘制一条水平构造线。

步骤 3 ▶ 执行"偏移（O）"命令，将水平构造线依次向下进行偏移，偏移距离为 3500mm、1200mm、3500mm，如图 2-78 所示。

步骤 4 ▶ 执行"构造线"命令，绘制一条垂直的构造线，并将垂直的构造线依次向右进行偏移，偏移距离为 3500mm、3500mm、3500mm、3500mm、1200mm，如图 2-79 所示。

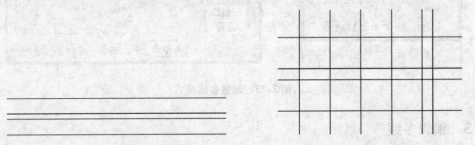

图 2-78 偏移构造线　　　　　　　　　图 2-79 绘制并偏移构造线

步骤 5 ▶ 执行"格式｜多线样式"菜单命令，打开"多线样式"对话框，单击"新建"按钮，在打开的"创建新的多线样式"对话框中，设置样式名为"墙体"，单击"继续"按钮，如图 2-80 所示。

步骤 6 ▶ 单击勾选"封口"选项组中的直线的起点和端点复选框，在"图元"选项组中，设置偏移值分别为 120、-120，单击"确定"按钮，如图 2-81 所示。

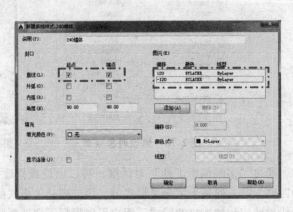

图 2-80 新建多线样式　　　　　　　　图 2-81 设置"墙体样式"内容

步骤 **7** ▶ 执行"多线（ML）"命令，选择"对正"选项，将对正类型设为"无（Z）"选择"比例"选项，将比例设置为1。

步骤 **8** ▶ 在辅助线右下角点处，单击指定多段线起点，然后依次单击指定轴交点绘制多线，如图2-82所示。

步骤 **9** ▶ 按"Enter"键激活"多线（ML）"命令，绘制如图2-83所示的墙体。

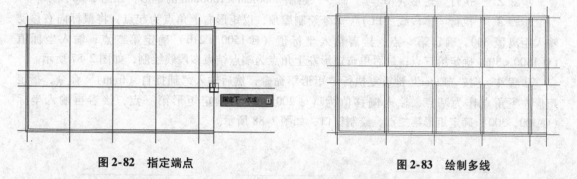

图 2-82　指定端点　　　　　　　　　　　　图 2-83　绘制多线

步骤 **10** ▶ 在菜单栏中，执行"修改|对象|多线"菜单命令，打开"多线编辑工具"对话框，单击"T形合并"按钮，对相应多线进行T形合并操作，如图2-84所示。

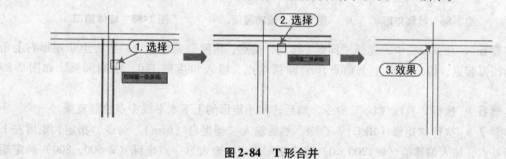

图 2-84　T形合并

步骤 **11** ▶ T形合并操作完成后，删除辅助线，效果如图2-85所示。至此，墙体绘制完成。

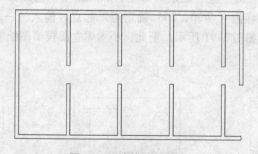

图 2-85　墙体绘制效果

步骤 **12** ▶ 按"Ctrl＋S"组合键将文件进行保存。

2.8　上机练习——绘制小木屋模型立面图

下面以"矩形（REC）""多段线（PL）""圆弧（A）"等绘图命令绘制小木屋模型立面图

为例，进一步介绍二维绘图命令的绘制技巧。其操作步骤如下：

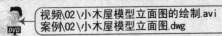

视频\02\小木屋模型立面图的绘制.avi
案例\02\小木屋模型立面图.dwg

　　步骤**1** ▶ 正常启动 AutoCAD 2015 软件，在"快速工具栏"中单击"新建"按钮 ，新建一个图形文件；再单击"保存"按钮 ，将其保存为"案例 \ 02 \ 小木屋立面模型图 . dwg"。

　　步骤**2** ▶ 执行"矩形（REC）"命令，绘制 2000mm×1000mm 的矩形，如图 2-86 所示。

　　步骤**3** ▶ 执行"多段线（PL）"命令绘制屋顶，以矩形右上角点为起点，将鼠标向右移动输入距离值 300，确定第一点；接着输入坐标值（@1500 < 210）确定第二点；输入坐标值（@1500 < 30）确定第三点；最后单击矩形左上角点为端点结束多段线绘制，如图 2-87 所示。

　　步骤**4** ▶ 按"Enter"键重复执行"矩形"命令，然后输入"捕捉自（from）"命令，指定矩形左下角点作为基点，输入偏移值为（@200，300）确定矩形第一点，接着再输入坐标（@300，300）确定矩形第二点，绘制窗口，如图 2-88 所示。

图 2-86　绘制矩形　　　　图 2-87　绘制屋顶　　　　图 2-88　墙体窗口

　　步骤**5** ▶ 在菜单栏中，选择"圆弧 | 起点、端点、角度"菜单命令，指定上步矩形右上角点作为圆弧起点，指定矩形左上角点作为圆弧端点，输入角度值 180，绘制圆弧，如图 2-89 所示。

　　步骤**6** ▶ 执行"直线（L）"命令，然后连接小矩形的上下水平线中点绘制直线。

　　步骤**7** ▶ 执行"矩形（REC）"命令，然后输入"捕捉自（from）"命令，指定大矩形左下角点为基点，输入偏移值（@1200，0）确定矩形起点，输入另一点坐标（@500，800）确定矩形另一点，绘制门框，如图 2-90 所示。

　　步骤**8** ▶ 按"Enter"键重复"矩形"命令，然后输入"捕捉自（from）"命令，指定门框左下角点为基点，输入偏移值（@20，20）确定矩形起点，输入另一点坐标（@460，760）确定矩形另一点，绘制门，如图 2-91 所示。至此，小木屋立面模型图绘制完成。

图 2-89　绘制圆弧　　　　图 2-90　绘制门框　　　　图 2-91　绘制完成的图形

　　步骤**9** ▶ 按"Ctrl + S"组合键将文件进行保存。

本 章 小 结

本章主要学习了 AutoCAD 常用绘图工具的使用方法和操作技巧，包括"直线（L）""圆

（C）"和"圆弧（A）""椭圆（EL）"和"椭圆弧""平面图形""点（PO）""多段线（PL）"
"样条曲线（SPL）""多线（ML）"等绘图命令。关于直线类命令，需要掌握"直线（L）""构
造线（XL）"的绘制方法和技巧；关于圆类命令，需要掌握"圆（C）""圆弧（A）""椭圆
（EL）"及"椭圆弧"的绘制方法和技巧；关于平面图形类命令，需要掌握"矩形（REC）""正
多边形（POL）"的绘制方法和技巧；关于点类命令，需要掌握点样式设置方法、"单点"和
"多点"的绘制以及"定数等分（DIV）"和"定距等分（ME）"的操作。

第 3 章
面域与图案填充

课前导读

在 AutoCAD 中，面域指的是具有边界的平面区域，它是一个面对象，内部可以包含孔。从外观来看，面域和一般的封闭线框没有区别，但实际上面域就像是一张没有厚度的纸，除了包括边界外，还包括边界内的平面。

图案填充则是一种使用指定线条图案来充满指定区域的图形对象的操作，常常用于表达剖切面和不同类型物体对象的外观纹理等，被广泛应用在绘制机械图、建筑图及地质构造图等各类图形中。

本章要点

- 熟悉面域的概念和创建方法。
- 掌握面域的布尔运算。
- 掌握图案填充的方法。
- 掌握编辑填充的图案。
- 上机练习——绘制面域图形。

3.1　面域

在 AutoCAD 中，"面域"是闭合的形状或环创建的二维区域，它是二维实体，而不是二维图形。可将面域看成是一个平面实心的区域对象，转换成的面域除具备实体模型的一切特性外，还含有边的信息以及边界内的信息，可以利用这些信息计算工程属性，如面积、重心等。面域与二维图形的区别是，面域不仅包括封闭的边界的形状，还包括边界内的平面，就像是一个没有厚度的平面。

3.1.1　创建面域

在 AutoCAD 中，用户可以将由某些对象围成的封闭区域转换为面域，这些封闭区域可以是圆、椭圆、封闭的二维多段线或封闭的样条曲线等对象，也可以是由圆弧、直线、二维多段线、椭圆弧、样条曲线等对象构成的封闭区域。

执行"面域"命令主要有以下三种方法：

➢ 在菜单栏中，执行"绘图 | 面域"菜单命令。

➤ 在"默认"选项卡的"绘图"面板中,单击"面域"命令按钮◻。

➤ 在命令行中输入"REGION"(其快捷键为"REG")。

面域不能直接被创建,只能通过其他闭合图形进行转化。在执行"面域"命令后,只需选择封闭的图形对象或封闭轮廓,即可将其转化为面域。

下面以将四条直线绘制的矩形作为面域对象为例,介绍面域的创建,其操作步骤如下:

步骤 **1** ▶ 在"绘图"面板中,单击"面域"按钮◻,然后选择构成面域的第 1 条直线。

步骤 **2** ▶ 依次选择所有的边,并按"空格键"确认,所选的线段即构成面域,效果如图 3-1 所示。其命令提示过程如下:

命令:REGION
选择对象:找到 1 个
选择对象:找到 1 个,总计 2 个
选择对象:找到 1 个,总计 3 个
选择对象:找到 1 个,总计 4 个   \\ 依次选择闭合的边
选择对象:
已提取 1 个环。
已创建 1 个面域。   \\ 提示创建面域

> **注意** 默认情况下,面域后的图形是一个整体,但视觉上与原图形并没有多大变化,在这里需要将"视觉样式"调整成"概念"或者"灰度"模式,将会看到创建的面,如图 3-1 所示。

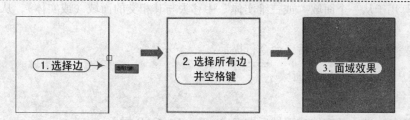

图 3-1   面域操作

> **注意** 生成面域的轮廓必须是封闭的,轮廓上的每个端点只能够连接两条线,这些线既不能彼此相交,也不能自己相交。如图3-2 所示,只有图3-2a 可以生成面域,而图3-2b 和图3-2c 均不能生成面域。

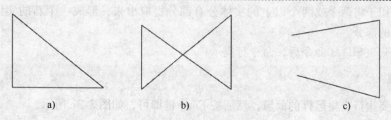

图 3-2   面域对象

3.1.2 面域的布尔运算

布尔运算是数学上的一种逻辑运算。在 AutoCAD 中绘图时使用布尔运算，可以大大提高绘图效率，尤其是绘制比较复杂的图形时。布尔运算的对象只包括实体和共面的面域，对于普通的线条图形对象，则无法使用布尔运算。

在 AutoCAD 2015 中，用户可以对面域执行"并集""差集"及"交集"三种布尔运算，其执行方法主要有以下三种：

➢ 在菜单栏中，选择"修改│实体编辑│并集（差集或交集）"菜单命令。

➢ "三维基础"空间模式下，在"默认"选项卡的"编辑"面板中单击"并集"按钮 ⓪ （"差集"按钮⓪或"交集"按钮⓪）。

➢ 在命令行中输入并集"UNION"（快捷键为"UNI"）、交集"INTERSECT"（快捷键为"IN"）、差集"SUBTRACT"（快捷键为"SU"）。

1. 并集运算

并集运算用于将两个或两个以上的面域（或三维实体），组合成一个新的对象。用于并集的两个对象可以相交，也可以不相交。

执行"并集（UNI）"命令后，命令行提示：

选择对象：

用户在选择需要进行并集运算的面域后按 Enter 键，AutoCAD 即可对所选择的面域执行并集运算，将其合并为一个图形，效果如图 3-3a 所示。

2. 差集运算

差集运算用于从一个面域"或三维实体"中移去与其相交的面域（或实体），从而形成新的组合实体。

执行"差集（SU）"命令后，命令行提示：

选择要从中减去的实体或面域…
选择对象：

在选择要从中减去的实体或面域后按 Enter 键，AutoCAD 提示：

选择要减去的实体或面域：
选择对象：

选择要减去的实体或面域后按 Enter 键，AutoCAD 将从第一次选择的面域中减去第二次选择的面域，如图 3-3b 所示。

3. 交集运算

交集运算用于将两个或两个以上的实体公有部分提取出来，形成一个新的实体，同时删除公共部分以外的部分。

执行"交集（SU）"命令后，命令行提示：

选择对象：

此时选择要执行交集运算的面域，然后按 Enter 键即可，如图 3-3c 所示。

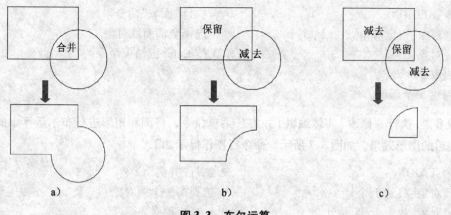

图 3-3　布尔运算

在执行"差集"命令时，当选择被减去对象后需要按 Enter 键，然后选择需要减去的
对象。

3.1.3　实例——扳手的绘制

视频\03\扳手的绘制.avi
案例\03\扳手.dwg

下面通过"面域"命令和面域的布尔运算绘制一个"扳手"图形，其操作步骤如下：

步骤 **1** ▶ 正常启动 AutoCAD 2015 软件，在"快速工具栏"中，单击"新建"按钮 □，新
建一个图形文件；再单击"保存"按钮 □，将其保存为"案例 \ 03 \ 扳手 . dwg"文件。

步骤 **2** ▶ 执行"矩形（REC）"命令，绘制矩形，如图 3-4 所示。矩形的点坐标分别为
（50，50）、（100，40）。

步骤 **3** ▶ 执行"圆（C）"命令，绘制两个半径为 10mm 的圆，其中一个圆的圆心坐标为
（50，45），另一个圆的圆心坐标为（100，45），如图 3-5 所示。

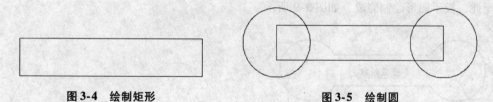

图 3-4　绘制矩形　　　　　　　　　　图 3-5　绘制圆

步骤 **4** ▶ 执行"正多边形（POL）"命令，绘制两个外接圆半径为 5.8mm 的正六边形。其
中一个正六边形的中心点坐标为（42.5，41.5）；另一个正六边形的中心点坐标为（107.4，
48.2），如图 3-6 所示。

步骤 **5** ▶ 执行"绘图｜面域"命令，将所有图形进行面域，面域过程中，命令行提示
如下：

> 命令:REGION   \\ 执行"面域"命令
> 选择对象:指定对角点:找到 5 个   \\ 选择全部面域对象
> 选择对象: \\ 按 Enter 键结束命令
> 已提取 5 个环。
> 已创建 5 个面域。

步骤6 ▶ 执行"修改│实体编辑│并集"菜单命令,将圆和矩形进行布尔运算中的并集操作,并集后的图形效果,如图3-7所示。命令行操作提示如下:

> 命令:UNION   \\ 执行"并集"命令
> 选择对象:找到 1 个   \\ 选择第一个圆对象
> 选择对象:找到 1 个,总计 2 个   \\ 选择矩形对象
> 选择对象:找到 1 个,总计 3 个   \\ 选择第二个圆对象
> 选择对象: \\ 结束"并集"操作

图3-6 绘制正多边形

图3-7 并集操作

步骤7 ▶ 执行"修改│实体编辑│差集"菜单命令,将并集后的图形进行布尔运算中的差集操作,如图3-8所示。命令行操作提示如下:

> 命令:SUBTRACT   \\ 执行"差集"命令
> 选择要从中减去的实体、曲面和面域…   \\ 选择圆和矩形对象,按回车键确定
> 选择对象:找到 1 个   \\ 选择一个正六边形
> 选择对象:找到 1 个,总计 2 个   \\ 选择另一个正六边形
> 选择对象: \\ 按回车键确定

至此,扳手图形绘制完成,如图3-9所示。

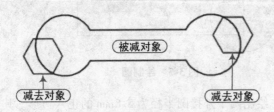

图3-8 差集操作

图3-9 扳手图形

步骤8 ▶ 按"Ctrl + S"组合键,将文件进行保存。

3.2 图案填充

在 AutoCAD 中,图案填充是指用图案去填充图形中的某个区域,以表达该区域的特征。图

案填充的应用非常广泛，例如，在机械工程图中，图案填充用于表达一个剖切的区域，并且不同的图案填充表达不同的零部件或者材料。

3.2.1　基本概念

在利用图案填充命令绘图前，用户首先需要掌握以下几个图案填充的基本概念。

1. 填充图案是一个整体对象

填充图案是由系统自动工作过程中得到的一个内部块，所以在处理填充图案时，用户可以把它作为一个块实体来对待。这种块的定义和调用在系统内部自动完成，因此用户感觉与绘制一般的图形没有什么差别。

2. 图案边界

当进行图案填充时，首先要确定填充图案的边界。定义边界的对象只能有直线、圆弧、圆和二维多段线等组成，并且必须在当前屏幕上全部可见。

3. 孤岛

在进行图案填充时，把位于总填充区域内的封闭区域成为孤岛。用户可以使用以下三种样式填充孤岛：普通、外部和忽略。

➤ **普通**：此填充样式为默认的填充样式，这种样式将从外部向内填充。如果填充过程中遇到内部边界，填充将关闭，直到遇到另一个边界为止，如图 3-10a 所示。

➤ **外部**：此填充样式也是从外部边界向内填充，并在下一个边界出停止，如图 3-10b 所示。

➤ **忽略**：此填充样式将忽略内部边界，填充给整个闭合区域，如图 3-10c 所示。

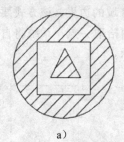  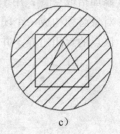

a)　　　　　　　　　　　　　b)　　　　　　　　　　　　　c)

图 3-10　孤岛的三种填充样式

使用普通孤岛检测时，如果所指定的是内部拾取点，则该孤岛不会进行图案填充，而孤岛内的孤岛将会进行图案填充。

4. 填充图案和边界的关系

填充图案和边界的关系可分为相关和无关两种。相关填充图案是指这种图案与边界相关，当边界修改后，填充图案也会自动更新，即重新填充满新的边界。无关填充图案是指这种图案与边界无关，当边界修改后，填充图案不会自动更新，依然保持原状态。

5. 填充图案的可见性控制

在填充图案时，用户可以使用"FILL"命令来控制填充图案的可见与否，填充后的图案可以显示出来，也可以不显示出来。

在命令提示行输入"FILL"命令并按 Enter 键，命令行执行过程如下：

```
命令:FILL
输入模式［开(ON)/关(OFF)］＜开＞:ON    \\输入选项,ON 显示填充图案,OFF 不显示
                                           填充图案
```

> 注意 在执行"Fill"命令时，需要立即执行"视图|重生成"菜单命令才能观察到填充图案显示或隐藏后的效果。

3.2.2 图案填充的操作方法

在了解完基本的图案填充概念之后，接下来根据基本的填充概念，利用指定的图案为某一封闭的区域进行图案填充操作。执行"图案填充"命令主要有以下三种方法：

➢ 在菜单栏中，选择"绘图|图案填充（或渐变色）"菜单命令。

➢ 在"默认"选项卡的"绘图"面板中，单击"图案填充"按钮。

➢ 在命令行中输入"BHATCH"（快捷键"H"）。

用上述方法执行"图案填充"命令后，系统将自动弹出如图 3-11 所示的"图案填充创建"选项卡，其中选项卡中选项组及按钮的含义如下：

图 3-11　绘制两条射线

➢ "边界"选项组：用于指定是否将填充边界保留为对象，并确定其对象类型。

◆ 添加拾取点▣：用于根据图中现有的对象自动确定填充区域的边界，该方式要求这些对象必须构成一个闭合区域。单击该按钮，在闭合区域内拾取一点，系统将自动确定该点的封闭边界，并将边界加粗加亮显示，如图 3-12 所示。

原图形　　　　　　　　　拾取点　　　　　　　　　填充后

图 3-12　添加拾取点

◆ 添加选择对象▣：以选择对象的方式确定填充区域的边界，用户可以根据需要选择构成填充区域的边界，如图 3-13 所示。

◆ 删除边界▣：用于从边界定义中删除以前添加的任何对象，如图 3-14 所示。

◆ 重新创建▣：围绕选定的图形边界或填充对象创建多段线或面域，并使其与图案填充对象相关联（可选）。如果未定义图案填充，则此选项不可选用。

➢ "图案填充"选项组：可以选择图案填充的样式，单击其右侧的上下按钮可选择相应图案，单击下拉按钮即可在下拉列表中选择所需的预定义图案，如图 3-15 所示。

➢ "特性"选项组：用于设定填充图案的属性，其含有四个选项：图案样式和类型，以及填充颜色、填充比例等，如图 3-16 所示。

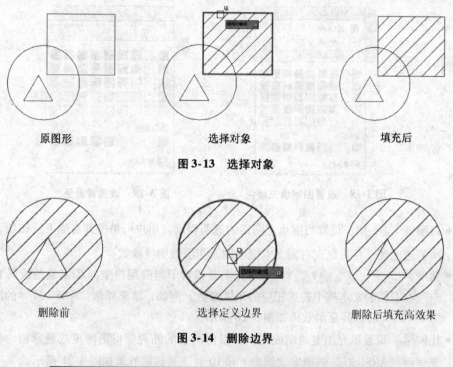

原图形　　　选择对象　　　填充后

图 3-13　选择对象

删除前　　　选择定义边界　　　删除后填充高效果

图 3-14　删除边界

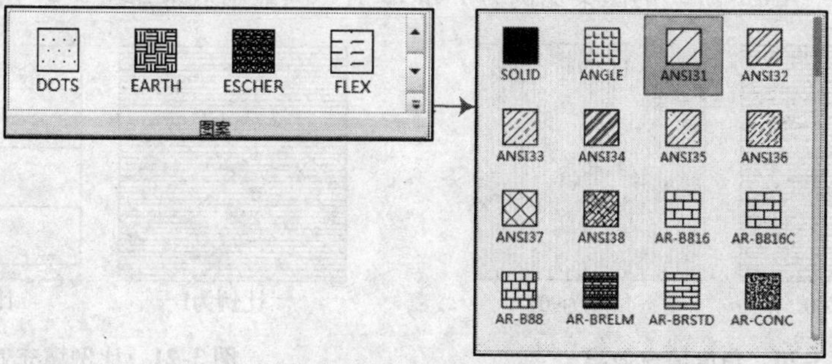

图 3-15　图案选项组

- 图案填充类型 ：用于显示当前图案类型及设置填充图案的类型，其中包括实体、渐变色、图案和用户定义，如图 3-17 所示。

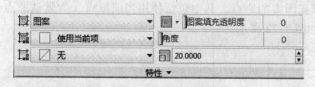

图 3-16　“特性”选项组

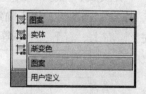

图 3-17　图案填充类型

- 图案填充颜色 ：用于显示和设置当前图案的填充颜色。单击右侧下拉按钮，显示可用颜色，如图 3-18 所示。
- 背景色 ：用于显示和设置当前填充图案的背景色。单击右侧下拉按钮，可选择背景颜色，如图 3-19 所示。

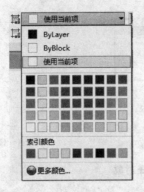

图 3-18　设置图案填充颜色

图 3-19　设置背景色

◆ 透明度 ▦：用于设置当前填充图案的透明程度。用户可单击其右侧下拉按钮，选择相
应的透明度，还可以在右侧文本框中输入相应透明度参数。

◆ 角度 角度 ▭ 0：指定填充图案相对于当前用户坐标系 X 轴的旋转角度，用
户可在右侧的文本框中输入相应的角度参数。例如，填充样例"ANSI-31"的图案角度
为 0°和 90°时，其显示效果如图 3-20 所示。

◆ 比例 ▯：设置填充图案的缩放比例，以使图案的外观变得更稀疏或更紧密。例如，填
充样例"ANSI-31"的图案比例为 1 和 10 时，其显示效果如图 3-21 所示。

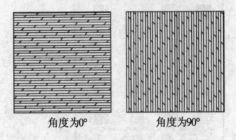

角度为0°　　　　角度为90°

图 3-20　角度填充效果

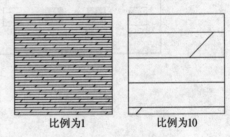

比例为1　　　　比例为10

图 3-21　比例填充效果

◆ 图案填充图层替代 ▧：使用为图案填充指定的图层替代当前图层。

◆ 双向 ▦：只有设置"类型"为"用户定义"时，该参数才能被激活，用于绘制与原始
直线成 90°的另一组直线。

➢"原点"选项组：用于确定填充图案的原点。其中包括使用当前原点（为默认原点）、左
下、左上、右上、右下、中心等，如图 3-22 所示。

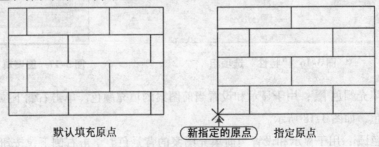

默认填充原点　　　　（新指定的原点）　指定原点

图 3-22　原点设置

➢ "选项"选项组：用于设置填充图案的关联性、注释性及特性匹配。

◆ 关联性 ▨：控制用户修改填充图案边界时，是否自动更新图案填充。

◆ 注释性 ▲：指定根据视口比例，自动调整填充图案比例

◆ 特性匹配 ▨：使用选定的图案填充特性设置图案填充特性，图案填充原点除外。

➢ "关闭"选项组 ✖：单击按钮关闭图案填充选项卡，退出"图案填充"命令。

注意 执行"图案填充"命令后，要填充的区域没有被填入图案，或者全部被填入白色或黑色。

出现这种情况，都是因为"图案填充"对话框中的"比例"设置不当所致。要填充的区域没有被填入图案，或只能看到图案中少数局部花纹，是因为比例过大所致。反之，如果比例过小，要填充的图案被无限缩小之后，看起来就像一团色块，如果背景是白色，色块将以黑色显示，如果背景是黑色，则色块以白色显示。这就是图案没有被填入和全部被填的原因。用户只需调整适当的比例因子，即可解决这些问题。

3.2.3 编辑填充的图案

如果对绘制完的填充图案感到不满意，用户可以通过执行"编辑图案填充"命令随时进行修改。可以通过以下三种方法执行"编辑图案填充"命令：

➢ 在菜单栏中，执行"修改|对象|图案填充"菜单命令。

➢ 在"默认"选项卡的"修改"面板的下拉列表中，单击"图案填充"按钮 ▨。

➢ 在命令行中输入"HATCHDIT"。

执行"编辑图案填充"命令后，选择需要编辑的填充图案，系统将自动打开"图案填充编辑器"选项卡，如图 3-23 所示。在该选项卡中，各选项的含义与"图案填充创建"选项卡含义相同，用户可以在此对已填充图案进行一系列的编辑修改。在编辑和修改过程中有许多选项都以灰色显示，表示当前不能选择或不可编辑。

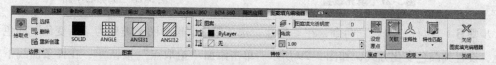

图 3-23 "图案填充编辑器"选项卡

3.2.4 实例——春色花园的绘制

视频\03\春色花园的绘制.avi
案例\03\春色花园.dwg

步骤 1 ▶ 正常启动 AutoCAD 2015 软件，在"快速工具栏"中单击"新建"按钮 ▢，新建一个图形文件；再单击"保存"按钮 ▤，将其保存为"案例\03\春色花园.dwg"文件。

步骤 2 ▶ 执行"矩形"和"样条曲线"命令，绘制花园图形，如图 3-24 所示。

步骤 3 ▶ 执行"填充"命令，在"图案填充创建"选项卡中的"图案"选项组中，单击右下角的下拉按钮，选择图案"GRAVEL"为填充图案，如图 3-25 所示，接着在"特性"选项组中图案填充比例设置为 3。

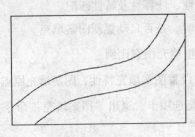

图 3-24　花园外形

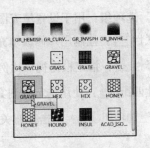

图 3-25　选择图案"GRAVEL"

　　步骤 4 ▶ 在"图案填充创建"选项卡中的"边界"选项组中单击添加"拾取点"按钮，在两条样条曲线组成的小路上拾取一点，完成鹅卵石小路的绘制，如图 3-26 所示。

　　步骤 5 ▶ 执行"填充"命令，在"特性"选项组中，选择图案类型为"用户定义"，角度设置为 45°，颜色为绿色，比例为 20，单击"双向"按钮，如图 3-27 所示。接着单击添加"拾取点"按钮，在样条曲线上方拾取一点，完成草坪的绘制，如图 3-28 所示。

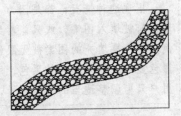

图 3-26　鹅卵石小路

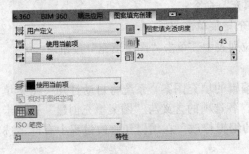

图 3-27　填充设置

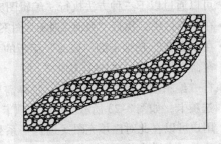

图 3-28　鹅卵石小路

　　步骤 6 ▶ 执行"填充"命令，在"特性"选项组中，选择图案类型为"渐变色"颜色设为绿色，设置其颜色变化方式，如图 3-29 所示。单击添加"拾取点"按钮，在样条曲线下方拾取一点，完成池塘的绘制。至此，春色花园绘制完成，如图 3-30 所示。

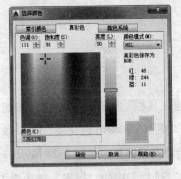

图 3-29　填充设置

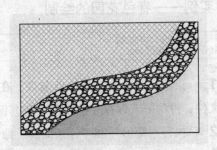

图 3-30　春色花园

　　步骤 7 ▶ 单击"保存"按钮，将文件保存。

3.3 上机练习——绘制面域图形

视频\01\绘制面域图形.avi
案例\01\面域.dwg

下面利用本章3.1所学的面域知识，绘制如图3-31所示的面域。首先执行"圆（C）""正多边形（POL）"命令，绘制图形轮廓；再执行"面域（REG）"命令将图形进行面域转换，最后进行布尔运算。

步骤 1 ▶ 正常启动 AutoCAD 2015 软件，在"快速工具栏"中单击"新建"按钮 🗋，新建一个图形文件；再单击"保存"按钮 🖫，将其保存为"案例\03\面域.dwg"文件。

步骤 2 ▶ 执行"圆（C）"命令绘制直径为 180mm 的圆，如图 3-32 所示。

步骤 3 ▶ 执行"正多边形（POL）"命令，以圆心为中心点绘制一个内接于圆且半径为 40mm 的圆的正八边形，如图 3-33 所示。

图 3-31 图形效果　　　　图 3-32 绘制圆　　　　图 3-33 绘制正多边形

步骤 4 ▶ 再次执行"圆（C）"命令，并在"对象捕捉"设置中单击"捕捉到象限点"按钮，然后以大圆的象限点为圆心，绘制一个半径为 25mm 的圆，如图 3-34 所示。

步骤 5 ▶ 执行"复制（CO）"命令，将半径为 25mm 的圆复制到圆的 3 个象限点位置，如图 3-35 所示。

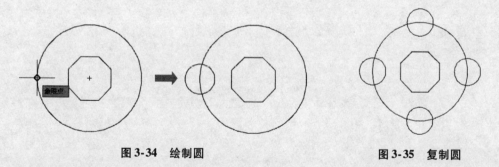

图 3-34 绘制圆　　　　　　　　图 3-35 复制圆

步骤 6 ▶ 在菜单栏中，选择"绘图｜面域"菜单命令，并在绘图窗口中选择大圆和4个小圆，然后按"Enter"键，将其转换为面域。

步骤 7 ▶ 在菜单栏中，选择"修改｜实体编辑｜差集"菜单命令，选择大圆作为要从中减去的面域，按"Enter"键后，依次单击4个小圆作为被减去的面域，然后再按"Enter"键，即可得到经过差集运算后的新面域，如图3-31所示。至此，面域图形绘制完成。

步骤 8 ▶ 按"Ctrl＋S"组合键，将面域图形进行保存。

本 章 小 结

通过本章的学习，读者应了解并掌握了基本图形的面域操作及图案填充操作。

面域是将由对象组成的封闭区域转换为具有一切实体模型特征的二维平面。转换成面域后的图形即可进行面域的布尔运算，即并集、交集和差集。

图案填充是将重复绘制的某些图案填充到图形的某一个区域的操作，从而表达该区域的相应特征。

第4章
精确绘图

课前导读

在绘图时，灵活运用 AutoCAD 所提供的绘图工具进行准确定位，可以有效地提高绘图的精确性和效率。在 AutoCAD 2015 中，可以使用系统提供的正交、栅格、对象捕捉、对象捕捉追踪等功能，在不输入坐标的情况下快速、精确地绘制图形。

本章要点

- 掌握定位点的方法。
- 对象捕捉的功能的应用。
- 对象追踪功能的应用。
- 对象约束功能的应用。
- 上机操作——绘制垫片轮廓图形。

4.1 精确定位工具

AutoCAD 为方便用户绘图，提供了一系列辅助工具，这些工具被称为辅助绘图工具。用户可以在绘图之前设置相关的辅助功能，也可以在绘图过程中根据需要进行设置。

辅助绘图功能主要包括正交模式（规定绘制垂直和水平直线）、栅格显示（控制绘图区域是否显示栅格）、对象捕捉（用于精确定位）等，这些功能位于工作界面最底端的状态栏中，如图 4-1 所示。

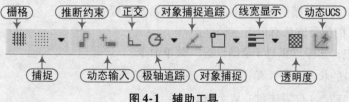

图 4-1 辅助工具

> **注意** 单击这些辅助绘图工具按钮，就可以打开或者关闭相应的功能。以"正交模式"为例，如果该功能处于关闭状态，则按钮显示为灰色状态，如果该功能处于启动状态，则按钮显示为亮色，单击该按钮就可以在关闭和打开之间切换。其他功能亦是如此。

4.1.1 正交模式

在绘图过程中，经常需要绘制水平直线和垂直直线。若用鼠标拾取线段的端点和终点，很难严格确保所绘直线水平和垂直，为解决此问题，AutoCAD 提供了正交功能，启用正交模式，用户即可轻松绘制水平或垂直直线，或者将对象仅沿水平或垂直方向移动，为绘图带来很多方便。

打开或关闭"正交模式"的方法有以下三种方法：

➤ 程序窗口的状态栏中单击"正交模式"按钮 。

➤ 在命令行中输入"ORTHO"。

➤ 按快捷键"F8"。

打开正交功能后，只能在水平或垂直方向画线或指定距离，而不管光标在屏幕中的位置。其线的方向取决于光标在 X、Y 轴方向上的移动距离。如果 X 轴方向的距离比 Y 轴方向大，则画水平线；反之，则画垂直线。

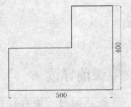

图 4-2 "正交"绘图

下面通过绘制如图 4-2 所示的图形，介绍"正交模式"功能使用方法和操作技巧。命令执行过程如下：

命令：LINE	\\ 执行"直线"命令
指定第一个点：	\\ 在绘图区拾取一点作为起点
指定下一点或［放弃(U)］：500	\\ 将光标向右移动，输入 500 按回车键
指定下一点或［放弃(U)］：400	\\ 将光标向上移动，输入 400 按回车键
指定下一点或［闭合(C)/放弃(U)］：200	\\ 将光标向左移动，输入 200 按回车键
指定下一点或［闭合(C)/放弃(U)］：200	\\ 将光标向下移动，输入 200 按回车键
指定下一点或［闭合(C)/放弃(U)］：300	\\ 将光标向左移动，输入 300 按回车键
指定下一点或［闭合(C)/放弃(U)］：c	\\ 输入 c 按回车键闭合图形

> **注意** "正交模式"不能与极轴追踪模式同时开启。"正交模式"仅在用鼠标直接选取屏幕上某点时起作用，但无法限制在动态输入工具提示或者命令行当中输入相对或绝对坐标值。

4.1.2 栅格显示

用户可以应用栅格显示工具使绘图区显示网格，它是一种形象的绘图工具，就像传统的坐标一样。本节当中将讲解栅格显示的执行方法及其参数设置方法。

"栅格显示"的执行方法有以下三种：

➤ 在菜单栏中，选择"工具|草图设置"菜单命令。

➤ 在程序窗口的状态栏中，单击"栅格显示"按钮 。

➤ 按快捷键"F7"（仅限于打开或关闭）。

执行"工具|草图设置"菜单命令后，系统将弹出"草图设置"对话框，在该对话框当中单击"捕捉和栅格"选项卡，如图 4-3 所示。勾选右侧的"启用栅格"复选框即可打开"栅格捕捉"模式，还可以进行栅格相关参数的设置。其中，各主要选项含义如下：

➤"启用栅格"复选框：用于控制是否显示栅格，勾选此复选框，将显示栅格效果，如图 4-4 所示。

➢"栅格样式"选项组：用于控制显示栅格点，"启用栅格"后，勾选相应位置的复选框即可在相应位置显示点栅格效果。

➢"栅格间距"选项组：输入相关参数可以设置 X 轴或 Y 轴上每条栅格显示的间距。

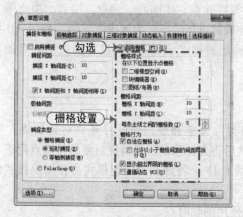

图 4-3 "捕捉和栅格"选项卡

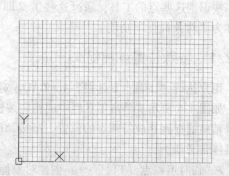

图 4-4 栅格显示效果

> **注意** 栅格显示中，显示的背景方格线被称为栅格线，这些栅格线的交点称之为栅格点，用户在绘制图形时，启用捕捉模式可以通过捕捉这些栅格点精确绘制图形。

4.1.3 捕捉模式

为了能够精确地在绘图区捕捉点，AutoCAD 提供了捕捉工具。利用捕捉工具，用户可以在屏幕上创建一个隐含的栅格（栅格捕捉），使用它可以捕捉光标，约束光标只能落在栅格的某一节点上，使用户能够高精度地捕捉和选择这个栅格上的点，提高绘图效率。

"捕捉模式"的执行方法有以下三种：

➢在菜单栏中，选择"工具|草图设置"菜单命令。

➢在状态栏中，单击"捕捉模式"按钮▦。

➢按快捷键"F9"。

执行"工具|草图设置"菜单命令后，系统将打开"草图设置"对话框，在对话框当中单击"捕捉和栅格"选项卡，如图 4-5 所示，其各主要选项具体含义如下：

➢"启用捕捉"复选框：用于打开或关闭捕捉模式。

➢"捕捉间距"选项组：用来控制捕捉位置处不可见矩形栅格，以限制光标仅在指定的 X 和 Y 间隔内移动。

➢"捕捉类型"选项组：用于确定捕捉类型。系统提供了两种捕捉栅格的方式，"矩形捕捉"和"等轴测捕捉"。"矩形捕捉"下捕捉栅格是标准矩形；"等轴测捕捉"仅用于绘制等轴测图。

➢极轴间距：此选项只能在"极轴捕捉"时才可用。

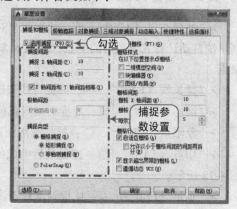

图 4-5 捕捉模式设置

4.2 对象捕捉

在利用 AutoCAD 绘图时，用户要经常用到一些特殊点，如圆心、切点、端点、中点等，如果利用光标在图形上直接选择这些特殊点，很难准确的进行选择。为解决此问题，AutoCAD 提供了一些识别这些点的工具，通过这些工具即可精确地捕捉点绘制图形。这种捕捉特殊点的功能被称为"对象捕捉"功能。

4.2.1 特殊位置点捕捉

用户执行"工具 | 工具栏 | AutoCAD | 对象捕捉"菜单命令，即可打开"对象捕捉"工具栏，如图 4-6 所示。单击工具栏中的相应按钮，然后将光标移动到要捕捉对象的特殊点附近，便可以精确捕捉到相应特殊点的位置。AutoCAD 提供了 13 个特殊点的捕捉模式，各捕捉模式的功能具体含义如下：

➢ "临时追踪点（TT）" ⊷：创建对象捕捉所使用的临时点。

➢ "捕捉自（FROM）" ⌐：与其他捕捉方式配合使用建立一个临时参考点，作为下一点的基点。

图 4-6 "捕捉和栅格"选项卡

➢ "端点（ENDP）" ⁄：捕捉线段等对象的端点，如图 4-7 所示。

➢ "中点（MID）" ⁄：捕捉线段等对象的中点，如图 4-8 所示。

➢ "交点（INT）" ✕：捕捉到个对象之间的交点，如图 4-9 所示。

图 4-7 捕捉"端点"　　　**图 4-8 捕捉"中点"**　　　**图 4-9 捕捉"交点"**

➢ "外观交点（APP）" ✕：捕捉两个对象在视图平面上的交点，如两个对象没有直接相交，则系统自动计算其延长后的交点，如果对象在空间上为异面直线，则系统计算其投影方向上的交点。

➢ "延长线（EXT）" ⋯：捕捉直线或圆弧的延长线上的点。

➢ "圆心（CEN）" ◎：捕捉圆或圆弧的圆心，如图 4-10 所示。

➢ "象限点（CEN）" ◇：捕捉圆活圆弧的象限点，如图 4-11 所示。

➢ "切点（TAN）" ○：捕捉最后生成的一个点到选中的圆或圆弧上引切线的切点位置，如图 4-12 所示。

➢ "垂足（PER）" ⊥：捕捉到垂直于线或圆上的点，如图 4-13 所示。

➢ "平行线（PAR）" ⫽：捕捉到与指定线平行的线上的点，如图 4-14 所示。

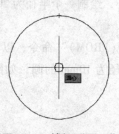
图4-10 捕捉"圆心"

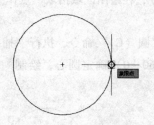
图4-11 捕捉"象限点"

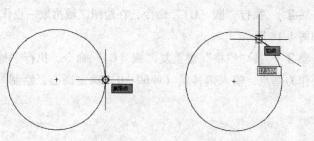
图4-12 捕捉"切点"

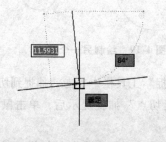
图4-13 捕捉"垂足"

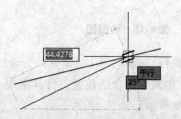
图4-14 捕捉"平行线"

➢ "插入点（INS）" ：捕捉块、图形、文字或属性的插入点，如图4-15所示。

➢ "节点（NOD）" ：捕捉由"点"或"定数等分"命令生成的点，如图4-16所示。

➢ "最近点（NEA）" ：捕捉拾取点最近的线段、圆、圆弧对象上的点，如图4-17所示。

图4-15 捕捉"插入点"

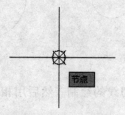
图4-16 捕捉"节点"

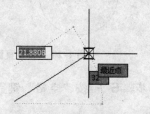
图4-17 捕捉"最近点"

➢ "无捕捉（NON）" ：关闭对象捕捉模式。

➢ "对象捕捉设置（OSNAP）" ：设置自动捕捉模式。

注意 当光标靠近事先指定的几何点时，将出现相应的对象捕捉标记和捕捉提示，每个捕捉标记的标志都是不一样的，例如"端点"捕捉标记是矩形，"中点"捕捉标记时三角形等。

4.2.2 实例——公切线的绘制

视频\04\公切线的绘制.avi
案例\04\公切线.dwg

本小节通过捕捉圆的"切点"绘制公切线，其操作步骤如下：

步骤 **1** ▶ 正常启动 AutoCAD 2015 软件，在"快速工具栏"中单击"新建"按钮 ，新建一个图形文件；再单击"保存"按钮 ，将其保存为"案例\04\公切线.dwg"文件。

步骤**2** ▶ 执行"圆（C）"命令，在绘图区域拾取一点作为圆心，绘制一个半径为 20mm 的圆，如图 4-18 所示。

步骤**3** ▶ 按"空格"键重复"圆（C）"命令，执行"捕捉自（FROM）"命令，以同心圆的圆心作为基点，输入偏移量（@ 60，0）确定圆心，绘制一个半径为 10mm 的圆，如图 4-19 所示。

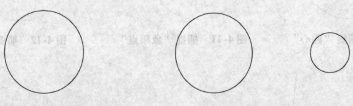

图 4-18　绘制圆　　　　　　　　　　　　图 4-19　绘制另一个圆

步骤**4** ▶ 执行"直线（L）"命令，在"对象捕捉"工具栏中单击"捕捉到切点"按钮 ○，将光标移动到左侧圆上方合适位置，待其出现"递延切点"捕捉提示后，单击鼠标左键，确定起点，如图 4-20 所示。

步骤**5** ▶ 将光标移至右侧圆的适当位置，待其出现"递延切点"捕捉提示后，单击鼠标左键，确定终点，如图 4-21 所示。

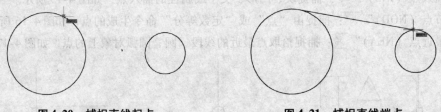

图 4-20　捕捉直线起点　　　　　　　　　图 4-21　捕捉直线端点

步骤**6** ▶ 按"空格"键完成切线的绘制。然后用相同的方法绘制第二条切线，如图 4-22 所示。

步骤**7** ▶ 图形绘制完成，效果如图 4-23 所示。单击"快速工具栏"中的"保存"按钮 ，将文件进行保存。

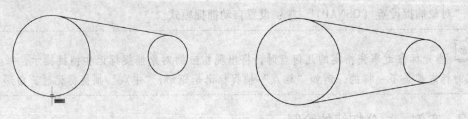

图 4-22　绘制第二条切线　　　　　　　　图 4-23　绘制完成效果

4.2.3　对象捕捉设置

用户在绘图过程中，会频繁地使用对象捕捉功能，若每捕捉一个对象特征点都要选择捕捉模式，会使工作效率大大降低，因此 AutoCAD 提供了"自动对象捕捉"模式。

"自动捕捉"就是当用户把光标放在一个对象上时，系统会自动捕捉到此对象上的一切符合条件的几何特征点，并显示出相应的标记以及捕捉提示，用户选点之前可以预览和确定相应的捕捉点，从而提高了绘图效率。

启用"对象捕捉"主要有以下五种方法：

➤ 执行"工具│草图设置"菜单命令。

➤ 单击"对象捕捉"工具栏中的"对象捕捉设置"按钮 。

➤ 在命令行中输入"DDOSNAP"，快捷键"DDO"。

➤ 在状态栏中，单击"对象捕捉"按钮 （仅限于打开与关闭）。

➤ 按"F3"键（仅限于打开与关闭）。

执行"工具│草图设置"菜单命令后，系统将打开"草图设置"对话框，单击"对象捕捉选项卡，如图4-24所示，用户即可利用选项卡对"对象捕捉"方式进行设置。其中，选项卡中各主要选项含义如下：

➤ "启用对象捕捉"复选框：打开或关闭对象捕捉。

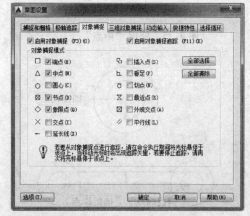

图4-24 "对象捕捉"选项卡

➤ "启动对象捕捉追踪"复选框：打开或关闭对象捕捉追踪。

➤ 对象捕捉模式：列出可以在执行对象捕捉时打开的对象捕捉模式。

➤ 全部选择：打开所有对象捕捉模式。

➤ 全部清除：关闭所有对象捕捉模式。

4.2.4 实例——杠杆平面图的绘制

视频\04\杠杆平面图的绘制.avi
案例\04\杠杆平面图.dwg

下面通过设置"对象捕捉"绘制一个杠杆平面图，以帮助读者掌握"对象捕捉"功能的运用技巧，其操作步骤如下：

步骤 1 ▶ 正常启动 AutoCAD 2015 软件，在"快速工具栏"中单击"新建"按钮 ，新建一个图形文件；再单击"保存"按钮 ，将其保存为"案例\04\杠杆平面图.dwg"。

步骤 2 ▶ 执行"直线（L）"命令，绘制一条长度为100mm的水平线段，按"空格"键重复"直线"命令，捕捉水平线段"中点" 绘制长度为51mm的垂直线段，如图4-25所示。

步骤 3 ▶ 再次按"空格"键重复"直线（L）"命令，单击"捕捉自"按钮 ，以水平线段左端点为基点，输入偏移量为（@0，8）以指定直线起点，再单击"捕捉到平行线"按钮 ，绘制水平线段的平行线，如图4-26所示。

步骤 4 ▶ 执行"圆（C）"命令，捕捉"端点" 绘制3组同心圆，其中一组同心圆半径为14mm和22mm，另两组同心圆的半径为8mm和16mm，如图4-27所示。

步骤 5 ▶ 按"空格"键重复"圆（C）"命令，捕捉"中点" ，绘制半径为18mm的圆，如图4-28所示。

步骤 6 ▶ 执行"绘图│圆│相切、相切、半径"菜单命令，单击捕捉"切点"按钮 绘制半径为70mm的圆，如图4-29所示。

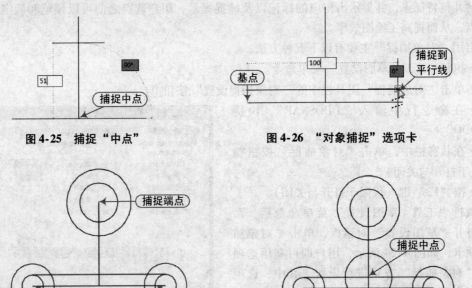

图 4-25 捕捉 "中点"

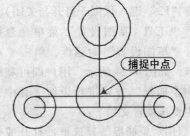

图 4-26 "对象捕捉"选项卡

图 4-27 捕捉 "端点"

图 4-28 捕捉 "中点"

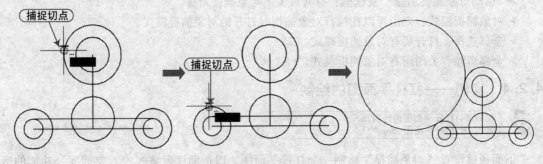

图 4-29 捕捉 "切点"

步骤 7 ▶ 再次执行 "绘图│圆│相切、相切、半径" 菜单命令，捕捉 "切点" ⭕ 绘制半径为 70mm 的圆，如图 4-30 所示。

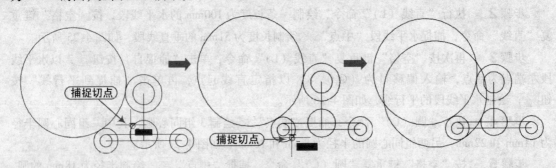

图 4-30 捕捉 "切点"

步骤 8 ▶ 单击 "修改" 工具面板上的 "修剪" 按钮 ⊹，对相切的两个圆作修剪处理；然后将三条直线删除掉，效果如图 4-31 所示。

步骤 **9** ▶ 采用同样的方法，捕捉右侧圆切点绘制相切圆，并作修剪处理，如图 4-32 所示。

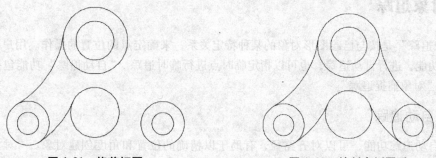

图 4-31　修剪切圆　　　　　　　　　　　图 4-32　绘制右侧圆弧

步骤 **10** ▶ 执行"构造线"命令，选择"垂直"选项，单击"捕捉自"按钮 ，捕捉圆的"象限点"为基点，绘制两条垂直构造线，其偏移量分别为（@3.5，0）、（@-3.5，0），如图 4-33 所示。

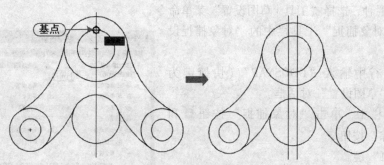

图 4-33　绘制垂直构造线

步骤 **11** ▶ 按"空格"键重复"构造线"命令，选择"水平"选项，单击"捕捉自"按钮 ，捕捉圆的"象限点"为基点，输入偏移量为（@0，7），绘制水平构造线，如图 4-34 所示。

步骤 **12** ▶ 单击"修改"工具面板上的"修剪"按钮 ，对构造线进行修剪操作，修剪后的效果如图 4-35 所示。至此，杠杆平面图绘制完成。

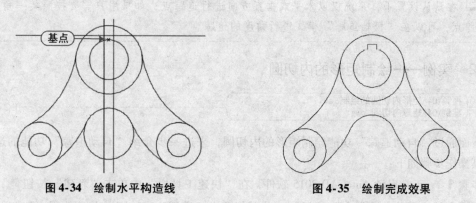

图 4-34　绘制水平构造线　　　　　　　　图 4-35　绘制完成效果

步骤 **13** ▶ 单击"快速工具栏"中的"保存"按钮 ，将文件保存。

　"修剪（TR）"命令用于将指定的切割边进行修剪。此命令将在 6.5.1 节进行具体讲解。

4.3 对象追踪

"对象追踪"是按与已绘图形对象的某种特定关系，来确定点的位置的操作。用户可以结合对象捕捉功能，进行自动追踪，也可以指定临时点进行临时追踪。"自动追踪"功能包括"极轴追踪"和"对象捕捉追踪"。

4.3.1 自动追踪

利用自动追踪功能，可以对齐路径，有助于以精确的位置和角度创建对象。"对象捕捉追踪"是指以捕捉到的特殊位置点为基点，按指定的极轴角或极轴角的倍数对齐要指定点的路径。

"对象捕捉追踪"功能必须配合"对象捕捉"功能使用，即同时按下状态栏中的"对象捕捉"按钮 和"对象捕捉追踪"按钮 。

启用"对象捕捉追踪"模式，主要有以下五种方法：

➤ 在菜单栏种，选择"工具|草图设置"菜单命令。

➤ 单击"对象捕捉"工具栏中的"对象捕捉设置"按钮 。

➤ 在命令行中输入"DDOSNAP"（快捷键为DDO），打开"草图设置"对话框。

➤ 在状态栏中，单击"对象捕捉"按钮 和"对象捕捉追踪"按钮 。

➤ 按"F11"键。

在菜单栏种，选择"工具|草图设置"菜单命令后，系统将打开"草图设置"对话框。单击"对象捕捉"选项卡，勾选"对象捕捉追踪"复选框，即可启用"对象捕捉追踪"功能，如图 4-36 所示。

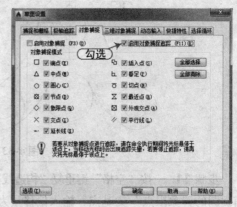

图 4-36 启用对象捕捉追踪

注意 在默认设置下，系统仅以水平或垂直方向进行追踪点，如果用户需要按照某一角度进行追踪点，可以在"极轴追踪"模式进行角度的追踪。

4.3.2 实例——绘制矩形的内切圆

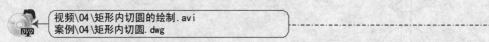

视频\04\矩形内切圆的绘制.avi
案例\04\矩形内切圆.dwg

下面通过"自动追踪"功能绘制矩形的内切圆，来进一步介绍"自动追踪"功能的运用技巧，其操作步骤如下：

步骤 **1** ▶ 正常启动 AutoCAD 2015 软件，在"快速工具栏"中单击"新建"按钮 ，新建一个图形文件；再单击"保存"按钮 ，将其保存为"案例\04\矩形内切圆.dwg"。

步骤 **2** ▶ 执行"矩形（REC）"命令，绘制一个 60mm×60mm 的正方形。

步骤 **3** ▶ 在辅助绘图工具栏上的"对象捕捉" 上单击右键，在弹出的菜单中选择"设置"命令，此时系统打开"草图设置"对话框，在对话框中勾选"中点"和"延长线"捕捉模式, 如图4-37所示, 然后单击"确定"按钮完成对象捕捉设置。

步骤 **4** ▶ 按"F3"和"F11"键打开"对象捕捉"和"对象捕捉追踪"(如已打开, 可忽略此步骤)。

步骤 **5** ▶ 执行"圆(C)"命令, 逐一将鼠标移动到矩形各边中点上, 再将光标移动到矩形的中心位置, 这时就会出现一个矩形中点线的交点, 即矩形的中心点。

步骤 **6** ▶ 单击矩形中心点确定圆心, 再将鼠标向上移动捕捉矩形中点指定圆的半径绘制圆。绘制过程如图4-38所示。至此, 图形绘制完成。

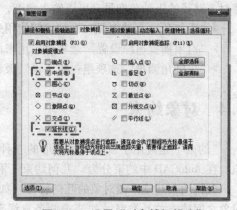

图4-37 设置"对象捕捉模式"

步骤 **7** ▶ 单击"快速工具栏"中的"保存"按钮 🖫 , 将文件保存。

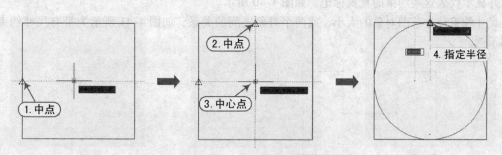

图4-38 绘制矩形内切圆

4.3.3 极轴追踪设置

"极轴追踪"是指按指定的极轴角或极轴角的倍数对齐要指定点的路径的操作。"极轴追踪"功能必须配合"对象捕捉"功能使用, 即要同时按下状态栏中的"对象捕捉"按钮 🗖 和"极轴追踪"按钮 🕝 。

启用"极轴追踪"模式, 主要有以下五种方法:

➤ 执行"工具 | 草图设置"菜单命令。

➤ 单击"对象捕捉"工具栏中的"对象捕捉设置"按钮 🖺 。

➤ 在命令行中输入"DDOSNAP"(快捷键为DDO), 打开"草图设置"对话框。

➤ 在状态栏中, 单击"对象捕捉"按钮 🗖 和"极轴追踪"按钮 🕝 。

➤ 按"F10"键(仅限于打开与关闭)。

执行上述操作后, 系统将打开"草图设置"对话框中的"极轴追踪"选项卡, 如图4-39所示。其中各选项含义如下:

图4-39 "极轴追踪"选项卡

➤ "启用极轴追踪"复选框: 用于启用极轴追踪功能。

➤ "极轴角设置"选项组: 用于设置极轴追踪的对齐角度。"增量角"用来设置显示极轴追踪对齐路径的极轴角增量，可以输入角度，也可从列表中该选择常用角度，如90°、45°、30°等。

➢ "附加角"复选框是对极轴追踪使用列表中的任何一种附加角度。

➢ "对象捕捉追踪设置"选项组：用来设置对象捕捉追踪选项。

➢ "极轴角测量"选项组：用于设置极轴追踪对齐角度的测量基准。

4.4 对象约束

"约束"是应用于二维几何图形的一种关联和限制方法。约束能够精确地控制草图中的对象。在 AutoCAD 中约束分为"几何约束"和"尺寸约束"两种。

几何约束建立草图对象的几何特性（如要求某一直线具有固定长度），或使两个或更多草图对象之间建立关系类型（如要求两条直线垂直或平行，或几个圆弧具有相同的半径）。在绘图区，用户可以使用"参数化"选项卡内的"全部显示""全部隐藏"或"显示"来显示有关信息，并显示代表这些约束的直观标记，如图 4-40 所示。

尺寸约束建立草图对象的大小，或两个对象之间的关系，如图 4-41 所示为带有尺寸约束的图形示例。

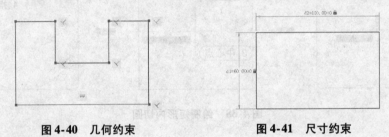

图 4-40 几何约束 　　　　　　　　图 4-41 尺寸约束

4.4.1 建立几何约束

利用几何约束工具，可以指定草图对象必须遵守的条件，或是草图对象之间必须遵守的关系。在 AutoCAD 2015 中，执行"几何约束"主要有以下几种方法：

➢ 在菜单栏中，选择"工具 | 工具栏 | AutoCAD | 几何约束"菜单命令，打开"几何约束"工具栏，如图 4-42 所示。

图 4-42 "几何约束"工具栏

➢ 在菜单栏中，选择"参数化 | 几何约束"菜单命令，如图 4-43 所示。

➢ 单击"参数"选项卡中的"几何约束"面板中单击相应按钮，如图 4-44 所示。

图 4-43 "几何约束"面板 　　　　　　　　图 4-44 "几何约束"子菜单

通过执行上述操作，即可打开几何约束的工具栏、子菜单以及工具面板，其中主要几何约束选项功能如下：

➤ "重合" ⊥ ：确保两个对象在一个特定点上重合。此特定点也可以位于经过延长的对象之上。

➤ "垂直" ✕ ：使两条线段或多段线段保持垂直关系。

➤ "平行" // ：使两条线段或多段线段保持平行关系。

➤ "相切" ◯ ：使两个对象（例如一个弧形和一条直线）保持正切关系。

➤ "水平" ≡ ：使一条线段或一个对象上的两个点保持水平（平行于 X 轴）。

➤ "竖直" ⫫ ：使一条线段或一个对象上的两个点保持竖直（平行于 Y 轴）。

➤ "共线" ⟍ ：使第二个对象和第一个对象位于同一个直线上。

➤ "同心" ◎ ：使两个弧形、圆形或椭圆形（或三者中的任意两个）保持同心关系。

➤ "平滑" ↷ ：将样条曲线约束为连续，并与其他样条曲线、直线、或圆弧保持连续性。

➤ "对称" ⫴ ：相当于一个镜像命令，若干对象在此项操作后始终保持对称关系。

➤ "相等" ＝ ：一种实时的保存工具，因为用户能够使任意两条直线始终保持等长，或使两个圆形具有相等的半径。修改其中一个对象后，另一个对象将自动更新。此处还包含一个强大的多功能选项。

➤ "固定" 🔒 ：将对象上的一点固定在世界坐标系的某一坐标上。

> **注意** 设置"几何约束"后，在图形对象相应位置会出现相应的约束符号，将光标移动到约束符号上时，符号将变亮显示，同时符号下方会出现一个"关闭"按钮，单击关闭按钮可取消该对象的几何约束。

4.4.2 设置几何约束

在用 AutoCAD 绘图时，可以控制约束栏上显示或隐藏的几何约束类型，利用"约束设置"对话框，如图 4-45 所示，可单独、全局显示或隐藏几何约束类型。

设置"几何约束"，打开"约束设置"对话框主要有以下三种方法：

➤ 在菜单栏中，选择"工具 | 工具栏 | AutoCAD | 几何约束"菜单命令，打开"几何约束"工具栏，单击约束设置按钮。

➤ 在菜单栏中，选择"参数化 | 约束设置"菜单命令。

➤ 在"参数选项卡"中，单击"几何约束"面板右下角的按钮 ⊻ 。

执行上述操作后，系统将打开"约束设置"对话框，单击"几何"选项卡，可以控制约束栏上约束类型的显示。其中各主要选项含义如下：

图 4-45 "几何"选项卡

➤ "推断几何约束"复选框：创建和编辑几何图形时推断几何约束。

➤ "约束栏显示设置"选项组：控制图形编辑器中是否为对象显示约束栏或约束点标记。例如，可以为水平约束和竖直约束隐藏约束栏的显示。

➤"全部选择"按钮：选择全部几何约束类型。

➤"全部清除"按钮：清除选定的几何约束类型。

➤"仅为处于当前平面中的对象显示约束栏"复选框：仅为当前平面上受几何约束的对象显示约束栏。

➤"约束栏透明度"选项组：设定图形中约束栏的透明度。

➤"将约束应用于选定对象后显示约束栏"复选框：手动应用约束后或使用 AUTOCON-STRAIN 命令时显示相关约束栏。

➤"选定对象时临时显示约束栏"复选框：临时显示选定对象的约束栏。

4.4.3　实例——绘制相切及同心的圆

视频\04\绘制相切及同心圆.avi
案例\04\相切及同心圆.dwg

下面通过"几何约束"绘制一个相切及同心的圆，如图 4-46 所示，以此来帮助读者掌握"几何约束"的运用技巧，其操作步骤如下：

步骤 1 ▶ 正常启动 AutoCAD 2015 软件，在"快速工具栏"中单击"新建"按钮 🗁，新建一个图形文件；再单击"保存"按钮 🖫，将其保存为"案例 \ 04 \ 相切及同心圆 . dwg"文件。

步骤 2 ▶ 执行"圆（C）"命令，以适当半径绘制四个圆，如图 4-47 所示。

步骤 3 ▶ 执行"工具 | 工具栏 | AutoCAD | 几何约束"菜单命令，打开"几何约束"工具栏。单击"几何约束"工具栏中的"相切"按钮 ⚲，建立圆 1 和圆 2 的相切关系，如图 4-48 所示。命令行与操作提示如下：

命令：_GcTangent	\\ 执行"几何约束"命令并选择"相切"模式
选择第一个对象：	\\ 选择圆 1
选择第二个对象：	\\ 选择圆 2

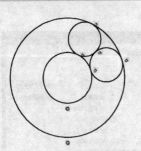　　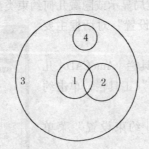　　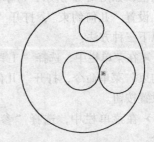

图 4-46　相切及同心圆　　　　图 4-47　绘制四个圆　　　　图 4-48　建立圆 1 和圆 2 的关系

步骤 4 ▶ 单击"几何约束"工具栏中的"同心"按钮 ◎，建立圆 1 与圆 3 的同心关系，如图 4-49 所示。命令行与操作提示如下：

命令：_GcConcentric	\\ 执行"几何约束"命令并选择"同心"模式
选择第一个对象：	\\ 选择圆 1
选择第二个对象：	\\ 选择圆 3

步骤**5** ▶ 采用同样的方法，建立圆2与圆3的相切关系，如图4-50所示。

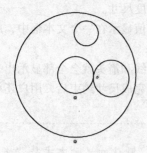

图4-49 建立圆1和圆3的同心关系

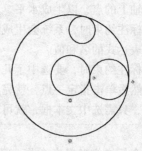

图4-50 建立圆2和圆3的相切关系

步骤**6** ▶ 采用同样的方法，建立圆1与圆4的相切关系，如图4-51所示。

步骤**7** ▶ 采用同样的方法，建立圆2与圆4的相切关系，如图4-52所示。

步骤**8** ▶ 采用同样的方法，建立圆3与圆4的相切关系，如图4-46所示。至此，相切及同心圆的几何约束创建完成。

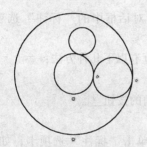

图4-51 建立圆1和圆4的相切关系

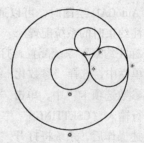

图4-52 建立圆2和圆4的相切关系

步骤**9** ▶ 单击"快速工具栏"中的"保存"按钮 🖫 ，将文件保存。

4.4.4 建立标注约束

建立标注约束可以限制图形几何对象的大小，与在草图上标注尺寸相似，同样设置尺寸标注线，与此同时也会建立相应的表达式，不同的是"标注约束"可以在后续的编辑工作中实现尺寸的参数驱动，改变尺寸参数值时，几何体将自动进行相应更新。

在 AutoCAD 2015 中，执行"标注约束"主要有以下几种方法：

➤执行"工具|工具栏|AutoCAD|标注约束"菜单命令，打开"标注约束"工具栏，如图4-53所示。

➤执行"参数化|标注约束"菜单命令，如图4-54所示。

➤单击"参数选项卡"，打开"标注约束"面板，如图4-55所示。

图4-53 "标注约束"工具栏   **图4-54 "标注约束"子菜单**   **图4-55 "标注约束"面板**

执行"标注约束"命令后，用户可以通过单击相应的工具按钮，选择草图曲线、边、基准平面或基准轴上的点，以生成水平、竖直、平行、垂直和角度尺寸。

在生成标注约束时，系统会生成一个表达式，其名称和值显示在一个文本框中，用户可以在其中编辑该表达式的名和值。

在生成标注约束时，要选中了几何体，其尺寸及其延伸线和箭头就会全部显示出来。将尺寸拖动到位，然后单击指定一点，就完成了尺寸约束的添加。完成尺寸约束后，用户还可以随时更改尺寸约束，只需选中文本框，就可以编辑其名称和值。

> **注意** 每个标注约束都有名称、表达式及值三部分内容，默认的显示方式是"名称和表达式"，如"d1 = 150.00"或"d1 = 75 * 2"，这里 d1 是名称，即参数名称，可以修改，等号右面是表达式，值则是 150（前者的值与表达式相同），表达式中可使用常数、图形中的其他参数名称、算术运算符及函数。

4.4.5 设置标注约束

在使用 AutoCAD 绘图时，可以通过设置"约束设置"对话框中的"标注"选项卡相关参数，进行标注约束时的系统配置。

设置"标注约束"系统配置，打开"约束设置"对话框有以下几种方法：

➢ 在菜单栏中，选择"参数化 | 约束设置"菜单命令。

➢ 在"参数选项卡"中，单击"标注约束"面板右下角的按钮 ⌄ 。

➢ 命令行输入"CSETTINGS"

执行上述操作后，系统将打开"约束设置"对话框，单击"标注"选项卡，如图 4-56 所示，利用该对话框可以控制约束栏上约束类型的显示。

其中，"标注"选项卡中的各选项含义如下：

➢ "显示所有动态约束"复选框：默认情况下显示所有动态标注约束。

➢ "标注约束格式"选项组：设置标注名称格式和锁定图标的显示。

➢ "标注名称格式"下拉列表：应用标注约束时显示的文字指定格式。将名称格式设置为显示名称、值或名称和表达式。例如：宽度 = 长度/2。

➢ "为注释行约束显示锁定图标"复选框：针对已应用注释性约束的对象显示锁定图标。

➢ "为选定对象显示隐藏的动态约束"复选框：显示选定时已设置为隐藏的动态约束。

图 4-56 "标注"选项卡

4.4.6 实例——利用标注约束更改方头平键尺寸

 视频\04\利用标注约束更改方头平键尺寸.avi
案例\04\方头平键尺寸约束.dwg

下面通过"标注约束"更改之前绘制的方头平键图形的尺寸，以帮助读者掌握"尺寸约束"的运用技巧，其操作步骤如下：

步骤 **1** ▶ 正常启动 AutoCAD 2015 软件，在"快速工具栏"中单击"打开"按钮 🖾，打开"案例 \ 02 \ 方头平键.dwg"。然后，单击"保存"按钮 🖫，将其保存为"案例 \ 04 \ 方头平键尺寸约束.dwg"。

步骤 **2** ▶ 单击"几何约束"工具栏上的"共线"按钮 ⅴ，使其主视图及俯视图左侧的竖直线段建立共线的几何约束，同样在右侧建立共线的几何约束，如图 4-57 所示。

步骤 **3** ▶ 再单击"几何约束"工具栏上的"相等"按钮 ＝，使上方第一条水平线与下方各条水平线建立相等的几何约束，如图 4-58 所示。

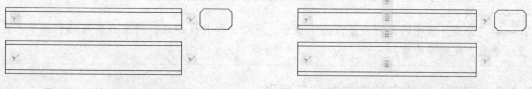

图 4-57 "标注约束"工具栏　　　　　　　　　图 4-58 "标注约束"面板

步骤 **4** ▶ 单击"标注约束"工具栏上的"水平"按钮 🔒，更改水平线的尺寸。命令行提示与操作如下：

命令：_DcLinear	\\ 执行"标注约束"命令，选择"水平"标注
指定第一个约束点或［对象(O)］＜对象＞：	\\ 指定第一条水平线段左端点
指定第二个约束点：	\\ 指定第一条水平线段右端点
指定尺寸线位置：	\\ 将鼠标向上拖动到合适位置
标注文字 = 100.0000:80	\\ 在文本框中输入长度值 80

步骤 **5** ▶ 系统自动将线段长度调整为 80mm，如图 4-59 所示。至此，方头平键尺寸更改完成。

步骤 **6** ▶ 单击"快速工具栏"中的"保存"按钮 🖫，将文件保存。

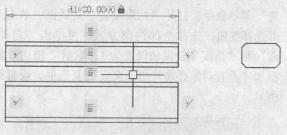

图 4-59 "标注约束"面板

4.4.7 自动约束

在使用 AutoCAD 绘图时，可以通过设置"约束设置"对话框中的"自动约束"选项卡相关参数，将设定公差范围内的对象自动设置为相关约束。

设置"自动约束"，打开"约束设置"对话框主要有以下几种方法：

➤ 在菜单栏种，选择"参数化｜约束设置"菜单命令。

➤ 在"参数选项卡"中，单击"几何标注"或"标注约束"面板右下角的按钮 ⌐。

➤ 命令行输入"CSETTINGS"。

执行上述操作后，系统将打开"约束设置"对话框，单击"自动约束"选项卡，如图 4-60 所示，利用该对话

图 4-60 "自动约束"选项卡

框可以控制自动约束的相关参数。其中各选项含义如下：

> "约束类型"列表框：显示自动约束的类型以及优先级。可以通过单击"上移"和"下移"按钮调整优先级的先后顺序。单击 ✔ 符号可选择或去掉某约束类型作为自动约束类型。

> "相切对象必须共用同一交点"复选框：指定两条曲线必须共用一个点（在距离公差内指定）应用相切约束。

> "垂直对象必须共用同一交点"复选框：指定直线必须相交或一条直线的端点必须与另一条直线或直线的端点重合（在距离公差内指定）。

> "公差"选项组：设置可接受的距离和"角度"公差值，以确定是否应用约束。

注意 "公差"值中的距离公差应用于重合、同心、和共线约束，角度公差应用于水平、竖直、垂直、共线等约束。

4.4.8 实例——约束控制未封闭三角形

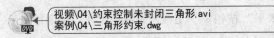
视频\04\约束控制未封闭三角形.avi
案例\04\三角形约束.dwg

在读者掌握了"几何约束""尺寸约束"和"自动约束"命令之后，本小节将通过绘制未封闭的三角形帮助读者进一步掌握对象约束的运用技巧，操作方法如下：

步骤 **1** ▶ 正常启动 AutoCAD 2015 软件，在快速工具栏中个单击"打开"按钮 ⌷，打开"案例\04\非封闭三角形.dwg"，如图4-61所示。再单击"保存"按钮 ⊟，将其保存为"案例\04\三角形约束.dwg"文件。

步骤 **2** ▶ 设置约束与自动约束。在菜单栏中，选择"参数|约束设置"菜单命令，打开"约束设置"对话框。单击"几何"选项卡，单击全部选择按钮，选择全部约束方式。再单击"自动"约束选项卡，将"距离"和"角度"公差值设置为1，取消"相切对象必须共用一交点"复选框和"垂直对象必须共用一交点"复选框，设置约束优先顺序，如图4-62所示。

图 4-61 未封闭三角形

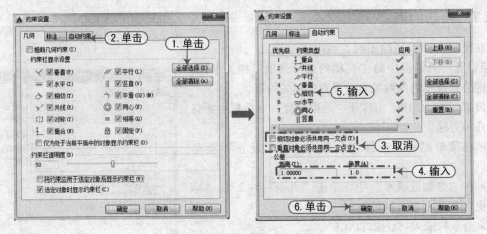

图 4-62 设置约束和自动约束

步骤**3** ▶ 在"参数化"选项卡的"几何"面板中单击"固定"按钮🔒，进行固定操作，如图4-63所示。命令行操作与提示如下：

命令：_GcFix　　　　　　　　　　　　　　　\\ 单击"固定"按钮
选择点或［对象(O)］＜对象＞：　　　　　　\\ 选择三角形底边
选择点或［对象(O)］＜对象＞：　　　　　　\\ 选择三角形斜角边
选择点或［对象(O)］＜对象＞：　　　　　　\\ 按回车键退出命令

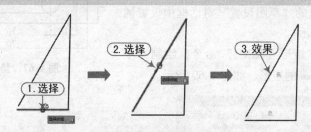

图4-63　设置约束和自动约束

步骤**4** ▶ 在"参数化"选项卡的"几何"面板中单击"自动约束"按钮🔲，进行自动约束操作，命令行操作与提示如下：

命令：_AutoConstrain 找到2个
已将2个约束应用于2个对象

由于左边的两个端点距离小于公差范围1，系统自动进行自动约束，约束后的三角形左边两个端点重合，并显示固定标记，而原来重合的上端点现在分离，如图4-64所示。

步骤**5** ▶ 采用同样的方法，使上边两个端点进行自动约束，使端点重合，并显示重合标记，如图4-65所示。

步骤**6** ▶ 再次单击"自动约束"按钮🔲，选择三角形两条垂直边为自动约束对象，可以发现这两条边自动保持重合关系，如图4-66所示。至此，封闭的三角形约束绘制完成。

图4-64　自动重合约束　　　　　图4-65　自动重合约束　　　　　图4-66　自动重合约束

步骤**7** ▶ 按"Ctrl + S"组合键将文件进行保存。

4.5　上机练习——绘制垫片轮廓图

视频\04\绘制垫片轮廓图.avi
案例\04\垫片轮廓图.dwg

本小节通过绘制如图4-67所示的垫片零件图的轮廓图，帮助读者对"正交模式""对象捕捉"以及"对象追踪"等功能进行巩固。其操作步骤如下：

步骤 **1** ▶ 正常启动 AutoCAD 2015 软件，在"快速
工具栏"中单击"新建"按钮 ，新建一个图形文件；
再单击"保存"按钮 ，将其保存为"案例\04\垫片
轮廓图.dwg"文件。

步骤 **2** ▶ 在状态栏上的 按钮上单击右键，选择
"设置"命令，在弹出的"草图设置"对话框中设置捕
捉模式，如图 4-68 所示。

步骤 **3** ▶ 执行"矩形（REC）"命令，绘制一个
长为 70mm，宽为 40mm 的矩形，如图 4-69 所示。

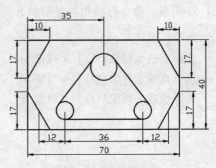

图 4-67　垫片轮廓图

图 4-68　设置捕捉模式

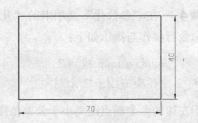

图 4-69　绘制矩形

步骤 **4** ▶ 执行"直线（L）"命令，配合"临时追踪点"功能，绘制左下侧的倾斜轮廓线，
如图 4-70 所示。命令行提示与操作如下：

命令行：LINE	\\ 执行"直线(L)"命令
指定第一个点：	\\ 按鼠标右键选择"临时追踪点"
_tt 指定临时对象追踪点：	\\ 捕捉左下角点
指定第一个点：10	\\ 水平向右移动光标输入长度值 10
指定下一点或［放弃(U)］：	\\ 按鼠标右键选择"临时追踪点"
_tt 指定临时对象追踪点：	\\ 捕捉左下角点
指定下一点或［放弃(U)］：	\\ 垂直向上移动光标输入长度值 17
指定下一点或［放弃(U)］：	\\ 按"Enter"键退出命令

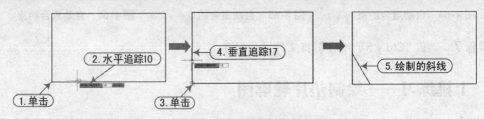

图 4-70　绘制轮廓线

步骤 **5** ▶ 采用同样的方法，分别以其他三个角点作为临时追踪点，绘制其他三条轮廓线，
如图 4-71 所示。

步骤 **6** ▶ 执行 "绘图｜圆" 菜单命令，配合 "临时追踪点" 和 "中点捕捉" 功能，绘制内部半径为6mm的大圆，如图4-72所示。命令行提示与操作如下：

CIRCLE	\\ 执行 "圆" 命令
指定圆的圆心或［三点(3P)/两点(2P)/切点、切点、半径(T)］：	\\ 按鼠标右键选择 "临时追踪点"
_tt 指定临时对象追踪点：12	\\ 垂直向下移动光标输入长度值12
指定圆的圆心或［三点(3P)/两点(2P)/切点、切点、半径(T)］：12	\\ 输入圆的半径值为6

图4-71　绘制另外三条斜线

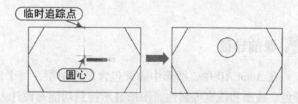

图4-72　绘制大圆

步骤 **7** ▶ 采用同样的方法，分别以左、右下方的倾斜线中点为 "临时追踪点"，输入长度值为12，分别绘制半径径为4mm的两个小圆，如图4-73所示。

步骤 **8** ▶ 执行 "直线（L）" 命令，配合 "捕捉切点" 功能，绘制圆的公切线，如图4-74所示。命令行提示与操作如下：

LINE	\\ 执行 "直线(L)" 命令
指定第一个点：	\\ 捕捉大圆切点
指定下一点或［放弃(U)］：	\\ 捕捉下方左侧小圆切点
	\\ 按以上步骤,依次绘制另外两条切线
指定下一点或［放弃(U)］：	\\ 按 "Enter" 键退出命令

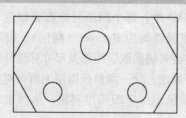

图4-73　绘制另外两个圆

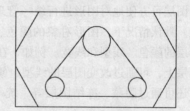

图4-74　绘制圆的公切线

至此，图形绘制完成。

步骤 **9** ▶ 单击 "快速工具栏" 中的 "保存" 按钮，将文件保存。

本 章 小 结

本章主要学习了AutoCAD软件的一些操作，包括点的精确捕捉、点的精确追踪等功能。熟练运用本章所介绍的各种绘图辅助工具，不仅能为图形的绘制和编辑操作奠定良好的基础，而且也能为精确绘图以及定位图形提供便利。

第 5 章
图 层 设 置

课前导读

在 AutoCAD 中，图形中通常包含多个图层，每个图层都表明了一种图形对象的特性，包括颜色、线型和线宽等属性。图形显示控制功能是设计人员必须要掌握的技术。在绘图过程中，使用不同的图层和图形显示控制功能可以方便地控制对象的显示和编辑，提高绘图效率。

本章将对有关图层的知识以及图层的颜色、线型的设置进行介绍。

本章要点

- 图层的设置方法。
- 图层颜色的设置方法。
- 图层线型的设置方法。
- 上机练习——简单机械平面图的绘制。

5.1 设置图层的方法

利用图层可方便地对图形进行统一管理。在 AutoCAD 中，每个图形对象都有颜色、线型和线宽属性。默认情况下，图形对象的颜色、线型和线宽属性均为 ByLayer（随层），表示采用对象所在图层的颜色、线型和线宽。例如，在绘图时通常会将辅助线、图形及尺寸标注分别放置在不同的图层上，可通过改变图层的线型、颜色、线宽等属性，统一调整该图层上所有对象的颜色与线型，还可通过隐藏、冻结图层等，统一隐藏、冻结该图层中的图形对象，从而为绘图提供方便。

5.1.1 利用对话框设置图层

在 AutoCAD 中，提供了一个"图层特性管理器"对话框，用户可以利用对话框来创建或删除图层对象，并在此设置图层的名称、颜色、线宽，以及控制图层各种状态。

打开"图层特性管理器"面板有以下三种方法：

➢ 在菜单栏中，选择"格式│图层"菜单命令。

➢ 在"默认"选项卡的"图层"面板中，单击"图层特性管理器"按钮 ，如图 5-1 所示。

➢ 在命令行输入"Layer"（快捷键为"LA"）。

执行上述操作后，系统将打开"图层特性管理器"对话框，如图 5-2 所示。

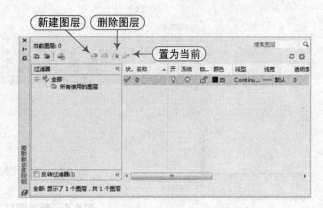

图 5-1 单击"图层特性"按钮　　　　　图 5-2 "图层特性管理器"对话框

在"图层特性管理器"对话框中，各选项含义如下：

➤"新建特性过滤器"按钮 ：单击该按钮将打开"图层过滤器特性"对话框，从中可以根据图层的一个或多个特性创建图层过滤器，如图 5-3 所示。

➤"新建组过滤器"按钮 ：单击该按钮将创建图层过滤器，其中包含选择并添加到该过滤器的图层。

➤"图层状态管理器"按钮 ：单击该按钮将打开"图层状态管理器"对话框，如图 5-4 所示。

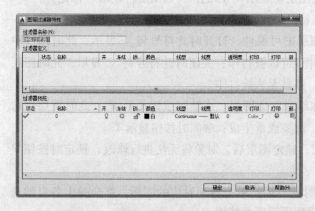

图 5-3 "图层过滤器特性"对话框　　　　图 5-4 "图层状态管理器"对话框

➤"新建图层"按钮 ：单击该按钮将在当前选择的图层下创建一个新图层，新图层会自动继承所选择图层的特性。创建时可以对图层进行命名，新图层默认名为"图层 1""图层 2"……，单击"图层 1"文字，图层名将以文本框显示，从中可对图层名称进行修改，如图 5-5 所示。

> **注意**　图层的名称最多可以包含 255 个字符，并且中间可以有空格。图层名不会改变输入的大小写字母。图层名不能包含的符号有："＝""｜"";""?"","""'"。按"F2"键即可对所选图层重命名。在"图层特性管理器"选项卡中，也可通过按"Alt + N"组合键新建图层。

➤"在所有视口中都被冻结的新图层视口"按钮 ：单击该按钮将创建一个新图层，但会在

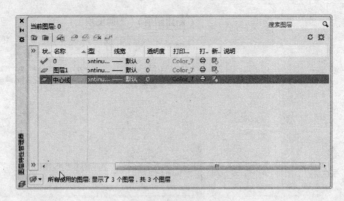

图 5-5　新建图层

所有现有的布局视口中被冻结。

➤"删除图层"按钮 ✕：用于删除当前选择的图层，只能删除未被参照的图层（参照的图层包括：0 图层、DEFPOINTS 图层、包含对象的图层、当前图层以及依赖外部参照的图层）。

➤"置为当前"按钮 ✓：将选择的图层设置为当前图层，用户所绘制的图形都位于当前图层上。

➤图层列表区：显示已有图层及其特性。如要修改某一图层的某一特性，只需单击相对应的图标即可，右击空白区域或利用快捷菜单可选择所有图层。列表中各项的含义如下：

◆"状态"列：显示图层状态，当前图层将显示 ✔ 标记，其他图层将显示 ⊘ 标记。

◆"名称"列：显示或修改图层的名称。

◆"打开或关闭"列：打开或关闭图层的可见性。打开时此符号将 ♀ 显示，此时图层中包含的对象在绘图区域内显示，并且可以被打印；关闭时此符号将 ♀ 显示，此时图层中包含的对象在绘图区域内隐藏，并且无法被打印。

◆"冻结"列：用于在所有视口中冻结或解冻图层。冻结时按钮显示 ❄ ，此时图层中包含的对象无法显示、打印、消音、渲染或重生成；解冻时按钮显示 ☀ 。

◆"锁定"列：用于锁定或解除图层。锁定图层后，对象将无法进行修改，锁定时按钮呈 🔒 显示，解锁后呈 🔓 显示

◆"颜色""线型""线宽"和"透明度"列：单击各项对应的图标，都会弹出各自的选择对话框，在各个对话框中可以设置所需要的特性。

◆"打印"和"打印样式"列：可以确定图层的打印样式以及控制是否打印图层中的对象，允许打印时呈 🖶 显示，禁止打印时 🖶 显示。

> 📖 注意　由于绘图是在当前图层中进行的，因此不能对当前的图层进行冻结。冻结在模型空间内是不可用的，只能在图样空间内才能使用此功能。

5.1.2　利用工具栏设置图层

组织图形的最好方法是按照图层设定对象属性，但有时也需要单独设定某个对象的属性。使用"特性"工具栏可以快速设置对象的颜色、线型和线宽等属性。"特性"工具栏上的图层颜色、线型、线宽和打印样式的控制增强了查看和编辑对象属性的命令，在绘图区单击或选择任何

对象，都将在工具栏上显示该对象所在图层颜色、线型、线宽等属性。

用户可通过执行"工具｜AutoCAD｜特性"菜单命令打开"特性"工具栏，如图5-6所示。

图5-6 "特性"工具栏

在"特性"工具栏，各部分功能及选项含义如下：

➢ "颜色控制"下拉列表：位于特性工具栏中的第一列，单击右侧的下拉箭头符号 ▼，用户可以从打开的下拉列表中选择颜色，使之成为当前颜色，如图5-7所示。如果列表中没有需要的颜色，可单击"选择颜色"，然后在"选择颜色"对话框中选择需要的颜色。

➢ "线型控制"下拉列表：位于特性工具栏中的第二列，单击右侧下拉箭头符号 ▼，用户可以从打开的下来列表中选择需要的线型，使之成为当前线型，如图5-8所示。如果列表中没有需要的线型，可单击"其他"，然后在弹出的"线型管理器"对话框中加载新的线型。

➢ "线宽控制"下拉列表：位于特性工具栏中的第三列，单击右侧下拉箭头符号 ▼，用户可以从打开的下来列表框中选择线宽，分割线以上的线宽为最近使用过的线宽，如图5-9所示。

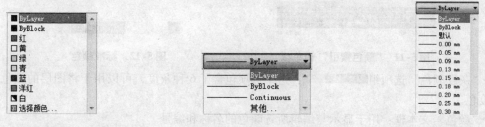

图5-7 "颜色"下拉列表　　　　图5-8 "线型"下拉列表　　　　图5-9 "线宽"下拉列表

➢ "打印样式控制"下拉列表：位于特性工具栏中的最后一列，用户可单击其右侧下拉箭头符号 ▼ 选择打印样式。

> **注意** 用户可选中图形对象，然后在"特性"工具栏中修改选中对象的颜色、线型以及线宽，修改完成后将恢复原来的设置。如果在没有选中图形的情况下，设置颜色、线型或线宽，那么无论在哪个图层上绘图都采用此设置，但不会改变各个图层的原有特性。

5.2 设置颜色

在AutoCAD绘图过程中，可以用不同的颜色表示不同的组件、功能和区域。设置图层的颜色实际就是设置图层中的图形对象的颜色。不同的图层可以设置不同的颜色，方便用户区别复杂的图形。默认情况下，如果系统背景色为白色其创建的图层颜色为黑色（如果系统背景色为黑色其创建的图层颜色则为白色）。

设置图层的颜色其执行方法有以下两种：

➢ 在菜单栏中，选择"格式｜颜色"菜单命令。

➢ 在命令行中输入"COLOR"（快捷键为"COL"）。

执行上述操作后，系统将弹出"选择颜色"对话框，如图5-10所示。在该对话框中，包括

"索引颜色""真彩色""配色系统"三个选项卡。用户可以根
据需要对每个图层设置不同的颜色。

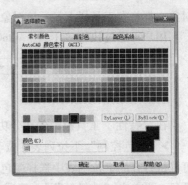

5.2.1 "索引颜色"选项卡

单击"索引颜色"选项卡，用户可以在系统所提供的255
种颜色索引表中选择所需要的颜色。在"索引颜色"选项卡
中各主要选项含义如下：

➤"AutoCAD 颜色索引"调色板：这里包括255种颜色。
当用户选择一种颜色时，在颜色列表下面就会出现该颜色的序
号和其对应的 RGB 值，如图5-11所示。

图 5-10 "特性"工具栏

➤"标准颜色"选项组：标准颜色只适用于1～7号颜色。
其中1为红色、2为黄色、3为绿色、4为青色、5为蓝色、6为品红色额、7为白色或黑色，如
图5-12所示。

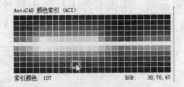

图 5-11 "颜色索引"调色板

图 5-12 标准颜色

➤"灰度颜色"选项组 ■■■■■■■ ：这个选项包含了6种灰度，可以用于将图层的颜色设置
成灰度色。

➤"颜色"文本框：用于显示与编辑所选颜色的名称和编号。

➤"ByLayer"按钮 `ByLayer(L)`：单击此按钮可以指定颜色为随层方式，也就是所绘图形的颜色
总是与所在图层的颜色一致。

➤"ByBlock"按钮 `ByBlock(K)`：单击此按钮可以指定颜色为随块方式，也就是在绘图时图形的
颜色为白色，若将图形创建为图块，则图块中各对象的颜色也将保存在块中。

5.2.2 "真彩色"选项卡

单击"真彩色"选项卡，可以在"颜色模式"下拉列表中选择"RGB"和"HSL"两种颜
色模式，如图5-13和图5-14所示。

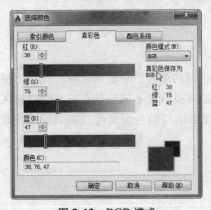

图 5-13 RGB 模式

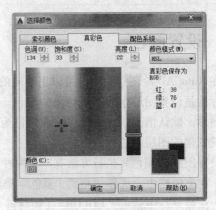

图 5-14 HSL 模式

➢ "RGB"模式：基于有色光的三原色原理进行设置，R 代表红色，G 代表绿色，B 代表蓝色。每种颜色都有 256 种不同的亮度值，所以从理论上讲，RGB 模式有 256 × 256 × 256，共约416777216 种颜色。

➢ "HSL"模式：以人类对颜色的感觉为基础，描述了颜色的 3 种基本特征。H 代表色调，是从物体反射或透过物体传播的颜色，通常由颜色名称表示，如红色、橙色或绿色；S 代表饱和度，指颜色的强度和纯度，表示色相中灰色分量所占的比例，用从 0 ~ 100% 的百分比来度量。

5.2.3 "配色系统"选项卡

单击"配色系统"选项卡，可从标准配色系统中选择预定义的颜色，如图 5-15 所示。在配色下拉列表中，选择需要的系统，然后拖动右边的滑动块来选择具体的颜色，所选颜色编号将显示在下面的"颜色"文本框中，也可以直接在该文本框中输入编号值来选择颜色。

图 5-15 "配色系统"选项卡

5.3 图层的线型

线型是指图形基本元素中线条的组成和显示方式，如虚线和实线等。在 AutoCAD 中既有简单线型，也有由一些特殊符号组成的复杂线型，以满足不同国家或行业标准的使用要求。

5.3.1 在"图层特性管理器"对话框中设置线型

AutoCAD 系统提供了实线、虚线及点画线等 45 种线型，可以满足用户的各种不同的线型要求。单击"图层特性管理器"按钮 ，在弹出的"图层特性管理器"对话框中，单击图层列表线型列下的线型名称，系统将打开"选择线型"对话框，如图 5-16 所示，用户可以在该对话框中选择需要的线型。

在"选择线型"对话框中各主要选项的含义如下：

➢ "已加载的线型"列表框：显示在当前绘图中加载的线型，可供用户选择，右侧显示线型的形式。

➢ "加载"按钮：单击此按钮，将弹出"加载或重载线型"对话框，如图 5-17 所示。用户可以在"可用线型"列表中选择所需要的线型，也可以单击"文件"按钮，从其他文件中调出所需要加载的线型。

图 5-16 "线型管理器"对话框

图 5-17 "加载或重载线型"对话框

5.3.2　直接设置线型

除了利用"图层特性管理器"设置线型外，"线型管理器"对话框的"当前线型"列表中显示有"随层""随块""连续"和其他一些线型，用户可选择其中一种线型，然后单击"当前"按钮即可设置该线型为当前绘图线型。若选择 ByLayer（随层），则表示当前绘图线型跟图层的线型一致，通常绘图线型都设置为随层线型。若选择 ByBlock（随块），则表示绘制的对象线型与块的线型一致。

用户可以通过以下两种方法直接设直线型：

➢ 单击"特性"工具栏"线型控制"下拉列表右侧的 ▾ 箭头符号，在下拉列表中选择需要的线型，如无所需线型，选择"其他"选项。

➢ 在命令行中输入"LINETYPE"。

执行上述操作后，系统将打开"线型管理器"对话框，如图 5-18 所示。在该对话框中各主要选项的含义如下：

➢ "线型过滤器"下拉列表：此选项用于指定线型列表中要显示的线型，勾选右侧的"反向过滤器"复选框，就会以相反的过滤条件显示线型。

➢ "加载"按钮：单击此按钮，将弹出"加载或重载线型"对话框。

➢ "删除"按钮：此按钮用于删除选定的线型。

➢ "当前"按钮：此按钮可以为选择的图层或对象设置当前线型。

➢ "显示/隐藏细节"按钮：此按钮用于显示"线型管理器"对话框中的"详细信息"选项区，如图 5-19 所示。

图 5-18　"线型管理器"对话框

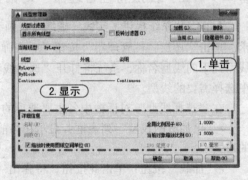

图 5-19　"详细信息"选项区

5.3.3　机械常规图层的设置

 视频\05\机械常规图层的设置.avi
案例\05\图层.dwg --HHO

在熟悉了"图层"设置之后，下面通过机械常规图层的设置，练习掌握图层的设置方法，操作步骤如下：

步骤 **1** ▶ 正常启动 AutoCAD 2015 软件，在"快速工具栏"中单击"新建"按钮 🗋，新建一个图形文件；再单击"保存"按钮 🖫，将其保存为"案例\05\图层.dwg"文件。

步骤 **2** ▶ 在"图层"面板中单击"图层特性"按钮 🖼，打开"图层特性管理器"面板。单击"新建图层"按钮 🗀，创建"粗实线"图层，如图 5-20 所示。

步骤3 ▶ 在"图层"列表颜色列中，将"粗实线"图层的颜色和线型设置为默认，线宽设置为0.3mm，如图5-21所示。

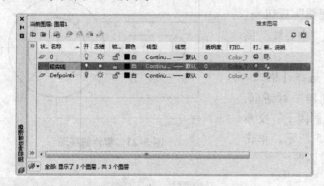

图5-20 新建"粗实线"图层

图5-21 设置线宽

步骤4 ▶ 用相同的方法，新建如图5-22所示的图层，并设置对应的颜色、线型和线宽等。至此，机械常规图层设置完成。

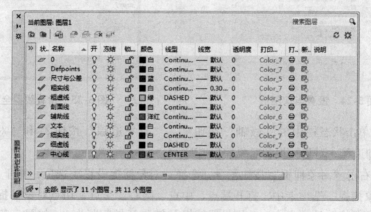

图5-22 机械常规图层

步骤5 ▶ 按"Ctrl + S"组合键将设置好的图层进行保存。

> 提示
> 在机械制图中，通常将轮廓线的线宽设置为0.3mm，而将其他图线的线宽设置为轮廓线线宽的三分之一。

5.4 上机练习——简单机械平面图的绘制

视频\05\简单机械平面图的绘制.avi
案例\05\机械平面图.dwg

下面通过绘制如图5-23所示的零件俯视图，帮助读者掌握绘图过程中图层的使用方法以及零件图的绘制方法，操作步骤如下：

步骤1 ▶ 正常启动AutoCAD 2015软件，在"快速工具栏"中单击"打开"按钮，打开上一节创建好的"图层"文件（即"案例\05\图层.dwg"文件）。再单击"保存"按钮，将其保存为"案例 \ 05 \ 机械平面图 . dwg"
文件。

步骤 **2** ▶ 单击"图层特性管理器"按钮，
在"图层特性管理器"面板中，将"中心线"图
层设置为当前图层，如图 5-24 所示。

步骤 **3** ▶ 设置线型比例因子。选择【格式｜
线型】菜单命令，打开"线型管理器"对话框，
在"详细信息"设置区的"全局比例因子"文本
框中输入比例因子为 3，如图 5- 25 所示，单击
"确定"按钮关闭"线型管理器"对话框。

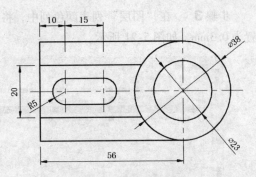

图 5-23   零件俯视图

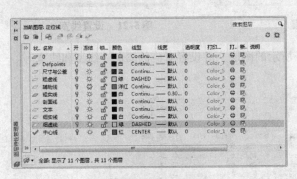

图 5-24   设置当前图层

图 5-25   设置线型全局比例因子

步骤 **4** ▶ 单击状态栏中的"极轴"按钮 ⊙、"对象追踪"按钮 ∠ 和"对象捕捉"按钮
□ ▾，打开极轴追踪、对象捕捉和对象捕捉追踪。

步骤 **5** ▶ 右击"对象捕捉"按钮 □ ▾，选择"对象捕捉设置"选项，打开"草图设置"对
话框，在"对象捕捉"选项卡中，打开端点、中点、圆心、交点、切点对象捕捉，如图 5-26 所
示。在"捕捉和栅格"选项卡中，分别设置捕捉 X 轴和 Y 轴间距为 1，如图 5-27 所示。

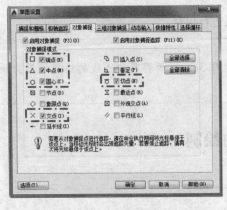

图 5-26   设置捕捉模式

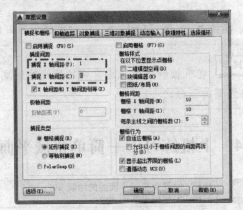

图 5-27   设置捕捉间距

步骤 **6** ▶ 执行直线（L）"命令，在绘图窗口绘制一组相互垂直的中心线，如图 5-28 所示。

步骤 **7** ▶ 单击"修改"面板上的偏移按钮 ⊘，将垂直线段向左依次偏移 31mm、15mm，偏
移效果如图 5-29 所示。

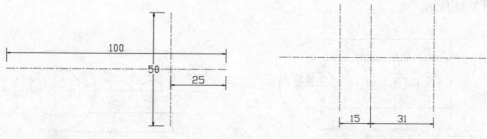

图 5-28 绘制十字中心线　　　　　　图 5-29 偏移中心线

> **注意**　偏移命令将在下一章"编辑命令"中进行讲解，其操作方法：单击"偏移"按钮，输入偏移的距离，按空格键确定，再选择要偏移的线段，用鼠标指定偏移方向。

步骤 **8** ▶ 在"图层"面板的"图层控制"下拉列表中，单击选择"粗实线"图层，将其设置为当前图层，如图 5-30 所示。

步骤 **9** ▶ 执行"圆（C）"命令，以右侧的十字中心线交点为圆心绘制一组半径为19mm 和 11.5mm 的同心圆，分别以左侧的两个十字中心线交点为圆心绘制两个半径为5mm 的圆，如图 5-31 所示。

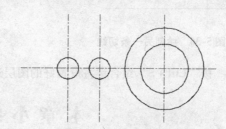

图 5-30 偏移复制直线　　　　　　图 5-31 改变当前图层

步骤 **10** ▶ 再次执行"直线（L）"命令，捕捉和拾取相应点绘制直线，效果如图 5-32 所示。

步骤 **11** ▶ 单击"修改"面板中的"偏移"按钮，输入偏移距离值为9，然后选择两条水平线段进行偏移操作，结果如图 5-33 所示。

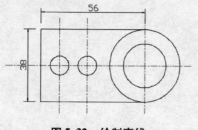
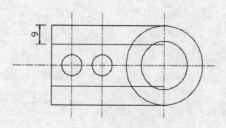

图 5-32 绘制直线　　　　　　图 5-33 偏移线段

步骤 **12** ▶ 单击"修改"面板中的"修剪"按钮，选择右侧大圆作为剪切边，按 Enter 键确认，再分别单击中间两线段在大圆内的部分，作为要修剪的对象，如图 5-34 所示。修剪结果如图 5-35 所示。

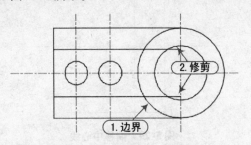

图 5-34　选择修剪边及对象

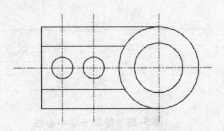

图 5-35　修剪后的效果

步骤 **13** ▶ 执行"直线（L）"命令，分别捕捉两个小圆的象限点，绘制两条切线，如图 5-36 所示。

步骤 **14** ▶ 单击"修改"面板中的"修剪"按钮 -/--，对图形进行修剪，结果如图 5-37 所示。至此，机械平面图绘制完成。

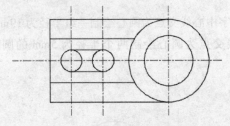

图 5-36　绘制另一条切线

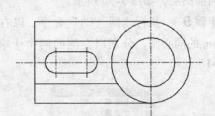

图 5-37　修剪效果

步骤 **15** ▶ 按"Ctrl＋S"组合键将设置好的图层进行保存。

本 章 小 结

通过本章的学习，读者应了解并掌握图层的设置。图层是使用 AutoCAD 绘图时一项非常有用的功能，将不同类型的图形对象放在不同的图层中，可以快速调整同类对象的颜色、线型、线宽等属性，并可以通过隐藏、冻结图层来辅助绘图。

第 6 章
编 辑 命 令

🌐 课前导读

用户想要绘制复杂图形时，必须借助"修改"菜单所提供的图形编辑命令，例如"修剪""打断""合并""圆角"与"倒角""拉伸""延伸""拉长""缩放"等。用户还可选择图形对象，利用对象中部或两端显示的夹点，进行简单的图形编辑。

📖 本章要点

- 🔲 选择对象的几种方法。
- 🔲 复制、镜像、偏移、阵列命令。
- 🔲 移动、旋转、缩放命令。
- 🔲 删除、恢复命令。
- 🔲 修剪、延伸、拉伸、拉长、圆角等命令。
- 🔲 利用夹点编辑图形。
- 🔲 利用"特性"选项板修改对象属性。
- 🔲 上机练习——交换齿轮架的绘制。

6.1 选择对象

在对图形进行编辑操作之前，首先需要选择要编辑的对象。选择对象后，系统将亮显所选的对象。用户可以一次点选单个对象，也可以采用不同的方法选择多个对象或编组。

执行编辑命令之后，命令行提示"选择对象:"，此时输入"?"，将显示如下的提示信息：

窗口(W)/上一个(L)/窗交(C)/框(BOX)/全部(ALL)/栏选(F)/圈围(WP)/圈交(CP)/编组(G)/添加(A)/删除(R)/多个(M)/前一个(P)/放弃(U)/自动(AU)/单个(SI)/子对象(SU)/对象(O)窗口(Window):

命令行提示各选项含义如下：

➢ 窗口（W）：通过对角线的两个端点来定义矩形区域（窗口），凡是完全落在矩形窗口内的图形都会被选中，如图 6-1 所示。

➢ 上一个（L）：选择所有可见对象当中最后一个创建的图形对象，如图 6-2 所示。

➢ 窗交（C）：通过对象的两个端点来定义矩形区域（窗口），凡是完全落在矩形窗口内以及与矩形窗口相交的图形都会被选中，如图 6-3 所示。

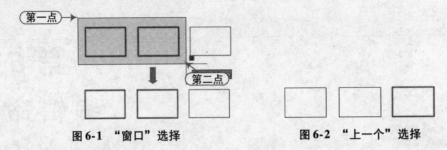

图 6-1 "窗口"选择　　　　　　　　　　　**图 6-2 "上一个"选择**

➤ 框（BOX）：通过对角线的两个端点定义一个矩形窗口，选择完全落在该窗口内以及与窗口相交的图形。需要注意的是，指定对角线的两个端点的顺序不同将会对图形的选择有所影响，如果对角线的两个端点是从左向右指定的，则该方法等价于窗口选择法，即完全落在矩形窗口内的图形被选中；如果对角线的两个端点是从右向左指定的，则该方法等价于交叉选择法，即完全落在矩形窗口内以及与矩形窗口相交的图形都会被选中，如图 6-4 所示。

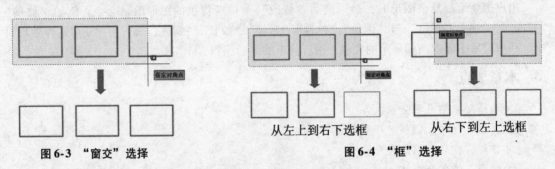

图 6-3 "窗交"选择　　　　　　　　　　　**图 6-4 "框"选择**

➤ 全部（ALL）：在命令行中输入"ALL"，当前图中选择所有图形，如图 6-5 所示。

➤ 栏选（F）：选择所有与栏选相交的对象，如图 6-6 所示。

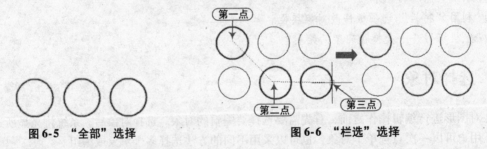

图 6-5 "全部"选择　　　　　　　　　　　**图 6-6 "栏选"选择**

➤ 圈围（WP）：该选项与窗口选择方法相似，但可构造任意形状的多边形区域，包含在多边形窗口内的图形均被选中，如图 6-7 所示。

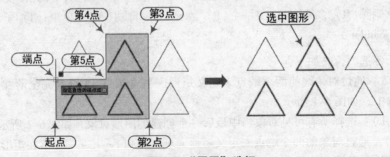

图 6-7 "圈围"选择

➤ 圈交（CP）：该选项与窗交选择方法类似，但它可构造任意形状的多边形区域，包含在多边形窗口内的图形或与该多边形窗口相交的任意图形均被选中，如图6-8所示。

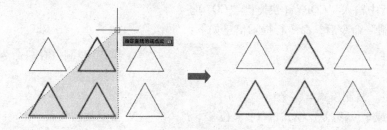

图6-8　"圈围"选择

➤ 编组（G）：输入已定义的选择集，系统将提示输入编组名称。

➤ 添加（A）：当用户完成目标选择后，还有少数没有选中时，可以通过此方法把目标添加到选择集。

➤ 删除（R）：把选择集中的一个或多个目标对象移出选择集。

➤ 多个（M）：当命令中出现选择对象时，鼠标变为一个矩形小方框，逐一点去要选中的目标即可。

➤ 前一个（P）：此方法用于选中前一次操作所选择的对象。

➤ 放弃（U）：取消上一次所选中的目标对象。

➤ 自动（AU）：若拾取框正好有个图形，则选中该图形；反之，则用户指定另一个角点以选中对象。

➤ 单个（SI）：点选要选中的目标对象。

> **注意**　用户可以通过在菜单栏中，选择"工具|选项"命令，在打开的"选项"对话框中，单击"选择集"选项卡，在"选择集模式"中对选择方式进行设置，如图6-9所示。

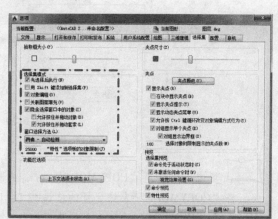

图6-9　"圈围"选择

6.2　复制类命令

复制是 AutoCAD 提供的一种快速绘图功能，它可以快速地创建图形对象的副本。用户通过不同的复制方法可以从不同的途径实现快速复制多个图形的目标。

6.2.1　复制命令

"复制（CO）"命令用于将选定的对象复制到指定的位置，而原对象不受任何影响。当需要绘制多个相同形状的图形时，可采用复制命令，即先绘制其中的一个图形，再利用"复制"命令得到该图形对象的副本。

执行"复制"命令主要有以下三种方法：

> 在菜单栏中，选择"修改 | 复制"菜单命令。
> 在"默认"选项卡的"修改"面板中，单击"复制"按钮 ⅙。
> 在命令行中输入"COPY（快捷键"CO"）。

执行"复制"命令后，命令行提示信息如下：

命令：COPY	\\ 执行"复制（CO）"命令
选择对象：	\\ 选择对象
当前设置： 复制模式＝多个	
指定基点或［位移（D）/模式（O）］＜位移＞：	\\ 指定复制基点

其中命令行各选项含义如下：

> 基点：是复制对象的基准点，基点可以指定在被复制的对象上，也可以不指定在被复制的对象上。

> 位移（D）：通过坐标指定移动的距离和方向。

> 模式（O）：用于设置复制模式，选定该选项后，命令行提示"单个"或"多个"模式。"单个"模式，即创建选定对象的单个副本；"多个"模式，为创建选定对象的多个副本。

例如，执行"复制（CO）"命令将圆复制到矩形的右上角点，其操作步骤如图6-10所示。

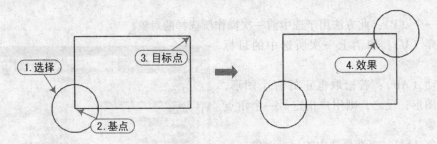

图6-10 复制圆

> **注意** 用户可以利用"COPYMODE"系统变量或上面介绍的"模式"选项指定是否重复命令。将"COPYMODE"系统变量的值设为1，即可在执行一次复制后结束"复制（CO）"命令，将"COPYMODE"系统变量的值设为0，即可在进行多次复制。

6.2.2 实例——利用复制命令绘制图形

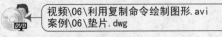
视频\06\利用复制命令绘制图形.avi
案例\06\垫片.dwg

下面利用"复制"命令绘制一个如图6-11所示的垫片图形。通过绘制垫片图形帮助读者进一步掌握"复制"命令的运用技巧，操作步骤如下：

步骤 1 ▶ 正常启动 AutoCAD 2015 软件，在"快速工具栏"中单击"打开"按钮 �📂，打开"案例 \ 06 \ 机械样板.dwt"；然后单击"另存为"按钮 📙，将文件另存为"案例 \ 06 \ 垫片.dwg"文件。

步骤 2 ▶ 在图层面板中，将"中心线"图层设置为当前图层，执行"格式 | 线型"命令，打开"线型管理器"，将全局比例因子设置为0.3。

步骤 **3** ▶ 执行"直线（L）"命令，绘制一组十字中心线。

步骤 **4** ▶ 执行"复制（CO）"命令，以垂直的中心线交点为基点，分别向左右两侧进行复制，复制距离为31mm，如图6-12所示。

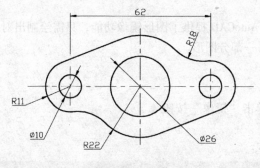

图6-11　垫片

图6-12　绘制中心线

步骤 **5** ▶ 在"图层"面板中，将"轮廓线"图层设为当前图层，执行"圆（C）"命令，以左侧的中心线交点为圆心，绘制半径分别为5mm和11mm的同心圆，再以中间的中心线交点为圆心绘制半径分别为13mm和22mm的同心圆，如图6-13所示。

步骤 **6** ▶ 执行"复制"命令，选择左侧半径为5mm和11的同心圆，以圆心为基点，将其复制到右侧的中心线交点，如图6-14所示。

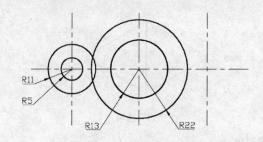

图6-13　绘制同心圆

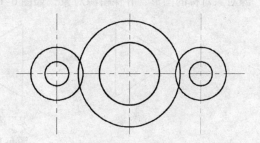

图6-14　复制同心圆

步骤 **7** ▶ 执行"直线"命令，捕捉圆的切点绘制两条切线，如图6-15所示。

步骤 **8** ▶ 再次执行"圆"命令，选择"相切、相切、半径"模式，捕捉圆的切点绘制两个半径为18mm的圆，如图6-16所示。

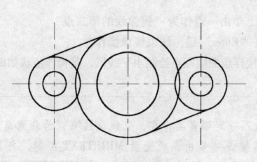

图6-15　绘制切线

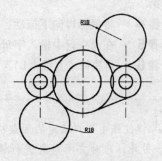

图6-16　复制同心圆

步骤 9 ▶ 执行"修剪（TR）"命令，将多余的圆弧进行修剪。

步骤 10 ▶ 单击"快速工具栏"中的保存按钮 💾，将文件进行保存。

6.2.3 镜像命令

在绘图过程中，经常会遇到一些对称图形，AutoCAD 提供了图形镜像功能，只需绘制出对称图形的一部分，即可利用"镜像"命令复制出另一部分图形。

执行"镜像"命令主要有以下三种方法：

➢ 在菜单栏中，选择"修改|镜像"菜单命令。

➢ 在"默认"选项卡的"修改"面板中，单击"镜像"按钮 ⚖。

➢ 在命令行中输入"MIRROR（快捷键 MI）"。

执行"镜像"命令后，命令行提示信息如下：

命令：MIRROR	\\ 执行"镜像"命令
选择对象：	\\ 选择镜像对象
指定镜像线的第一点：指定镜像线的第二点：	\\ 指定镜像线
要删除源对象吗？［是(Y)/否(N)］ <N> ：	\\ 是否删除源对象

镜像线为一条为假想线段，可通过两点来确定。在"是否删除源对象"选项中，如选择"是（Y）"，则生成与源对象对称的图形，且源图形对象被删除；如选择"否（N）"，则生成与源对象对称的图形，并保留对象，如图 6-17 所示。

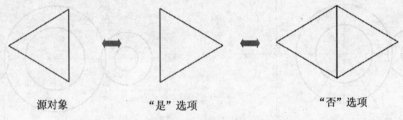

源对象　　　　　　　"是"选项　　　　　　　"否"选项

图 6-17　镜像对象

下面通过绘制一个"花瓶"图形，介绍"镜像"命令的使用方法和运用技巧，操作步骤如下：

步骤 1 ▶ 执行"样条曲线（SPL）"命令，绘制一条样条曲线。

步骤 2 ▶ 启用"正交（F8）"模式，过样条曲线的上端点绘制一条长度适中的水平线段。

步骤 3 ▶ 执行"镜像（MI）"命令，选择前面绘制的图形，单击水平线段右端点作为"镜像线的第一点"。

步骤 4 ▶ 将鼠标再向下拖动，在垂直线上单击一点作为"镜像线的第二点"。

步骤 5 ▶ 在命令行中输入字母"N"，按"Enter"键，结束镜像操作。

步骤 6 ▶ 再执行"直线（L）"命令，连接样条曲线端点绘制水平线段，其操作步骤如图 6-18 所示。

> 📝 **注意**　镜像线由用户确定的两点决定，该线不一定要真实存在，且镜像线可以为任意角度的直线。另外，当对文字对象进行镜像时，其镜像结果由系统变量 MIRRTEXT 控制，当 MIRRTEXT = 0 时，文字只是位置发生了镜像，但不产生颠倒，仍为可读；当 MIRRTEXT = 1 时，文字不但位置发生镜像，而且产生颠倒，变为不可读，如图 6-19 所示。

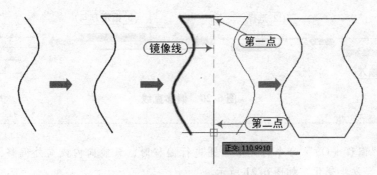

图 6-18　花瓶的绘制

图 6-19　文字镜像效果

6.2.4　偏移命令

"偏移（O）"命令用于平行复制一个与用户选定图形对象相类似的新对象，并把它放置到用户指定的位置。偏移不同的对象，会出现不同的结果。

执行"偏移（O）"命令主要有以下三种方法：

➢ 在"默认"选项卡的"修改"面板中，单击"偏移"按钮 ⌀。

➢ 执行"修改｜偏移"菜单命令。

➢ 在命令行中输入"OFFSET（快捷键 O）"。

执行"偏移（O）"命令后，命令行提示信息如下：

命令：OFFSET	\\ 执行"偏移（O）"命令
当前设置：删除源 = 否　图层 = 源　OFFSETGAPTYPE = 0	
指定偏移距离或 ［通过(T)/删除(E)/图层(L)］ <10.0000>：	\\ 指定偏移值
选择要偏移的对象，或 ［退出(E)/放弃(U)］ <退出>：	\\ 选择偏移对象
指定要偏移的那一侧上的点，或 ［退出(E)/多个(M)/放弃(U)］ <退出>：	
	\\ 指定方向
选择要偏移的对象，或 ［退出(E)/放弃(U)］ <退出>：＊取消＊\\ 退出	

其中，各选项含义如下：

➢ 指定偏移距离：在距现有对象指定的距离处创建对象。

➢ 通过（T）：通过确定通过点来偏移复制图形对象。

➢ 删除（E）：用于设置偏移复制新图形对象的同时是否要删除被偏移的图形对象。

➢ 图层（L）：用于设置偏移复制新图形对象的图层是否和源对象相同。

例如，将直线进行偏移，首先要指定偏移距离，然后选择偏移对象，再指定偏移的方向，如图 6-20 所示。

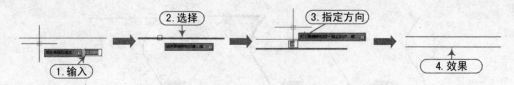

图 6-20　偏移直线

> **注意**　执行"偏移（O）"命令对矩形和圆进行偏移时，只能向内或向外偏移，且新图形与原图形大小值会发生变化，如图 6-21 所示。

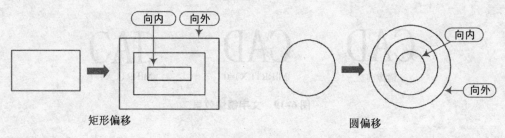

矩形偏移　　　　　　　　　　　　　圆偏移

图 6-21　矩形和圆的偏移效果

6.2.5　实例——利用偏移命令绘制图形

视频\06\利用偏移命令绘制图形.avi
案例\06\挡圈.dwg

下面利用"偏移"命令绘制一个如图 6-22 所示的机械挡圈图形。通过绘制该图形帮助读者掌握"偏移"命令的运用技巧，操作步骤如下：

步骤 **1** ▶ 正常启动 AutoCAD 2015 软件，在"快速工具栏"中单击"打开"按钮 ☞，打开"案例 \ 06 \ 机械样板 .dwt"；然后单击"另存为"按钮 ⊟，将文件另存为"案例 \ 06 \ 挡圈 .dwg"文件。

步骤 **2** ▶ 在图层面板中，将"中心线"图层设置为当前图层，执行"直线（L）"命令，在绘图区域绘制一组十字中心线。

步骤 **3** ▶ 执行"偏移（O）"命令，将水平线段向上进行偏移，偏移距离为 30mm，如图 6-23 所示。偏移过程中命令行提示如下：

```
命令：OFFSET                                              \\ 执行"偏移"命令
当前设置：删除源 = 否　图层 = 源　OFFSETGAPTYPE = 0
指定偏移距离或［通过(T)/删除(E)/图层(L)］＜通过＞:30       \\ 指定偏移距离
选择要偏移的对象,或［退出(E)/放弃(U)］＜退出＞:            \\ 选择偏移对象
指定要偏移的那一侧上的点,或［退出(E)/多个(M)/放弃(U)］＜退出＞:
                                                         \\ 指定偏移方向
选择要偏移的对象,或［退出(E)/放弃(U)］＜退出＞:
```

步骤 **4** ▶ 将"轮廓线"图层设置为当前图层，执行"圆（C）"命令，绘制挡圈内孔，其

半径为8mm，如图6-24所示。

图 6-22　挡圈图形　　　　图 6-23　偏移中心线　　　　图 6-24　绘制圆

步骤 5 ▶ 执行"偏移（O）"命令，将挡圈内孔向外进行偏移，偏移距离为6mm，如图 6-25 所示。

步骤 6 ▶ 采用同样的方法，执行"偏移（O）"命令，以内圆为偏移对象，指定偏移距离为 38mm 和 40mm，偏移结果如图 6-26 所示。

步骤 7 ▶ 执行"圆（C）"命令，以上方十字中心线交点为圆心，绘制半径为4mm的小孔 如图 6-27 所示。

图 6-25　偏移圆　　　　　图 6-26　偏移圆　　　　　图 6-27　绘制小孔

步骤 8 ▶ 利用夹点编辑缩短上方水平中心线，挡圈图形绘制完成。

步骤 9 ▶ 单击"快速工具栏"中的保存按钮 🖫 ，将文件进行保存。

6.2.6　阵列命令

在实际的绘图中，经常会遇到数目很多且图形结构完全相同的对象，绘制这些图形对象时，除了可以利用"复制（CO）"命令外，还可以用"阵列（AR）"命令进行多个复制。AutoCAD 提供了三种阵列方式，分别为"矩形（R）""路径（PA）""环形（PO）"阵列。"矩形阵列"可以创建选定对象的副本的行和列阵列；"环形阵列"可以通过围绕圆心复制选定对象来创建阵列；"路径阵列"可以通过选定先前确定好的路径再复制选定对象来创建阵列。

1. 矩形阵列

在创建"矩形阵列"时，通过指定行、列的数量以及它们之间的距离，可以控制阵列中副本的数量。

"矩形阵列"命令的执行方法如下：

➢ 在"默认"选项卡的"修改"面板中，单击"矩形阵列"按钮 🔡 。

➢ 在菜单栏中，选择"修改｜阵列｜矩形阵列"菜单命令。

➢ 在命令行中输入"ARRAYRECT"。

执行"矩形阵列"命令后，命令行提示信息如下：

命令：ARRAYRECT   \\ 执行"矩形阵列"命令
选择对象：找到 1 个   \\ 选择阵列对象
选择对象：   \\ 确定选择对象
类型 = 矩形   关联 = 是
选择夹点以编辑阵列或［关联（AS）/基点（B）/计数（COU）/间距（S）/列数（COL）/行数（R）/层数（L）/退出（X）］＜退出＞：   \\ 设置阵列的参数

其中各主要选项含义如下：

➢ 选择对象：选择要阵列中使用的而对象。

➢ 关联（AS）：指定阵列中的对象是关联的还是独立的。

➢ 基点（B）：定义阵列基点和基点、夹点的位置。

➢ 计数（COU）：指定行数和列数并使用户在移动光标时可以动态观察结果（一种比"行和列"选项更快捷的方法）。

➢ 间距（S）：指定行间距和列间距并使用户在移动光标时可以动态观察结果。

➢ 列数（COL）：指定从每个对象的相同位置测量的每行之间的距离。

➢ 行数（R）：指定从每个对象的相同位置测量的每列之间的距离。

➢ 层数（L）：指定三维阵列的层数和层间距。

➢ 退出（X）］：退出命令。

选择阵列图形按"Enter"键确定后，系统将出现"矩形阵列"面板。用户可通过"矩形阵列"面板进行相关参数的设置。

例如，将 30mm×30mm 的正方形进行阵列，其操作过程如图 6-28 所示。

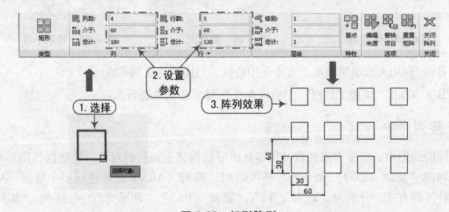

图 6-28   矩形阵列

2. 路径阵列

"路径阵列"命令可以沿路径阵列对象。"路径阵列"方式是指沿路径或部分路径均匀分布对象副本，其路径可以是直线、多段线、样条曲线、螺旋、圆弧、圆、椭圆等。

"路径阵列"命令的执行方法有以下三种：

➢ 在"默认"选项卡的"修改"面板中，单击"路径阵列"按钮 。

➢ 在菜单栏中，选择"修改｜阵列｜路径阵列"菜单命令。

➢ 在命令行中输入"ARRAYPATH"。

执行"路径阵列"命令后，命令行提示信息如下：

命令：_arraypath 找到 1 个   \\ 执行"路径"阵列命令

选择对象：   \\ 选择阵列对象

类型 = 路 径   关联 = 是类型 = 路径   关联 = 是

选择路径曲线：   \\ 选择阵列路径

选择夹点以编辑阵列或［关联（AS）/方法（M）/基点（B）/切向（T）/项目（I）/行（R）/层（L）/对齐项目（A）/Z方向（Z）/退出（X）］＜退出＞：   \\ 设置阵列参数

其中各主要选项含义如下：

➤ 路径曲线：指定用于阵列路径的对象。如圆弧、样条曲线、多段线等。

➤ 方法（M）：控制如何沿路径分布项目。

➤ 切向（T）：指定阵列中的项目如何相对于路径的起始方向对齐。

➤ 项目（I）：根据"方法"设置，指定项目数或项目之间的距离。

➤ 对齐项目（A）：指定是否对齐每个项目以与路径的方向相切。

➤ Z方向（Z）：控制是否保持项目的原始Z方向或沿三维路径自然倾斜项目。

下面将圆以圆弧为路径进行阵列，阵列效果如图6-29所示。

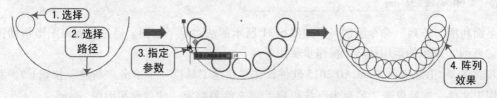

图6-29 路径阵列

3. 环形阵列

"环形阵列"命令用于围绕中心点阵列对象，也称为"极轴阵列"。利用"极轴阵列"可以将对象按指定角度，围绕的中心点进行复制。

"环形阵列"命令的执行方法有以下三种：

➤ 在"默认"选项卡的"修改"面板中，单击"环形阵列"按钮💠。

➤ 在菜单栏中，选择"修改｜阵列｜环形阵列"菜单命令。

➤ 在命令行中输入"ARRAYPOLAR"。

执行"环形阵列"命令后，命令行提示信息如下：

命令：_arraypolar   \\ 执行"环形阵列"命令

选择对象：   \\ 选择阵列对象

类型 = 极轴   关联 = 是

指定阵列的中心点或［基点（B）/旋转轴（A）］：   \\ 指定阵列中心点

选择夹点以编辑阵列或［关联（AS）/基点（B）/项目（I）/项目间角度（A）/填充角度（F）/行（ROW）/层（L）/旋转项目（ROT）/退出（X）］＜退出＞：   \\ 设置阵列参数

其中部分选项含义如下：

➤ 旋转轴：指定由两个指定点定义的自定义旋转轴。

➤ 项目（I）：使用值或表达式指定阵列中的项目数。

➤ 项目间角度（A）：使用值或表达式指定项目之间的角度。

➤ 填充角度（F）：使用值或表达式指定阵列中第一个和最后一个项目之间的角度。

➤ 旋转项目（ROT）：控制在排列项目时是否旋转项目。

下面将矩形绕圆的中心点进行环形阵列，阵列效果如图6-30所示。

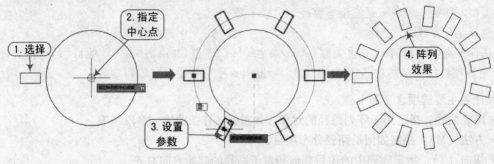

图6-30　环形阵列

6.2.7　实例——利用阵列命令绘制图形

视频\06\利用阵列命令绘制图形.avi
案例\06\法兰盘.dwg

下面利用"阵列"命令绘制一个如图6-31所示的法兰盘平面图。通过绘制该图形帮助读者掌握"阵列"命令的运用技巧，操作步骤如下：

步骤1 ▶ 正常启动AutoCAD 2015软件，在"快速工具栏"中单击"新建"按钮☐，新建一个图形文件。然后单击"另存为"按钮🖫，将文件另存为"法兰盘平面图.dwg"。

步骤2 ▶ 在"默认"选项卡中，单击"图层"面板上的"图层特性"按钮🖳，打开"图层特性管理器"对话框，单击"新建图层"按钮，创建图层如图6-32所示。

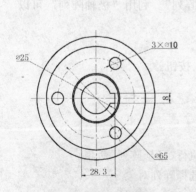

图6-31　法兰盘平面图

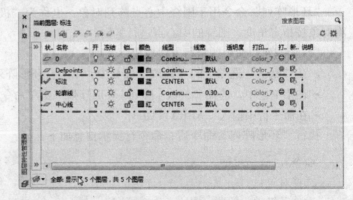

图6-32　创建图层

步骤3 ▶ 将"中心线"图层设置为当前图层，执行"直线（L）"命令，在绘图区域绘制一组十字中心线，如图6-33所示。

步骤4 ▶ 将"轮廓线"图层设置为当前图层，执行"圆（C）"命令，绘制一个直径为25mm的圆，如图6-34所示。

步骤5 ▶ 执行"偏移（O）"命令，将圆向外进行偏移，偏移值分别为6.5、7.5、12.5、29.5和37.5，并将偏移值为12.5的圆设置为中心线，效果如图6-35所示。

图6-33 绘制十字中心线　　　图6-34 绘制圆　　　　图6-35 偏移圆

步骤 **6** ▶ 再次执行"圆（C）"命令，以水平中心线与中心圆的左侧交点为圆心，绘制一个直径为10mm的圆，如图6-36所示。

步骤 **7** ▶ 执行"阵列（AR）"命令，选择环形阵列选项，以十字中心线交点作为中心点，将直径为10mm的圆以及水平中心线进行环形阵列，阵列数目为3，效果如图6-37所示。命令行提示与操作如下：

```
命令：_arraypolar                       \\ 执行"环形阵列"命令
选择对象：                               \\ 选择直径为10mm的圆
类型＝极轴　关联＝是
指定阵列的中心点或［基点(B)/旋转轴(A)］：   \\ 指定圆心为阵列中心点
选择夹点以编辑阵列或［关联(AS)/基点(B)/项目(I)/项目间角度(A)/填充角度(F)/行
(ROW)/层(L)/旋转项目(ROT)/退出(X)］＜退出＞:i  \\ 选择"项目(I)"项
项目数量:3                              \\ 设置阵列数目3
```

步骤 **8** ▶ 执行"偏移（O）"命令，将水平中心线分别向上下两侧进行偏移，偏移距离为4mm；然后将垂直的中心线向右进行偏移，偏移距离为15.8mm，并将偏移后的线设置为"轮廓线"，如图6-38所示。

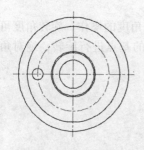　　　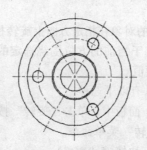　　　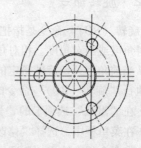

图6-36 绘制圆　　　　图6-37 环形阵列　　　　图6-38 偏移中心线

步骤 **9** ▶ 执行"修剪（TR）"命令，将多余的线段进行修剪。

步骤 **10** ▶ 单击"快速工具栏"中的保存按钮█，将文件进行保存。

6.3 改变位置类命令

改变图形位置命令是按照指定要求改变当前图形或图形的某部分位置的，主要包括移动、旋转和缩放等命令。

6.3.1 移动命令

在 AutoCAD 的绘图过程中，如果出现了图形相对于绘图区域定位不当的情况，只需使用"移动（M）"命令即可方便地将图形对象移到绘图区域的适当位置。

执行"移动"命令的方法有以下三种：

➢ 在"默认"选项卡的"修改"面板中，单击"移动"按钮✣。

➢ 在菜单栏中，选择"修改│移动"菜单命令。

➢ 在命令行中输入"MOVE"（快捷键"M"）。

例如，要移动图 6-39 所示的小圆，根据命令行提示选择移动的对象，并选择移动基点和指定目标点即可完成。执行"移动（M）"命令之后，命令行提示与操作如下：

命令：MOVE	\\ 执行"移动"命令
选择对象：找到 1 个	\\ 选择移动的小圆对象
选择对象：	\\ 按"Enter"键确定选择对象
指定基点或［位移(D)］＜位移＞：	\\ 指定左十字线交点为基点
指定第二个点或＜使用第一个点作为位移＞：	\\ 指定右十字交点为目标点

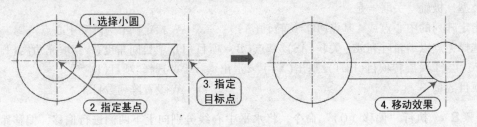

图 6-39　移动对象

6.3.2 旋转命令

"旋转（RO）"命令是指把选择的对象在指定方向上旋转指定的角度的操作。旋转角度可以是相对角度或绝对角度。相对角度基于当前的方位围绕选定的对象的基点进行旋转；绝对角度是指从当前角度开始旋转指定的角度值。

执行"旋转（RO）"命令的方法有以下三种：

➢ 在"默认"选项卡的"修改"面板中，单击"旋转"按钮○。

➢ 在菜单栏中，选择"修改│旋转"菜单命令。

➢ 在命令行中输入"ROTATE"（快捷键"RO"）。

例如，要旋转图 6-40 所示的图形，根据命令行提示选择旋转的对象和中心点，并输入旋转的角度即可完成。执行"旋转（RO）"命令后，命令行提示与操作如下：

命令：ROTATE	\\ 执行"旋转"命令
UCS 当前的正角方向：　ANGDIR ＝逆时针　　ANGBASE ＝0	
选择对象：指定对角点：找到 6 个	\\ 选择旋转对象
选择对象：	\\ 按"Enter"键确定旋转对象
指定基点：	\\ 指定旋转基点
指定旋转角度，或［复制(C)/参照(R)］＜0＞：30	\\ 输入角度值

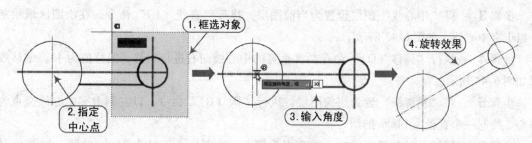

图 6-40 旋转对象

在确定旋转角度时，用户还可通过复制（C）和参照（R）选项来指定参照角度进行旋转和复制旋转操作。

➤ 指定旋转角度：输入角度值。一般情况下，若输入正角度值表示按逆时针旋转对象；若输入负角度值，表示按顺时针旋转对象。

➤ 复制：可将选择的对象进行复制旋转操作。

➤ 参照：可以指定某一方向作为起始参照角度，然后选择一个对象以指定源对象将要旋转到的位置，或输入新角度值来指定要旋转到的位置。

> **注意** 执行"旋转（RO）"命令后，可以输入 0～360°的任意角度值来旋转对象，以逆时针为正，顺时针为负；也可以指定基点，拖动对象到第二点来旋转对象。

6.3.3 实例——利用旋转命令绘制图形

视频\06\利用旋转命令绘制图形.avi
案例\06\拉杆.dwg

下面利用"旋转"命令绘制一个如图 6-41 所示的拉杆。通过绘制该图形帮助读者掌握"旋转"命令的运用技巧，操作步骤如下：

步骤 **1** ▶ 正常启动 AutoCAD 2015 软件，在"快速工具栏"中单击"新建"按钮 □，新建一个图形文件。然后单击"另存为"按钮 □，将文件另存为"拉杆.dwg"。

步骤 **2** ▶ 在"默认"选项卡中，单击"图层"面板上的"图层特性"按钮 □，打开"图层特性管理器"对话框，单击"新建图层"按钮，新建图层如图 6-42 所示。

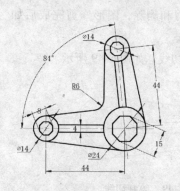

图 6-41 机械图

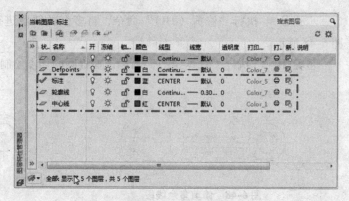

图 6-42 创建图层

步骤 **3** ▶ 将"中心线"图层设置为当前图层，执行"直线（L）"命令，在绘图区域绘制一组十字中心线，如图 6-43 所示。

步骤 **4** ▶ 执行"偏移（O）"命令，将垂直的中心线向右进行偏移，偏移值为 44，偏移效果如图 6-44 所示。

步骤 **5** ▶ 将"轮廓线"置为当前图层，执行"圆（C）"命令，以左侧十字中心线交点为圆心，绘制一个直径为 14mm 的圆。

步骤 **6** ▶ 同样，以右侧十字中心线交点为圆心，绘制一个直径为 24mm 的圆，如图 6-45 所示。

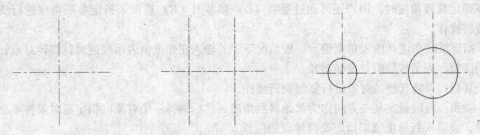

图 6-43 绘制中心线   图 6-44 偏移中心线   图 6-45 绘制两个圆

步骤 **7** ▶ 执行"正多边形（POL）"命令，分别以左右两个十字中心线交点为内接圆圆心，绘制两个正八边形，内接圆半径分别为 8mm 和 15mm，如图 6-46 所示。

步骤 **8** ▶ 执行"偏移"命令，将水平中心线分别向上下两侧进行偏移，偏移距离为 2mm，并将偏移后的线设置为"轮廓线"图层，如图 6-47 所示。

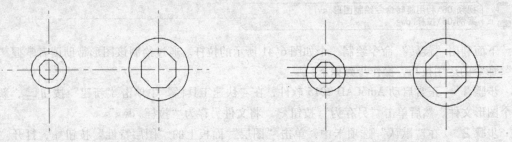

图 6-46 绘制正八多边形   图 6-47 偏移中心线

步骤 **9** ▶ 执行"修剪（TR）"命令，将多余的线段进行修剪和删除，图形修剪完成后如图 6-48 所示。

步骤 **10** ▶ 执行"直线（L）"命令，捕捉圆的切点绘制两条切线，如图 6-49 所示。

图 6-48 修剪多余线段   图 6-49 绘制切线

步骤 **11** ▶ 执行"旋转（RO）"命令，从右下角向左上方框选图形，如图 6-50 所示，指定右侧圆的圆心为旋转基点，选择"复制（C）"选项，将框选的图形复制旋转角度为 – 84°的副本，效果如图6-51所示。操作过程中命令行提示如下：

命令：ROTATE　　　　　　　　　　　　　　\\ 执行"旋转"命令
UCS 当前的正角方向：ANGDIR = 逆时针　　ANGBASE = 0
找到 8 个　　　　　　　　　　　　　　　　\\ 框选对象
指定基点：　　　　　　　　　　　　　　　\\ 指定右侧圆心为中心点
指定旋转角度，或［复制（C）/参照（R）］<0>：C　　\\ 选择"复制"选项
旋转一组选定对象。
指定旋转角度，或［复制（C）/参照（R）］<0>：– 84　　\\ 指定旋转角度值

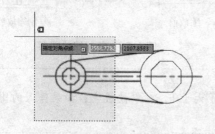

图 6-50　框选图形

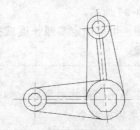

图 6-51　旋转效果

步骤 **12** ▶ 执行"圆（C）"命令，选择"相切、相切、半径"模式绘制半径为 6mm 的圆，如图 6-52 所示。

步骤 **13** ▶ 执行"修剪（TR）"命令，将多余的线段进行修剪和删除，图形修剪完成后如图 6-53 所示。至此，图形绘制完成。

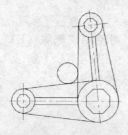

图 6-52　绘制圆

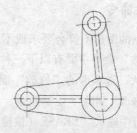

图 6-53　修剪图形

步骤 **14** ▶ 单击"快速工具栏"中的保存按钮 ⊟，将文件进行保存。

6.3.4　缩放命令

"缩放（SC）"命令主要用于将图形对象相对于基准点按用户输入的比例进行放大或缩小。执行"缩放（SC）"命令的方法有以下三种：

➤ 在"默认"选项卡的"修改"面板中，单击"缩放"按钮 。

➤ 在菜单栏中，选择"修改｜缩放"菜单命令。

➤ 在命令行中输入"SCALE"（快捷键"SC"）。

执行"缩放"命令后，命令行提示信息如下：

命令：SCALE   \\ 执行"缩放"命令
选择对象:找到 1 个   \\ 选择缩放对象
指定基点：   \\ 指定缩放基点
指定比例因子或［复制(C)/参照(R)］：   \\ 输入比例因子或选择其他选项

➢ 基点：指定缩放的基点。

➢ 指定比例因子：指定图形对象进行缩放时的比例系数，或对图形对象进行参照缩放。

➢ 复制：可将选择的对象进行复制缩放操作，即根据缩放比例复制出一份，同时保留源对象，如图 6-54 所示。

➢ 参照：可以指定参照长度或拖动鼠标的方法缩放对象。

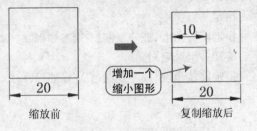

图 6-54　复制缩放图形

> ⚠️ 注意　在等比例缩放对象时，如果输入的比例因子大于 1，对象被放大；如果输入的比例小于 1，对象将被缩小。

6.4　删除及恢复类命令

删除及恢复类命令主要用于删除图形某部分或对已删除部分进行恢复，包括删除、恢复、清除、重做等命令。

6.4.1　删除命令

如果所绘制的图形不符合要求或不小心绘制错了图形，可使用"删除（E）"命令将图形删除。执行"删除"命令主要有以下三种方法：

➢ 在"默认"选项卡的"修改"面板中，单击"删除"按钮 ✎。

➢ 执行"修改｜删除"菜单命令。

➢ 在命令行中输入"ERASE（快捷键 E）"。

执行"删除"命令后，用户可根据提示选择需要删除的对象，并按"Enter"键结束选择，删除指定的图形对象。

另外，用户还可以先选择对象，再执行删除命令，同样也可以将所选择的对象删除。

6.4.2　恢复命令

在绘制图形时，如不小心误删了图形，可以用"恢复"命令恢复误删的对象。

执行"恢复"命令主要有以下三种方法：

➢ 在"快速工具栏"中，单击"恢复"按钮 ↺。

➢ 在命令行中输入"OOPS"或"U"。

➢ 按"Ctrl＋Z"组合键。

执行"恢复"命令后，系统将自动恢复到上一步操作。

6.5　改变几何特性类命令

改变图形特征命令是指在对指定对象进行编辑后，被编辑对象的几何特征将发生改变，包括"修剪（TR）""圆角（F）""倒角（CHA）""延伸（EX）"等命令。

6.5.1　修剪命令

修剪命令主要用于绘制不规则图形，对图形进行必要的剪切处理，可以一次修剪多个图形对象。

执行"修剪（TR）"命令主要有以下三种方法：

➢ 在"默认"选项卡的"修改"面板中，单击"修剪"按钮 ⊬ 。

➢ 在菜单栏中，选择"修改|修剪"菜单命令。

➢ 在命令行中输入"TRIM（快捷键 TR）"。

执行"修剪（TR）"命令之后，根据提示选择修剪的边界对象，然后再依次点取要修剪的对象即可。操作过程中命令行提示信息如下：

命令：TRIM	\\ 执行"修剪"命令
当前设置：投影 = UCS,边 = 无	\\ 显示当前修剪模式
选择剪切边 …	
选择对象或 <全部选择>：	\\ 选择剪切边或边界
选择要修剪的对象,或按住 Shift 键选择要延伸的对象,或	
［栏选(F)/窗交(C)/投影(P)/边(E)/删除(R)/放弃(U)］：	\\ 选择修剪对象

其中，命令行各主要选项含义如下：

➢ 选择剪切边：指定一个或多个对象作为修剪边界，可以分别指定对象，也可以全部选择指定图形中的所有对象。

➢ 要修剪的对象：指定修剪对象。如果有多个可能的修剪结果，那么第一个选择点的位置将决定结果。

➢ 栏选（F）：选择与选择栏相交的所有对象。选择栏是一系列临时线段，它们是用两个或多个栏选点指定的。选择栏不构成闭合环。

➢ 窗交（C）：选择矩形区域（由两点确定）内部或与之相交的对象。

➢ 投影（P）：指定修剪对象时使用的投影方式。

➢ 边（E）：确定对象是在另一对象的延长边处进行修剪，还是仅在三维空间中与该对象相交的对象处进行修剪。

➢ 删除（R）：删除选定的对象。此选项提供了一种用来删除不需要的对象的简便方式，而无须退出 TRIM 命令。

注意　在进行修剪操作时按住"SHIFT"键，可转化执行"延伸（EX）"命令。当选择要修剪的对象时，若某条线段未与修剪边界相交，则按住"SHIFT"键单击该线段，可将其延伸到最近的边界。

6.5.2 实例——胶套的绘制

视频\06\胶套的绘制.avi
案例\06\胶套.dwg

在掌握了"修剪"命令之后，下面通过绘制胶套图形帮助读者进一步掌握"修剪"命令的运用技巧，操作方法如下：

步骤 1 ▶ 正常启动 AutoCAD 2015 软件，在快速工具栏中个单击"打开"按钮🖿，打开"案例\ 06 \ 机械样板 . dwt"；再单击"保存"按钮🖫，将其保存为"案例\ 06 \ 胶套 . dwg"。

步骤 2 ▶ 执行"矩形（REC）"命令，绘制一个 100mm×50mm 的矩形，如图 6-55 所示。

步骤 3 ▶ 执行"多边形（POL）"命令，在矩形内绘制一个外接圆半径为 33mm 的正四边形，如图 6-56 所示。

图 6-55 绘制矩形

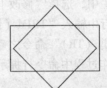

图 6-56 绘制正多边形

步骤 4 ▶ 执行"偏移（O）"命令，将矩形和正多边形均向内进行偏移操作，偏移距离为 10mm，如图 6-57 所示。

步骤 5 ▶ 执行"修改│修剪"菜单命令，剪切出层次关系，如图 6-58 所示，命令行提示与操作如下：

命令：TRIM	\\ 执行"修剪"命令
当前设置：投影 = UCS，边 = 无	
选择剪切边 …	
选择对象或 <全部选择>：	\\ 按"Enter"键选择全部
选择要修剪的对象，或按住 Shift 键选择要延伸的对象，或	
[栏选(F)/窗交(C)/投影(P)/边(E)/删除(R)/放弃(U)]：	\\ 依次选择修剪边

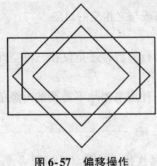

图 6-57 偏移操作

图 6-58 修剪操作

> 注意 此步骤在提示"选择剪切边，选择对象"时，直接按"Enter"键或空格键，则将所有的对象作为边界对象，然后直接在需要修剪的对象上单击即可。

至此，胶套图形绘制完成。

步骤**6** ▶ 按"Ctrl + S"组合键将文件进行保存。

6.5.3　延伸命令

"延伸（EX）"命令与"修剪（TR）"类似，但不同的时"修剪（TR）"命令会将对象修剪到剪切边，而"延伸（EX）"命令则相反，它会延伸对象至边界，有效的边界线可以是直线、圆、圆弧多段线、构造线、文本等。

执行"延伸（EX）"命令主要有以下三种方法：

➢ 在"默认"选项卡的"修改"面板中单击"修剪"按钮右下角的下拉按钮 ▾，在弹出的下拉列表中选择"延伸"命令。

➢ 在菜单栏中，选择"修改 | 延伸"菜单命令。

➢ 在命令行中输入"EXTEND（快捷键 EX）"。

执行"延伸（EX）"命令之后，根据提示选择对象，然后依次点取要延伸的对象即可。操作过程中命令行提示信息如下：

命令：EXTEND	\\ 执行"延伸"命令
当前设置：投影 = UCS，边 = 无	\\ 显示当前延伸模式
选择边界的边 …	
选择对象或 ＜全部选择＞：	\\ 选择延伸边或边界
选择要延伸的对象，或按住 Shift 键选择要修剪的对象，或	
［栏选（F）/窗交（C）/投影（P）/边（E）/放弃（U）］：	\\ 选择延伸模式

> **注意**　用户在执行"延伸"命令后，按两次空格键，然后直接选择对象上要延伸的端点，同样可以延伸，但在延伸目标中有多个对象时，此方法需要多次选择才能达到目标位置。

6.5.4　实例——将单人床延伸为双人床

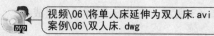
视频\06\将单人床延伸为双人床.avi
案例\06\双人床.dwg

下面以利用"延伸（EX）"命令绘制床示意图为例，进一步介绍"延伸（EX）"命令的运用技巧。其操作方法如下：

步骤**1** ▶ 正常启动 AutoCAD 2015 软件，在"快速工具栏"中单击"打开"按钮 ，打开"案例 \ 06 \ 单人床 . dwg"，如图 6-59 所示。然后单击"另存为"按钮 ，将文件另存为"案例 \ 06 \ 双人床 . dwg"。

步骤**2** ▶ 执行"移动（M）"命令，选择床左侧的垂直线段，选中线段中间的夹点，将其向左水平拖动 600mm，效果如图 6-60 所示。

步骤**3** ▶ 执行"延伸（EX）"命令，将两条水平线段进行延伸操作，效果如图 6-61 所示。此时命令行提示如下：

命令：EXTEND	\\ 执行"延伸"命令
当前设置：投影 = UCS，边 = 无	\\ 显示当前延伸模式

选择边界的边...
选择对象或＜全部选择＞：   \\ 选择左侧垂直线段
选择要延伸的对象,或按住 Shift 键选择要修剪的对象,或
［栏选(F)/窗交(C)/投影(P)/边(E)/放弃(U)］：   \\ 依次选择两条水平线段

图 6-59 单人床   图 6-60 移动线段

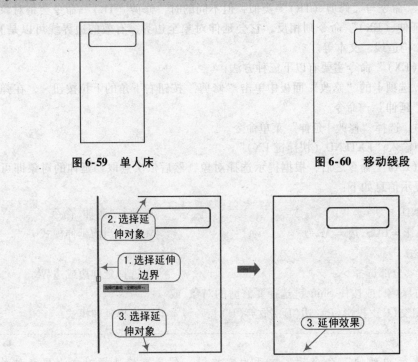

图 6-61 延伸操作

步骤 4 ▶ 再次执行"移动（M）"命令，从左向右框选枕头的左侧部分，打开"正交"命令，将其向左移动 600mm，效果如图 6-62 所示。

步骤 5 ▶ 执行"延伸（EX）"命令，选择枕头左侧的部分作为延伸对象边界，选择枕头的两条水平线段作为延伸对象进行延伸操作。延伸效果如图 6-63 所示。双人床图形绘制完成。

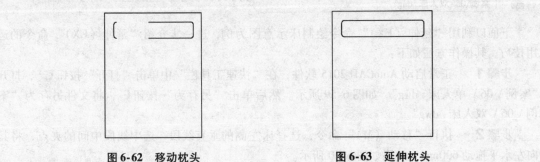

图 6-62 移动枕头   图 6-63 延伸枕头

步骤 6 ▶ 单击"快速工具栏"中的保存按钮，将文件进行保存。

6.5.5 拉伸命令

"拉伸（S）"命令用于拉伸选定的图形对象，使图形的性状发生改变。拉伸时图形的选定对

象被移动，但同时仍保持与图形中的不动部分相连。

在 AutoCAD 中，执行"拉伸（S）"命令的方式有以下三种：

➢ 在"默认"选项卡的"修改"面板中，单击"拉伸"按钮。

➢ 在菜单栏中，选择"修改│拉伸"菜单命令。

➢ 在命令行中输入"STRETCH"（快捷键"S"）。

执行"拉伸（S）"命令后，执行命令行执行过程如下：

命令：STRETCH	\\ 执行"拉伸"命令
以交叉窗口或交叉多边形选择要拉伸的对象…	
选择对象：	\\ 选择拉伸对象
选择对象：	
指定基点或［位移(D)］＜位移＞：	\\ 拾取拉伸基点
指定第二个点或 ＜使用第一个点作为位移＞：	\\ 指定位移

用户通过选择拉伸对象并指定基点和位移即可进行拉伸操作，如图6-64 所示。

图6-64 拉伸过程示意

> **注意** 如果对象是文字、块或圆，它们不会被拉伸。使用拉伸命令必须使用交叉窗口或者交叉多边形选择对象，当对象整体在交叉窗口选择范围内时，它们只可以被移动，而不能被拉伸。

6.5.6 拉长命令

"拉长（LEN）"命令用于改变非封闭对象的长度，包括直线或弧线。对于封闭的对象，该命令无效。

在 AutoCAD 中，执行"拉伸（LEN）"命令的方式有以下三种：

➢ 在"默认"选项卡的"修改"面板中单击下方的下拉按钮，在下拉列表中，单击"拉长"按钮 。

➢ 在菜单栏中，选择"修改│拉长"菜单命令。

➢ 在命令行中输入"LENGTHEN"（快捷键"LEN"）。

执行"拉长（LEN）"命令后，命令行执行过程如下：

命令：LENGTHEN
选择要测量的对象或［增量(DE)/百分比(P)/总计(T)/动态(DY)］＜总计(T)＞：

其中，命令行各主要选项含义如下：

➢ 增量（DE）：通过设定长度增量或角度增量改变对象的长度。

➤ 百分比（P）：使直线或圆弧按百分数改变长度。

➤ 总计（T）：根据直线或圆弧的新长度或圆弧的新包含角改变长度。

➤ 动态（DY）：以动态方式改变圆弧或直线的长度。

6.5.7　圆角命令

"圆角"命令用于将两个图形对象用指定半径的圆弧光滑连接起来。其中，可以圆角的对象包括直线、多段线、样条曲线、构造线等。

在 AutoCAD 中，执行"圆角"命令的方式有以下三种：

➤ 在"默认"选项卡的"修改"面板中，单击"圆角"命令按钮◻。

➤ 执行"修改｜圆角"菜单命令。

➤ 在命令行中输入"FILLET（快捷键 F）"。

执行"圆角"命令后，命令行显示如下提示，其中各选项的含义如下：

> 命令：　FILLET
> 当前设置：模式 = 修剪, 半径 = 0
> 选择第一个对象或［放弃（U）/多段线（P）/半径（R）/修剪（T）/多个（M）］：r

➤ 选择第一个对象：选择定义二维圆角所需的两个对象中的第一个对象。接着会提示"选择第二个对象"。

➤ 放弃（U）：恢复在命令中执行的上一个操作。

➤ 多段线（P）：在二维多段线中两条直线段相交的每个顶点处插入圆角圆弧。

➤ 半径（R）：定义圆角圆弧的半径。输入的值将成为后续 FILLET 命令的当前半径。修改此值并不影响现有的圆角圆弧。

➤ 修剪（T）：控制圆角是否将选定的边修剪到圆角圆弧的端点。

➤ 多个（M）：给多个对象集加圆角。

> 注意　对于两条不平行的线段，用户可以通过圆角的方式对其进行延伸并相交的操作，这时应设置圆角半径为 0。

6.5.8　实例——吊钩的绘制

视频\03\吊钩的绘制.avi
案例\03\吊钩.dwg

在掌握了"圆角"命令之后，读者可通过本节的绘制吊钩图形进一步掌握"圆角"命令的运用技巧，操作方法如下：

步骤 **1** ▶ 正常启动 AutoCAD 2015 软件，在快速工具栏中个单击"打开"按钮 ，打开"案例\06\机械样板.dwt"。再单击"保存"按钮 ，将其保存为"案例\06\吊钩.dwg"文件。

步骤 **2** ▶ 在图层下拉列表中选择"中心线"图层使之成为当前图层，执行"构造线"命令（XL），绘制水平和垂直的构造线，如图 6-65 所示。

步骤 **3** ▶ 执行"偏移"命令（O），将水平构造线向下偏移 95mm，如图 6-66 所示。

步骤 **4** ▶ 将"粗实线层"图层为当前图层，执行"圆"命令（C），绘制两组同心圆，如图 6-67 所示。

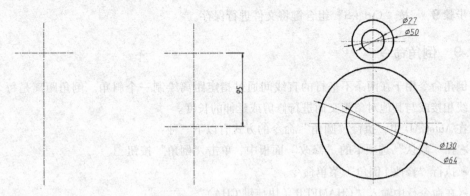

图 6-65　绘制中心线　　　图 6-66　偏移中心线　　　图 6-67　绘制同心圆

步骤 **5** ▶ 执行"直线"命令（L），在"指定第一点："提示下时输入"tan"，这时将鼠标靠近直径为 50mm 圆的左下侧位置，将显示"切点"符号时单击鼠标，在"指定下一点："提示时再输入"tan"，这时将鼠标靠近直径为 64mm 圆的右上侧位置，将显示"切点"符号时单击鼠标，从而绘制一条切线段，如图 6-68 所示。

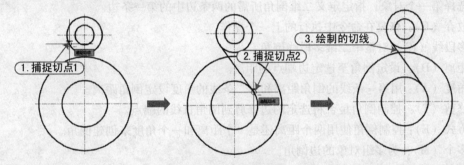

图 6-68　绘制切线

步骤 **6** ▶ 执行"偏移"命令"O"，将切线段向左下偏移 64mm，如图 6-69 所示。

步骤 **7** ▶ 执行"圆角"命令"F"，根据命令行提示选择"半径（R）"选项，输入圆角半径值 7，将上一步偏移的直线段和直径值为 130 的大圆进行圆角处理；按"Enter"键，重复"圆角"命令，输入圆角半径值 62，将直径值为 50 的圆和直径值为 130 的大圆进行圆角处理，如图 6-70 所示。

步骤 **8** ▶ 执行"修剪"命令（TR），将多余的线段进行修剪，修剪后效果如图 6-71 所示。至此，吊钩图形绘制完成。

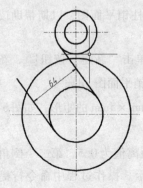

图 6-69　偏移的切线段对象

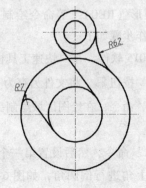

图 6-70　圆角处理

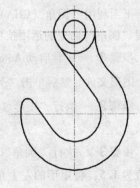

图 6-71　修剪后的效果

129

步骤**9** ▶ 按"Ctrl + S"组合键将文件进行保存。

6.5.9 倒角命令

倒角命令用于在两条不平行的直线间通过指定距离绘制一个斜角。倒角距离是每个对象与倒角线相接或与其他对象相交而进行修剪或延伸的长度。

在 AutoCAD 中，执行"圆角"命令的方式有以下三种：

➤ 在"默认"选项卡的"修改"面板中，单击"倒角"按钮 。

➤ 执行"修改 | 倒角"菜单命令。

➤ 在命令行中输入"CHAMFER（快捷键 CHA）"。

执行"倒角"命令后，命令行显示如下提示，其中各选项的含义如下：

> 命令：CHAMFER
> （"修剪"模式）当前倒角距离 1 = 0.0000, 距离 2 = 0.0000
> 选择第一条直线或 [放弃(U)/多段线(P)/距离(D)/角度(A)/修剪(T)/方式(E)/多个(M)]:

➤ 选择第一个对象：指定定义二维倒角所需的两条边中的第一条边。

➤ 放弃（U）：恢复在命令中执行的上一个操作。

➤ 多段线（P）：对整个二维多段线倒角。

➤ 距离（D）：设定倒角至选定边端点的距离。

➤ 角度（A）：用第一条线的倒角距离和第二条线的角度设定倒角距离。

➤ 修剪（T）：控制倒角是否将选定的边修剪到倒角直线的端点。

➤ 方式（E）：控制倒角使用两个距离还是一个距离和一个角度来创建倒角。

➤ 多个（M）：为多组对象的边倒角。

> **注意** 在绘制图样的过程中，经常会遇到"N × 45°"倒角，执行45°倒角效果与距离倒角"N × N"的效果相同（N 为相同距离）。

6.5.10 实例——绘制圆柱销平面图

视频\06\绘制圆柱销平面图.avi
案例\06\圆柱销平面图.dwg

下面利用"倒角（CHA）""矩形（REC）"等命令绘制一个圆柱销平面图，以期帮助读者掌握"倒角"命令的运用技巧，操作步骤如下：

步骤**1** ▶ 正常启动 AutoCAD 2015 软件，在"快速工具栏"中单击"新建"按钮 ，新建一个图形文件。然后单击"另存为"按钮 ，将文件另存为"圆柱销平面图.dwg"。

步骤**2** ▶ 执行"矩形（REC）"命令，在绘图区域绘制一个 18mm × 5mm 的矩形，如图6-72所示。

步骤**3** ▶ 执行"倒角（CHA）"命令，然后设置第一个倒角距离值为0.5，第二个倒角距离值为1.5，将矩形的左上角和右上角进行倒圆角，如图6-73所示。操作过程中命令行提示如下：

命令：CHAMFER \\ 执行"倒角"命令

选择第一条直线或［放弃(U)/多段线(P)/距离(D)/角度(A)/修剪(T)/方式(E)/多个(M)］：d

指定 第一个 倒角距离 ＜0.0000＞：0.5 \\ 指定第一个倒角距离值

指定 第二个 倒角距离 ＜0.5000＞：1.5 \\ 指定第二个倒角距离值

选择第一条直线或［放弃(U)/多段线(P)/距离(D)/角度(A)/修剪(T)/方式(E)/多个(M)］：
\\ 首先选择直角处的垂直边（倒0.5）

选择第二条直线，或按住 Shift 键选择直线以应用角点或［距离(D)/角度(A)/方法(M)］：
\\ 再选择直角处的水平边（倒1.5）

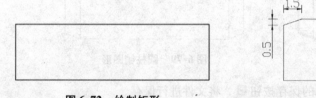

图 6-72　绘制矩形　　　　　　　　　　图 6-73　倒角操作

步骤 **4** ▶ 执行"直线（L）"命令，单击拾取倒角后的角点，绘制两条垂直线段，如图 6-74 所示。

步骤 **5** ▶ 执行"镜像（MI）"命令，选择绘制的当前图形，然后拾取矩形下方的两个角点作为镜像线，将图形进行镜像，镜像效果如图 6-75 所示。镜像过程中命令行提示如下：

命令：MIRROR \\ 执行"镜像"命令

找到 3 个 \\ 框选图形

指定镜像线的第一点：指定镜像线的第二点： \\ 以矩形下方水平线作为镜像线

要删除源对象吗？［是(Y)/否(N)］＜N＞：n \\ 选择"否"选项

图 6-74　绘制直线　　　　　　　　　　图 6-75　镜像操作

步骤 **6** ▶ 执行"圆（C）"命令，以矩形内左侧十字线段的中点作为圆心，绘制一个半径为 1.5mm 的圆，如图 6-76 所示。

步骤 **7** ▶ 执行"移动（M）"命令，按"F8"打开正交模式，将半径为 1.5mm 的圆向右进行移动 3mm，如图 6-77 所示。

步骤 **8** ▶ 执行"分解（X）"命令，然后从右向左框选两个矩形对象，如图 6-78 所示，然后按"Enter"键确定。

步骤 **9** ▶ 执行"删除（E）"命令，选择中间两条重合的边，然后按"Enter"键确定以将线段删除，效果如图 6-79 所示。至此，图形绘制完成。

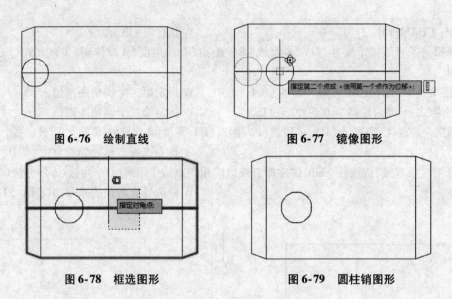

图 6-76 绘制直线

图 6-77 镜像图形

图 6-78 框选图形

图 6-79 圆柱销图形

步骤 **10** ▶ 单击 "快速工具栏" 中的保存按钮 🖫, 将文件进行保存。

> **注意** 在倒角的过程中, 如设置的倒角距离不同, 则应注意选择倒角线段的顺序。如当设置了第一个倒角距离值为 5, 第二个倒角距离值为 2 后, 选择的第一条线段将缩短 5 个单位, 选择的第二条线段将缩短 2 个单位, 且将两个端点用线连接起来。也就是说, 选择线段的顺序不同, 就会得到不一样的倒角效果, 如图 6-80 所示。

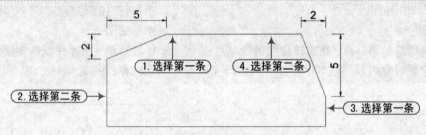

图 6-80 不同倒角距离的选择顺序

6.5.11 打断命令

使用 "打断 (BR)" 命令可以将对象指定两点间的部分删除。

在 AutoCAD 中, 执行 "打断" 命令的方式有以下三种:

➢ 在 "默认" 选项卡的 "修改" 面板中单击下方的下拉按钮, 在弹出的列表中单击 ⌣ 按钮。
➢ 执行 "修改 | 打断" 菜单命令。
➢ 在命令行中输入 "BREAK (快捷键 BR)"。

执行打断命令后, 根据提示选择要打断的对象, 并确定打断的第一个点位置, 再选择要打断的第二点位置。操作示例如图 6-81 所示, 其命令行提示如下:

命令: BREAK	\\ 执行 "打断" 命令
选择对象:	\\ 选择直线并确定第一点
指定第二个打断点 或 [第一点(F)]:	\\ 指定第二点

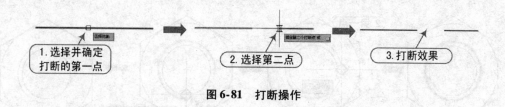

1. 选择并确定打断的第一点 → 2. 选择第二点 → 3. 打断效果

图 6-81 打断操作

6.5.12 实例——绘制六角螺母

视频\06\绘制六角螺母.avi
案例\06\六角螺母.dwg

下面利用"打断"命令绘制一个六角螺母，以期帮助读者掌握"打断"命令的运用技巧，操作步骤如下：

步骤 1 ▶ 正常启动 AutoCAD 2015 软件，在"快速工具栏"中单击"新建"按钮，新建一个图形文件。然后单击"另存为"按钮，将文件另存为"六角螺母.dwg"。

步骤 2 ▶ 执行"圆（C）"命令，在绘图区域绘制一个半径为 6.5mm 的圆，如图 6-82 所示。

步骤 3 ▶ 执行"多边形（POL）"命令，以圆心为中心点，以圆的半径为外切圆半径，绘制一个正六边形，如图 6-83 所示。

步骤 4 ▶ 再次执行"圆（C）"命令，绘制两个半径分别为 4mm 和 3.4mm 的同心圆，如图 6-84 所示。

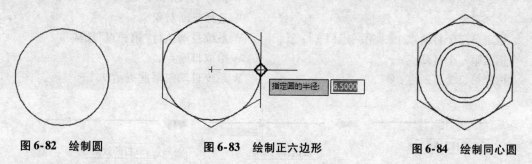

指定圆的半径: 6.5000

图 6-82 绘制圆   图 6-83 绘制正六边形   图 6-84 绘制同心圆

步骤 5 ▶ 执行"打断命令（BR）"命令，在半径为 4mm 的圆上，捕捉圆的两个象限点进行打断操作，如图 6-85 所示，其命令执行过程如下：

命令：BRBREAK	\\ 执行"打断"命令
选择对象：	\\ 选择半径为 4mm 的圆
指定第二个打断点 或［第一点(F)］: f	\\ 选择"第一点"选项
指定第一个打断点：	\\ 捕捉左象限点
指定第二个打断点：	\\ 捕捉下象限点

> **注意** 当对圆或圆弧执行"打断"命令删除其中一部分时，将删除从第一点以逆时针方向旋转到第二点之间的圆弧。

至此，六角螺母图形绘制完成。

步骤 6 ▶ 单击"快速工具栏"中的保存按钮，将文件进行保存。

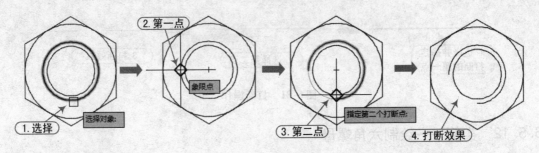

图 6-85　打断操作

6.5.13　打断于点

使用"打断于点"命令可以将对象分割为两部分,其分割对象为非封闭对象,如直线、圆弧、多段线等;对于闭合类型的对象,如圆和椭圆等,无法进行分割。

在 AutoCAD 中,执行"打断于点"命令的方式有以下两种:

➢ 在"默认"选项卡的"修改"面板中单击下方的下拉按钮,在弹出的列表中单击口按钮。

➢ 在命令行中输入"BREAK(快捷键 BR)"。

执行上述操作后,选择对象,再单击拾取一点,即可将线段进行打断,如图 6-86 所示。命令行提示如下:

命令:_break	\\ 执行"打断于点"命令
选择对象:	\\ 选择打断对象
指定第二个打断点 或[第一点(F)]:_f	\\ 系统自动执行"第一点"选项
指定第一个打断点:	\\ 拾取打断点
指定第二个打断点:@	\\ 系统自动忽略此提示

图 6-86　打断于点操作

6.5.14　分解命令

"分解"命令用于分解一个复杂的图形对象。例如,它既可以使块、阵列对象、填充图案和关联的尺寸标注从原来的整体化为分离的对象,也能使多线段、多线和草图线等分解成独立的、简单的直线段和圆弧对象。

在 AutoCAD 中,执行"分解"命令的方式有以下三种:

➢ 在"默认"选项卡的"修改"面板中,单击"分解"按钮 。

➢ 执行"修改|分解"菜单命令。

➢ 在命令行中输入"EXPLODE(快捷键 X)"。

执行分解命令后,直接选择要分解对象,即可对图形对象进行分解操作。如图 6-87 所示的图块对象,当使用鼠标选择该图块时,该图块只有一个夹点;若执行"分解"命令并选择该图块后再选择该对象,则发现该对象的所有线段、圆都显示出相应的夹点。

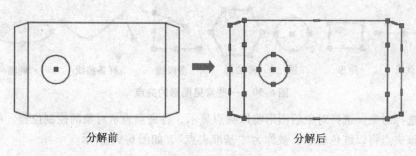

分解前　　　　　　　　　　　　　分解后

图 6-87　分解图块

6.5.15　合并命令

"合并（J）"命令是把两个图形合并以形成一个完整的图形，可以合并的图形包括直线、多段线、圆弧、椭圆弧和样条曲线等。

在 AutoCAD 中，执行"合并（J）"命令的方式有如下三种：

➢ 在"默认"选项卡的"修改"面板中，单击"合并"按钮⊷。

➢ 执行"修改|合并"菜单命令。

➢ 在命令行中输入"JOIN"（快捷键"J"）。

执行"合并（J）"命令后，系统提示选择源对象和要合并到源对象的对象，然后按"Enter"键即可将对象进行合并。合并直线时要求要合并的直线必须共线（位于同一无限长的直线上），它们之间可以有间隙，如图 6-88 所示；如果要合并圆弧，则待合并的圆弧必须位于同一假想的圆上，否则不能进行合并操作，如图 6-89 所示。

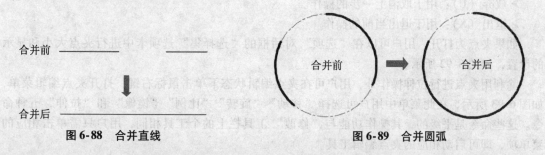

合并前

合并后

图 6-88　合并直线

合并前　　　　合并后

图 6-89　合并圆弧

注意　合并两条或多条圆弧或椭圆弧对象时，将从源对象开始按逆时针方向合并圆弧或椭圆弧。

6.6　对象编辑命令

在绘制图形时，还可以对图形对象本身的某些特性进行编辑操作，从而方便地进行图形绘制。

6.6.1　夹点编辑

夹点就是一些实心的小方框，当图形被选中时，图形的关键点（如中点、端点、圆心等）上将出现夹点，图 6-90 所示为一些常见图形的夹点。用户可以通过拖动这些夹点的方式进行拉伸、移动、旋转、缩放以及镜像等编辑操作。

系统默认情况下，夹点是打开的，且颜色为蓝色。确认夹点打开之后，如要利用夹点编辑图

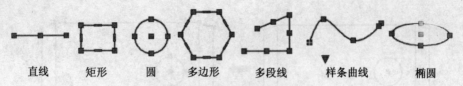

图 6-90　一些常见图形的夹点

形，还需先选择对象。选择对象后图形将以夹点显示，各夹点表示对象的控制位置。单击其中的任意夹点，该夹点将以红色显示，被称为"基准夹点"，如图 6-91 所示。

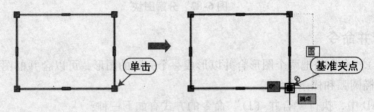

图 6-91　基准夹点

默认情况下，用户可利用夹点编辑功能执行拉伸操作，执行拉伸操作时命令行会出现如下提示：

指定拉伸点或 [基点(B)/复制(C)/放弃(U)/退出(X)]：

其中，各选项具体含义如下：

➢ 基点（B）：用于重新确定基点。

➢ 复制（C）：允许确定一系列的夹点。

➢ 放弃（U）：用于取消上一步的操作。

➢ 退出（X）：用于退出当前的操作。

如果夹点为打开，用户可以在"选项"对话框的"选择集"选项卡中进行夹点大小和显示的设置，如图 6-92 所示。

除利用夹点进行拉伸操作外，用户可在夹点编辑状态下单击鼠标右键，打开夹点编辑菜单，如图 6-93 所示，在此菜单中用户可选择"移动""旋转""比例""镜像"和"拉伸"五种命令。这些命令是平级的，其操作功能与"修改"工具栏上的个工具相同，用户只需单击相应的菜单项，即可启动相应的夹点编辑工具。

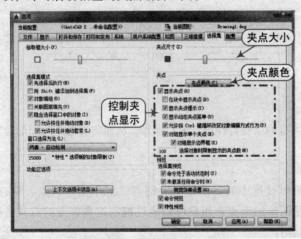

图 6-92　设置夹点

图 6-93　夹点编辑菜单

6.6.2　实例——利用夹点绘制椅子图例

视频\06\利用夹点绘制椅子图例.avi
案例\06\椅子.dwg

在掌握了"夹点编辑"命令之后，本小节将通过绘制椅子图例进一步帮助读者掌握"夹点编辑"命令的运用技巧，操作方法如下：

步骤 1 ▶ 正常启动 AutoCAD 2015 软件，在快速工具栏中个单击"新建"按钮 □，新建一个图形文件。再单击"保存"按钮 █，将其保存为"案例 \ 06 \ 椅子. dwg"。

步骤 2 ▶ 执行"矩形（REC）"命令，绘制一个 600mm × 600mm 的矩形。然后选择矩形左下角的点将其向左水平移动 50mm，再将右下角点向右水平移动 50mm，将矩形变成一个等腰梯形，如图 6-94 所示。

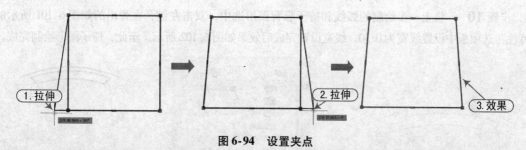

图 6-94　设置夹点

> **注意**　在拉伸矩形角点时，必须关闭"动态输入"模式才能得到该效果。

步骤 3 ▶ 选择下方水平线段中点，通过按"Ctrl"键，在快捷菜单中选择"转换为圆弧"项，然后将鼠标水平向下移动，输入移动距离 50mm，以将水平边转换为圆弧，如图 6-95 所示。

步骤 4 ▶ 采用相同的方法，将上边的线段中点向上拉伸 50mm，同样也转换为圆弧，如图 6-96 所示。

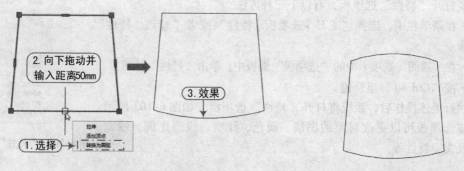

图 6-95　绘制下方的圆弧　　　　　　图 6-96　绘制上边的圆弧

步骤 5 ▶ 为了使椅子图形的四个角更加圆滑，使用圆角命令对四个角进行半径为 60mm 的倒圆角操作，圆角效果如图 6-97 所示。

步骤 6 ▶ 绘制椅子靠背，执行"分解（X）"命令，将图形进行分解操作。

步骤 7 ▶ 选择图形上方的一段圆弧，按住鼠标右键拖动复制两端，并将复制到上方的一段圆弧进行拉长，效果如图 6-98 所示。

步骤 **8** ▶ 执行"直线（L）"命令和"修剪（TR）"命令，将两段弧线的两端分别连接，并将中间的圆弧进行修剪，修剪效果如图 6-99 所示。

图 6-97 圆角操作 　　图 6-98 复制圆弧 　　图 6-99 修剪圆弧

步骤 **9** ▶ 执行"圆弧（A）"命令，在椅子上靠背处绘制一条弧线，效果如图 6-100 所示。

步骤 **10** ▶ 将上一步绘制的弧线和椅子靠背图形选中，双击左键，在弹出的如图 6-101 所示的"特性"选项板中设置线宽为 0.30。线宽设置完成后效果如图 6-102 所示。至此，椅子图形绘制完成。

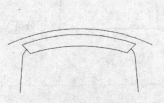

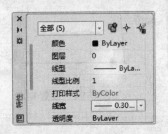

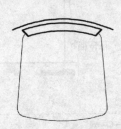

图 6-100 绘制圆弧 　　　图 6-101 设置线宽 　　　图 6-102 线宽效果

步骤 **11** ▶ 按"Ctrl + S"组合键将文件进行保存。

6.6.3 修改对象属性

"特性"选项板是用来显示和修改选定对象特性的工具。可以利用该选项板更改兑现过得线型、颜色、线宽、几何坐标等特性。

要打开"特性"选项板，有以下三种方法：

➢ 在菜单栏中，选择"工具｜选项板｜特性"或者"修改｜特性"菜单命令。

➢ 在"视图"选项卡中的"选项板"面板中，单击"特性"按钮▤。

➢ 按"Ctrl + 1"组合键。

执行上述操作后，系统将打开"特性"选项板，如图 6-103 所示。通过该选项板可以更改对象的图层、颜色、线型、线型比例、线宽、文字及文字特性等。

图 6-103 "特性"选项板

6.7 上机练习——交换齿轮架的绘制

视频\06\挂轮架的绘制.avi
案例\06\挂轮架.dwg

前面，读者已经掌握了各种编辑命令，本小节将通过绘制一个交换齿轮架图形，帮助读者进一步巩固本章所学的内容。绘制步骤如下：

步骤1 ▶ 正常启动 AutoCAD 2015 软件，在"快速工具栏"中单击"打开"按钮📂，打开"案例 \ 06 \ 图形样板 . dwt"文件。然后单击"另存为"按钮💾，将文件另存为"案例 \ 06 \ 挂轮架 . dwg"。

步骤2 ▶ 在"图层"面板的"图层控制"下拉列表中，选择将"中心线"图层作为当前图层，执行"直线（L）"命令，在绘图区域绘制一组十字中心线，如图 6-104 所示。

步骤3 ▶ 执行"偏移（O）"命令，将垂直的中心线向右依次偏移 90mm、64mm，然后将水平的中心线向下偏移 93mm，偏移效果如图 6-105 所示。

步骤4 ▶ 在"图层控制"下拉列表中，将"轮廓线"置为当前图层，执行"圆（C）"命令，以十字中心线交点为圆心，分别绘制半径为 11mm、25mm、26mm 和 45mm 的圆，如图 6-106 所示。

图 6-104　绘制中心线　　　图 6-105　偏移中心线　　　图 6-106　绘制圆

步骤5 ▶ 执行"直线（L）"命令，捕捉圆的象限点，绘制四条水平线段，如图 6-107 所示。

步骤6 ▶ 执行"偏移（O）"命令，将右侧的中心线向左偏移 30mm，再向右偏移 20mm，并将偏移的两条线段设置为"轮廓线"，偏移后效果如图 6-108 所示。

步骤7 ▶ 执行"圆角（F）"命令，选择"修剪"选项，在图形相应位置进行圆角操作，圆角半径为 10mm，如图 6-109 所示。

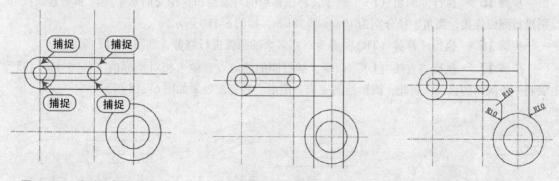

图 6-107　绘制四条水平线　　　图 6-108　偏移中心线　　　图 6-109　倒圆角

步骤8 ▶ 执行"旋转（RO）"命令，选择右侧垂直中心线作为旋转对象，将其进行复制旋转 −30°，效果如图 6-110 所示。

步骤9 ▶ 执行"圆（C）"命令，以右下角同心圆的圆心为圆心，绘制一组半径依次为

105mm、115mm、和125mm 的同心圆,并将半径为115mm 的圆设置为"中心线",图6-111 所示。

步骤 **10** ▶ 按"Enter"键重复"圆(C)"命令,分别在相应位置绘制半径为10mm 的圆,如图6-112 所示。

步骤 **11** ▶ 执行"修剪(TR)"命令,将多余线段和圆弧进行修剪,修剪效果如图6-113 所示。

步骤 **12** ▶ 执行"合并(J)"命令,选择如图6-114 所示的多个圆弧进行合并操作。

步骤 **13** ▶ 接着,执行"偏移(O)"命令,将合并后的图形向外侧偏移12mm。

步骤 **14** ▶ 执行"拉长(LEN)"命令,将相应的中心线进行拉长,如图6-115 所示。

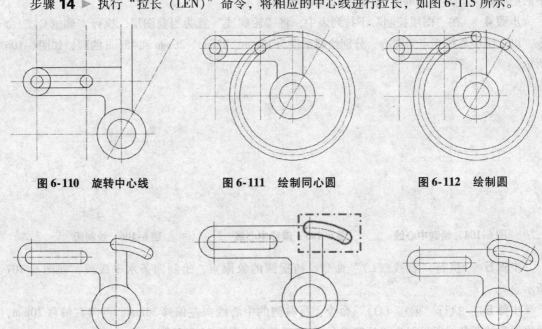

图 6-110 旋转中心线　　　　图 6-111 绘制同心圆　　　　图 6-112 绘制圆

图 6-113 修剪图形　　　　图 6-114 合并操作　　　　图 6-115 偏移图形

步骤 **15** ▶ 执行"圆角(F)"命令,将偏移后的对象与和它相交的水平线段和垂直线段分别进行圆弧连接,圆角半径分别为10mm 和18mm,如图6-116 所示。

步骤 **16** ▶ 执行"修剪(TR)"命令,将多余的圆弧进行修剪,如图6-117 所示。

步骤 **17** ▶ 执行"直线(L)"命令,捕捉圆的象限点,输入相对坐标值(@96.17 < 135)绘制一条倾斜的直线。至此,图形绘制完成,图形绘制完成效果如图6-118 所示。

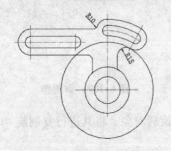
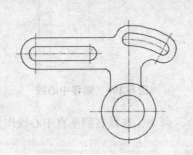
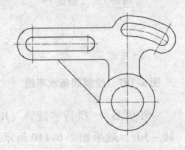

图 6-116 圆角操作　　　　图 6-117 修剪操作　　　　图 6-118 挂轮架图形

步骤 **18** ▶ 单击"快速工具栏"中的保存按钮 🖫，将文件进行保存。

本 章 小 结

本章介绍了 AutoCAD 2015 的二维图形编辑功能，其中包括选择对象的方法、各种二维编辑操作等，本章还介绍了利用夹点功能编辑图形和编辑图形特性的方法。只有多加练习，读者才能熟练掌握这些编辑命令，熟能生巧。

第 2 篇

辅助功能

第7章
显示控制与打印输出

课前导读

对于一个较为复杂的图形来说，在观察整幅图形时往往无法对其局部细节进行查看和操作，而当在屏幕上显示一个局部时又看不到其他部分，为解决这类问题，AutoCAD 提供了缩放、平移、视图和视口命令等一系列图形显示控制命令，可以用来放大、缩小或移动屏幕上的图形显示，或者同时从不同的角度、不同的部位来显示图形。图形绘制完成后，AutoCAD 还提供了图形的输出打印功能。本章将介绍图形的显示控制、视口与模型空间以及图形的打印输出功能。

本章要点

- 图形的缩放与平移。
- 视口与模型空间概念。
- 图形的打印输出功能。
- 上机练习——多视口的打印输出。

7.1 缩放与平移

在模型空间中，图形是按实际尺寸绘制出来的，常常在屏幕内无法显示整个图形。这时就需要用到视图缩放、平移等控制视图显示的操作工具，以便更加迅速快捷地显示图形。

7.1.1 缩放

在绘图过程中，为了更清楚的查看视图，需要对图形进行放大和缩小，并对图形进行移动从而使图形全部显示出来。用户可利用向上或向下滑动鼠标滚轮对图形进行放大或缩小，同时通过单击并拖动鼠标滚轮重新放置图形位置。缩放视图可以改变图形对象的屏幕显示尺寸，但对象的真实尺寸保持不变。

在 AutoCAD 中，用户可以通过以下三种方法执行"视图缩放（Z）"命令：

➢ 执行"工具 | 工具栏 | AutoCAD | 缩放"菜单命令，在打开的"缩放"工具栏中单击相应按钮，如图 7-1 所示。

➢ 执行"视图 | 缩放"菜单命令，在子菜单中选择相应命令，如图 7-2 所示。

➢ 在命令行中输入"Zoom 快捷键（Z）"。

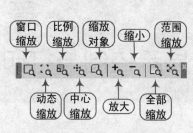

图 7-1 "缩放"工具栏

图 7-2 "缩放"子菜单

执行"视图缩放（Z）"命令后，命令行提示：

命令：ZOOM
指定窗口的角点，输入比例因子（nX 或 nXP），或者
［全部(A)/中心(C)/动态(D)/范围(E)/上一个(P)/比例(S)/窗口(W)/对象(O)］＜实时＞：

其中各选项含义如下：

➢ 全部（A）：显示当前视窗中整个图形，包括绘图界限以外的图形，此选项同时对图形进行视图重新生成操作。

➢ 中心（C）：表示按指定的中心点和缩放比例对当前图形对象进行缩放。

➢ 动态（D）：使用矩形视图框进行平移和缩放。使用动态缩放视图时，屏幕上将出现三种视图框，其中，"蓝色虚线框"代表图形界限视图框；"绿色虚线框"代表当前视图框（即缩放之前的窗口区域）；"黑色实线框"为选择视图框，具有平移和缩放两种功能，缩放功能用于调整缩放区域，平移功能用于定位需要缩放的图形。"黑色实线框"中间有个交叉符号，单击鼠标左键，交叉符号消失，出现箭头符号。这时可调整图框位置，使其框住需要缩放的图形区域后按"Enter"键即可完成缩放，如图7-3所示。

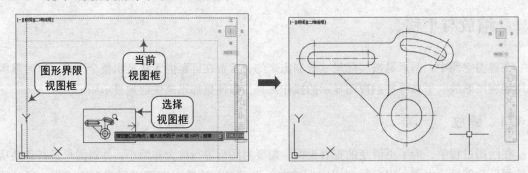

图 7-3 窗口缩放

➢ 范围（E）：将当前视窗中图样尽可能大地显示在屏幕上，并造成重新生成操作。

➢ 上一个（P）：缩放显示上一个视图。最多可恢复此前的10个视图。

➢ 比例（S）：使用比例因子缩放视图以更改其比例。输入的值后面跟着 x，指定相对丁图样空间单位的比例。例如，输入 0.5x 使屏幕上的每个对象显示为原大小的二分之一。

➢ 窗口（W）：显示矩形窗口指定的区域。用光标确定窗口对角点，确定一个矩形框窗口，系统将矩形框窗口内的图形放大至整个屏幕，如图7-4所示。

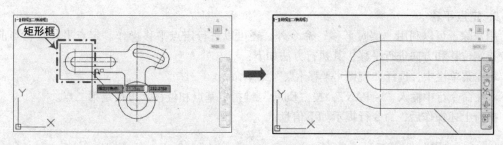

图7-4　"窗口"子菜单

➢ 对象（O）：缩放以便尽可能大地显示一个或多个选定的对象并使其位于视图的中心。可以在启动ZOOM命令前后选择对象。

➢ 实时：选择此命令后，光标将变为带有加号（＋）和减号（－）的放大镜。此时可以实时的放大或者缩小视图。在窗口的中点按住鼠标左键并垂直移动到窗口顶部则放大100%。反之，在窗口的中点按住鼠标左键并垂直向下移动到窗口底部则缩小100%。

> **注意**　"视图缩放（ZOOM）"命令的快捷操作为单击（滚动）鼠标中键（滚轮），往前滚动放大视图，往后滚动缩小视图；用鼠标滚轮快速缩放时，鼠标指针在哪里，将以指针为中心向四周缩放；双击鼠标中键（滚轮）可将全图显示。

7.1.2　平移

"平移"命令可以对图形进行平移操作，以便看清图形的不同部分。该命令并不真正移动图形中的对象，而是通过移动窗口使图形的特定部分位于当前视窗中。

1. 实时平移

用户可以根据需要在绘图区随意移动图形。实时平移命令执行方法如下：

➢ 在菜单栏中，选择"工具｜工具栏｜AutoCAD｜标准"菜单命令，在打开的"标准"工具栏中单击"实时平移按钮 ✋"。

➢ 在菜单栏中，选择"视图｜平移"菜单命令，如图7-5所示。

➢ 在命令行中输入"PAN"。

执行上述操作后，屏幕上会出现手形光标，此时可以通过拖动鼠标来实现图形的上下左右移动，即实时平移，按"Esc"或"Enter"键退出命令。用户也可已通过单击鼠标右键，在弹出的快捷菜单中进行"实时平移"操作，如图7-6所示。

图7-5　"平移"子菜单

图7-6　快捷菜单

2. 定点平移

用户除了可以利用"实时平移"命令外，还可以进行定点平移操作。定点平移是将当前图形按指定位移和方向进行平移，其执行方法如下：

➢ 在菜单栏中，选择"视图｜平移｜点"菜单命令。

➢ 在命令行中输入"－PAN"，按"Enter"键指定基点和位移，再指定第二点。

执行上述操作后，命令行提示如下信息：

> 命令：'_-pan
> 指定基点或位移：

此时，在绘图区域单击鼠标左键以确定基点位置，或在命令行输入要移动的位移值。按"Enter"键后，命令行提示："指定第二点"，此时在绘图区单击鼠标左键以确定位移和方向，图形将按指定的位移和方向进行平移。

> 注意
> 除了利用实时平移和定点平移外，在"平移"子菜单中，还有"左""右""上""下"四个平移命令，分别表示将图形向左、向右、向上、向下平移一段距离。

7.2 视口与空间

在"模型空间"中，可将绘图区域拆分成一个或多个相邻的矩形视图。这些视图被称为模型空间视口，可以显示用户模型的不同视图的区域。在大型或复杂的图形中，显示不同的视图可以缩短在"图样空间"中缩放或平移的时间。

7.2.1 视口

视口实际上就是用于绘制图形、显示图形的区域，在默认情况下，AutoCAD 将整个绘图区作为一个视口，即仅显示一个视口，但是在实际建模过程中，有些需要各个不同视口显示模型的不同部分，为此 AutoCAD 为用户提供了视口的分割功能，可将默认的一个视口分割成多个视口。这样用户可以从不同的方向观察三维模型的不同部分。

使用视口用户可以完成以下操作：

➢ 平移、缩放、设置捕捉栅格和 UCS 图标模式以及恢复命名视图。

➢ 用单独的视口保存用户坐标系方向。

➢ 执行命令时，从一个视口绘制到另一个视口。

➢ 为视口排列命名，以便在"模型"选项卡"中重复使用，或将其插入"布局"选项卡。

1. 新建和命名视口

用户可以在通过菜单命令新建视口，也可以通过视口对话框新建和命名视口。新建视口用于视口的创建，命名视口用于给新建的视口命名。

新建和命名视口的执行方法如下：

➢ 执行"视图｜视口｜新建视口/命名视口"菜单命令，如图7-7所示。

➢ 在"模型选项卡"中单击"视口"面板中的相应按钮，如图7-8所示。

➢ 在命令行中输入"VPORTS"。

图7-7 "视口"子菜单

图7-8 "模型视口"面板

在命令行中输入"VPORTS"后，系统将弹出"视口"对话框，如图7-9所示。该对话框含有两个选项卡："新建视口"选项卡和"命名视口"选项卡。"新建视口"选项卡各选项含义如下：

➤ "新名称"文本框：为新模型空间视口配置指定名称。如果不输入名称，将应用视口配置，但不保存。如果视口配置未保存，将不能在布局中使用。

➤ "标准视口"列表框：列出并设定标准视口配置，包括 CURRENT（当前配置）。

➤ 预览：显示选定视口配置的预览图像，以及在配置中被分配到每个单独视口的默认视图。

➤ "应用于"下拉列表：将模型空间视口配置应用到整个显示窗口或当前视口。

➤ "设置"下拉列表：指定二维或三维设置。如果选择二维，新的视口配置将由所有视口中的当前视图来创建。如果选择三维，一组标准正交三维视图将被应用到配置中的视口。

➤ "修改视图"下拉列表：用从列表中选择的视图替换选定视口中的视图。可以选择命名视图，如果已选择三维设置，也可以从标准视图列表中选择，使用"预览"区域查看选择。

➤ "视觉样式"下拉列表：将视觉样式应用到视口。将显示所有可用的视觉样式。

在"命名视口"选项卡中，如图7-10所示，显示图形中任意已保存的视口配置。选择视口配置时，已保存配置的布局显示在"预览"列表框中。在已命名的视口名称上单击右键，弹出快捷菜单，选择"重命名"选项可对视口的名称进行修改。

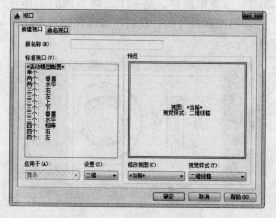

图7-9 "视口"对话框

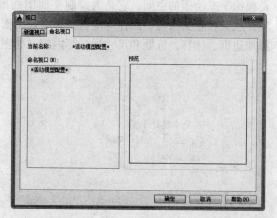

图7-10 "命名视口"选项卡

用户可以创建12种视口，包括：单个、两个（垂直、水平）、三个（垂直、水平、上、下、左、右）、四个（相等、左、右）。

2. 合并视口

视口不仅可以平铺，也可以对多个平铺视口进行合并。当两个视口合并时，将失去第二个视口中的视图，相邻的视口合并后一定是个矩形。

合并视口的执行方法如下：

➤ 在菜单栏中，选择"视图｜视口｜合并视口"菜单命令。

➤ 在"模型选项卡"中单击"视口"面板中的"合并视口"按钮 🔲。

执行上述操作后，命令行提示如下：

> 命令：_- vports
> 输入选项［保存(S)/恢复(R)/删除(D)/合并(J)/单一(SI)/？/2/3/4/切换(T)/模式(MO)］<3>：

此时单击"合并"选项，单击选择第一个视口，在选择需要合并的第二个视口即可进行视口的合并，如图7-11所示。

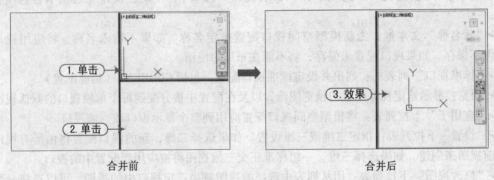

合并前   合并后

图7-11　合并视口

7.2.2 模型空间与图样空间

AutoCAD 有两个作图空间，即模型空间和图样空间。模型空间是 AutoCAD 图形处理的主要环境，带有三维的可用坐标系，能创建和编辑二维、三维的对象，如图7-12所示。而图样空间是模拟手工绘图的空间，它是为绘制平面图而准备的一张虚拟图样，是一个二维空间的工作环境。从某种意义来说，图样空间就是为布局图面、打印出图而设计的，我们还可以在图样空间内添加边框、注释、标题和尺寸标注等内容，如图7-13所示。

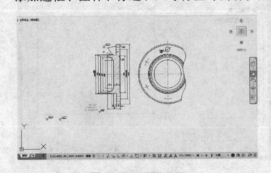

图7-12　模型空间

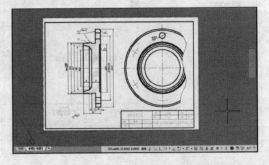

图7-13　图样空间

从根本上说，两者的区别是能否进行三维对象的创建和处理，它们直接与绘图输出相关。粗略地说，模型空间属于设计环境，而图样空间属于成图环境。

无论在模型空间还是图样空间，用户均可以进行打印输出设置。在绘图区域底部，有个模型空间选项卡，可以在模型空间与图样空间之间进行切换。

7.2.3 实例——阀盖模型图的视口布置

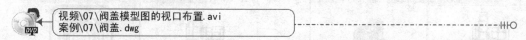

视频\07\阀盖模型图的视口布置.avi
案例\07\阀盖.dwg

在学习了"新建视口"和"命名视口"以及模型空间与图样空间之后，下面以多视口显示阀盖模型图为例，继续介绍视口的布置方法，操作步骤如下：

步骤1 ▶ 启动 AutoCAD 2015 软件，在"快速工具栏"中，单击"打开"按钮 ☞，打开"案例\07\阀盖.dwg"，如图 7-14 所示。

步骤2 ▶ 在菜单栏中，选择"视图│视口│新建视口"命令，打开"视口"对话框，然后选择如图 7-15 所示的视口模式。

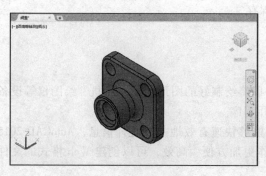

图 7-14 阀盖模型图

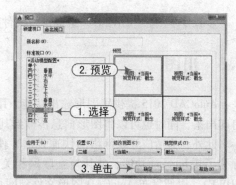

图 7-15 新建视口

步骤3 ▶ 单击"确定"按钮，此时系统原来的单个视口被分割为四个视口，如图 7-16 所示。

步骤4 ▶ 将光标放在左上侧的视口中，单击左键将视口激活为当前视口，此时该视口边框变粗；在菜单栏中，选择"视图│三维视图│前视"菜单命令，将当前视口的视图设置为前视图，结果如图 7-17 所示。

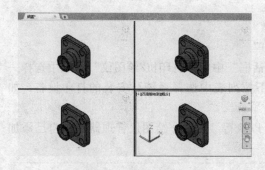

图 7-16 分割的视口

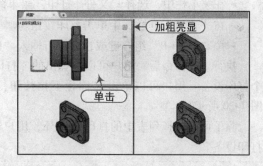

图 7-17 阀盖模型图

步骤5 ▶ 在菜单栏中，选择"视图│视觉样式│二维线框"菜单命令，将当前视口的视觉样式设置为二维线框模式，结果如图 7-18 所示。

步骤6 ▶ 采用同样的方法，分别将右上角的视口设置为"左视"，视觉样式设置为"二维线框"模式；将左下角视口设置为"俯视"，视觉样式设置为"二维线框"模式；将右下角视口设置为"西南等轴测",视觉样式设置为"概念"模式。设置效果如图7-19所示。至此,阀盖模型图视口布置完成。

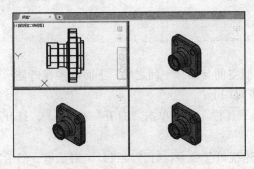

图7-18 分割的视口

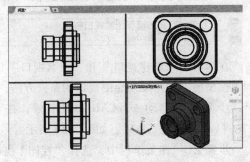

图7-19 阀盖模型图

步骤**7** ▶ 按"Ctrl + S"组合键将文件进行保存。

7.3 出图

AutoCAD 2015 提供了图形输出功能。用户可以将绘制好的图形通过打印机、绘图仪等设备打印出来,同时也可以将图形信息传输到其他应用程序。

此外,为适应互联网络的快速发展,使用户能够快速有效地共享设计信息,AutoCAD 2015 强化了其 Internet 功能,使其与互联网相关的操作更加方便、高效,可以创建 Web 格式的文件(DWF),以便发布 AutoCAD 图形文件到网页上。

7.3.1 打印设备的设置

最常见的打印设备有打印机和绘图仪。在输出图样时,首先要添加和配置使用的打印设备,并对打印参数进行设置。

打印设备的设置是在"打印"对话框中进行的,执行"打印(PLOT)"命令就可以打开"打印"对话框,其执行方法主要有以下三种:

➢ 在菜单栏中,选择"文件|打印"菜单命令。

➢ 在"快速工具栏"中单击打印按钮 🖨。

➢ 按"Ctrl + P"组合键或在命令行输入"PLOT"。

执行上述命令后,用户可以在弹出的"打印对话框"中的"打印机/绘图仪"区域中选择一个打印设备。用户可以单击名称栏下拉按钮,在下拉列表中选择系统已安装的打印设备,如图7-20所示。

除了可以选择列表中的打印设备外,用户还可以执行"文件|绘图仪管理器"中自己添加打印设备。

> 注意 用户还可以通过执行"选项"命令,在弹出的"选项"对话框中单击"打印和发布"选项卡,在"新图形的默认打印设置"选项中设置默认打印机,或添加绘图仪管理器,如图7-21所示。

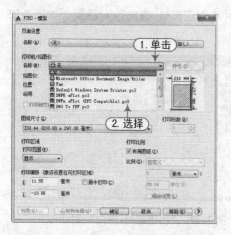

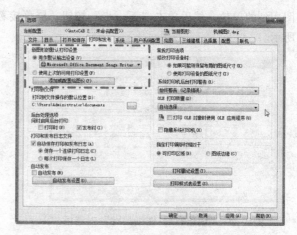

图 7-20 在下拉列表中选择打印设备 　　　图 7-21 在选项对话框中选择打印设备

7.3.2 创建布局

模型空间打印方式只适用于单比例图形打印，即一次只能打印输出一种比例的图形，而布局打印方式则可以同时输出多种比例的图形。当需要在一张图样中打印输出不同比例的图形时可调用布局空间打印图形。

使用布局打印图形，首先需要创建一个布局。创建布局的方法如下：

➢ 执行"插入│布局│创建布局向导"菜单命令。

➢ 执行"工具│向导│创建布局"菜单命令。

➢ 在命令行输入"LAYOUTWIZARD"。

执行上述操作后，系统会弹出一个"创建布局-开始"对话框，如图 7-22 所示。在该对话框中用户可以根据提示创建布局，其操作步骤如下：

步骤1 ▶ 在"创建布局-开始"对话框中的"输入新布局的名称"文本框中输入新布局的名称，然后单击"下一步"按钮，系统弹出"创建布局-打印机"对话框，如图 7-23所示。

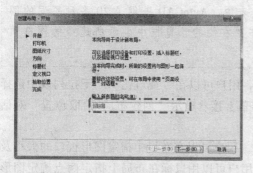

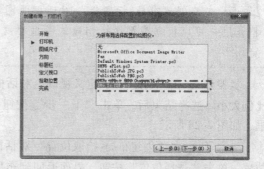

图 7-22 "创建布局-开始"对话框 　　　图 7-23 "创建布局-打印机"对话框

步骤2 ▶ 在"创建布局-打印机"对话框的"为新布局选择配置的绘图仪"列表中选择当前配置的打印机。然后单击"下一步"按钮，屏幕接着显示"创建布局-图样尺寸"对话框，如图 7-24 所示。

步骤3 ▶ 在"创建布局-图纸尺寸"对话框中的"图纸尺寸"选项中设置图样的尺寸及绘

图用到的单位。然后单击"下一步"按钮,屏幕接着显示"创建布局-方向"对话框,如图7-25所示。

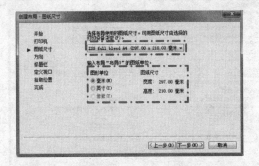

图7-24 "创建布局-图纸尺寸"对话框

图7-25 "创建布局-方向"对话框

步骤4 ▶ 在"创建布局-方向"对话框中可以设置图样的摆放方向。然后单击"下一步"按钮,屏幕显示"创建布局-标题栏"对话框,如图7-26所示。

步骤5 ▶ 在"创建布局-标题栏"对话框中,设置图样的图框和标题栏的式样。设置完成后,单击"下一步"按钮,屏幕将显示"创建布局-定义视口"对话框,如图7-27所示。

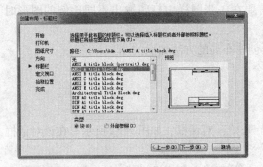

图7-26 "创建布局-标题栏"对话框

图7-27 "创建布局-定义视口"对话框

注意 在"创建布局-标题栏"对话框的图框列表中,AutoCAD提供了20多种不同的图框,用户可以根据需要选择相应的图框样式,并在右侧的预览框中显示所选择的图框预览图形。

步骤6 ▶ 在"创建布局-定义视口"对话框中,用户可以在"视口比例"下拉列表中选择比例大小。选择结束后,单击"下一步"按钮,屏幕上接着显示"创建布局-拾取位置"对话框,如图7-28所示。

步骤7 ▶ 在"创建布局-拾取位置"对话框中,用户可以在布局中指定图形视口的大小及位置。单击"选择位置"按钮,界面返回到布局,用户可以用鼠标在布局上指定两点确定图形视口的大小及位置,界面返回对话框后单击"下一步"按钮,将弹出"创建布局-完成"对话框,如图7-29所示。

步骤8 ▶ 在"创建布局-完成"对话框中,单击"完成"按钮。新布局创建完成,如图7-30所示。

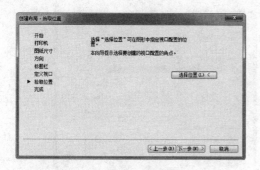

图 7-28 "创建布局-拾取位置"对话框

图 7-29 "创建布局-完成"对话框

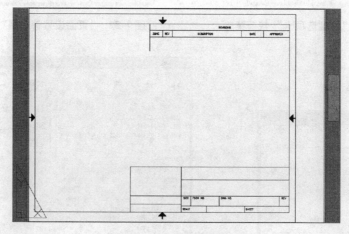

图 7-30 创建完成的布局

7.3.3 页面布置

打印输出图样时必须对打印输出页面的打印样式、打印设备、打印区域、打印比例、打印方向等进行设置。AutoCAD 2015 提供的页面设置功能,可以指定最终的输出和外观,用户可以创建和保存页面设置,并应用到其他布局中。

进行页面设置的方法有以下三种:

➢ 在菜单栏中,选择"文件|页面设置管理器"菜单命令。

➢ 在"模型空间"或"布局空间"选项卡上单击鼠标右键,在弹出的快捷菜单中选择"页面设置管理器",如图 7-31 所示。

➢ 在命令行输入"PAGESETUP"。

执行上述操作后,系统将弹出"页面设置管理器"对话框,如图 7-32 所示。

在"页面设置管理器"对话框中将列出用户所有的布局和页面设置。用户也可以单击右侧"新建"或"修改"按钮新建页面设置或对已有设置进行修改。单击"输入"按钮可以从其他图形中导入页面设置。

要创建新的"页面设置",单击"新建"按钮,在弹出的"新建页面设置"对话框中输入新页面设置名,如图 7-33 所示。单击"确定"按钮,系统将弹出"页面设置"对话框,如图 7-34 所示。

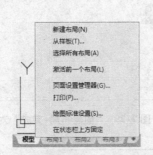

图 7-31 "模型选项卡"快捷菜单

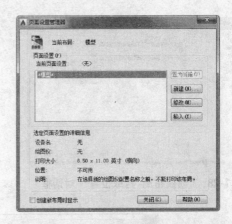

图 7-32 "页面设置管理器"对话框

图 7-33 "新建页面设置"对话框

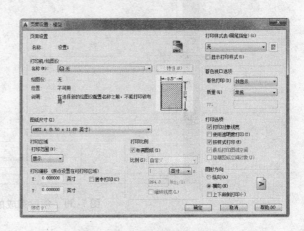

图 7-34 "页面设置"对话框

在"页面设置"对话框中，各主要选项和参数含义如下：

➤ "页面设置"选项组：显示当前页面设置的名称和 DWG 图标。

➤ "打印机/绘图仪"选项组：指定打印、发布布局或图样时使用的已配置的打印设备。

➤ "图样尺寸"选项组：显示所选打印设备可用的标准图样尺寸。

➤ "打印区域"选项组：指定要打印的图形区域。默认情况下打印布局，但用户也可以设置当前显示、显示范围、一个命名的视图或者一个指定的窗口。

➤ "打印偏移"选项组：可相对于图样的左下角偏移打印。通过指定"X 偏移"和"Y 偏移"可以偏移图样上的几何图形。也可以勾选"居中打印"复选框，使其处于图样的中间。

➤ "打印比例"选项组：控制图形单位与打印单位之间的相对尺寸。用户可以在文本框中输入一个比例，也可以勾选"布满图样"或"缩放线宽"复选框，设置合适的打印比例。

➤ "打印样式表"：设定、编辑打印样式表，或者创建新的打印样式表。

➤ "着色视口选项"：指定着色或渲染视口的打印方式，并确定它们的分辨率级别和每英寸点数（DPI）。

➤ "打印选项"：指定线宽、透明度、打印样式、着色打印和对象的打印次序等选项。

➤ 图形方向：为支持纵向或横向的绘图仪指定图形在图样上的打印方向。

➤ 预览：按执行 PREVIEW 命令时在图样上打印的方式显示图形。

> **注意** 如果在"打印区域"中指定了"布局"选项,则无论在"比例"中指定了何种设置,都将以 1:1 的比例打印布局。如果在"打印比例"中勾选了"布满全纸"复选框,将无法进行打印比例的设置。

7.3.4 从模型空间输出图形

从"模型"空间输出图形时,需要指定图样尺寸,即在"打印"对话框中选择图样的大小。从"模型"空间输出图形方法如下:

➤ 在菜单栏中,选择"文件│打印"菜单命令。

➤ 在"快速工具栏"中单击打印按钮 🖨。

➤ 在"模型空间"选项卡上单击右键,在弹出的快捷菜单中选择"打印"。

➤ 按"Ctrl + P"组合键,或在命令行输入"PLOT"。

执行上述操作后,系统将打开"打印"对话框,如图 7-35 所示。该对话框中的设置大多与"页面设置"对话框相同。

用户可以在"页面设置"栏的"名称"下拉列表中,为打印作业指定预定义的打印设置,也可以单击右侧的添加按钮,添加新的设置。完成"打印设置"后,单击左下角的"预览"按钮,即可预览图形打印效果,如图 7-36 所示。单击预览界面左上角的相应按钮,可以对当前预览图形进行打印、平移、缩放、关闭等操作。单击"关闭"按钮或按"Esc"键,将返回"打印"对话框,单击"确定"也可对图形进行打印。

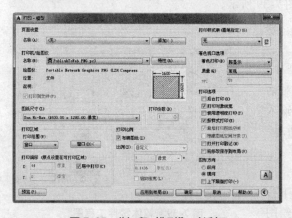

图 7-35 "打印-模型"对话框

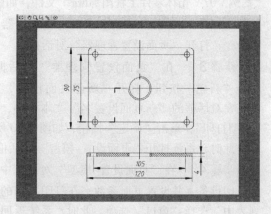

图 7-36 打印预览

7.3.5 从图样空间输出图形

用户虽然可以直接在模型空间选择"打印"命令打印图形,但是在很多情况下,我们可能希望对图形进行适当处理后再输出。例如,在一张图样中输出图形的多个视图、添加标题块等,此时就要用到图样空间输出图形。

在图样空间打印输出图形的第一步是进行页面设置,其与模型空间的页面设置类似,不同的是在"页面设置"对话框中,需要将打印比例设置为 1:1,如图 7-37 所示。做好所有的设置工作后,单击"确定"按钮按 1:1 的比例打印输出图形即可,如图 7-38 所示。

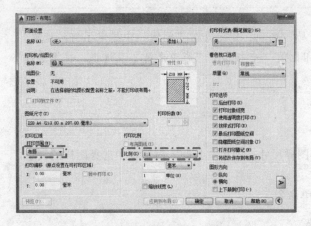

图 7-37 "打印 - 布局"对话框

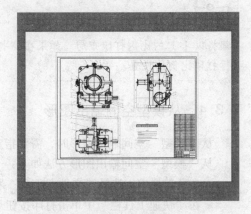

图 7-38 打印预览

7.3.6 实例——箱体零件工程图的出图

 视频\07\箱体零件工程图的出图.avi
案例\07\箱体零件工程图.dwg ────────────────────────HHO

在学习了图形的打印输出功能后，接下来以箱体零件工程图进行模型打印为例，介绍图形打印输出的操作方法。操作步骤如下：

步骤**1** ▶ 启动 AutoCAD 2015 软件，在"快速工具栏"中，单击"打开"按钮 ⌂，打开"案例 \ 07 \ 箱体零件工程图 . dwg"文件，如图 7-39 所示。

步骤**2** ▶ 执行"文件 | 页面设置管理器"菜单命令，打开"页面设置管理器"对话框。

步骤**3** ▶ 在"页面设置管理器"对话框中，单击"新建"按钮，打开"新建页面设置"对话框，在对话框的"新页面设置名"文本框中，输入"模型打印"，单击"确定"按钮，如图 7-40 所示。

此时，系统打开"页面设置 - 模型"对话框。

步骤**4** ▶ 在"页面设置 - 模型"对话框中，选择打印设备，并设置页面参数，在打印范围的下拉列表中，选择"窗口"选项。此时，系统返回绘图区域，用鼠标在屏幕上框选所需要打印的图形区

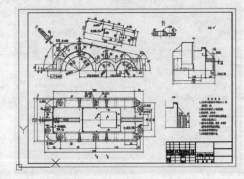

图 7-39 箱体零件工程图

域，系统自动返回"页面设置 - 模型"对话框，单击"确定"按钮完成设置，如图 7-41 所示。

此时，系统返回"页面设置管理器"对话框。

步骤**5** ▶ 在"页面设置管理器"对话框中，将上一步设置的"模型打印"样式置为当前，然后单击"关闭"按钮，关闭对话框。

步骤**6** ▶ 执行"文件 | 打印"菜单命令，打开"打印 - 模型"对话框，如图 7-42 所示。

步骤**7** ▶ 单击"确定"按钮，即可对图形进行打印输出，打印前还可以单击"预览"按钮预览图形打印效果，如图 7-43 所示。

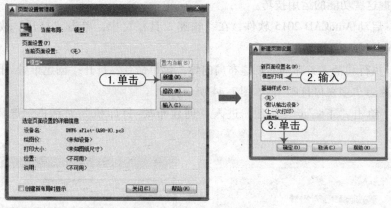

图7-40   新建页面设置1

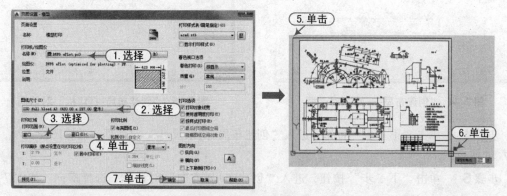

图7-41   新建页面设置2

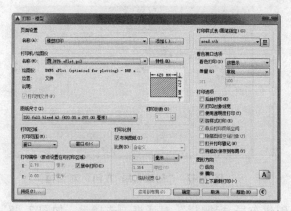

图7-42   "打印-模型"对话框

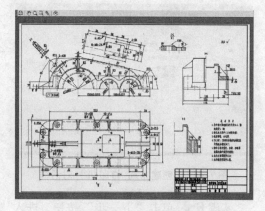

图7-43   打印预览效果

7.4   上机练习——多视口的打印输出

视频\07\多视口的打印输出.avi
视频\07\阀盖.dwg

　　前面介绍了图形的显示控制、视口及打印输出功能，本节以多视口打印阀盖图形为例，帮助读者进一步掌握这些功能的运用技巧。

步骤 **1** ▶ 启动 AutoCAD 2015 软件，在"快速工具栏"中，单击"打开"按钮 📂，打开"案例 \ 07 \ 阀盖.dwg"。

步骤 **2** ▶ 执行"插入 | 布局 | 创建布局向导"菜单命令，打开"创建布局-开始"对话框，输入新布局名称为"多视口打印"，如图 7-44 所示。

步骤 **3** ▶ 单击"下一步"按钮，进入"创建布局-打印机"对话框，选择打印机，如图 7-45 所示。

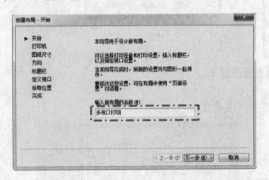

图 7-44 "创建布局-开始"对话框

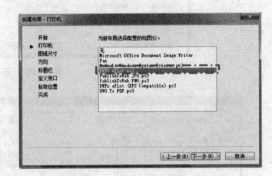

图 7-45 "创建布局-打印机"对话框

步骤 **4** ▶ 单击"下一步"按钮，进入"创建布局-图纸尺寸"对话框，设置图样大小，如图 7-46 所示。

步骤 **5** ▶ 单击"下一步"按钮，进入"创建布局-方向"对话框，选择横向，如图 7-47 所示。

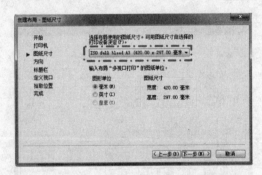

图 7-46 "创建布局-打印机"对话框

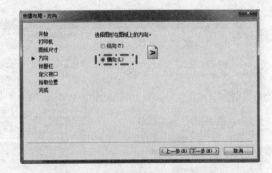

图 7-47 "创建布局-方向"对话框

步骤 **6** ▶ 单击"下一步"按钮，进入"创建布局-标题栏"对话框，选择无，如图 7-48 所示。

步骤 **7** ▶ 单击"下一步"按钮，进入"创建布局-定义视口"对话框，在"视口设置面板中，该选择"阵列"选项，并设置相应参数，如图 7-49 所示。

步骤 **8** ▶ 单击"下一步"按钮，进入"创建布局-拾取位置"对话框，单击"选择位置"按钮，然后框选视口，如图 7-50 所示。

步骤 **9** ▶ 选择完毕后系统自动打开"创建布局-完成"对话框，单击"完成"按钮，完成布局的创建，如图 7-51 所示。创建完成的布局效果如图 7-52 所示。

图 7-48 "创建布局-标题栏"对话框

图 7-49 "创建布局-定义视口"对话框

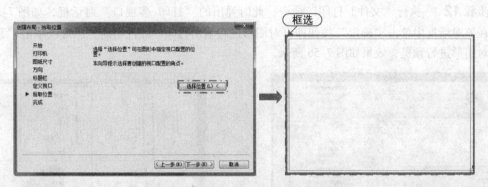

图 7-50 "创建布局-拾取位置"对话框

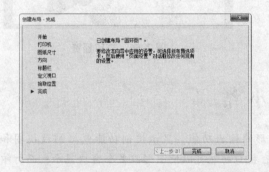

图 7-51 "创建布局-完成"对话框

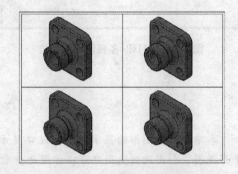

图 7-52 创建的布局效果

步骤 **10** ▶ 在命令行中输入"- VIEW",根据命令行提示将左上角视口设置为前视图,如图 7-53 所示。

```
命令: - VIEW
输入选项 [?/删除(D)/正交(O)/恢复(R)/保存(S)/设置(E)/窗口(W)]: _top
                                                    \\选择左上角窗口
```

步骤 **11** ▶ 采用同样的方法,对其他视口进行设置,将右上角的视口设置为"左视",将左下角视口设置为俯视,并执行"视图 | 视觉样式"菜单命令,将"前视""左视""俯视"的视觉样式设置为"二维线框",如图 7-54 所示。

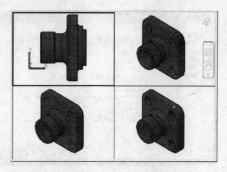

图 7-53　设置视图

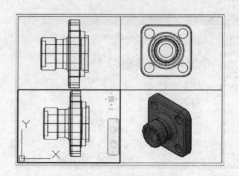

图 7-54　设置视觉样式

步骤 **12** ▶ 执行"文件 | 打印"命令，此时弹出的"打印-多视口"对话框，如图 7-55 所示，在该对话框中单击"确定"按钮即可对图形进行输出打印。在打印前，还可以单击"预览"按钮对图形进行预览，效果如图 7-56 所示。

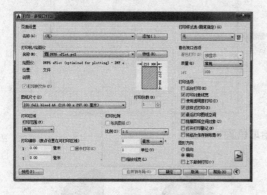

图 7-55　"打印-多视口"对话框

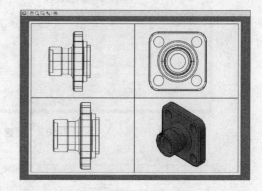

图 7-56　打印预览

本 章 小 结

本章介绍了图形的显示控制、视口显示及图形的输出功能。显示控制功能包括缩放视图和平移视图，利用此功能用户可以方便地查看图形；视口功能可以使图形以多个窗口显示；而打印输出则是绘制图形的最终目标，用户可以进行打印设备、打印样式、打印比例等相关参数的设置，并通过模型空间和布局空间对图形进行输出。

第 8 章
文字与表格

🌏 课前导读

在一张完整的工程图中除了要具有表达结构形状的轮廓图形外，还必须有完整的尺寸标注、形位公差⊖标注、技术要求和明细栏等注释元素。一些无法直接用图形表示清楚的内容可以采取文字和表格说明的形式来表达，例如设计说明、技术要求等都可以通过文字标注或表格的形式来表达。

📖 本章要点

- 🖥 文字样式的设置。
- 🖥 单行与多行文本标注。
- 🖥 文本的编辑方法。
- 🖥 表格的创建和编辑。
- 🖥 上机练习——机械图明细栏的绘制。

8.1 文字样式

文字是图形中相当重要的元素，也是机械制图和工程制图中不可缺少的组成部分，在一个完整的图样中，通常都包括一些文字注释，例如工程图中的技术要求、装配说明、材料说明和施工要求等。

在文字注释时，可以先根据需要，设置文字样式，指定样式名、选择字体以及定义样式属性。在 AutoCAD 中创建文字样式时，系统将自动建立一个默认的文字样式"Standard"，并且该样式会被默认引用。但在实际绘图过程中，仅有一个文字样式是不够的，还需要使用其他文字样式来创建文字。用户可以执行"文字样式"命令，来创建或修改文字样式。创建文字样式的方法如下：

➢ 在菜单栏中，选择"格式 | 文字样式"菜单命令。

➢ 在"常用"选项卡的"注释"面板中，单击"文字样式"按钮。

➢ 在命令行输入"STYLE"（快捷键"ST"）。

执行上述操作后，系统将会弹出"文字样式"对话框，如图 8-1 所示。其中主要各选项含

⊖ 形位公差在现行国家标准中已改称为几何公差，但该软件内核中未改，为尊重软件，本书统一为形位公差。

义如下:

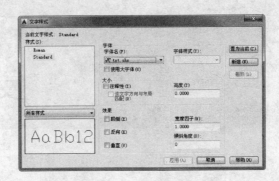

图 8-1 "文字样式"对话框

➢ 当前文字样式:列出当前文字样式。

➢ "样式"列表框:显示图形中的样式列表。样式名前的△图标指示样式为注释性。

➢ "样式"列表过滤器:下拉列表指定所有样式,还是仅使用中的样式显示在样式列表中。

➢ "预览"框:显示随着字体的更改和效果的修改而动态更改的样例文字。

> **注意** 如果更改现有文字样式的方向或字体文件,当图形重生成时所有具有该样式的文字对象都将使用新值。

➢ "字体"选项组:更改样式的字体。

  ◆ 字体名:用户可以在该下拉列表中选择不同的字体,如宋体、黑体等,如图8-2所示。

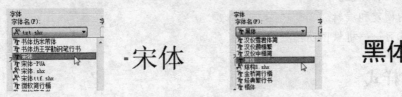

图 8-2 "文字样式"对话框

  ◆ "字体样式"下拉列表:指定字体格式,比如斜体、粗体或者常规字体。

  ◆ "使用大字体"复选框:选定"使用大字体"后,该选项变为"大字体",用于选择大字体文件,只有 SHX 文件可以创建"大字体"。

➢ "大小"选项组:更改文字的大小。

  ◆ 注释性:指定文字为注释性。

  ◆ 高度或图样文字高度:根据输入的值设置文字高度。

➢ "效果"选项组:修改字体的特性,例如高度、宽度因子、倾斜角以及是否颠倒显示、反向或垂直对齐。

➢ "置为当前"按钮:将在"样式"下选定的样式设定为当前。

图 8-3 "新建文字样式"对话框

➢ "新建"按钮:显示"新建文字样式"对话框并自动提供默认名称,如图8-3所示。

> 在默认设置下，系统以"样式1"作为新样式名。

> ➤"删除"按钮：删除未使用文字样式。

> ➤"应用"按钮：将对话框中所做的样式，更改应用到当前样式和图形中具有当前样式的文字。

8.2　文字标注

在图形绘制完成后，一般要对所绘图形进行文字注释，为此 AutoCAD 提供了多种在图形中绘制和编辑文字的功能。

8.2.1　单行文字标注

利用"单行文字"可以创建一行或多行文字，通过按"Enter"键结束每一行文字。每行文字都是独立的对象，不仅可以一次性地在图样中任意位置添加所需的文本内容，而且还可以对每一行文字进行单独的编辑修改。

创建单行文字时，用户首先要指定文字样式并设置对齐方式。当需要输入的文字内容较少时，可以用创建单行文字的方法输入。执行"单行文字"命令主要有以下三种方法：

> ➤在菜单栏中，选择"绘图 | 文字 | 单行文字"菜单命令。

> ➤在"常用"选项卡的"注释"面板中，单击"单行文字"按钮 A。

> ➤在命令行中输入"TEXT"或"DTEXT"（快捷键"DT"）。

执行"单行文字"命令后，命令行提示如下信息

```
命令：DTEXT                                           \\ 执行"单行文字"命令
当前文字样式："Standard"　文字高度：5.0000　注释性：否　对正：左
指定文字的起点 或 [对正(J)/样式(S)]：                  \\ 指定文字位置
指定高度 <5.0000>：                                   \\ 指定文字高度
指定文字的旋转角度 <0>：                              \\ 指定文字旋转角度
```

其中各选项含义如下：

> ➤起点：指定文字对象的起点。

> ➤指定高度：指定文字的高度值，如果在文字样式中已设置高度值，将不显示"指定高度"提示。

> ➤对正（J）：控制文字的对正。文字的对正方式是基于参考线而言的。文字对正方式有 14 种，分别为：左（L）、居中（C）、右（R）、对齐（A）、中间（M）、布满（F）、左上（TL）、中上（TC）、右上（TR）、左中（ML）、正中（MC）、右中（MR）、左下（BL）、中下（BC）、右下（BR），如图 8-4 所示。

> ➤样式（S）：指定文字样式，文字样式决定文字字符的外观。创建的文字使用当前文字样式。输入"?"将列出当前文字样式、关联的字体文件、字体高度及其他参数。

8.2.2　多行文字

"多行文字"命令是一种较为常见的文字创建工具，比较适合创建较为复杂的文字，例如单

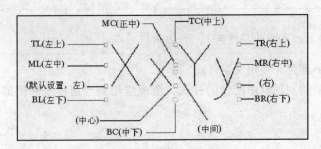

图 8-4　文字对正方式

行文字、多行文字以及段落性文字。

执行"多行文字"命令主要有以下三种方法：

➢ 从菜单栏中选择"绘图｜文字｜多行文字"命令。

➢ 在功能区"常用"选项卡的"注释"面板中，单击"多行文字"按钮 **A**。

➢ 在命令窗口中输入"MTEXT"（快捷键"MT"）。

通过上述方法执行"多行文字"命令后，命令行提示如下：

```
命令：MTEXT                                        \\ 执行"多行文字"命令
当前文字样式："Standard"　文字高度：5.0000　注释性：否\\ 当前文字样式
指定第一角点：                                     \\ 指定文本框的第一点
指定对角点或［高度(H)/对正(J)/行距(L)/旋转(R)/样式(S)/宽度(W)/栏(C)］：
                                                  \\ 指定文本框的第二点
```

当用户根据提示指定两个对角点后，系统将显示"文字编辑器"选项卡以及一个"文本输入框"，如图 8-5 所示。

图 8-5　文字编辑器

1. 文字编辑器

"文字编辑器"选项卡主要包含"样式""格式""段落""插入点"和"选项"面板。通过"文字编辑器"中的各个面板，可以控制多行文字对象的文字样式，选定文字的各种字符格式、对正方式和项目符号等。

➢ "样式"面板：用于选定已设定好的多行文字样式。在面板左侧的列表框中，用户可以单击上下按钮选择已设定好的文字样式，在面板右侧用户可以设置多行文字的注释性、文字高度以及文字背景等。

➢ "格式"面板：用于设置多行文字的文字样式，包括：粗体、斜体、下划线、上划线、字体、颜色、倾斜角度、追踪和宽度因子等。

➢ "段落"面板：包括多行文字、段落、行距、编号和各种对齐方式。单击"对正"按钮

Ⓐ，将显示多行文字的"对正"菜单，如图8-6所示；单击"编号"按钮，可以打开"项目符号和编号"菜单，如图8-7所示；单击"段落"面板右下角的按钮，弹出"段落"对话框，如图8-8所示，该对话框指定制表位的缩进、控制段落对齐方式、段落间距和段落行距。

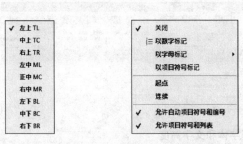

图8-6 对正方式　　　图8-7 "项目编号"菜单　　　图8-8 "段落"对话框

➤"插入"面板：包括符号、插入列和栏。单击"符号"按钮 @ ，可以打开"符号"菜单，如图8-9所示。单击该菜单最下方的"其他"选项，将显示"字符映射表"对话框，如图8-10所示。在"字符映射表"对话框中包含了系统中各种可用字体的整个字符集。

图8-9 "符号"菜单　　　　　图8-10 "字符映射表"对话框

➤"选项"面板：包括查找和替换、拼写、放弃、重做、标尺等选项。

2. 文本输入框

如图8-11所示的文本输入框，其主要用于输入和编辑文字对象，由标尺和文本框两部分组成。

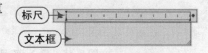

图8-11 文本输入框

8.2.3 实例——在文字中插入符号

视频\08\在文字中插入符号.avi
案例\08\无

在 AutoCAD 中，各种符号的输入不如其他文字处理类软件那么方便，用户需要一些特殊的方法才能输入相关符号。当然，一些常用符号也可以通过键盘的相关按键直接输入，比如@、#、$ 、%、&、+、-、=、（）等符号。但对于很多不常见的符号或者特殊符号，则需要通过 Auto-toCAD 提供的"插入符号"功能来输入了。

下面以输入文本"±5°"为例，来介绍符号的插入过程，具体操作如下：

步骤 **1** ▶ 单击"默认"选项卡中"注释"面板上的"多行文字"按钮 A，在绘图区单击两对角点，以打开"文本输入框"，在紧接着打开的"文字编辑器"选项卡中，选择字体为宋体，设置文字高度为 1，如图 8-12 所示。

图 8-12　设置字体和文字高度

步骤 **2** ▶ 单击"符号"按钮 @，在符号下拉列表中选择"正/负（P）%%P"，这样即可插入符号"±"了，如图 8-13 所示。

步骤 **3** ▶ 输入阿拉伯数字 5，如图 8-14 所示。

图 8-13　选择符号

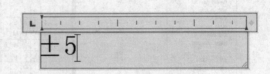

图 8-14　输入数字 5

步骤 **4** ▶ 采用同样的方法，在"符号"按钮 @ 下插入符号"°"，或直接用键盘输入"%%d"，如图 8-15 所示。

步骤 **5** ▶ 单击"文字编辑器"选项卡中的关闭按钮 ✕，完成文本的输入，效果如图 8-16 所示。

图 8-15　插入°符号

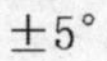

±5°

图 8-16　输入的文本效果

8.3　文字编辑

对于图形中已有的文字对象，用户可使用"文字编辑"命令对其进行修改。该命令对多行文字、单行文字以及尺寸标注中的文字均可使用。

"文字编辑"命令的执行方法有以下三种：

➤ 执行"修改|对象|文字|编辑"菜单命令。

➤ 鼠标左键双击文字。

➤ 在命令行中输入"DDEDIT"。

执行上述命令后，命令行提示如下：

命令：DDEDIT　　　　　　　　　\\ 执行"文字编辑"命令
选择注释对象：　　　　　　　　\\ 指定需要编辑的文字对象

如果选择多行文字对象或标注中的文字，则出现"文字编辑器"对话框。而对于单行文字的文字对象，则弹出"文字编辑框"。该对话框只能修改文字，而不支持字体、调整位置以及文字高度的修改，如图8-17所示。

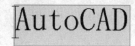

图8-17　编辑单行文字

8.4　表格

表格是由包含注释（以文字为主，也可包含多个块）的单元构成的矩形阵列。表格式在行和列中包含数据的对象，用户可以从空表格或表格样式创建表格对象，还可以将表格链接 Microsoft Excel 电子表格中的数据。

8.4.1　设置表格样式

在 AutoCAD 2015 中，表格的外观由表格样式控制。使用"表格样式"功能，可以指定当前表格样式，以确定所有新创建表格的外观。用户可以使用默认表格样式，也可以创建自己的表格样式。表格样式可以在每个类型的行中指定不同的单元样式。用户可以为文字和网格线显示不同的对正方式和外观。

设置表格样式的方法如下：

➢ 执行"格式 | 表格样式"菜单命令。

➢ 在"常用"选项卡的"注释"面板中，单击"表格样式"按钮 。

➢ 在命令窗口中输入"TABLESTYLE"。

执行上述命令后，系统将打开"表格样式"对话框，如图8-18所示。

在"表格样式"对话框中，各主要选项含义如下：

➢ 当前表格样式：显示应用于所创建表格的表格样式名称。

➢ "样式"列表框：显示表格样式列表，当前样式被亮显。

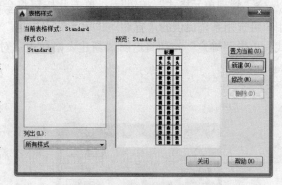

图8-18　"表格样式"对话框

➢ "列出"下拉列表：控制"样式"列表的内容。

➢ "预览"框：显示"样式"列表中选定样式的预览图像。

➢ "置为当前"按钮：将"样式"列表中选定的表格样式设定为当前样式，所有新表格都将使用此表格样式创建。

➢ "新建"按钮：显示"创建新的表格样式"对话框，从中可以定义新的表格样式。

➢ "修改"按钮：显示"修改表格样式"对话框，从中可以修改表格样式。

➢ "删除"按钮：删除"样式"列表中选定的表格样式（不能删除图形中正在使用的样式）。

单击"表格样式"对话框中的"新建"按钮，系统将打开如图 8-19 所示的"创建新的表格样式"对话框。用户可以在此输入新样式名，还可以选择一个基础样式作为样板。确定新样式名后，单击【继续】按钮，打开如图 8-20 所示的"新建表格样式"对话框。

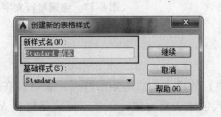

图 8-19 "创建新的表格样式"对话框　　　　**图 8-20** "新建表格样式"对话框

在"新建表格样式"对话框中，各主要选项及功能如下：

➤"选择起始表格"按钮：可在图形文件中选择一个已有的表格作为起始表格。

➤"单元样式"选项组：单击下拉按钮可选择标题、表头、数据等项，也可以选择创建或管理新的单元样式。

➤"创建单元格式"按钮🖼：单击此按钮将会打开如图 8-21 所示的对话框。在该对话框中输入新样式名称，还可根据已有的样式创建副本，单击继续按钮将返回"新建表格样式"对话框。

➤"管理单元格式"按钮🖼：单击此按钮将会打开如图 8-22 所示的对话框。在该对话框中用户可选用系统提供的"标题""表头""数据"单元样式，也可单击新建按钮创建新单元样式，单击"确定"按钮将返回"新建表格样式"对话框。

图 8-21 "创建新单元样式"对话框　　　　**图 8-22** "管理单元样式"对话框

➤"常规"选项卡：可以对填充颜色、对齐方式、格式、类型和页边距进行设置。单击"格式"右侧的按钮，系统将弹出"表格单元样式"样式对话框，如图 8-23 所示。

➤"文字"选项卡：可以对文字样式、文字高度、文字颜色、和文字角度进行设置，如图 8-24 所示。

➤"边框"选项卡：可以控制当前单元样式的表格网格线的外观，如图 8-25 所示。

图 8-23 "表格单元格式"对话框　　**图 8-24 "文字"选项卡**　　**图 8-25 "边框"选项卡**

> 提示　默认设置创建的表格样式由标题，表头、数据单元样式组成，用户也可根据实际情况创建新的单元样式。

8.4.2 创建表格

"创建表格"命令用于图形中表格的创建，从而对图形进行注释和说明。"创建表格"命令的执行方法有以下三种：

➢ 执行"绘图│表格"菜单命令。

➢ 在"常用"选项卡的"注释"面板中，单击"表格"按钮囲。

➢ 在命令窗口中输入"TABLE"。

执行上述操作后，系统将弹出"插入表格"对话框，如图 8-26 所示。

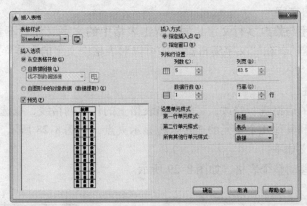

图 8-26 "插入表格"对话框

在"插入表格"对话框中各主要选项含义如下：

➢ "表格样式"选项组：主要用于设置、新建或修改当前表格样式，还可以对样式进行预览。

➢ "插入方式"选项组：指定插入表格的方式，包括"从空表格开始""自数据链接""自图形中的数据"三种方式。

➢ "预览"框：控制是否显示预览。

➢ "插入方式"选项组：指定插入表格位置，用户可以通过指定插入点或指定窗口方式插入表格。

➢ "列和行设置"选项组：设置列和行的数目和列的宽度、行的高度。

➢ "设置单元样式"选项组：对于那些不包含起始表格的表格样式，用户可指定新表格中第一行、第二行和其他行的单元格式。

在"插入表格"对话框中进行相应设置后，单击"确定"按钮，系统将在指定的插入点或窗口插入一个空表格，并打开"多行文字编辑器"，用户可逐行、逐列地输入文字和数据，如图8-27所示。

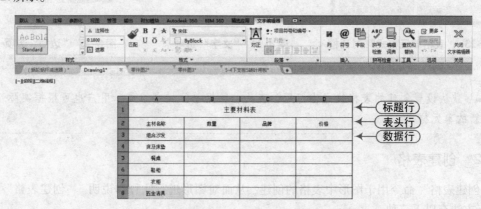

图8-27　创建的表格

8.4.3　表格文字编辑

表格创建完成后，用户可以对表格中的文字、表格特性及单元格特性进行修改。

1. 修改表格中的文字

修改表格中的文字与修改多行文字相同，双击表格中的文字（注意不要在表格线上双击），即可打开"文字编辑器"，在"文字编辑器"中可以对表格中文字的字体样式、文字高度以及其他特性进行修改。

2. 修改表格特性

如用户需对创建的表格进行修改，可以单击表格上的任意网格线，以选中该表格。表格选中后，在表格的拐角处和其他几个单元的连接处将显示夹点，如图8-28所示。

其中各夹点的含义如下：

➢ 左上角夹点：移动整个表格，如图8-29所示。

图8-28　选中表格

图8-29　选择夹点移动表格

➢ 右上角夹点：水平统一拉伸表格宽度，如图 8-30 所示。
➢ 左下角夹点：垂直统一拉伸表格高度，如图 8-31 所示。

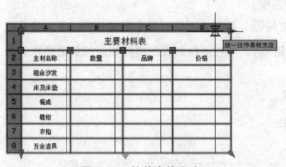

图 8-30　拉伸表格宽度　　　　　　　　　　图 8-31　拉伸表格高度

➢ 右下角夹点：统一拉伸表格的宽度及高度，如图 8-32 所示。
➢ 列顶部夹点：调整单个列的宽度，如图 8-33 所示。

图 8-32　拉伸表格宽度及高度　　　　　　　图 8-33　拉伸表格宽度及高度

3. 修改单元格特性

要选择一个单元格，可以在单元格中单击，也可以单击列标题或行标题，或者在几个单元格之间拖动。选中单元格后，将出现"表格单元"选项卡，如图 8-34 所示。

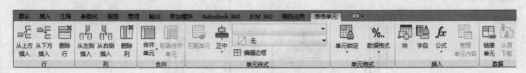

图 8-34　"表格单元"选项卡

"表格单元"选项卡包含：行、列、合并、单元样式、单元格式、插入、数据，共七个工具面板。

其中各常用面板的功能及含义如下：

➢ "行"面板：插入或删除行。可以在选定单元格的上方插入行，也可从下方插入行，单击删除"行"按钮 ，将删除选中的行。

➢ "列"面板：插入或删除列。可以在选定单元格的左侧插入列，也可从右侧插入列，单击删除"列"按钮 ，将删除选中的列。

➢ "合并"面板：合并选中的单元格，可以和合并选中的全部单元格，也可按行或按列合并单元格。选中刚合并的单元格，单击"取消合并"按钮 ，可将合并的单元格拆分。

➢"单元样式"面板：可以设置选中单元格的文字对齐方式、单元格的颜色以及板框等，单击"匹配单元"按钮 可以对单元格进行特性匹配。

➢"单元格式"面板：单击"单元锁定"按钮 ，可以在下拉列表中选择相应按钮对单元格的内容或格式进行锁定；单击"数据格式"按钮 %.. ，可在下拉列表中选择相应的数据格式，如文本、日期、角度等。

➢"插入"面板：用于插入块、字符、公式。

8.4.4 实例——绘制建筑图样的标题栏

视频\08\绘制建筑图样的标题栏.avi
视频\08\建筑图样标题栏.dwg

下面根据前面介绍的表格相关知识，来绘制建筑图样的标题栏，其操作步骤如下：

步骤 **1** ▶ 正常启动 AutoCAD 2015 软件，单击"快速工具栏"中的"新建"按钮 ，新建一个空白文件，然后单击"快速工具栏"中的"保存"按钮 ，将文件保存为"案例 \ 08 \ 建筑图样标题栏.dwg"文件。

步骤 **2** ▶ 执行"绘图 | 表格"菜单命令，打开"插入表格"对话框，然后单击"表格样式"按钮，如图 8-35 所示。

图 8-35 "插入表格"对话框

步骤 **3** ▶ 打开"表格样式"对话框，单击修改按钮，如图 8-36 所示。

步骤 **4** ▶ 打开"修改表格样式：Standard"对话框，然后对表格样式进行修改，修改完成后单击"确定"按钮，如图 8-37 所示。

图 8-36 "插入表格"对话框

图 8-37 "插入表格"对话框

步骤 **5** ▶ 系统返回"插入表格"对话框，在该对话框中设置"列数"为 6、"列宽"为 100，"行数"为 3、"行高"为 6，接着设置所有单元样式都为"数据"，设置完成后单击"确定"按钮，如图 8-38 所示。

步骤 **6** ▶ 在绘图区域适当位置单击一点作为插入点，将表格插入到相应位置。再单击"文字编辑器"上方的"关闭"按钮，完成该表格的插入，如图8-39所示。

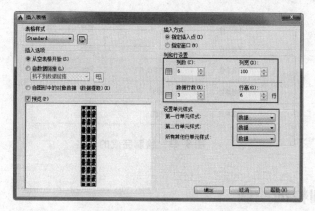

图8-38 "插入表格"对话框

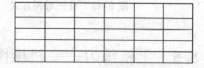

图8-39 插入的表格

步骤 **7** ▶ 对表格进行单元格合并操作。按鼠标左键并拖动鼠标，选择需要合并的单元格，选中的单元格将以夹点显示，如图8-40所示。

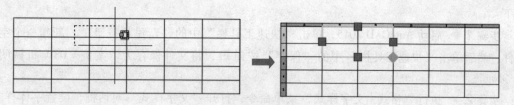

图8-40 选择要合并的单元格

步骤 **8** ▶ 在弹出的"表格单元"选项卡中，单击"合并"面板上的"合并单元"按钮 ，在下拉列表中选择全部合并，完成所选单元格的合并操作。

步骤 **9** ▶ 鼠标左键双击任意单元格，进入文字编辑状态，输入相应文字，如图8-41所示。

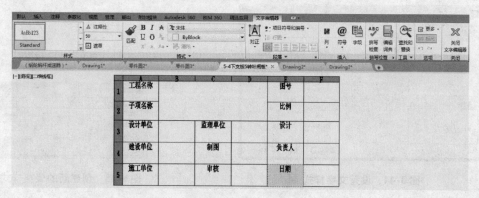

图8-41 输入文字

步骤 **10** ▶ 选择所有单元格，单击鼠标右键，在弹出的快捷菜单中依次选择"对齐"和"正中"选项，如图8-42所示。至此，表格绘制完成，如图8-43所示。

步骤 **11** ▶ 按"Ctrl + S"组合键将文件进行保存。

图 8-42　设置对齐方式

图 8-43　绘制完成的表格

8.5　上机练习——机械图明细栏的绘制

视频\08\机械图明细表的绘制.avi
案例\08\机械明细表.dwg

下面通过创建和编辑机械明细栏，对本章的重点知识进行综合练习和巩固，操作步骤如下：

步骤 1 ▶ 启动 AutoCAD 2015，单击"快速工具栏"中的"新建"按钮 □，新建一个空白文件；然后单击"快速工具栏"中的"保存"按钮 ■，将文件保存为"案例 \ 08 \ 机械明细表.dwg"。

步骤 2 ▶ 执行"格式 | 文字样式"菜单命令，打开"文字样式"对话框，设置字体样式，如图 8-44 所示。

步骤 3 ▶ 执行"格式 | 表格样式"菜单命令，在打开的"表格样式"对话框中单击"新建"按钮，打开"创建新的表格样式"对话框，在该对话框中输入新表格样式名称并选择"基础样式"，如图 8-45 所示。

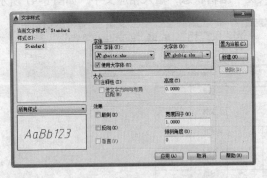

图 8-44　设置文字样式

图 8-45　创建新的表格样式

步骤 4 ▶ 单击"继续"按钮，打开"新建表格样式：明细栏"对话框，设置表格的方向和数据参数，如图 8-46 所示。

步骤 5 ▶ 单击"新建表格样式：明细栏"对话框中的"文字"选项卡，设置样式及文字高度等参数，如图 8-47 所示。

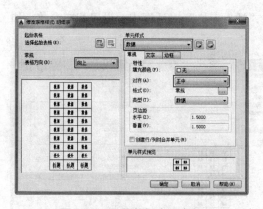

图 8-46 设置数据常规参数

图 8-47 设置数据文字参数

步骤 **6** ▶ 在"表格单元"下拉列表中，选择"表头"选项，并在"常规"和"文字"选项卡中设置表格参数，如图 8-48 和图 8-49 所示。

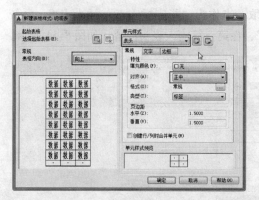

图 8-48 设置表头常规参数

图 8-49 设置表头文字参数

步骤 **7** ▶ 在"表格单元"下拉列表中，选择"标题"选项，并在"常规"和"文字"选项卡中设置表格参数，如图 8-50 和图 8-51 所示。

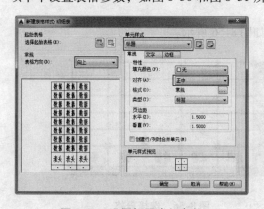

图 8-50 设置标题常规参数

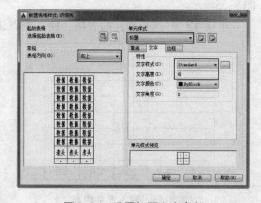

图 8-51 设置标题文字参数

步骤 **8** ▶ 参数设置完成后，单击确定按钮，返回"表格样式"对话框，将新设置的表格样式置为当前，单击"关闭"按钮，如图 8-52 所示。

步骤 **9** ▶ 执行"绘图|表格"命令，在弹出的"插入表格"对话框中，设置相应参数，如图 8-53 所示。

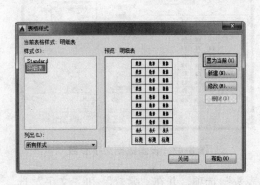

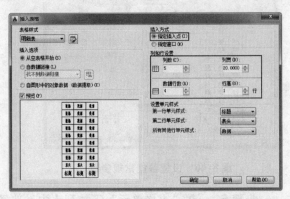

图 8-52　设置当前表格样式　　　　　　　　　图 8-53　设置表格参数

步骤 **10** ▶ 单击"确定"按钮，在绘图区域拾取一点作为"指定插入点"插入表格，系统将自动打开"文字编辑器"选项卡及"文本输入框"，在第一行输入表头内容，如图 8-54 所示。

图 8-54　输入表头内容

步骤 **11** ▶ 表头内容输入完成后，单击"关闭"按钮，所创建的明细栏及表格列标题如图 8-55所示。

步骤 **12** ▶ 选择创建的表格，使其夹点显示，如图 8-56 所示。

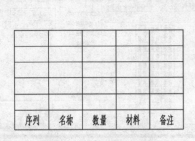

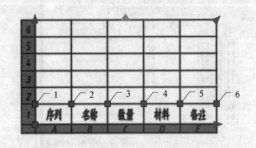

图 8-55　输入表头内容　　　　　　　　　图 8-56　选择表格

步骤 **13** ▶ 单击夹点 1，进入夹点拉伸编辑模式，按"F8"打开正交模式，将鼠标向右进行移动，输入拉伸距离为 5，并按"Enter"键结束，拉伸效果如图 8-57 所示。

步骤 **14** ▶ 采用同样的方法，将夹点 3 向右拉伸 5 个单位，按"Enter"键结束，拉伸效果如图 8-58 所示。

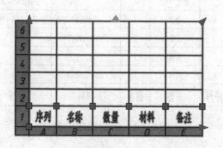

图 8-57　拉伸夹点 1

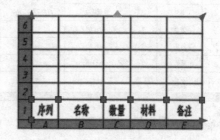

图 8-58　拉伸夹点 3

步骤 15 ▶ 采用同样的方法将夹点 6 向右拉伸 30 个单位，按"Enter"键结束，拉伸效果如图 8-59 所示。

步骤 16 ▶ 采用同样的方法将夹点 5 向右拉伸 15 个单位，按"Enter"键结束，拉伸效果如图 8-60 所示。

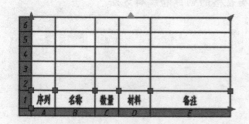

图 8-59　拉伸夹点 6

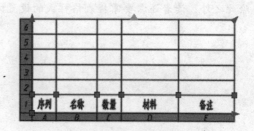

图 8-60　拉伸夹点 5

步骤 17 ▶ 按"Esc"键取消夹点显示状态。

步骤 18 ▶ 双击序号上方的空白单元格，进入文字编辑状态，在弹出的"文字编辑器"选项卡中，将其对正方式设置为"正中"，如图 8-61 所示，然后输入文字内容。

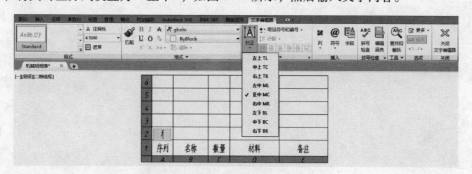

图 8-61　填充表格

步骤 19 ▶ 按"Table"键或按方向键切换单元格，依次在表格中输入相应内容，如图 8-62 所示。

步骤 20 ▶ 按"Esc"键退出文字编辑，则表格绘制完成，如图 8-63 所示。

6	5	槽柱M10	4		GB898-97
5	4	垫片	1	软钢纸板	QB365-86
4	3	发盘	1	Zcusn10Zn	
3	2	阀座	1	Zcusn10Zn	
2	1	阀体	1	Zcusnspbzn5	
1	序列	名称	数量	材料	备注
	A	B	C	D	E

图 8-62　填充表格

5	槽柱M10	4		GB898-97
4	垫片	1	软钢纸板	QB365-86
3	发盘	1	Zcusn10Zn	
2	阀座	1	Zcusn10Zn	
1	阀体	1	Zcusnspbzn5	
序列	名称	数量	材料	备注

图 8-63　绘制完成的表格

步骤 **21** ▶ 单击"保存"按钮，将绘制的表格进行保存。

本 章 小 结

　　本章主要集中讲述了文字、表格的创建与编辑功能。通过本章的学习，读者应了解和掌握单行文字与多行文字的区别、创建方式及编辑方法；掌握文字样式的设置和特殊字符的输入技巧。除此之外，读者还需要掌握表格样式的设置方法，以及表格的创建和编辑方法。

第9章
尺寸标注

课前导读

在图形设计中，尺寸标注与几何图形、文字注释一样，是图样的重要组成部分。它能准确地反映图形对象的形状、大小和相互关系，是识别图形和现场施工人员施工的重要依据。AutoCAD 2015 提供了一套完整的尺寸标注命令和实用程序，可以使用户方便地进行图形尺寸的标注。本章将对尺寸标注样式的设置方法以及各类常用尺寸的标注方法进行深入的讲解。

本章要点

- 尺寸样式的设置方法。
- 常用尺寸的标注方法。
- 编辑尺寸标注的方法。
- 引线标注的方法。
- 形位公差标注的方法。
- 上机练习——机械图形的尺寸标注。

9.1 尺寸样式

尺寸标注是一个复合对象，是由尺寸线、标注文字、尺寸箭头、尺寸界线组成，如图9-1所示。标注样式可以控制标注的格式和外观，使整体图形更容易识别和理解。用户可以在"标注样式管理器"中对组成尺寸标注的尺寸线、标注文字、尺寸箭头、尺寸界线等进行参数设置。

图9-1 尺寸标注

9.1.1 新建或修改标注样式

标注样式是用于设置、修改、代替或比较各种尺寸样式的工具，用户可以根据一般图形的种类、大小等因素来创建各种不同的标注样式，如果用户认为当前样式的某些设置不合适，也可以修改标注样式。

创建与修改标注样式，可以通过以下三种方法：

➤ 在菜单栏中，选择"格式│标注样式"或"标注│标注样式"菜单命令。

➢ 在"默认"选项卡的"注释"面板中单击下拉按钮，在弹出的下拉菜单中单击"标注样式"按钮 ◢。

➢ 在命令行中输入"DIMSTYLE"（其快捷键为"D"）。

执行上述操作后，系统将打开"标注样式管理器"对话框，如图 9-2 所示。利用此对话框用户可方便直观地定制和浏览标注样式，包括创建新的标注样式、修改已有的标注样式、设置当前标注样式和比较标注样式。

在"标注样式管理器"对话框中，各选项含义如下：

➢ 当前标注样式：显示当前标注样式名称。系统默认标注样式为"Standard"。

➢ "样式"列表框：显示图形中的所有标注样式。当前样式被亮显。

➢ "列表"选项组：在该下拉列表中，可以选择显示相应的标注样式。

➢ "不列出外部参照中的样式"复选框：控制"样式"列表中是否显示外部参照图形的标注样式。

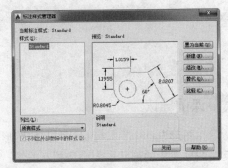

图 9-2 "标注样式管理器"对话框

➢ 预览：可以预览到所选标注样式的设置效果。

➢ "置为当前"按钮：在"样式列表框"中选定一种标注样式，单击此按钮，可将选定样式设为当前标注样式。

➢ "新建"按钮：显示"创建新标注样式"对话框，如图 9-3 所示。在该对话框中各主要选项含义如下：

◆ "新样式名"文本框：在该文本框中可以输入新样式的名称。

◆ "基础样式"选项组：在该下拉列表中，可以选择一种基础样式，在此样式的基础上进行修改，从而建立新样式。

◆ "注释性"复选框：控制新建样式的注释性。

◆ "用于"选项组：设定所选标注样式只用于某种确定的标注样式。例如线型、角度或半径，也可选择所有标注。

◆ "继续"按钮：单击该按钮，可以打开"新建标注样式"对话框，如图 9-4 所示。

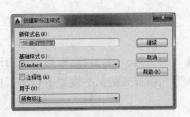

图 9-3 "创建新标注样式"对话框

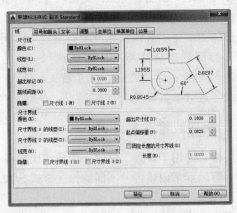

图 9-4 "新建标注样式"对话框

> 注意　在指定基础样式时，选择与新建样式相差不多的样式，可以减少后续对标注样式参数的修改量。

➤"修改"按钮：单击该按钮将弹出"修改标注样式"对话框，如图9-5所示。用户可在此对话框中对标注样式进行修改。

➤"替换"按钮：单击该按钮显示"替代当前样式"对话框，从中可以设定标注样式的临时替代值。该对话框选项与"新建标注样式"对话框中的选项相同。

➤"比较"按钮：单击该按钮显示"比较标注样式"对话框，如图9-6所示，从中可以比较两个标注样式或列出一个标注样式的所有特性。

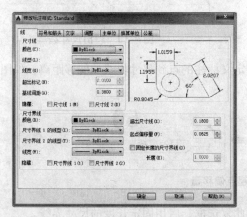

图9-5　"修改标注样式"对话框

图9-6　"比较标注样式"对话框

9.1.2　线

在"新建标注样式"对话框中，第一个选项卡是"线"选项卡，如图9-4所示。其用于设定尺寸线、尺寸界线、箭头和圆心标记的格式和特性。在"线"选项卡中，各主要选项的含义如下：

➤"尺寸线"选项组：设置尺寸线、尺寸界线、超出尺寸线长度、起点偏移量等。

　◆"颜色"下拉列表：用于设置尺寸线的颜色。用户可直接输入颜色名称，也可以从下拉列表中选择，如果在下拉列表中选择"选择颜色"选项，将显示"选择颜色"对话框，供用户选择其他颜色。

　◆"线型"下拉列表：设定尺寸线的线型。

　◆"线宽"下拉列表：设定尺寸线的线宽。

　◆"超出标记"微调框：指定当箭头使用倾斜、建筑标记、积分和无标记时尺寸线超过尺寸界线的距离，如图9-7所示。

　◆"基线间距"微调框：设定基线标注时尺寸线之间的距离。

　◆"隐藏"复选框组：确定是否隐藏尺寸线及相应的箭头。勾选"尺寸线1"复选框，表示不显示第一条尺寸线；勾选"尺寸线2"复选框，表示不显示第二条尺寸线，如图9-8所示。

图9-7　超出标记　　　　　　　　　　　图9-8　隐藏尺寸线

➢ "延伸线" 选项组：控制尺寸界线的外观。

◆ "颜色" 下拉列表：设定尺寸界线的颜色。其设置方法与设置尺寸界线颜色相同。

◆ "尺寸界线 1 的线型" 和 "尺寸界线 2 的线型" 下拉列表：设定尺寸界线的线型。

◆ "线宽" 下拉列表：设定尺寸界线的线宽。

◆ "隐藏" 复选框组：确定是否隐藏尺寸界线。勾选 "尺寸界线 1" 复选框，表示隐藏第一条尺寸界线；勾选 "尺寸界线 2" 复选框，表示隐藏第二条尺寸界线，如图 9-9 所示。

◆ "超出尺寸线" 微调框：指定尺寸界线超出尺寸线的距离，如图 9-10 所示。

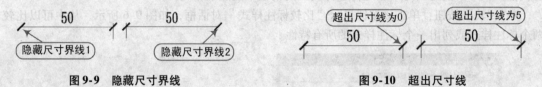

图 9-9　隐藏尺寸界线　　　　　　　　　图 9-10　超出尺寸线

◆ "起点偏移量" 微调框：设定自图形中定义标注的点到尺寸界线的偏移距离，如图 9-11 所示。

图 9-11　起点偏移量

◆ "固定长度的尺寸界线" 复选框：勾选此复选框，启用固定长度的尺寸界线。

◆ "长度" 微调框：设定尺寸界线的总长度，起始于尺寸线，直到标注原点。

➢ "预览" 框：显示样例标注图像，可显示对标注样式设置所做更改的效果。

9.1.3　符号和箭头

在 "新建标注样式" 对话框中，第二个选项卡是 "符号和箭头" 选项卡，如图 9-12 所示。该选项卡用于设定箭头、圆心标记、弧长符号和折弯半径标注的格式和位置。

在 "符号和箭头" 选项卡中，各主要选项的含义如下：

➢ "箭头" 选项组：该选项用于控制尺寸线两端的箭头。

◆ "第一个" / "第二个" 下拉列表：可以对两个箭头单独进行设置。但是，如果第一个箭头发生了变化，第二个箭头也会随变化，以便保持两个箭头外观一致。想要指定两个不同的箭头，只需分别在下拉列表中选择即可。

◆ "引线" 下拉列表：设定引线箭头。

◆ "箭头大小" 微调框：显示和设定箭头的大小。

➢ "圆心标记" 选项组：控制直径标注和半径标注的圆心标记和中心线的外观。

◆ 无：不创建圆心标记或中心线。

◆ 标记：创建圆心标记。圆心标记的大小存储为正值。

◆ 直线：创建中心线。

➢ "折断标注" 选项组：控制折断标注的间隙宽度。

➢ "弧长符号" 选项组：控制弧长标注中圆弧符号的显示。

◆ 标注文字的前缀：将弧长符号放置在标注文字之前。

◆ 标注文字的上方：将弧长符号放置在标注文字的上方。

◆ 无：不显示弧长符号。

➢ "半径折弯标注"选项组：确定折弯半径标注中，尺寸线的横向线段的角度。

➢ "线性折弯标注"选项组：控制线性标注折弯的显示。

> **注意** 用户还可以使用自定义箭头。在箭头类型的下拉列表中"选择"用户箭头"选项，在弹出的"选择自定义箭头块"对话框的文本框中输入当前图形中已有的"块名"，单击"确定"按钮即可将其设置为箭头符号。

9.1.4 文字

在"新建标注样式"对话框中，第三个选项卡是"文字"选项卡，如图 9-13 所示。该选项卡用于标注文字的外观、位置和对齐方式。

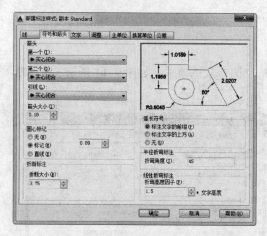

图 9-12 "符号和箭头"选项卡

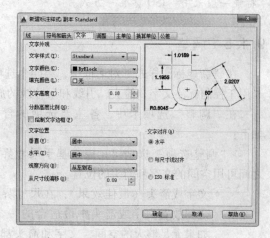

图 9-13 "文字"选项卡

在"文字"选项卡中，各主要选项的含义如下：

➢ "文字外观"选项卡：控制标注文字的格式和大小。

◆ "文字样式"下拉列表：从下拉列表中选择文字样式。单击右侧按钮还可以为标注文字创建一个特殊的文字样式。

◆ "文字颜色"下拉列表：设定标注文字的颜色。其设置方法与设置尺寸界线颜色相同。

◆ "填充颜色"下拉列表：设定标注中文字背景的颜色。

◆ "文字高度"微调框：设定当前标注文字样式的高度。

◆ "分数高度比例"微调框：设定相对于标注文字的分数比例。

◆ "绘制文字边框"复选框：显示标注文字的矩形边框。

➢ "文字位置"选项组：控制标注文字的位置。

◆ "垂直"下拉列表：控制标注文字相对尺寸线的垂直位置。垂直位置选项包括：居中、上方、外部、下方。

◆ "水平"下拉列表：控制标注文字在尺寸线上相对于尺寸界线的水平位置。水平位置选项包括：居中、第一条尺寸界线、第二条尺寸界线、第一条尺寸界线上方第二条尺寸界线上方。

- ◆ "观察方向"下拉列表：控制标注文字的观察方向。"观察方向"包括以下选项：从左到右、从右到左。
- ◆ "从尺寸线偏移"微调框：设定当前文字间距，文字间距是指当尺寸线断开以容纳标注文字时标注文字周围的距离。

➢ "文字对齐"选项组：控制标注文字放在尺寸界线外边或里边时的方向是保持水平还是与尺寸界线平行。

- ◆ 水平：水平放置文字。
- ◆ 与尺寸线对齐：文字与尺寸线对齐。
- ◆ ISO 标准：当文字在尺寸界线内时，文字与尺寸线对齐。当文字在尺寸界线外时，文字水平排列。

> **注意** 在机械制图中，"线性标注"的标注一般采用"与尺寸线对齐"方式，而圆及圆弧类标注一般采用"ISO 标准"方式。

9.1.5 调整

在"新建标注样式"对话框中，第四个选项卡是"调整"选项卡，如图 9-14 所示。该选项卡用于控制标注文字、箭头、引线和尺寸线的放置。

在"调整"选项卡中，各主要选项的含义如下：

➢ "调整选项"选项组：控制基于尺寸界线之间可用空间的文字和箭头的位置。

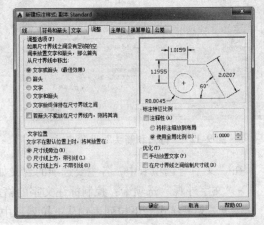

图 9-14 "调整"选项卡

- ◆ 文字或箭头（最佳效果）：在尺寸界线之间放置文字或箭头中最适合的一个，如果无足够大的空间，文字和箭头都将放在尺寸界线外。
- ◆ 箭头：当尺寸界线之间没有足够距离同时放置文字和箭头时，则将箭头置于尺寸界线之外，而将文字置于尺寸界线之内。
- ◆ 文字：当尺寸界线之间没有足够距离同时放置文字和箭头时，则将文字置于尺寸界线之外，而将箭头置于尺寸界线之内。
- ◆ 文字和箭头：空间足够时将文字和箭头放在一起，都位于尺寸界线内，没有足够空间，则两者都在尺寸界线外。
- ◆ 文字始终保持在尺寸界线之间：始终将文字放在尺寸界线之间。
- ◆ 若不能放在尺寸界线内，则不显示箭头：如果尺寸界线内没有足够的空间，则不显示箭头。

➢ "文字位置"选项组：设定标注文字从默认位置移动时标注文字的位置。

- ◆ 尺寸线旁边：如果选定，只要移动标注文字尺寸线就会随之移动。
- ◆ 尺寸线上方，加引线：如果选定，移动文字时尺寸线不会移动。如果将文字从尺寸线上移开，将创建一条连接文字和尺寸线的引线。当文字非常靠近尺寸线时，将省略引线。

◆ 尺寸线上方，不加引线：如果选定，移动文字时尺寸线不会移动。远离尺寸线的文字不与带引线的尺寸线相连。

➢ "标注特征比例"选项组：设定全局标注比例值或图样空间比例。

◆ "注释性"复选框：指定标注为注释性。单击信息图标以了解有关注释性对象的详细信息。

◆ 将标注缩放到布局：根据当前模型空间视口和图样空间之间的比例确定比例因子。

◆ 使用全局比例：为所有标注样式设置设定一个比例，这些设置指定了大小、距离或间距，包括文字和箭头大小。该缩放比例并不更改标注的测量值。

➢ "优化"选项组：提供用于放置标注文字的其他选项。

◆ "手动放置文字"复选框：勾选此复选框，忽略所有水平对正设置并把文字放在"尺寸线位置"提示下指定的位置。

◆ "在尺寸界线之间绘制尺寸线"复选框：勾选此复选框，即使箭头放在测量点之外，也在测量点之间绘制尺寸线。

9.1.6 主单位

在"新建标注样式"对话框中，第五个选项卡是"主单位"选项卡，如图9-15所示。该选项卡用于设定主标注单位的格式和精度，并设定标注文字的前缀和后缀。

在"主单位"选项卡中各主要选项的含义如下：

➢ "线性标注"选项组：设定线性标注的格式和精度。

◆ "单位格式"下拉列表：设定除角度之外的所有标注类型的当前单位。包括：科学、小数、工程、建筑、分数和Windows桌面五种格式。

◆ "精度"下拉列表：显示和设定标注文字中的小数位数。

◆ "分数格式"下拉列表：设定分数格式。

◆ "小数分隔符"：设定用于十进制格式的分隔符。

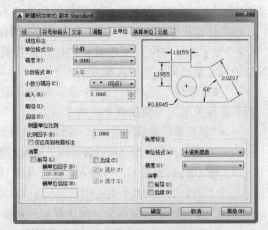

图9-15 "主单位"选项卡

◆ "舍入"微调框：为除"角度"之外的所有标注类型设置标注测量的最近舍入值。如果输入0.25，则所有标注距离都以0.25为单位进行舍入。如果输入1.0，则所有标注距离都将舍入为最接近的整数。注意，小数点后显示的位数取决于"精度"设置。

◆ "前缀"/"后缀"文本框：在每个标注之前或之后添加前缀或后缀。例如，使用"线性"标注命令标注直径时，可在文本框内输入%%C作为直径符号。

➢ "测量比例因子"选项组：用于设置测量单位的比例。

◆ "比例因子"微调框：设置线性标注测量值的比例因子。建议不要更改此值的默认值1.00。例如，如果输入2，则1in直线的尺寸将显示为2in。该值不应用到角度标注，也不应用到舍入值或者公差值。

◆ "仅应用到布局标注"复选框：勾选此复选框，仅将测量比例因子应用于在布局视口中创建的标注。除非使用非关联标注，否则，该设置应保持取消复选状态。

➤ "消零"选项组：控制是否禁止输出前导零和后续零。

◆ "前导"复选框：不输出所有十进制标注中的前导零。例如，0.5000 变成 .5000。

◆ "辅单位因子"微调框：将辅单位的数量设定为一个单位。它用于在距离小于一个单位时以辅单位为单位计算标注距离。例如，如果后缀为 m 而辅单位后缀为以 cm 显示，则输入 100。

◆ "辅单位后缀"微调框：在标注值子单位中包含后缀。可以输入文字或使用控制代码显示特殊符号。例如，输入 cm 可将 .96m 显示为 96cm。

◆ "后续"复选框：不输出所有十进制标注的后续零。例如，12.5000 变成 12.5，30.0000 变成 30。

◆ "0 英尺"复选框：如果长度小于一英尺，则消除英尺-英寸标注中的英尺部分。例如，0'-6 1/2" 变成 6 1/2"。

◆ "0 英寸"复选框：如果长度为整英尺数，则消除英尺-英寸标注中的英寸部分。例如，1'-0" 变为 1'。

➤ "角度标注"选项组：显示和设定角度标注的当前角度格式。

9.1.7 换算单位

在"新建标注样式"对话框中，第六个选项卡是"换算和单位"选项卡，如图 9-16 所示。该选项卡用于指定标注测量值中换算单位的显示，并设定其格式和精度。

在"换算和单位"选项卡中，各主要选项的含义如下：

➤ "显示换算单位"复选框：勾选此复选框，则替换单位的尺寸值也同时显示在尺寸文本上。

➤ "换算单位"选项组：用于显示和设定除角度之外的所有标注类型的当前换算单位格式。

◆ "换算单位乘数"微调框：指定一个乘数，作为主单位和换算单位之间的转换因子使用。例如，要将英寸转换为毫米，请输入 25.4。此值对角度标注没有影响，而且不会应用于舍入值或者公差值。

◆ "舍入精度"微调框：用于设定除角度之外的所有标注类型的换算单位的舍入规则。

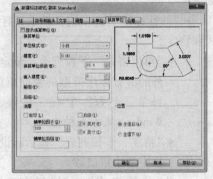

图 9-16 "换算单位"选项卡

➤ "消零"选项组：与"主单位"中的"消零"选项组相同。

➤ "位置"选项组：控制标注文字中换算单位的位置。

◆ 主值后：将换算单位放在标注文字中的主单位之后。

◆ 主值下：将换算单位放在标注文字中的主单位的下面。

9.1.8 公差

在"新建标注样式"对话框中，最后一个选项卡是"公差"选项卡，如图 9-17 所示。该选项卡用于确定标注公差的方式。

在"公差"选项卡中，各主要选项的含义如下：

➤ "显示换算单位"复选框：勾选此复选框，则替换单位的尺寸值也同时显示在尺寸文本上。

➤ "换算单位"选项组：用于显示和设定除角度之外的所有标注类型的当前换算单位格式。

➤ "公差格式"复选框：控制公差格式。

◆ 方式：设定计算公差的方法。AutoCAD 提供了五种标注公差的方式，分别为"无"
"对称""极限偏差""极限尺寸""基本"。其
中"无"表示不标注公差，其他四中标注情况
如图 9-18 所示。

◆ 精度：设定小数位数。

◆ 上极限偏差：设定最大公差或上极限偏差。如
果在"方式"中选择"对称"，则此值将用于
公差。

◆ 下极限偏差：设定最小公差或下极限偏差。

◆ 高度比例：设定公差文字的当前高度，即公差
文本的高度与一般尺寸文本的高度之比。

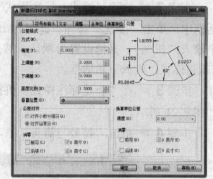

图 9-17 "公差"复选框

◆ 垂直位置：用于控制"对称公差"和"极限偏
差"形成公差标注的文字对其方式，如图 9-19 所示。

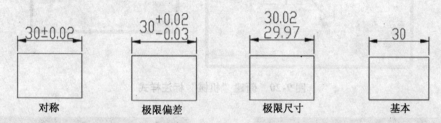

图 9-18 公差标注的方式

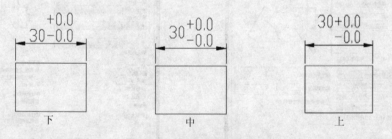

图 9-19 公差的对齐方式

➢ 公差对齐：用于在堆叠时，控制上极限偏差值和下极限偏差值的对齐。

◆ 对齐小数分隔符：通过值的小数分割符堆叠值。

◆ 对齐运算符：通过值的运算符堆叠值。

➢ "消零"选项组：与"主单位"中的"消零"选项组相同。

➢ "换算单位公差"选项组：设定换算公差单位的格式。

9.1.9 实例——机械标注样式的设置

视频\09\机械标注样式的设置.avi
案例\09\机械样板.dwg

在掌握了"尺寸样式"的相关知识后等标注后，本节将带领大家通过创建"机械"标注样
式，进一步巩固所学知识。操作步骤如下：

步骤 **1** ▶ 正常启动 AutoCAD 2015 软件，执行"文件 | 打开"菜单命令，打开"案例\

01 \ 样板 1. dwg"; 再执行"文件 | 另存为"命令, 将文件保存为"案例 \ 09 \ 机械样板 . dwg"。

步骤 **2** ▶ 执行"格式 | 标注样式"菜单命令, 系统弹出"标注样式管理器"对话框, 在对话框中, 单击"新建"按钮, 此时弹出"创建新标注样式"对话框, 在"新样式名"文本框中个输入"机械", 其他设置为默认, 然后单击"继续"按钮, 如图 9-20 所示。此时, 系统弹出"新建样式: 机械"对话框。

步骤 **3** ▶ 在"新建标注样式: 机械"对话框的"线"选项卡中, 设置尺寸线的相应参数, 如图 9-21 所示。

步骤 **4** ▶ 单击"符号与箭头"选项卡, 设置符号与箭头参数, 如图 9-22 所示。

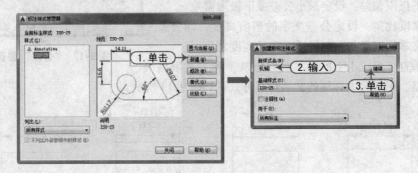

图 9-20　新建"机械"标注样式

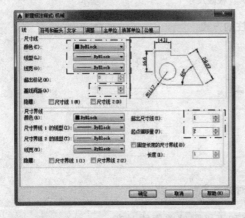

图 9-21　尺寸线、尺寸界线设置

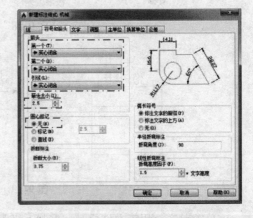

图 9-22　符号与箭头设置

步骤 **5** ▶ 单击"文字"选项卡, 在"文字样式"选项中单击按钮, 在弹出的"文字样式"对话框中设置文字样式, 单击"确定"按钮返回"文字"选项卡, 并对文字进行参数设置, 如图 9-23 所示。

步骤 **6** ▶ 单击"调整"选项卡, 设置相应参数, 如图 9-24 所示。

步骤 **7** ▶ 单击"主单位"选项卡, 设置相应参数, 如图 9-25 所示。

步骤 **8** ▶ 单击"确定"按钮, 系统将返回"标注样式管理器"对话框, 在该对话框中单击"置为当前"按钮, 将"机械"标注样式置为当前标注样式, 单击"确定"按钮退出"标注样式管理器"对话框。至此, 机械标注样式设置完成。

步骤 **9** ▶ 按"Ctrl + S"组合键将文件进行保存。

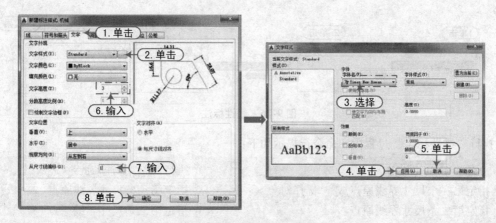

图 9-23　标注文字设置

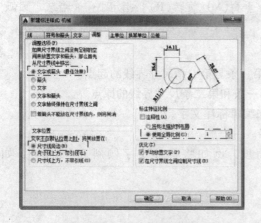

图 9-24　"调整"选项卡

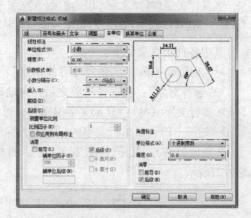

图 9-25　"主单位"选项卡

9.2　标注尺寸

AutoCAD 提供了多种标注方法，如"线性标注""对齐标注""半径标注""直径标注""圆弧标注"等，下面分别介绍几种基本的尺寸标注命令。

9.2.1　线性标注

"线性标注"用于标注图形对象的线性距离或长度，包括"水平标注""垂直标注"和"旋转标注"三种类型。"水平标注"用于标注对象上的两点在水平方向上的距离，尺寸线沿水平方向放置；"垂直标注"用于标注对象上的两点在垂直方向的距离，尺寸线沿垂直方向放置；"旋转标注"用于标注对象上的两点在指定个方向上的距离，尺寸线沿旋转角度方向放置。

执行"线性标注"命令有以下三种方法：

➤ 在菜单栏中，选择"标注│线性标注"菜单命令。

➤ 在"注释"选项卡的"标注"面板中单击"线性标注"按钮 ├ 。

➤ 在命令行中输入"DIMLINEAR"（快捷键为"DLI"）。

执行"线性标注"命令后，单击指定第一条尺寸线原点，再单击指定第二条尺寸线原点，移动鼠标单击一点确定尺寸线位置，即可完成所选对象长度的标注，其操作过程如图 9-26 所示。

191

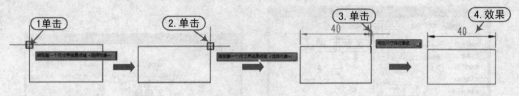

图 9-26　线性标注

执行"线性标注"过程中，命令行提示如下：

命令：DIMLINEAR　　　　　　　　　　　　\\ 执行"线性标注"命令
指定第一个尺寸界线原点或 <选择对象>：　　\\ 指定第一条尺寸界线原点
指定第二条尺寸界线原点：　　　　　　　　\\ 指定第二条尺寸界线原点
指定尺寸线位置或　　　　　　　　　　　　\\ 指定尺寸线位置
[多行文字(M)/文字(T)/角度(A)/水平(H)/垂直(V)/旋转(R)]:指定下一个点或 [圆弧
(A)/半宽(H)/长度(L)/放弃(U)/宽度(W)]：

其中各选项含义如下：
➢ "指定第一条/第二条尺寸界线原点"：指定第一条与第二条尺寸界线的起点。
➢ "选择对象"：在选择对象之后，自动确定第一条和第二条尺寸界线的原点。
➢ 多行文字（M）：显示文字编辑器，可用它来编辑标注文字。
➢ 文字（T）：以单行文字的形式输入标注文字。
➢ 角度（A）：用于设置标注文字的倾斜角度，例如将标注文字倾斜 30°或 90°，如图 9-27所示。

角度为30°　　　　　　　　角度为90°

图 9-27　设置角度

➢ 水平（H）：创建水平线性标注，如图 9-28a 所示。
➢ 垂直（V）：创建垂直线性标注，如图 9-28b 所示。
➢ 旋转（R）：创建旋转线性标注，如图 9-28c 所示。

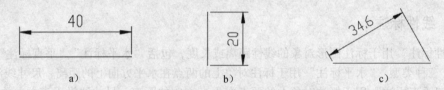

a)　　　　　　　　　b)　　　　　　　　c)

图 9-28　水平、垂直、旋转线性标注样式

> **注意**　如果指定的第一点和第二点进行硬性规定的垂直或水平标注，可以通过鼠标指定方向进行水平或垂直标注。鼠标向上下拖动即为水平标注，水平向左右拖动即为垂直标注。

9.2.2　实例——标注螺栓尺寸

视频\09\标注螺栓尺寸.avi
案例\02\螺栓平面图.dwg

下面以标注螺栓平面图为例，介绍前面所学的"线性标注"的运用技巧。

步骤 1　启动 AutoCAD 2015，按"Ctrl + O"组合键打开"案例 \ 02 \ 螺栓平面图"。

步骤 2　在命令行中输入"DIMSTYLE"，按"Enter"键确定，打开"标注样式管理器"对话框，单击"新建"按钮，弹出"创建新标注样式"对话框，在该对话框中选择"ISO-25"作为基础样式，如图9-29所示。

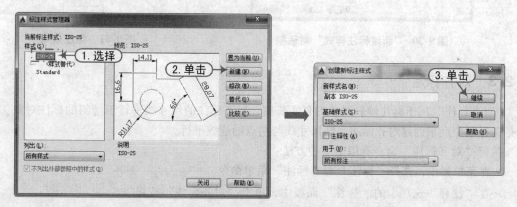

图 9-29　创建新标注样式

步骤 3　单击"继续"按钮，弹出"创建新标注样式"对话框。在该对话框中选择"文字"选项卡，在"文字"选项卡中将文字高度设置为5，其他参数不变，如图9-30所示。

步骤 4　单击"确定"按钮，返回"标注样式管理器"对话框。将设置好的文字样式"置为当前"。

步骤 5　单击打开"对象捕捉"按钮□，并启用"端点"模式 ∕。

步骤 6　单击"注释"面板上的"线性"标注按钮 ⊢，标注螺母的宽度。命令行提示如下：

```
命令：DIMLINEAR                                      \\ 执行"线性"标注命令
指定第一个尺寸界线原点或 <选择对象>：              \\ 拾取线段左端点
指定第二条尺寸界线原点：                            \\ 拾取线段右端点
指定尺寸线位置或[多行文字(M)/文字(T)/角度(A)/水平(H)/垂直(V)/旋转(R)]：
                                                    \\ 在上方单击放置
标注文字 = 80                                        \\ 系统自动测量线段尺寸
```

步骤 7　按照同样的方法，对其他尺寸进行标注，标注效果如图9-31所示。至此，螺栓图形标注完成。

步骤 8　按"Ctrl + S"组合键，将文件进行保存。

图 9-30 "新建标注样式" 对话框

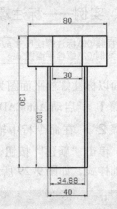

图 9-31 标注效果

9.2.3 对齐标注

"对齐标注" 用于标注倾斜对象的真实长度，对齐标注的尺寸线平行于倾斜的标注对象。如果是选择两个点来创建对齐标注，则尺寸线与两点的连线平行。

执行 "对齐标注" 命令有以下三种方法：

➢ 在菜单栏中，选择 "标注｜对齐标注" 菜单命令。

➢ 在 "注释" 选项卡的 "标注" 面板中，单击 "对齐标注" 按钮 。

➢ 在命令行中输入 "DIMLINEAR" （快捷键为 DLI）。

执行上述操作后，单击指定第一条尺寸原点，然后单击指定第二条尺寸原点，最后移动鼠标指针单击指定该尺寸线位置，其操作方法如图 9-32 所示。

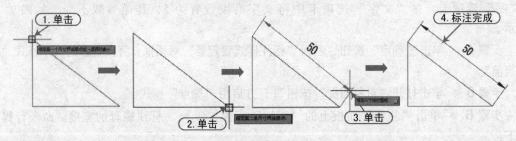

图 9-32 对齐标注

操作过程中命令行提示如下，其各选项含义与 "线性标注" 中各选项含义相同。

命令：DIMALIGNED	\\ 执行"线性标注"命令
指定第一个尺寸界线原点或 <选择对象>：	\\ 指定斜线起点
指定第二条尺寸界线原点：	\\ 指定斜线端点
指定尺寸线位置或	\\ 指定一点确定尺寸线位置

注意 "对齐标注" 是线性标注的其中一种形式，其也可用于垂直标注和水平标注。

9.2.4　坐标尺寸标注

"坐标标注"用于测量从原点（称为基准）到对象的水平距离或垂直距离。这些标注通过保持特征与基准点之间的精确偏移量来避免误差增大。

执行"坐标标注"命令有以下三种方法：

➤ 在菜单栏中，选择"标注 | 坐标标注"菜单命令。

➤ 在"注释"选项卡的"面板"面板中，单击"坐标标注"按钮。

➤ 在命令行中输入"DIMORDINATE"（快捷键为"DOR"）。

执行上述操作后，单击指定点坐标位置，然后移动鼠标单击指定引线端点位置，如图 9-33 所示。

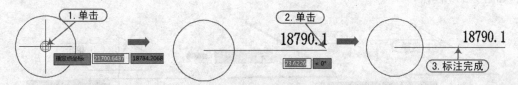

图 9-33　坐标标注

执行"坐标标注"命令过程中，命令行提示如下：

命令：DIMORDINATE	\\ 执行"坐标标注"命令
指定点坐标：	\\ 指定点位置
指定引线端点或［X 基准（X）/Y 基准（Y）/多行文字（M）/文字（T）/角度（A）］：	
	\\ 指定引线端点

其中，命令行各主要选项含义如下：

➤ 指定点坐标：指定端点、交点或对象的中心点。

➤ 指定引线端点：使用点坐标和引线端点的坐标差可确定它是 X 坐标标注还是 Y 坐标标注。如果 Y 坐标的坐标差较大，标注就测量 X 坐标；否则，就测量 Y 坐标。

➤ X 基准（X）：只能标注测量点距离坐标原点的水平距离。

➤ Y 基准（Y）：只能标注测量点距离坐标原点的垂直距离。

9.2.5　角度型尺寸标注

"角度标注"可以测量圆和圆弧的角度、两条直线间的角度，或者三点间的角度。执行"角度标注"命令有以下三种方法：

➤ 在菜单栏中，选择"标注 | 角度标注"菜单命令。

➤ 在"注释"选项卡的"面板"面板中，单击"角度标注"按钮△。

➤ 在命令行中输入"DIMANGUILAR"（快捷键为"DAN"）。

执行上述操作后，用户可根据需要对圆或者圆弧以及角度进行标注，其操作方法如图 9-34 所示。

执行"角度标注"操作过程中，命令行提示如下：

命令：DIMANGULAR	\\ 执行"角度标注"命令
选择圆弧、圆、直线或 ＜指定顶点＞：	\\ 选择圆弧等标注对象
指定标注弧线位置或［多行文字（M）/文字（T）/角度（A）/象限点（Q）］：	
	\\ 指定标注弧线位置

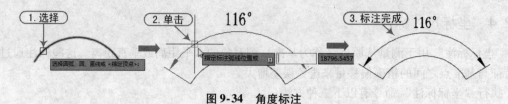

图 9-34　角度标注

其中，命令行各主要选项含义如下：

➢ 选择圆弧：该选项通过选择圆弧对象后指定标注弧线位置标注圆弧角度。

➢ 选择圆：该选项通过选择圆对象，指定圆上的两个端点后指定标注弧线位置标注圆角度。

➢ 选择直线：该选项通过选择两条直线，再确定标注弧线的位置，从而标注两条线之间的角度，如图 9-35 所示。

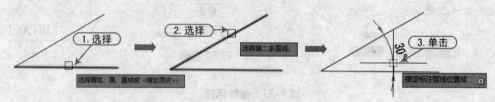

图 9-35　直线角度标注

➢ 指定顶点：直接按"Enter"键为指定顶点标注，即先确定角的顶点，然后分别指定角的两个端点，最后确定标注弧线的位置。

➢ 象限点（Q）：指定圆或圆弧上的象限点来标注弧长，尺寸线将与圆弧重合。

> **注意**　在标注角度尺寸时，如果选择的是圆弧，系统将自动以圆弧的圆心作为顶点，圆弧端点作为延伸线的原点，标注圆弧的角度；如果标注的对象是圆时，系统将以选择点作为第一条延伸线原点，以圆心作为顶点，第二条延伸线的原点可以位于圆上，也可以在圆内或圆外。

9.2.6　弧长标注

"弧长标注"用于标注圆弧和多段线中弧线段的长度。弧长标注含有一个弧长符号，以便与其他标注区分开来。

执行"弧长标注"命令有以下三种方法：

➢ 在菜单栏种，选择"标注 | 弧长标注"菜单命令。

➢ 在"注释"选项卡的"标注"面板中，单击"弧长标注"按钮 ⌒。

➢ 在命令行中输入"DIMARC"（快捷键为 DAR）。

执行上述操作后，单击选择圆弧对象，然后指定弧长标注位置，即可对弧长进行标注。其操作方法如图 9-36 所示。

操作过程中，命令行提示如下：

命令：DIMARC	\\ 执行"弧长标注"命令
选择弧线段或多段线圆弧段：	\\ 选择圆弧对象
指定弧长标注位置或［多行文字（M）/文字（T）/角度（A）/部分（P）/引线（L）］：	
	\\ 指定弧长标注位置
标注文字 =36.3	\\ 系统自动标注弧长

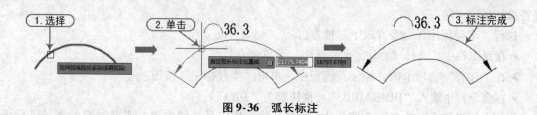

图9-36 弧长标注

其中，命令行各主要选项含义如下：

➤ 圆弧或多段线圆弧段：指定要标注的圆弧或圆弧多段线线段。

➤ 弧长标注位置：指定尺寸线的位置并确定尺寸界线的方向。弧长标注用于测量圆弧或多段线圆弧上的距离。弧长标注的尺寸界线可以正交或径向。在标注文字的上方或前面将显示圆弧符号。

➤ 部分：缩短弧长标注的长度。

➤ 引线：添加引线对象。仅当圆弧（或圆弧段）大于90°时才会显示此选项。引线是按径向绘制的，指向所标注圆弧的圆心。

➤ 无引线：创建引线之前取消"引线"选项。要删除引线，请删除弧长标注，然后重新创建不带引线选项的弧长标注。

9.2.7　直径标注

"直径标注"用于为圆或圆弧创建直径标注。测量选定圆或圆弧的直径，并显示前面带有直径符号的标注文字。

执行"直径标注"命令有以下三种方法：

➤ 在菜单栏中，选择"标注｜直径标注"菜单命令。

➤ 在"注释"选项卡的"标注"面板中，单击"直径标注"按钮⊘。

➤ 在命令行中输入"DIMDIAMETER"（快捷键为"DDI"）。

执行上述操作后，单击选择圆或圆弧对象，然后指定尺寸的位置，即可对圆的直径进行标注。其操作方法如图9-37所示。

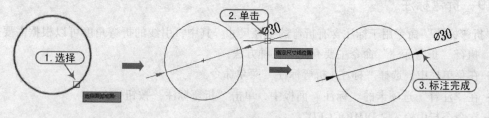

图9-37　直径标注

操作过程中，命令行提示如下：

```
命令：DIMDIAMETER                        \\ 执行"直径标注"命令
选择圆弧或圆：                           \\ 选择圆或圆弧对象
标注文字 = 30                           \\ 系统自动标注直径值
指定尺寸线位置或［多行文字(M)/文字(T)/角度(A)］：  \\ 指定直径标注位置
```

9.2.8　半径标注

"半径标注"用于为圆或圆弧创建半径标注。测量选定圆或圆弧的半径，并显示前面带有半径符号的标注文字。

执行"半径标注"命令有以下三种方法：

➤ 在菜单栏中，选择"标注｜半径标注"菜单命令。

➤ 在"注释"选项卡的"标注"面板中，单击"半径标注"按钮⊙。

➤ 在命令行中输入"DIMRADIUS"（快捷键为"DRA"）。

执行上述操作后，单击选择圆或圆弧对象，然后指定尺寸的位置，即可对圆的半径进行标注。其操作方法如图 9-38 所示。

图 9-38　半径标注

操作过程中，命令行提示如下：

命令：DIMRADIUS　　　　　　　　　　　\\ 执行"半径标注"命令

选择圆弧或圆：　　　　　　　　　　　　\\ 选择圆或圆弧对象

标注文字 = 15　　　　　　　　　　　　　\\ 系统自动标注半径值

指定尺寸线位置或［多行文字(M)/文字(T)/角度(A)］：

　　　　　　　　　　　　　　　　　　　\\ 确定尺寸线位置

> **注意** 标注圆和圆弧的半径或直径尺寸时，AutoCAD 会自动在标注文字前添加符号 R（半径）或 Φ（直径）。

9.2.9　折弯标注

"折弯标注"命令用于标注含有折弯的半径尺寸。其中，引线的折弯角度可以根据需要进行设置。执行"折弯标注"命令主要有以下三种方法：

➤ 在菜单栏中，选择"标注｜折弯标注"菜单命令。

➤ 在"注释"选项卡的"标注"面板中，单击"折弯标注"按钮⟋。

➤ 在命令行中输入"DIMJOGGED"。

执行"折弯命令"后，选择要标注的圆弧或圆对象，然后依次指定图示中心位置、指定尺寸线位置、指定折弯位置即可对进行半径折弯标注，如图 9-39 所示。

图 9-39　弧长标注

在执行"折弯标注"操作过程中，命令行提示如下：

命令：DIMJOGGED	\\ 执行"折弯标注"命令
选择圆弧或圆：	\\ 选择对象
指定图示中心位置：	\\ 指定图示中心位置
标注文字 = 15	\\ 系统自动显示尺寸值
指定尺寸线位置或 [多行文字(M)/文字(T)/角度(A)]：	\\ 单击指定尺寸线位置
指定折弯位置：标注文字 = 15	\\ 单击指定折弯位置

9.2.10 实例——标注起重钩

视频\09\标注起重钩.avi
案例\09\起重钩.dwg

在介绍了"线性标注""对齐标注""圆弧标注""角度标注""半径标注"等标注后，下面通过对机械平面图进行标注，帮助读者进一步巩固所学知识。操作步骤如下：

步骤 1 ▶ 正常启动 AutoCAD 2015 软件，执行"文件丨打开"菜单命令，或者按"Ctrl + O"组合键，打开"案例\ 09 \ 起重钩.dwg"，如图 9-40 所示；再执行"文件丨保存"命令，将文件保存为"案例\ 09 \ 已标注起重钩.dwg"。

步骤 2 ▶ 在"图层"面板的"图层"下拉列表中，将"标注"图层设置为当前图层。

步骤 3 ▶ 在"注释"选项卡的"标注"面板中，单击"线性"按钮┐，对图 9-40 中左侧的直线进行线性标注，如图 9-41 所示。

步骤 4 ▶ 在"注释"选项卡的"标注"面板中，单击"半径"按钮◎，选择图 9-40 中的圆弧进行半径标注，如图 9-42 所示。执行"半径标注"过程中，命令行操作与提示如下：

命令：_dimradius	\\ 执行"半径标注"命令
选择圆弧或圆：	\\ 选择圆弧
标注文字 = 10	\\ 系统自动标注圆弧半径值
指定尺寸线位置或 [多行文字(M)/文字(T)/角度(A)]：\\ 指定尺寸线位置	

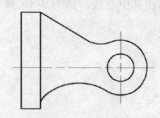

图 9-40 起重钩

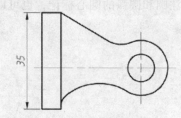

图 9-41 线性标注

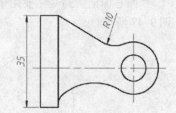

图 9-42 半径标注

步骤 5 ▶ 在"注释"选项卡的"标注"面板中，单击"直径"按钮◎，选择图中的圆进行直径径标注，如图 9-43 所示。命令行操作与提示如下：

命令：_dimdiameter	\\ 执行"直径标注"命令
选择圆弧或圆：	\\ 选择圆
标注文字 = 10	\\ 系统自动标注圆弧半径值
指定尺寸线位置或 [多行文字(M)/文字(T)/角度(A)]：\\ 指定尺寸线位置	

命令： DIMDIAMETER	\\ 执行"直径标注"命令
选择圆弧或圆：	\\ 选择圆
标注文字 = 20	\\ 系统自动标注圆弧半径值
指定尺寸线位置或［多行文字(M)/文字(T)/角度(A)］：	\\ 指定尺寸线位置

步骤 6 ▶ 在"注释"选项卡的"标注"面板中，单击"角度"按钮△，选择图 9-40 中的垂直线段以及斜线段进行角度标注，如图 9-44 所示。命令行操作与提示如下：

命令：_dimangular	\\ 执行"角度"标注
选择圆弧、圆、直线或 ＜指定顶点＞：	\\ 选择垂直线
选择第二条直线：	\\ 选择斜线
指定标注弧线位置或［多行文字(M)/文字(T)/角度(A)/象限点(Q)］：	
	\\ 指定角度标注位置
标注文字 = 60	\\ 系统自动标注圆弧半径值

步骤 7 ▶ 采用同样的方法创建其他"线性标注"以及"半径标注"，如图 9-45 所示。至此，起重钩图形标注完成。

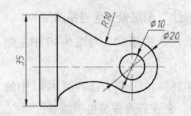

图 9-43 直径标注

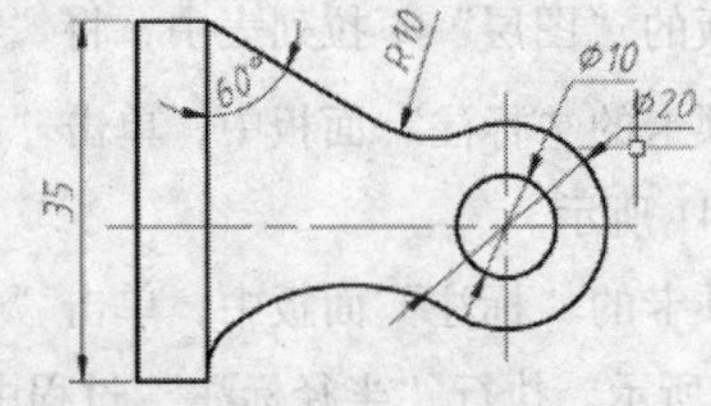

图 9-44 角度标注

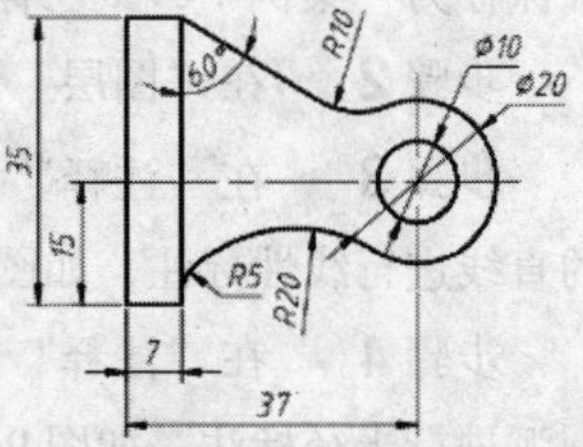

图 9-45 标注完成

步骤 8 ▶ 按"Ctrl + S"组合键将文件进行保存。

9.2.11 圆心标记和中心线标注

"圆心标记"命令主要用于标注圆和圆弧的圆心标记，也可以标注其中心线，如图 9-46 和图 9-47 所示。

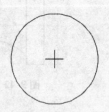

图9-46 标注圆心标记

图9-47 标注中心线

执行"圆心标注"命令主要有以下三种方法：

➢ 在菜单栏中，选择"标注 | 圆心标注"菜单命令。

➢ 在"注释"选项卡的"标注"面板中，单击"圆心标注"按钮⊙。

➢ 在命令行中输入"DIMANGULAR"。

执行"圆心标记"命令后，直接选择圆对象，即可对圆的圆心进行标注。

> 注意　利用"圆心标记"标注中心时，要将"标注样式"中的"圆心标记"选项设置为直线。

9.2.12　基线标注

"基线标注"命令用于创建基线标注，它可以为图形中有一个共同基准的线型、坐标或角度进行关联标注。基线标注是以某一点、线、面作为基准进行的，其他尺寸按照该基准进行定位。因此，在进行基线标注之前，先要指定一个线性尺寸标注，以确定基准标注的基准点。

执行"基线标注"命令的方法有以下三种：

➤ 在菜单栏中，选择"标注|基线标注"菜单命令。

➤ 在"注释"选项卡的"标注"面板中，单击"基线标注"按钮□。

➤ 在命令行中输入"DIMBASELINE"（快捷键为"DBA"）。

执行"基线标注"命令后，命令行提示如下：

| 命令：DIMBASELINE | \\ 执行"基线标注"命令 |
| 选择基准标注： | \\ 选择"线性标注"命令 |
| 指定第二条尺寸界线原点或［放弃(U)/选择(S)］＜选择＞：\\ 指定第二条尺寸线位置 |

根据命令行提示单击选择基准标注，然后单击指定第二条尺寸线原点，再单击指定下一尺寸界线原点，即可进行连续基线标注，如图9-48所示。

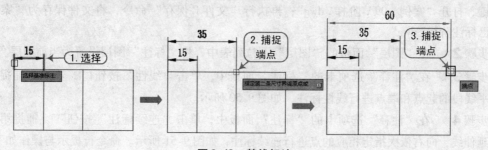

图9-48　基线标注

9.2.13　连续标注

"连续标注"命令用于标注在同一方向上连续的线性或角度尺寸，该命令用于从上一个或选定标注的第二条尺寸界线处创建新的线性、角度或坐标的连续标注。

执行"基线标注"命令的方法有以下三种：

➤ 在"注释"选项卡的"标注"面板中，单击"连续标注"按钮⊩⊦。

➤ 在菜单栏中，选择"标注|连续标注"菜单命令。

➤ 在命令行中输入"DIMCONTINUE"（快捷键为DCO）。

执行上述操作后，命令行提示如下：

命令：DIMCONTINUE	\\ 执行"连续标注"命令
选择连续标注：	\\ 选择"线性标注"命令
指定第二条尺寸界线原点或［放弃(U)/选择(S)］＜选择＞：	\\ 指定第二条尺寸线位置

根据命令行提示进行连续标注，如图9-49所示。

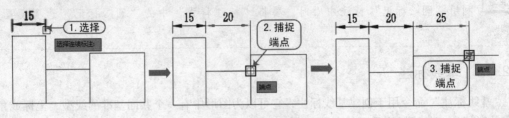

图9-49　连续标注

> **注意**　执行"基线标注"与"连续标注"命令之前都必须先创建线性、对齐或角度标注，也就是说，使用"基线标注"与"连续标注"的前提是已经存在尺寸标注。

9.2.14　实例——标注阶梯尺寸

视频\09\标注阶梯尺寸.avi
案例\09\阶梯.dwg

下面以利用"连续标注"对阶梯图形进行标注为例，帮助读者进一步巩固所学知识，操作步骤如下：

步骤 **1** ▶ 正常启动 AutoCAD 2015 软件，执行"文件 | 打开"菜单命令，或者按"Ctrl + O"组合键，打开"案例 \ 09 \ 阶梯 . dwg"；再执行"文件 | 保存"命令，将文件保存为"案例 \ 09 \ 已标注阶梯 . dwg"。

步骤 **2** ▶ 在"图层"面板的"图层"下拉列表中，将"标注"图层设置为当前图层。

步骤 **3** ▶ 在"注释"选项卡的"标注"面板中，单击"线性"按钮，在上方捕捉第一条水平线段的起点和端点进行线性标注，如图9-50所示。

步骤 **4** ▶ 在"注释"选项卡的"标注"面板中，单击"连续标注"按钮，捕捉第一条尺寸延伸线，向右依次指定相应的点进行连续标注，如图9-51所示。命令行提示与操作如下：

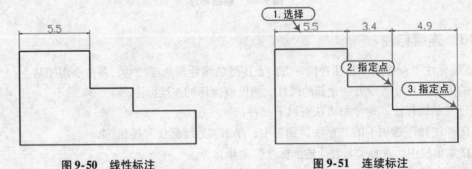

图9-50　线性标注　　　　　　　　图9-51　连续标注

命令：_dimcontinue　　　　　　　　　　　　　　　　\\ 执行连续标注命令
选择连续标注：　　　　　　　　　　　　　　　　　　\\ 选择尺寸为5.5mm 的标注
指定第二条尺寸界线原点或［放弃(U)/选择(S)］＜选择＞：\\ 指定第二条水平线段的端点
标注文字 = 3.4

指定第二条尺寸界线原点或［放弃(U)/选择(S)］＜选择＞：\\ 指定第三条水平线段的端点
标注文字 =4.9
指定第二条尺寸界线原点或［放弃(U)/选择(S)］＜选择＞：\\ 按"Enter"键结束命令

步骤 **5** ▶ 同样在"注释"选项卡的"标注"面板中，单击"线性"按钮┌┐，在右侧捕捉第一层阶梯的垂直线段起点和端点进行线性标注，如图9-52所示。

步骤 **6** ▶ 在"注释"选项卡的"标注"面板中，单击"连续标注"按钮┌┼┼┐，对阶梯上的垂直线段进行连续标注，如图9-53所示。至此，阶梯图形标注完毕。

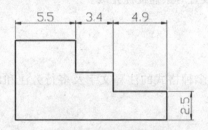

图9-52 线性标注

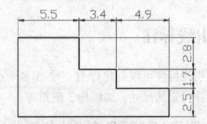

图9-53 连续标注

步骤 **7** ▶ 按"Ctrl + S"组合键将文件进行保存。

9.2.15 快速尺寸标注

使用"快速标注"命令可以一次标注几个对象。可以使用快速标注创建基线标注、连续标注和坐标标注，也可以对多个圆或圆弧进行标注。

执行"快速标注"命令的方法有以下三种：

➢ 在"注释"选项卡的"标注"面板中，单击"快速标注"按钮┤。

➢ 在菜单栏中，选择"标注|快速标注"菜单命令。

➢ 在命令行中输入"QDIM"。

使用快速标注功能可以快速创建或编辑一系列标注，如图9-54所示。

命令：_qdim   \\ 执行"快速标注"命令
关联标注优先级 =端点找到 50 个   \\ 选择整个需要标注的图形
指定尺寸线位置或［连续(C)/并列(S)/基线(B)/坐标(O)/半径(R)/直径(D)/基准点
(P)/编辑(E)/设置(T)］＜连续＞：   \\ 指定一点确定尺寸线位置

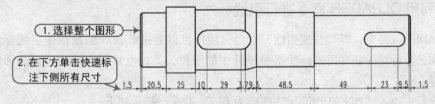

图9-54 连续标注

执行"快速标注"命令之后，命令行各主要选项含义如下：

➢ 连续：创建一系列连续标注，其中的线性标注线将端对端地沿同一条直线排列。

➢ 并列：创建一系列并列标注，其中的线性尺寸线将以恒定的增量相互偏移。

> 基线：创建一系列基线标注，其中的线性标注将共享一条公用尺寸界线。
> 坐标：创建一系列坐标标注，其中的元素将以单个尺寸界线以及 X 或 Y 值进行注释。相对于基准点进行测量。
> 半径：创建一系列半径标注，其中将显示选定圆弧和圆的半径值。
> 直径：创建一系列直径标注，其中将显示选定圆弧和圆的直径值。
> 基准点：为基线和坐标标注设置新的基准点。
> 编辑：在生成标注之前，删除出于各种考虑而选定的点位置。
> 设置：为指定尺寸界线原点（交点或端点）设置对象捕捉优先级。

9.3　引线标注

利用引线标注可以创建带有一个或多个引线、多种格式的注释文字及多行旁注和说明等，还可以标注特定的尺寸，如圆角、倒角等。

9.3.1　利用 LEADER 命令进行引线标注

利用"LEADER"命令可以灵活地创建多样的引线标注形式。用户可根据需要把指引线设置为折线或曲线，指引线可带箭头也可不带箭头，注释文本可以是多行文字，也可以是形位公差等。

在命令行中输入"LEADER"（快捷键为 LEAD），命令行提示如下：

```
命令：LEADER                                  \\ 执行引线标注
指定引线起点：                                \\ 指定引线的起始点
指定下一点：                                  \\ 指定引线的另一点
指定下一点或［注释(A)/格式(F)/放弃(U)］＜注释＞：\\ 指定下一点或进行文字注释
```

其中，命令行各主要选项含义如下：
> 指定下一点：可直接输入一点，系统会根据前面的点绘制折线作为指引线。
> 注释（A）：输入注释文本，此项为默认项。在上面的提示下直接按回车键，系统提示："输入注释文字的第一行或＜选项＞："，在此提示下输入第一行文本后按"Enter"键，用户可以继续输入第二行文本，直至输完全部文本后按"Enter"键结束命令
> 格式：控制绘制引线的方式以及引线是否带有箭头。

9.3.2　利用 QLEADER 命令进行引线标注

"QLEADER"命令，即"快速引线"命令，用户可以通过该命令创建快速引线标注。快速引线标注和公差标注一起常用来标注机械设计中的形位公差，也常用来标注建筑装饰设计中的材料等内容。

在命令行中输入"QLEADER"（快捷键为 LE），命令行提示如下：

```
命令：QLEADER                                 \\ 执行"快速引线"命令
指定第一个引线点或［设置(S)］＜设置＞：         \\ 指定一点
指定下一点：                                  \\ 指定转折点
指定下一点：                                  \\ 指定引线端点
```

指定文字宽度 <0>：	\\ 指定文字宽度
输入注释文字的第一行 <多行文字(M)>：	\\ 输入注释文字
输入注释文字的下一行：	\\ 输入注释文字

如用户选择激活命令中的"设置"选项，可打开如图9-55所示的"引线设置"对话框，以修改和设置引线点数、注释类型以及注释文字的附着位置等。

在"引线设置"对话框中有三个选项卡："注释""引线和箭头""附着"，个选项卡的主要内容及含义如下：

➢"注释"选项卡：设置引线标注中的注释文本的类型、多行文字的格式，并确定注释文本是否多次使用。

➢"引线和箭头"选项卡：设置引线和箭头格式。其中，"点数"选项组用于设置系统提示用户输入的点的数量；"角度约束"选项组设置第一段和第二段指引线的角度约束，如图9-56所示。

图9-55 "引线设置"对话框

➢"附着"选项卡：设置引线和多行文本的附着位置，如图9-57所示。

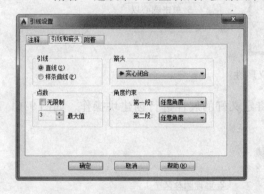

图9-56 "引线和箭头"选项卡

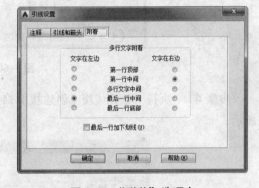

图9-57 "附着"选项卡

9.3.3 实例——标注零件序号

视频\09\标注零件序号.avi
案例\09\零件装配图.dwg ━━━━━━━━━━━━━━━━━ ┤┤○

在介绍了"引线标注"命令后，下面通过对零件装配图进行序号标注，帮助读者进一步巩固前面所学内容，操作步骤如下：

步骤1 ▶ 正常启动 AutoCAD 2015 软件，执行"文件│打开"菜单命令，或者按"Ctrl + O"组合键，打开"案例\09\零件装配图.dwg"，如图9-58所示；再执行"文件│保存"命令，将文件保存为"案例\09\已标注零件装配图.dwg"。

步骤2 ▶ 创建图块，执行"圆（C）"命令，在绘图区域单击一点，绘制一个半径为12mm的圆，如图9-59所示。

步骤3 ▶ 执行"绘图│块│定义属性"命令，弹出"定义属性"对话框，在该对话框中设置相应的参数，并单击确定按钮，将定义好的属性放在圆心位置，如图9-60所示。

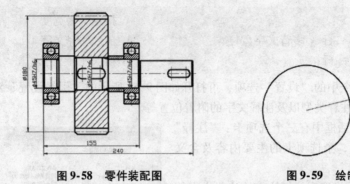

图 9-58　零件装配图　　　　　　　　　　　　图 9-59　绘制圆

图 9-60　定义属性

步骤 4 ▶ 执行"绘图│块│创建块"命令，将定义好的属性进行创建块操作，如图 9-61 所示。

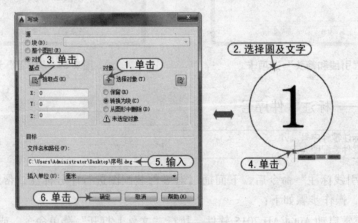

图 9-61　写块

 注意　"定义属性"和"创建块"的具体操作方法参见 10.1 和 10.2 节。

步骤 5 ▶ 在命令行中输入"LE"，执行"引线（LE）"命令，并在命令行中单击"设置（S）"选项，在打开的"引线设置"对话框分别对"注释"和"引线箭头"选项卡进行设置，

如图9-62所示。

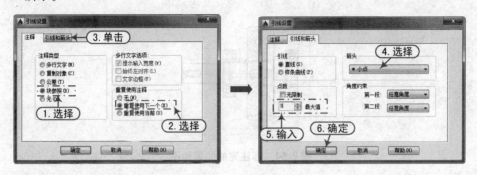

图9-62 引线设置

步骤 **6** ▶ 设置完成后，单击"确定"按钮，继续引线标注命令，如图9-63所示。命令行提示与操作如下：

```
命令：QLEADER                                      \\ 执行"引线"命令
指定第一个引线点或 [设置(S)] <设置>：              \\ 设置引线参数
指定下一点：                                       \\ 零件上指定一点
指定下一点：                                       \\ 向上方指定一点
输入块名或 [?] <序号>：序号                         \\ 输入块名
单位：毫米    转换：   1.0000
指定插入点或 [基点(B)/比例(S)/X/Y/Z/旋转(R)]：\\ 单击引线端点以指定块插入位置
输入 X 比例因子，指定对角点，或 [角点(C)/xyz(XYZ)] <1>：1
                                                  \\ 空格键默认原大小
指定旋转角度 <0>：

                                                  \\ 空格键默认0角度以插入
```

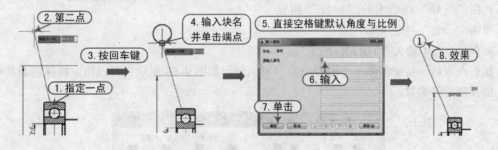

图9-63 引线标注

步骤 **7** ▶ 采用同样的方法，对其他零件进行引线标注，标注效果如图9-64所示。至此，零件图引线标注完成。

步骤 **8** ▶ 按"Ctrl + S"组合键将文件进行保存。

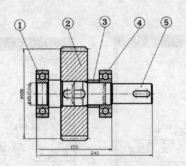

图 9-64　标注完成的零件图

9.4　形位公差

在制造零件时，每个尺寸不可能绝对准确，表面也不可能绝对光滑，而这实际使用中也是没有必要的。因此，在指定技术要求时，应该尽量定出合理的技术要求。一般而言，在零件图上应该标注的有尺寸公差、形位公差和表面粗糙度等，其中就要用到形位公差标注。

9.4.1　形位公差标注

"形位公差"定义图形中形状或轮廓、方向、位置和跳动的最大允许误差。可以通过特征控制框添加形位公差，这些框中包含单个标注的所有公差信息。

特征控制框至少由两个组件组成，如图 9-65 所示。第一个特征控制框包含一个几何特征符号，表示应用公差的几何特征，如位置、轮廓、形状、方向或跳动。形状公差控制直线度、平面度、圆度和圆柱度。轮廓度控制曲线和曲面。

"形位公差标注"执行方法如下：

➢ 在菜单栏中，选择"标注 | 公差"菜单命令。

➢ 在"注释"选项卡的"标注"面板中，单击"公差"按钮 ⊞☰ 。

➢ 在命令行中输入"TOLERANCE"。

$$\oplus \quad \varnothing 0.128 \text{(M)} \quad A \text{(M)} \quad B \text{(S)} \quad C \text{(L)}$$

图 9-65　形位公差标注

执行命令后，系统将弹出"形位公差"对话框，如图 9-66 所示，可以指定特征控制框的符号、值及基准等参数。

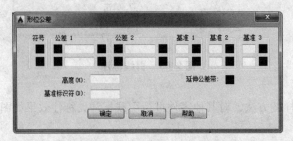

图 9-66　"形位公差"对话框

在"形位公差"对话框中，各主要选项的含义如下：

➢ "符号"选项组：显示或设置所要标注形位公差的符号。单击该选项组中的图标框，将打开"特征符号"对话框，如图9-67所示。在该对话框中，用户可直接单击某个形位公差代号的图样框，以选择相应的形位公差几何特征符号。

➢"公差1"和"公差2"选项组：表示 AutoCAD 将在形位公差值前加注直径符号"Φ"。在中间的文本框中可以输入公差值，单击该列后面的图样框将打开"附加符号"对话框，如图9-68所示，从中可以为公差选择修饰符号。

图 9-67　连续标注

图 9-68　连续标注

➢"基准1""基准2""基准3"选项组：设置基准的有关参数，用户可在相应的文本框中输入相应的基准代号。

➢"高度"文本框：创建特征控制框中的投影公差零值。投影公差带控制固定垂直部分延伸区的高度变化，并以位置公差控制公差精度。

➢"延伸公差带"：除指定个位置公差位，还可以指定延伸公差（也称为投影公差），以使公差更加明确。

➢"基准表示符"文本框：创建由参照字母组成的基准标识符。基准是理论上精确的几何参照，用于建立其他特征的位置和公差带。点、直线、平面、圆柱或者其他几何图形都能作为基准。

> 注意　使用"快速引线（QLEADER）"命令也可以创建公差标注，在命令行输入"QLEAD-ER"后，按"回车"键确定，再次按"回车"键打开"引线设置"对话框，在该对话框中勾选"公差"选项，并单击"确定"按钮。根据提示完成引线绘制，此时系统将自动弹出形位公差对话框。

9.4.2　实例——底座工程图形位公差的标注

在掌握了"形位公差"命令后，下面通过对底座工程图进行形位公差标注，帮助读者进一步巩固本节所学知识。操作步骤如下：

步骤**1**▶ 正常启动 AutoCAD 2015 软件，执行"文件│打开"菜单命令，或者按"Ctrl + O"组合键，打开"案例\09\底座工程图.dwg"，如图9-69所示；再执行"文件│保存"命令，将文件保存为"案例\09\已标注底座工程图.dwg"。

步骤**2**▶ 在"图层"面板的"图层"下拉列表中，将"标注"图层设置为当前图层。

步骤**3**▶ 在命令行中输入"LE"，执行"引线（LE）"命令，并在命令行中单击"设置（S）"选项，在打开的"引线设置"对话框中的"注释"选项卡中，在"注释类型"选项组中选择"公差"选项，如图9-70所示，单击"确定"按钮，继续执行引线命令。

步骤**4**▶ 将鼠标移至底座剖视图下方水平线段右侧相应位置，单击指定引线的第一点，再将鼠标向下移动指定第二点，将鼠标向右移动指定第三点，如图9-71所示。

此时，系统自动弹出"形位公差"对话框。

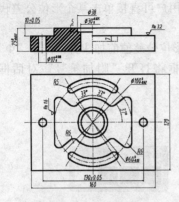

图 9-69 底座图形

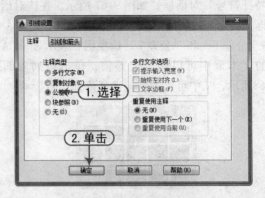

图 9-70 引线设置对话框

步骤 **5** ▶ 在"形位公差"对话框中单击第一行符号列的按钮，此时弹出特征符号对话框，在对话框中选择想用的符号，单击"确定"按钮，然后在右侧的公差值文本框中输入公差值 0.16，如图 9-72 所示。

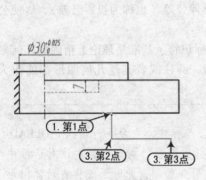

图 9-71 绘制引线

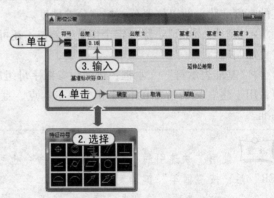

图 9-72 形位公差设置

步骤 **6** ▶ 单击"确定"按钮，此时引线右侧出现设置好的形位公差符号及数值，如图 9-73 所示。至此，底座工程图的形位公差标注完成。

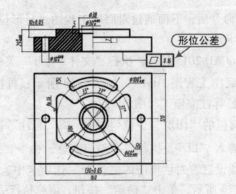

图 9-73 形位公差显示

步骤 **7** ▶ 按"Ctrl + S"组合键将文件进行保存。

9.5　编辑尺寸标注

在 AutoCAD 中，可以对已标注对象的文字、位置、箭头及样式等内容进行修改。在修改过程中，除了可以使用标注样式修改图形中现有标注样式外，还可以单独修改图形中现有标注对象的所有部分。

9.5.1　利用 DIMEDIT 编辑尺寸标注

使用"编辑标注（DIMEDIT）"命令可以改变图形对象的文字及尺寸界线等。执行"编辑标注（DIMEDIT）"命令，主要有以下三种方法；

➢ 在菜单栏中，选择"标注 | 倾斜"菜单命令。

➢ 在菜单栏中，执行"工具 | 工具栏 | AutoCAD | 标注"命令，在弹出的"标注"工具栏中单击"编辑标注"按钮 ⊿。

➢ 在命令行中输入"DIMEDIT"（快捷键"DED"）。

执行"编辑标注（DIMEDIT）"命令后，命令行提示如下：

> 命令：DIMEDIT
> 输入标注编辑类型［默认(H)/新建(N)/旋转(R)/倾斜(O)］＜默认＞：

其中各选项含义如下：

➢ 默认（H）：将旋转标注文字移回默认位置。选定的标注文字移回到由标注样式指定的默认位置和旋转角。

➢ 新建（N）：在选中的标注上新建一个文本，如图 9-74 所示。

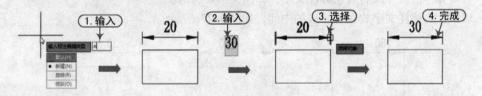

图 9-74　连续标注

➢ 旋转（R）：旋转标注文字。此选项与"DIMTEDIT"命令中的"角度"选项类似，如图 9-75 所示。

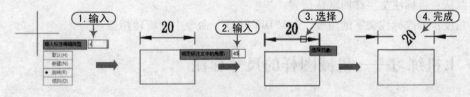

图 9-75　连续标注

➢ 倾斜（O）：当尺寸界线与图形的其他要素冲突时，"倾斜"选项将很有用处。倾斜角从 UCS 的 X 轴进行测量，如图 9-76 所示。

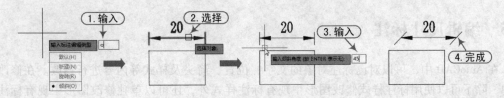

图 9-76　连续标注

9.5.2　利用 DIMTEDIT 命令编辑尺寸标注

"编辑标注文字（DIMTEDIT）"命令主要用于重新调整尺寸文字的放置位置及尺寸文字的旋转角度。执行"编辑标注文字（DIMTEDIT）"命令，主要有以下三种方法：

➤ 在菜单栏中，选择"工具｜工具栏｜AutoCAD｜标注"命令，在弹出的"标注"工具栏中单击"编辑标注文字"按钮 。

➤ 在菜单栏中，选择"标注｜对齐文字"菜单命令。

➤ 在命令行中输入"DIMTEDIT"。

执行"编辑标注文字（DIMEDIT）"命令后，命令行提示如下：

> 命令：DIMTEDIT
> 选择标注：
> 为标注文字指定新位置或［左对齐(L)/右对齐(R)/居中(C)/默认(H)/角度(A)］：

其命令行各选项含义如下：

➤ 左对齐：沿尺寸线左对正标注文字，如图 9-77a 所示。

➤ 右对齐：沿尺寸线右对正标注文字，如图 9-77b 所示。

➤ 居中：将标注文字放在尺寸线的中间，如图 9-77c 所示。

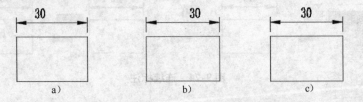

图 9-77　连续标注

➤ 默认：将标注文字移回默认位置。

➤ 角度：修改标注文字的角度，与"DIMEDIT"命令中的旋转相似。

9.6　上机练习——机械图样的尺寸标注

视频\09\机械图形的尺寸标注.avi
案例\09\机械图形.dwg

在介绍了"线性标注""对齐标注""圆弧标注""角度标注""半径标注"等命令后，下面通过对机械平面图进行标注，帮助读者进一步巩固所学知识。操作步骤如下：

步骤 **1** ▶ 正常启动 AutoCAD 2015 软件，执行"文件｜打开"菜单命令，或者按"Ctrl + O"组合键，打开"案例＼09＼机械图形.dwg"，如图 9-78 所示；再执行"文件｜另存为"命令，将文件保存为"案例\09\已标注机械图形.dwg"。

步骤 **2** ▶ 在"图层"面板的"图层"下拉列表中，将"标注"图层设置为当前图层。

步骤 **3** ▶ 执行"格式│标注样式"菜单命令；在打开的"标注样式"对话框中，选择"机械"标注样式；单击"修改"按钮，在弹出的"修改标注样式"对话框的"符号与箭头"选项卡中，将"圆心"标记设置为直线；单击"确定"按钮返回"标注样式"对话框。接着，单击"置为当前"按钮，将"机械"标注样式置为当前样式，单击"关闭"按钮返回绘图界面，如图9-79所示。

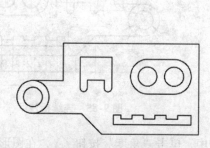

图9-78 待标注图形

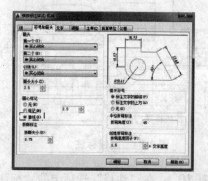

图9-79 设置圆心标注

步骤 **4** ▶ 在"注释"选项卡的"标注"面板中，单击"圆心" ⊕ 按钮，对图中的圆及圆弧对象分别进行圆心标注，如图9-80所示。

步骤 **5** ▶ 在"注释"选项卡的"标注"面板中，单击"直径" ◇ 和"半径" ◐ 按钮，对图形的圆角或圆对象分别进行直径和半径标注，如图9-81所示。

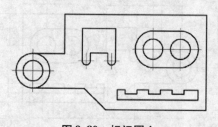

图9-80 标记圆心

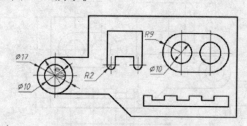

图9-81 半径、直径标注

步骤 **6** ▶ 在"注释"选项卡的"标注"面板中，单击"线性"按钮 ⊢，对图形的左下侧的指定点进行线性标注，如图9-82所示。

步骤 **7** ▶ 在"注释"选项卡的"标注"面板中，单击"连续标注"按钮 ⊢⊢，选择上一步的线性标注，然后分别使用鼠标在指定需要标注的位置单击，从而完成连续标注，如图9-83所示。

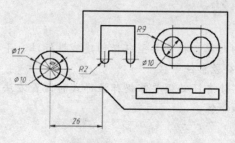

图9-82 线性标注

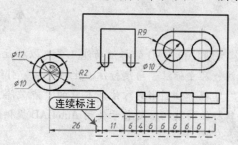

图9-83 连续标注

步骤 **8** ▶ 在"注释"选项卡的"标注"面板中，单击"基线"按钮，选择上一步的标注为 4 的线性标注，再捕捉右侧的指定点，进行基线标注，如图 9-84 所示。

步骤 **9** ▶ 同样在"注释"选项卡的"标注"面板中，单击"线性"按钮，然后分别使用鼠标在相应位置指定点，对其他尺寸进行标注，如图 9-85 所示。

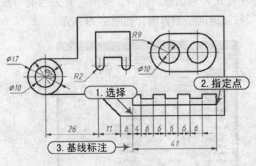

图 9-84　基线标注

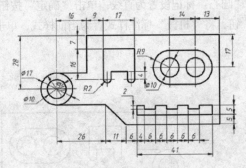

图 9-85　连续标注

步骤 **10** ▶ 在"注释"选项卡的"标注"面板中，单击"角度"按钮，在图形左下角进行角度标注，如图 9-86 所示。

步骤 **11** ▶ 在"注释"选项卡的"标注"面板中，再次单击"线性"按钮，对图形的总长度和高度进行标注，如图 9-87 所示。

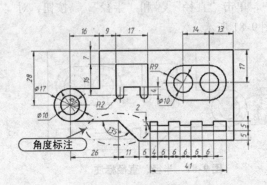

图 9-86　标注角度

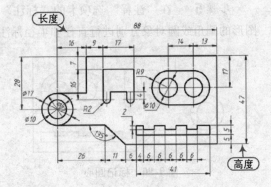

图 9-87　标注总长

至此，图形标注完成。

步骤 **12** ▶ 按"Ctrl + S"组合键将文件进行保存。

本 章 小 结

利用 AutoCAD 的标注功能几乎可以标注任何图形对象，标注类型包括创建线性标注、半径标注、尺寸标注、角度标注、坐标标注、引线标注、公差标注等。

掌握标注图形的方法是本章的重点。除此之外，读者还必须要掌握标注样式的设置方法和编辑标注的技巧，要善于使用 AutoCAD 提供的工具和命令。

第 10 章
图块、外部参照与图像

📀 课前导读

在设计绘图过程中经常会遇到一些重复出现的图形，例如机械设计中的螺钉、螺母，建筑设计中的桌椅、门窗等，如果每次都重新绘制这些图形，不仅导致大量的重复工作，而且存储这些图形及信息也要占据很大的磁盘空间。为了提高绘图效率，AutoCAD 提供了图块功能，将这些图形定义为块，在需要时再按一定的比例和角度插入到工程图中的指定位置。而且使用图块的数据量要比直接绘制图形要小得多，从而节省了计算机存储空间，提高了工作效率。

📐 本章要点

- 📄 图块的定义、存盘、插入操作。
- 📄 图块属性及编辑方法。
- 📄 图像的附着和管理。
- 📄 上机练习——机械标题栏图块定义。

10.1 图块操作

图块是指一个或多个对象的集合，常用于绘制复杂重复的图形。一旦一组对象组合为块，就可以根据作图需要将这组对象插入到图中任意指定位置，还可以按不同的比例和旋转角度插入。作为一个整体图形单元，块可以是绘制在几个图层上的不同颜色、线型和线宽特性对象的组合。各个对象更可以有自己独立的图层、颜色和线型等特性。在插入块时，块中的每个对象特性都可以被保留。

10.1.1 定义图块

定义图块就是将图形中选定的一个或多个对象组合成一个整体，为其命名、保存，并在以后使用过程中将它视为一个独立、完整的对象进行调用和编辑的操作。

定义图块时需要执行"块"命令，用户可以通过以几种方法执行该命令：

➤ 在菜单栏中，选择"绘图│块│创建"菜单命令。

➤ 在"默认"选项卡的"块"面板中，单击"创建"按钮 🗔 。

➤ 在命令行中输入"BLOCK"（其快捷键为"B"）。

执行上述操作后，系统将弹出"块定义"对话框，如图 10-1 所示。

在"块定义"对话框中，用户可以设置定义块的名称、基点等内容，其各主要选项含义如下：

➢"名称"下拉列表：用于输入需要创建图块的名称或在下拉列表中选择。块名称及块定义保存在当前图形中。

➢"基点"选项组：用于指定块的插入基点。基点可以在屏幕上，也可以通过拾取点的方式指定，单击"拾取点"按钮，在绘图区拾取一点作为基准点，此时 X、Y、Z 的文本框中显示该点的坐标。

图 10-1　"块定义"对话框

➢"对象"选项组：用来选择创建块的图形对象。选择对象可以在屏幕上指定，也可以通过拾取方式指定，单击"选择对象"按钮，在绘图区中选择对象。此时还可以选择将选择对象删除、转换为块或保留。选择删除，表示在定义内部图块后，在绘图区中被定义为图块的源对象也被转换成块。选择保留，表示在定义内部图块后，被定义为图块的源对象仍然为原来状态。

➢"方式"选项组：用来指定块的一些特定的方式，如注释性、使块方向与布局匹配、按统一比例缩放、允许分解等。

➢"设置"选项组：用来指定块的单位。

➢"说明"文本框：可以对所定义块进行必要的说明。

➢"在块编辑器中打开"复选框：勾选此复选框表示单击"确定"按钮后，在块编辑器中打开当前定义的块。

> **注意**　在对块进行命名时，需要注意：图块名要统一；图块名要尽量能代表其内容；同一图块插入点要一致，选择插入点时要选择插入时最方便的点。

10.1.2　图块的存盘

前面介绍了利用"块定义"对话框创建块，但是用户创建图块后，只能在当前图形中插入，而其他图形文件无法引用创建的图块。这时，可以利用 AutoCAD "写块"命令把图块以图形文件的形式（后缀为 .dwg）写入磁盘。这样，图形文件就可以在任意图形中利用"插入块"命令插入了。

用户在命令行中输入"WBLOCK"（快捷键为"W"），即可执行"写块"命令，此时将弹出"写块"对话框，如图 10-2 所示。利用该对话框可以将图块或图形对象存储为独立的外部图块。单击"目标"选项组中的"显示标准文件选择对话框"按钮，打开"浏览图形文件"对话框，如图 10-3 所示，在该对话框中用户可以对图块及图形文件的存储路径进行设置。

图 10-2 "写块"对话框图   **图 10-3 "浏览图形文件"对话框**

> **注意** 在将多个对象定义为块的过程中,用"创建块(B)"命令创建的块,存在于写块的文件之中,并对当前文件有效,其他文件不能直接调用,这类块可采用复制粘贴的方法使用;用"写块(W)"命令创建的块对象,保存为单独的图形文件,可以直接调用。
>
> 所有的 DWG 图形文件都可以作为外部块插入到图形文件中,不同的是,使用"写块(W)"命令定义的外部块在文件中的插入基点是用户已经设置好的。

10.1.3 实例——创建六角螺母图块

视频\10\创建六角螺母图块.avi
案例\10\六角螺母.dwg

下面以将"案例/06/六角螺母.dwg"中的六角螺母图形创建块为例,进一步介绍创建块和写块的操作方法和运用技巧。其操作步骤如下:

步骤 1 ▶ 正常启动 AutoCAD 2015 软件,在"快速访问"工具栏中单击"打开"按钮,打开"案例\06\六角螺母.dwg"。

步骤 2 ▶ 在"默认"选项卡的"块"面板中,单击"创建"按钮,打开"块定义"对话框。

步骤 3 ▶ 在"名称"下拉列表中输入"六角螺母",然后单击"对象"选项组的"选择对象"按钮,系统切换至绘图区,选择整个"六角螺母"图形。

步骤 4 ▶ 系统返回"块定义"对话框,此时在"对象"选项组将显示"已选择四个对象";再单击"基点"选项组中的"拾取点"按钮,系统切换至绘图区,用鼠标左键单击同心圆的圆心作为插入基点。

步骤 5 ▶ 系统返回"块定义"对话框,此时"基点"选项组将会显示刚才捕捉的插入点的坐标;在"设置"选项组中将块单位设置成"毫米",如图 10-4 所示。

步骤 6 ▶ 单击"确定"按钮,以关闭"块定义"对话框。从而创建了"六角螺母"内部图块。

步骤 7 ▶ 执行"写块(W)"命令,系统打开"写块"对话框,在对话框的"源"选项组中,点选"块"单选按钮,在右侧的下拉列表中选择"六角螺母"块,如图 10-5 所示。

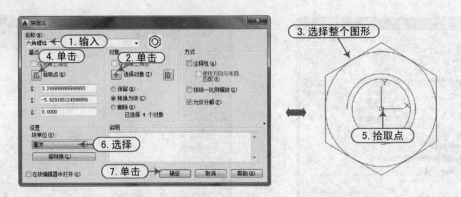

图 10-4 定义块

步骤 **8** ▶ 单击"目标"选项组中的"显示标准文件选择对话框"按钮 ，在打开的"浏览图形文件"对话框中，将保存路径设置为"案例\ 10 \ 六角螺母 . dwg"，单击确定按钮，如图 10-6 所示。

图 10-5 "写块"对话框

图 10-6 设置保存路径

步骤 **9** ▶ 系统返回"写块"对话框，单击"确定"按钮，外部图块定义完成。

10.1.4 图块的插入

在绘图过程中可以使用"插入块"命令根据需要把已定义好的图块或图形文件插入到当前图形的任意位置，在插入图块的同时，还可以改变图块的大小、旋转角度等。

用户可以通过以下三种方法执行"插入块"命令：

➢ 在菜单栏中，选择"插入 | 块"菜单命令。

➢ 在"默认"选项卡的"块"面板中，单击"插入块"按钮 。

➢ 在命令行中输入"INSERT"（其快捷键为"I"）。

执行上述操作后，系统将弹出"插入"对话框，如图 10-7 所示。在该对话框中的"名称"下拉列表中选择已经定义好的图块，或者单击"浏览"按钮选择已定义好的"外部图块"或图形文件，可在该对话框中设置插入块的基点、比例和旋转角度。然后单击"确定"按钮，即可完成插入块的操作。

在"插入"对话框中，各主要选项含义如下：

➤"插入"点选项组：用于指定一个插入点以便插入块参照定义的一个副本。在"插入"对话框中，如果取消勾选"在屏幕上指定"复选框，则可通过在 X、Y、Z 文本框中输入 X、Y、Z 的坐标值来定义插入点的位置。

➤"比例"选项组：用来指定插入块的缩放比例。图块被插入到当前图形中时，可以以任何比例放大或缩小。

➤"旋转"选项组：用于块参照插入时的旋转角度。

➤"块单位"选项组：显示有关图块单位的信息。

➤"分解"复选框：表示在插入图块时分解块并插入该块的各个部分。勾选"分解"复选框时，只可以指定统一比例因子。

> **注意** 在插入块时，用户可根据图形的大小确定插入比例和角度。也可以勾选"统一比例"复选框，按统一比例插入图形。

10.1.5 实例——插入门图块

下面以"卧室平面图.dwg"为例，介绍如何使用"插入"命令将"门"图块插入到"卧室平面图"门洞中，以帮助读者进一步掌握"插入"操作方法和运用技巧。其操作步骤如下：

步骤 1 ▶ 正常启动 AutoCAD 2015 软件，在"快速工具栏中"单击打开按钮 ➾，打开"案例/10/卧室平面图.dwg"，如图 10-8 所示。

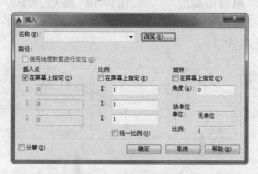

图 10-7　"插入"对话框

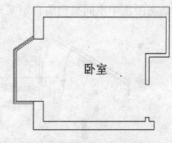

图 10-8　卧室平面图

步骤 2 ▶ 在"默认"选项卡的"块"面板中，单击"插入块"按钮 🖼️，在弹出的"插入"对话框中，单击"浏览"按钮，在弹出的"选择图形文件"对话框中，选择"案例 \ 10 \ 门.dwg"文件，单击"打开"按钮，系统将返回"插入"对话框，在"插入"对话框中设置插入比例和旋转角度后，单击"确定"按钮，如图 10-9 所示。

步骤 3 ▶ 在图形区任意一点单击，以插入"门"图块；再通过"移动（M）"命令，将门放在卧室门洞位置处，效果如图 10-10 所示。

10.1.6 动态图块

在图形绘制中使用块时，常常遇到只是某个外观有些区别，而大部分结构形状相同的图块。在 AutoCAD 2015 中的动态图块功能，可以把大量具有相同特性的图块合并成一个图块，在这个图块中增加了长度、角度、查询等不同的特性。在插入图块时仅仅需要调整图块的一些参数就可以得到一个新的图块，而不必搜索另一个图块或重定义的图块。在使用中动态图块具有灵活性和智能性。

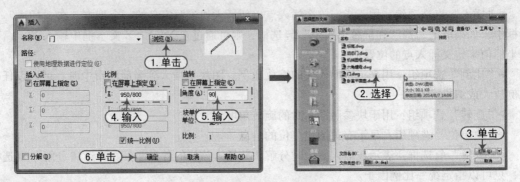

图 10-9　设置路径

例如，如果在图形中插入一个门图块参照，编辑图形时可能需要更改门的大小。如果该图块是动态的，并且定义为可调整大小，那么只需拖动自定义夹点或在"特性"选项板中指定不同的大小就可以修改门的大小了，如图 10-11a 所示；根据需要还可以改变门的打开角度，如图 10-11b 所示；另外，还可以为该门图块设置的摆动方向进行设置，使用翻转夹点可以方便地将门图块图形进行翻转，如图 10-11c 所示。

动态图块可以自定义夹点和自定义特性。根据图块的定义方式，可以通过这些自定义夹点和自定义特性来操作图块。动态图块中不同类型的自定义夹点，见表 10-1。

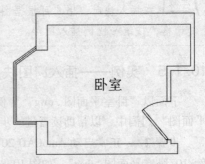

图 10-10　插入门效果

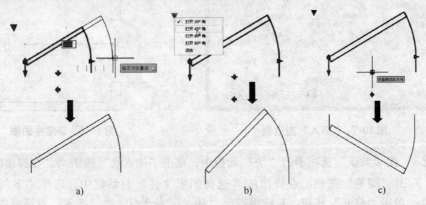

| a) | b) | c) |

图 10-11　设置路径

表 10-1　设置路径

夹点类型	图　例	夹点在图形中的操作方式
标准	■	平面内的任意方向
线性	▶	按规定方向或沿某一条轴线往返移动
旋转	●	围绕某一条轴线旋转
翻转	◆	单击以翻转动态图块参照
对齐	▶	如果在某个对象上移动，则使图块参照与该对象对齐
查寻	▼	单击以显示项目列表

若要使图块成为动态图块，必须至少添加一个参数和动作，并将该动作与参数相关联。添加到图块定义中的参数和动作类型定义了图块参照在图形中的作用方式。

创建动态图块，执行方法有以下四种：

➤ 执行"工具｜块编辑器"菜单命令。

➤ 在"默认"选项卡的"块"面板中，单击"块编辑器"按钮 ⬚。

➤ 在命令行中输入"BEDIT"（快捷键为"BE"）。

➤ 选择一个块参照并右击鼠标，从弹出的快捷菜单中选择"块编辑器"命令，如图 10-12 所示。

执行"块编辑器"命令后，系统将打开"编辑块定义"对话框，如图 10-13 所示。

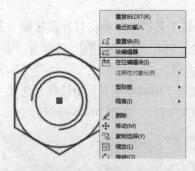

图 10-12 "块编辑器"命令

图 10-13 "编辑块定义"对话框

在"编辑块定义"对话框中，在"要创建或编辑的块"文本框中输入图块名或在列表框中选择已定义的块或当前图形，然后单击"确定"按钮，系统打开"块编写窗口"和"块编辑器"选项卡，如图 10-14 所示。

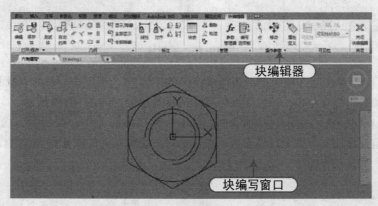

图 10-14 块编辑状态

在"块编辑器"选项卡中，一共有七个工具面板，主要面板的功能和选项含义如下：

➤ "打开/保存"面板：包含"创建块""保存块""测试块"三个工具，单击"创建块"按钮 ⬚，可在编辑器中打开块定义；单击"保存块"按钮 ⬚，可保存块定义；单击"测试块"按钮 ⬚，可打开用于测试块的窗口。

➤ "几何"和"标注"面板：用于设置定义块的"几何约束"和"标注约束"。

➤ "管理"面板：管理图形的相关参数等设置。

> **注意** 动态图块具有灵活性和智能性，用户在操作时，可以通过自定义的夹点或自定义特性来操作动态图块，可以对图块中的几何对象进行修改、添加、删除和旋转等操作。

10.1.7 实例——创建动态门图块

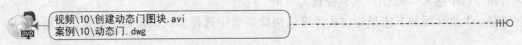

视频\10\创建动态门图块.avi
案例\10\动态门.dwg

在介绍了动态图块的含义、参数及动作之后，下面以绘制实例的方式来介绍"动态门"的创建方法。

步骤1 ▶ 正常启动 AutoCAD 2015 软件，在"快速工具栏中"单击打开按钮 📂，打开"案例 \ 10 \ 门.dwg"文件；再单击"快速工具栏中"的"另存为"按钮 📇，保存为"案例 \ 10 \ 动态门.dwg"。

步骤2 ▶ 执行"工具│块编辑器"菜单命令，打开"编辑块定义"对话框，选择"800M"，单击"确定"按钮进入块编辑界面，显示出"块编写选项板"，如图 10-15 所示。

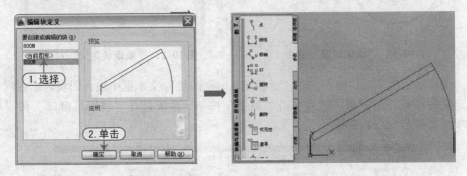

图 10-15　编辑块

步骤3 ▶ 在"参数"选项卡中，选择线性参数按钮 ↔，根据命令提示，捕捉起点、端点，然后拖动至下侧适当位置单击，以确定线性参数的标签位置，如图 10-16 所示。

步骤4 ▶ 在切换到"动作"选项卡中，单击选择"缩放动作"按钮 📑，选择"线性"参数标签，即指定缩放动作参数为线性参数，然后选择图块中所有的图元作为参数作用对象，则在右下方出现一个缩放动作图标，如图 10-17 所示。

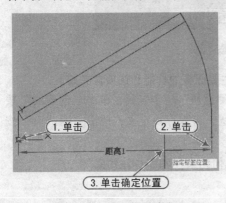

图 10-16　添加线性参数

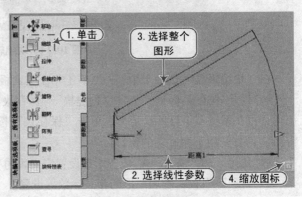

图 10-17　添加缩放动作

步骤 5 ▶ 再单击选择"参数"选项卡中的"旋转"按钮△，单击指定基点，鼠标拖动指定一个半径，在提示"指定默认旋转角度"时，按"空格"键确认以系统默认 0 角度旋转，完成旋转参数的添加，如图 10-18 所示。

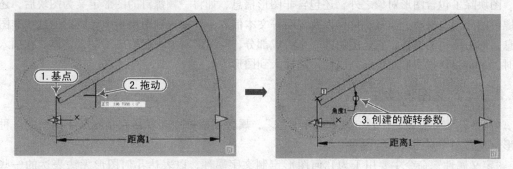

图 10-18　添加旋转参数

步骤 6 ▶ 切换到"动作"选项卡，单击选择"旋转"动作◌，再选择旋转参数标签，然后选择图块中的所有图元作为参数作用对象，如图 10-19 所示。

步骤 7 ▶ 设置好参数与动作后，单击"块编辑器"工具面板上的"关闭块编辑器"按钮✖️，系统自动弹出一个警告框，提示"是否保存参数更改"，选择"保存更改"项完成动态块的定义并退出"块编辑器"。此时，再插入该图块即可看到添加的缩放和旋转动态夹点（普通块一个夹点），如图 10-20 所示。

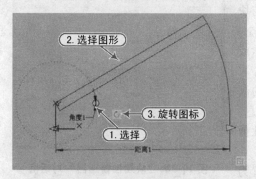

图 10-19　添加旋转动作

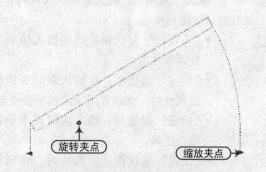

图 10-20　添加动态夹点

步骤 8 ▶ 如图 10-21 所示，分别选中两个夹点并移动鼠标，图块将跟着执行"旋转"和"缩放"的动作。至此，动态门绘制完成，按"Ctrl + S"组合键将文件进行保存。

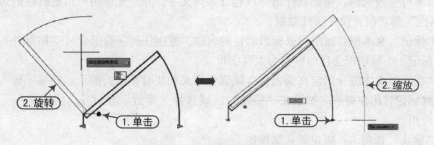

图 10-21　动态夹点改变图形

10.2 图块属性

图块除了包含图形对象之外，还包含非图形信息，如将一颗螺钉的图形定义为图块后，还要把螺钉的号码、材料、质量、价格以及说明等文本信息一并加入到图块当中。图形的这些非图形信息，称为图块的属性，它是图块的一个组成部分，与图形对象一起构成了一个整体。在插入图块时，AutoCAD 把图形对象连同属性一起插入到图形中。

10.2.1 定义图块属性

"属性"实际上就是一种"块的文字信息"，属性不能独立存在，它是附属于图块的一种非图形信息，用于对图块进行说明。

"定义属性"命令主要用于为几何图形定制文字属性，以表达几何图形无法表达的一些内容。执行"定义属性"命令主要有以下几种方法：

> 在"默认"选项卡的"块"面板中，单击"定义属性"按钮 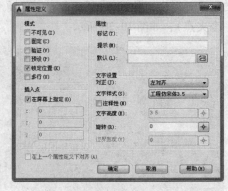 。
> 执行"绘图|块|定义属性"菜单命令。
> 在命令行中，输入"ATTDEF"（快捷键"ATT"）。

执行上述命令后，系统将弹出"块属性管理器"对话框，如图 10-22 所示。

在"块属性管理器"对话框中，各主要选项含义如下：

> "模式"选项组：在图形中插入块时，设定与块关联的属性值选项。

◆ "不可见"复选框：指定插入块时不显示或打印属性值。

◆ "固定"复选框：在插入块时指定属性的固定属性值。此设置用于永远不会更改的信息。

◆ "验证"复选框：插入块时提示验证属性值是否正确。

◆ "预设"复选框：插入块时，将属性设置为其默认值而无须显示提示。

图 10-22 "块属性管理器"对话框

◆ "锁定位置"复选框：锁定块参照中属性的位置。解锁后，属性可以相对于使用夹点编辑的块的其他部分移动，并且可以调整多行文字属性的大小。

◆ "多行"复选框：指定属性值可以包含多行文字，并且允许用户指定属性的边界宽度。

> "属性"选项组：设定属性数据。

◆ "标记"文本框：指定用来标志属性的名称。使用任何字符组合（空格除外）输入属性标记。小写字母会自动转换为大写字母。

◆ "提示"文本框：指定在插入包含该属性定义的块时显示的提示。如果不输入提示，属性标记将用作提示。如果在"模式"区域选择"常数"模式，"属性提示"选项将不可用。

◆ "默认"选项卡：指定默认属性值。

◆ "在上一个属性定义下对齐"复选框：将属性标记直接置于之前定义的属性的下面。如果之前没有创建属性定义，则此选项不可用。

> **注意** 定义属性是在没有生成块之前进行的，其属性标记只是文本文字，可用编辑文本的所有命令对其进行修改、编辑。当一个图形符号具有多个属性时，可重复执行属性定义命令，当系统提示："指定起点："时，直接按下空格键，即可将增加的属性标记写在已存在的标签下方。

10.2.2 修改属性的定义

对定义好的块属性，还可以进行编辑。编辑属性定义可以修改块属性的所有特性，调整属性块各属性的显示顺序，从属性块中删除不需要的属性定义，更新块定义等。

"块属性管理器"用来管理当前图形中块的属性定义。在该管理器中可以在块中编辑属性定义、从块中删除属性以及更改插入块时系统提示用户输入属性值的顺序。

编辑属性定义执行方法如下：

➢ 在"默认"选项卡的"块"面板中，单击"属性"按钮 ．

➢ 执行"修改|对象|属性|块属性管理器"菜单命令。

➢ 在命令行中输入"BATTMAN"。

执行上述命令后，将弹出"块属性管理器"，如图 10-23 所示，选定块的属性在属性列表中列出。默认情况下，标记、提示、默认值、模式和注释性属性特性显示在属性列表中。对于每一个选定块，属性列表下的说明都会标志在当前图形和在当前布局中相应块的实例数目。

➢ "选择块"按钮：用户可以使用定点设备从绘图区域选择块。如果选择"选择块"，对话框将关闭，直到用户从图形中选择块或按 ESC 键取消。

➢ "块"下拉列表：列出具有属性的当前图形中所有的块定义，从中可选择要修改属性的块。

➢ "属性列表"框：显示所选块中每个属性的特性。

➢ 在图形中找到的块：报告当前图形中选定块的实例总数。

➢ 在当前空间中找到的块：报告当前模型空间或布局中选定块的实例数。

➢ "同步"按钮：更新具有当前定义的属性特性的选定块的全部实例。此操作不会影响每个块中赋给属性的值。

➢ "上移"或"下移"按钮：修改列表框中各定义属性的显示顺序。

➢ "编辑"按钮：单击该按钮打开"编辑属性"对话框，如图 10-24 所示。在该对话框中有三个选项卡，分别可以设置"属性""文字""特性"等内容，如图 10-25 和图 10-26 所示。

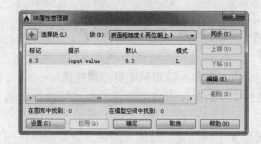

图 10-23 "块属性管理器"对话框

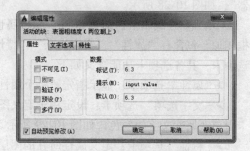

图 10-24 "属性"选项卡

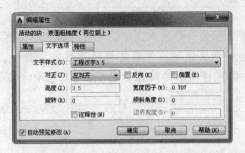

图 10-25 "文字选项"选项卡

图 10-26 "特性"选项卡

➤ "删除"按钮：从块定义中删除选定的属性。

➤ "设置"按钮：单击该按钮打开"块属性设置"对话框，如图 10-27 所示，从中可以自定义"块属性管理器"中属性信息的列出方式。

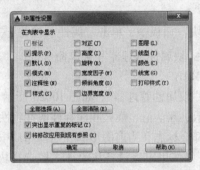

图 10-27 "块属性设置"对话框

10.2.3 编辑图块属性

当定义和插入块后，用户还可以对图块属性进行编辑。编辑块属性执行方法如下：

➤ 在"默认"选项卡的"块"面板中，单击"编辑属性"按钮。

➤ 执行"修改｜对象｜属性｜单个"菜单命令。

➤ 在命令行中输入"EATTEDIT"。

执行上述命令后，提示"选择块"，在绘图窗口中选择需要编辑的块对象后，将弹出"增强属性编辑器"，如图 10-28 所示。

"增强属性编辑器"对话框与"编辑属性"对话框相似，包含有"属性""文字选项""特性"三个选项卡，其各选项卡功能含义如下：

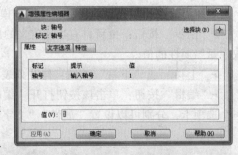

图 10-28 "增强属性编辑器"对话框

➤ "属性"选项卡：显示指定给每个属性的标记、提示和值。这里只能更改属性值。

➤ "文字选项"选项卡：设定用于定义图形中属性文字的显示方式的特性。在"特性"选项卡上更改属性文字的颜色，如图 10-29 所示。

➤ "特性"选项卡：定义属性所在的图层以及属性文字的线宽、线型和颜色。如果图形使用打印样式，可以使用"特性"选项卡为属性指定打印样式，如图 10-30 所示。

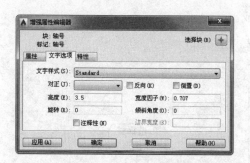

图 10-29 "文字选项"选项卡

图 10-30 "特性"选项卡

注意 用户在属性上双击鼠标左键，也可打开"增强属性编辑器"对话框。

10.2.4 实例——定义标高符号的属性

视频\10\定义标高符号的属性.avi
案例\10\标高符号.dwg

本例的主要目的是练习图块的应用和图块属性的编辑方法。首先，绘制一个标高符号，再定义其属性，然后复制到相应的位置，再通过图块属性更改标高的值。其操作步骤如下：

步骤 1 ▶ 正常启动 AutoCAD 2015 软件，在"快速工具栏中"单击"新建"按钮，新建一个图形文件；再单击"快速工具栏"中的"保存"按钮，将文件保存为"案例 \ 10 \ 标高符号 . dwg"。

步骤 2 ▶ 执行"直线（L）"命令，绘制一条长度为 15mm 的水平线段和两条长度为 3mm 角度分别为 45°和 135°的斜线段，如图 10-31 所示。

图 10-31 绘制标高符号

步骤 3 ▶ 执行"定义属性（ATT）"命令，弹出"属性定义"对话框，从中对相应参数进行设置，然后单击"确定"按钮，在绘图区域单击右侧水平线与斜线的交点作为插入点，完成属性定义，操作步骤如图 10-32 所示。

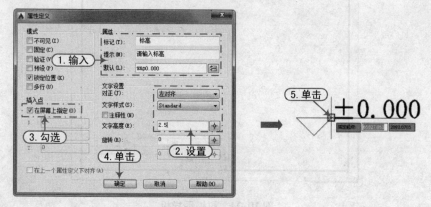

图 10-32 定义属性

步骤 4 ▶ 在命令行中输入"WBLOCK"命令，打开写块对话框，然后按照如图 10-33 所示

227

完成写块的操作。至此，带属性的标高图块创建完成。

步骤 **5** ▶ 按"Ctrl + S"组合键将文件进行保存。

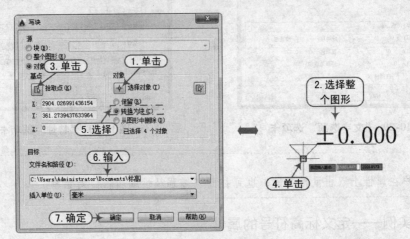

图 10-33 "写块"操作

10.3 上机练习——机械图样标题栏定义为图块

视频\10\机械标题栏图块定义.avi
案例\10\机械图框.dwg

下面以将机械图样标题栏定义为图块为例，帮助读者进一步巩固掌握本章所学知识，操作步骤如下：

步骤 **1** ▶ 正常启动 AutoCAD 2015 软件，在"快速工具栏中"单击"打开"按钮 📂，打开"案例\ 10\ 机械样板.dwt"文件，其图形如图 10-34 所示。在"快速工具栏中"单击"保存"按钮 🖫，将文件保存为"案例\ 10\ 机械图框.dwg"。

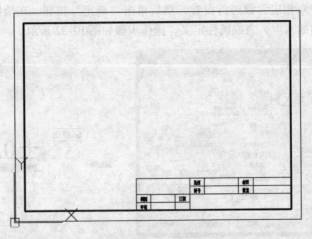

图 10-34 机械图样板

步骤 **2** ▶ 选择"绘图|块|定义属性"命令，将弹出"属性定义"对话框，从中设置属性及文字选项，再单击"确定"按钮，然后在相应的标题栏确定插入点，如图 10-35 所示。

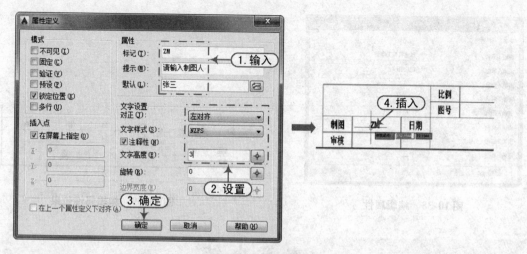

图 10-35 定义属性

步骤 3 ▶ 采用同样的方法，分别在其他栏中设置相应的属性值，如图 10-36 所示。

(图名)			比例	BL	材料	CL
			图号	TH	数量	SL
制图	ZM	日期	(单位)			
审核	SH					

图 10-36 定义其他栏属性

步骤 4 ▶ 执行"创建块"命令，在弹出的"块定义"对话框中，将标题栏定义为"标题栏"图块，如图 10-37 所示。

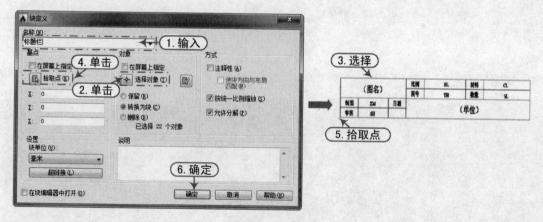

图 10-37 创建块

步骤 5 ▶ 执行"编辑属性（ATE）"命令，提示"选择块参照"，此时单击创建的属性图块，然后在弹出的"编辑属性"对话框中，根据要求重新输入相应的属性值，如图 10-38 所示。

步骤 6 ▶ 当完成属性编辑后，单击确定按钮，则该标题栏的属性值将发生变化，如图 10-39 所示。至此，机械图标题栏的块定义及属性编辑操作完成。

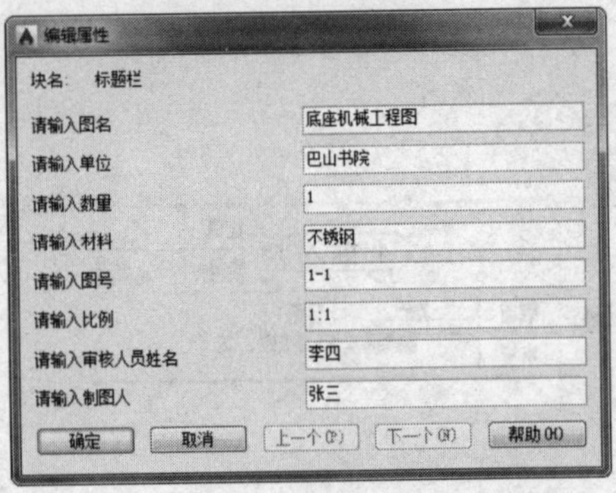

图 10-38　编辑属性

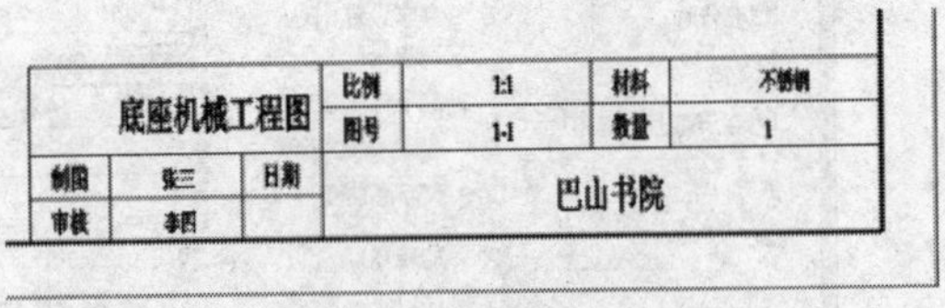

图 10-39　编辑属性效果

本 章 小 结

　　本章主要介绍了图块的基本操作，包括定义图块、图块的存储、图块的插入以及动态图块的创建。通过图块的学习，应会在绘图过程中将常用图形创建为图块，以便在需要时插入，从而节省绘图步骤。

　　本章还讲解了图形属性的定义，读者可将图形及其属性一并创建为块，方便绘图时调用。

第 11 章
设计中心与工具选项板

设计中心是一个直观、高效的图形资源管理工具，用户可利用设计中心浏览、查找和组织图形，还能把某一图形的图块、图层、文字样式、标注样式等内容插入到当前图形中，从而使已有资源得到再利用，提高工作效率。本章主要介绍 AutoCAD 2015 设计中心的应用以及工具选项板的使用。

🌱 **本章要点**

➢ 观察设计信息。
➢ 向图形中添加内容的操作。
➢ 工具选项板的使用方法。
➢ 上机练习——利用工具选项板绘制滚动轴承剖面图。

11.1 观察设计信息

设计中心可以认为是一个重复利用和共享图形内容的有效管理工具。对一个绘图项目来讲，重用和分享设计内容是管理一个绘图项目的基础。而且如果工程比较复杂的话，图形数量大、类型复杂，经常会由很多设计人员共同完成。这样，用设计中心对管理块、外部参照、渲染的图像以及其他设计资源文件进行管理就是非常必要的。它提供了观察和重用设计内容的强大工具，图形中的任何内容几乎都可以通过设计中心实现共享。通过设计中心还可以浏览系统内部的资源和网络驱动器的内容，还可以从网络上下载有关内容。

使用设计中心可以实现以下操作：

➢ 浏览用户计算机，网络驱动器和 Web 页上的图形内容（例如图形或符号库）。
➢ 在定义表中查看图形文件中命名对象（例如块和图层）的定义，然后将定义插入、附着、复制和粘贴到当前图形中。
➢ 更新（重定义）块定义。
➢ 创建指向常用图形、文件夹和【Internet】网址的快捷方式。
➢ 向图形中添加内容（例如外部参照、块和填充）。
➢ 在新窗口中打开图形文件。
➢ 将图形、块和填充拖动到工具栏选项板上以便于访问。
➢ 可以控制调色板的显示方式，可以选择大图标、小图标、列表和详细资料 4 种 Windows 的标准方式中的一种，可以控制是否预览图形、是否显示调色板中图形内容相关的说明内容。

11.1.1　启动设计中心

AutoCAD 的设计中心为用户提供了一个直观且高效的工具，它与 Windows 资源管理器类似，可以方便地在当前图形中插入块、引用光栅图像及外部参照，在图形复制块、复制图层、线型、文字样式、标注样式以及用户定义的内容等。

"设计中心"面板分为两部分，左边为树状图，右边为内容区。可以在树状图中浏览内容的源，而在内容区显示内容，可以在内容区中将项目添加到图形或工具选项板中。

在 AutoCAD 2015 中，用户可以通过以下几种方式来打开"设计中心"面板。

➢ 执行"工具│选项板│设计中心"菜单命令。

➢ 在"视图"选项卡的"选项板"面板中，单击"设计中心"按钮▦。

➢ 在命令行中输入或动态输入"ADCENTER"命令。快捷键为"Ctrl + 2"键。

根据以上各方法启动后，则打开设计中心面板，"设计窗口"主要由五部分组成：标题栏、工具栏、选项卡、显示区（树状目录、项目列表、预览窗口、说明窗口）和状态栏，如图 11-1 所示。

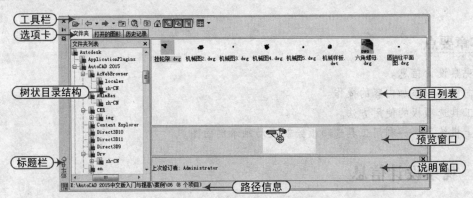

图 11-1　AutoCAD 2015 设计中心的资源管理器和内容显示区

11.1.2　显示图形信息

在 AutoCAD 设计中心中，可以通过"选项卡"和"工具栏"两种方式显示图形信息，现分别简要介绍如下。

1. 选项卡

AutoCAD 设计中心包括以下三个选项卡：

➢ "文件夹"选项卡：显示设计中心的资源，如图 11-2 所示。该资源与 Windows 资源管理器类似。"文件"选项卡显示导航图标的层次结构，包括网络和计算机、Web 地址（URL）、计算机驱动器、文件夹、图形和相关的支持文件、外部参照、布局、填充样式和命名对象，包括图形中的块、图层、线型、文字样式、标注样式和打印样式。

➢ "打开的图形"选项卡：显示在当前环境中打开的所有图形，其中包括最小化了的图形，如图 11-3 所示，此时选择某个文件，就可以在右侧的显示框中显示该图形的有关设置，如标注样式、布局块、图层外部参照等。

➢ "历史记录"选项卡：显示最近在设计中心打开的文件的列表。显示历史记录后，在一个

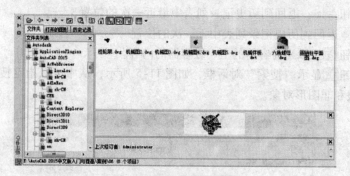

图 11-2 "文件夹" 选项卡

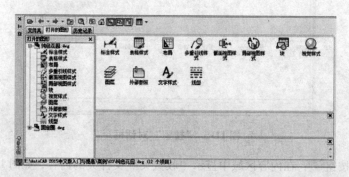

图 11-3 "打开的图形" 选项卡

文件上单击鼠标右键显示此文件信息或从 "历史记录" 列表中删除此文件，如图 11-4 所示。

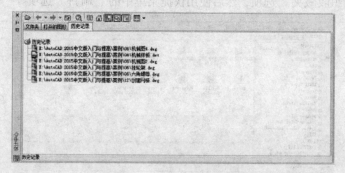

图 11-4 "历史记录" 选项卡

> 注意 单击树状中的项目，在内容区中显示其内容。单击加号 (+) 或减号 (-) 可以显示或隐藏层次结构中的其他层次。双击某个项目可以显示其下一层次的内容。在树状图中单击鼠标右键将显示带有若干相关选项的快捷菜单。

2. 工具栏

设计中心选项板顶部有一系列的工具栏，包括 "加载" "上一页" (下一页或上一级)、"搜索" "收藏夹" "主页" "树状图切换" "预览" "说明" 和 "视图" 按钮。

➤ "加载" 按钮⫟：显示 "加载" 对话框 (标准文件选择对话框)。使用 "加载" 浏览本地和网络驱动器或 Web 上的文件，然后选择内容加载到内容区域。

233

➢ "最后"按钮⟨⊷▾：返回到历史记录列表中最近一次的位置。

➢ "向前"⇨▾返回到历史记录列表中下一次的位置。

➢ "上级"按钮显示当前容器的上一级容器的内容。

➢ "搜索"按钮显示"搜索"对话框，如图 11-5 所示，从中可以指定搜索条件以便在图形中查找图形、块和非图形对象。

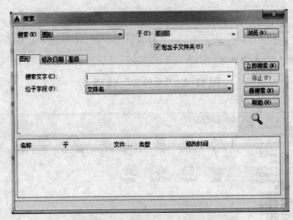

图 11-5 "搜索"对话框

➢ "收藏夹"按钮：在内容区域中显示"收藏夹"文件夹的内容，如图 11-6 所示。"收藏夹"文件夹包含经常访问项目的快捷方式。要在"收藏夹"中添加项目，可以在内容区域或树状图中的项目上单击右键，然后单击"添加到收藏夹"。要删除"收藏夹"中的项目，可以使用快捷菜单中的"组织收藏夹"选项，然后使用快捷菜单中的"刷新"选项。

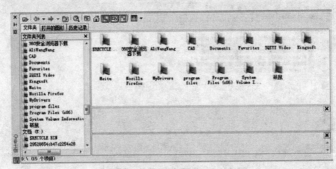

图 11-6 "收藏夹"项目

➢ "主页"按钮：将设计中心返回到默认文件夹。安装时，默认文件夹被设定为…SampleDesignCenter，如图 11-7 所示。可以使用树状图中的快捷菜单更改默认文件夹。

➢ "树状图切换"按钮：显示和隐藏树状视图。如果绘图区域需要更多的空间，请隐藏树状图。树状图隐藏后，可以使用内容区域浏览容器并加载内容。在树状图中使用"历史记录"列表时，"树状图切换"按钮不可用。

➢ "预览"按钮：显示和隐藏内容区域窗格中选定项目的预览。如果选定项目没有保存的预览图像，"预览"区域将为空。

➢ "说明"按钮：显示和隐藏内容区域窗格中选定项目的文字说明。如果同时显示预览图像，文字说明将位于预览图像下面。如果选定项目没有保存的说明，"说明"区域将为空。

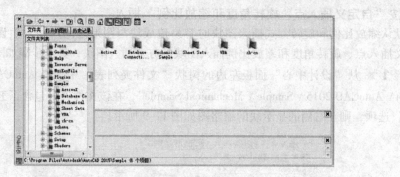

图11-7 "主页"项目

注意　DesignCenter 文件夹将被自动添加到收藏夹中。此文件夹包含具有可以插入在图形中的特定组织块的图形。

11.2 向图形中添加内容

使用设计中心可以向图形中添加图块、复制图形以及图层文字样式等内容。

11.2.1 插入图块

AutoCAD 2015 设计中心提供了插入图块的两种方法：按"默认缩放比例和旋转角度"插入和按"自定义插入点、旋转角度和缩放比例"插入。

1. 按"默认缩放比例和旋转角度"插入

利用此方式插入图块时，系统将对图块自动进行缩放。采用该方法插入图块的操作步骤如下：

步骤 **1** ▶ 从"设计中心"面板的"内容显示区"选择要插入的图块。

步骤 **2** ▶ 鼠标单击选择该文件并按住鼠标左键拖动到绘图区域，然后松开鼠标左键，则该图块在绘图区域显示，插入的基点附着在鼠标上。

步骤 **3** ▶ 鼠标捕捉到插入的基点后单击，此时命令行会提示"输入 X 比例因子，指定对角点，或 [角点（C）/XYZ（XYZ）] <1 >:"，根据命令提示连续三次"空格键"确定以图块自身默认的比例进行插入，操作示意图如图 11-8 所示。

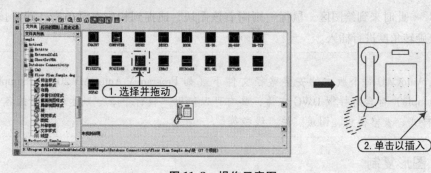

图11-8 操作示意图

235

2. 按"自定义插入点、旋转角度和缩放比例"插入

按默认缩放比例和旋转方式插入图块时容易造成块与图形之间尺寸发生误差，这时可以利用自定义插入点、旋转角度和缩放比例插入图块的方式插入图块，具体步骤如下：

步骤 1 ► 从"设计中心"面板左边的树状"文件夹列表"中选择 AutoCAD 2015 安装路径"Program \ AutoCAD 2015 \ Sample \ Mechanical Sample"，在该文件夹下包含了五个 Dwg 文件，单击"块"选项，则在右侧的显示块的缩略图如图 11-9 所示。

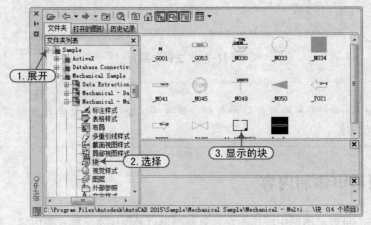

图 11-9　选择树状块文件

步骤 2 ► 选择并右击其中的一个块，在弹出的快捷菜单中选择"插入块"，则弹出"插入"对话框，在其中设置好插入点、比例及旋转角度等，再单击"确定"按钮，如图 11-10 所示。

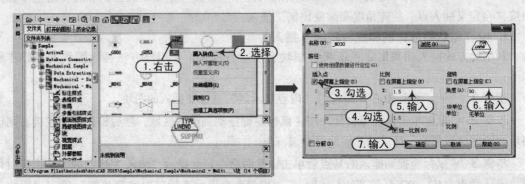

图 11-10　设置插入参数

步骤 3 ► 此时来到绘图区，鼠标上则附着该图块，捕捉到相应点时单击，即可按指定点、指定比例及旋转角度进行插入。

> **注意**　在 AutoCAD 每个版本的安装路径文件下（如 Program \ AutoCAD 2015 \ Sample \ Mechanical Sample）都含有样板 DWG 文件，具有可以使用"设计中心"以达成共享的各个样式，包含文字样式、表格样式、图层、块、线型等。

11.2.2　图形复制

用户除了可以利用设计中心插入图块外，还可以利用设计中心进行图形复制以及图层、文字样式标注样式的复制。

1. 在图形之间复制图块

利用 AutoCAD 设计中心可以浏览和装载需要复制的图块，然后将图块复制到剪贴板中，再利用剪贴板将图块粘贴到图形当中，具体步骤如下：

步骤 1 ▶ 在"设计中心"选项板选择需要复制的图块，右击，选择快捷菜单中的"复制"命令。

步骤 2 ▶ 将图块复制到剪贴板上，然后通过"粘贴"命令粘贴到当前图形上，如图 11-11 所示。

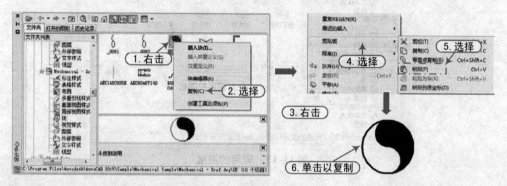

图 11-11　"历史记录"选项卡

2. 在图形之间复制图层

用户在绘制图形之前，都应先规划好绘图环境，其中包括设置图层，如果已有的图形对象中的图层符合当前图形的要求，这时就可以通过设计中心来提取其图层，从而可以方便、快捷、规格统一地绘制图形。其操作步骤如下：

步骤 1 ▶ 单击"打开"按钮 📂，打开"案例 \ 11 \ 底座工程图 . dwg"文件。

步骤 2 ▶ 新建一个名称为"样板│. dwg"文件，并将样板文件置为当前图形文件。

步骤 3 ▶ 在"选项板"面板中，单击"设计中心"按钮 🖳，或者按"Ctrl + 2"组合键，打开"设计中心"面板，在"打开的图形"选项卡下，选择并打开"底座工程图 . dwg"文件，可以看出当前已经打开的图形文件的所有样式，单击"图层"则在项目列表框中显示所有的图层对象。

步骤 4 ▶ 使用鼠标框选所有的图层对象，按住鼠标左键直至拖动到当前绘图区的空白位置时松开，如图 11-12 所示。

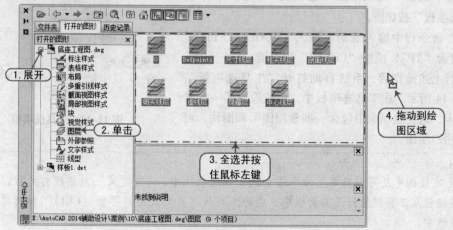

图 11-12　调用图层操作

步骤**5** ▶ 在"设计中心"面板中，打开"样板.dwg"文件，再选择"图层"项，即可看到所拖拽的图层被复制到新图形中，如图 11-13 所示。

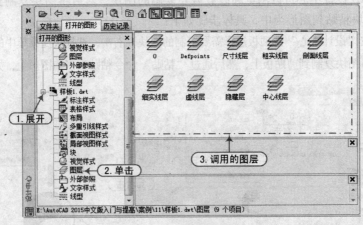

图 11-13 调用的图层

11.3 工具选项板

工具选项板是组织、共享图块及填充图案的强有力工具。工具选项板中放置了许多图块及填充图案，用户只需进行简单的拖放操作就能将它们插入到当前图形中。工具选项板的内容可以被修改。另外，还可以根据需要创建新的工具选项板。

11.3.1 打开工具选项板

工具选项板是"工具选项板"窗口中选项卡形式的区域，提供组织、共享和放置块及填充图案的有效方法。工具选项板还可以包含由第三方开发人员提供的自定义工具。

用户可以通过以下三种方法打开工具选项板：

➢ 在菜单栏中，选择"工具|选项板|工具选项板"菜单命令。

➢ 在"视图"选项卡的"选项板"面板中，单击"工具选项板"按钮。

➢ 在命令行中输入或动态输入"TOOLPALETTES"（快捷键为"TP"）或按"Ctrl+3"组合键。

执行上述操作后，系统自动打开"工具选项板"，如图 11-14 所示。在工具选项板中，系统设置了一些常用选项卡，这些选项卡中包含一些常用图形和图块，可以方便用户绘图。

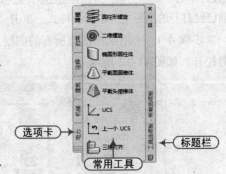

图 11-14 工具选项板

> 注意 在绘图中还可以将常用命令添加到工具选项板中，"自定义"对话框打开后，就可以将工具按钮从工具栏拖到工具面板中，或将工具从"自定义用户界面（CUI）"编辑器拖到工具选项板中。

11.3.2 新建工具选项板

用户可以创建新的工具选项板，这样有利于个性化作图，也能够满足作图需要。新建工具选项板的方法有以下三种：

➢ 在菜单栏中，选择"工具│自定义│工具选项板"菜单命令。

➢ 单击工具选项板中的"特性"按钮，在打开的快捷菜单中，选择"自定义选项板"命令。

➢ 在命令行中输入"CUSTOMIZE"。

执行上述操作后，系统将打开"自定义"对话框，如图 11-15 所示。在"选项板"列表中右击，打开快捷菜单，如图 11-16 所示，选择"新建选项板"命令，在"选项板"列表中出现了一个"新建选项板"，可以为新建的工具选项板命名，确定后工具选项板中就增加了一个新的选项卡，如图 11-17 所示。

图 11-15 "自定义"对话框

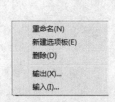

图 11-16 快捷菜单

图 11-17 新建选项板

11.3.3 向工具选项板中添加内容

用户还可以通过使用"设计中心"快捷菜单，创建包含预定义内容的"工具选项板"选项卡。

例如，按"Ctrl + 2"组合键打开设计中心面板，单击"主页"按钮，在 AutoCAD 2015 的安装包中展开"sample\mechanical Sample"文件夹，选择并在文件夹位置单击鼠标右键，在弹出的快捷菜单中选择"创建块的工具选项板"，这样就可以将设计中心与工具选项板结合起来，创建一个方便快捷的工具选项板，如图 11-18 所示。将工具选项板中的图形拖动到另一个图形中时，图形将作为块插入。

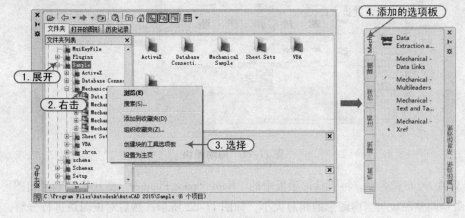

图 11-18 利用"设计中心"创建"工具选项卡"

11.3.4 实例——绘制居室布置平面图

视频\11\绘制居室平面图.avi
案例\11\居室布置平面图.dwg

下面以利用"设计中心"绘制居室布置平面图为例,介绍设计中心的使用方法和运用技巧。其操作步骤如下:

步骤1 ▶ 正常启动 AutoCAD 2015 软件,在"快速工具栏"中单击"打开"按钮 ☞,打开"案例\11\住宅结构截面图.dwg",如图 11-19 所示;再单击"另存为"按钮 🖫,将其保存为"案例\11\居室布置平面图.dwg"文件。

步骤2 ▶ 按"Ctrl + 3"组合键,打开"工具选项板",在工具选项卡上单击右键,在弹出的快捷菜单中,选择"新建工具选项卡"命令,新建一个"住宅"工具选项卡,如图 11-20 所示。

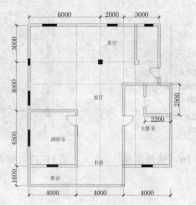

图 11-19 住宅结构截面图

图 11-20 创建"住宅"工具选项卡

步骤3 ▶ 按"Ctrl + 2"组合键,打开"设计中心",将设计中心的"Kitchens""House Designer""Home Space Planner"图块拖动到工具选项板的"住宅"工具选项卡中,如图 11-21 所示。

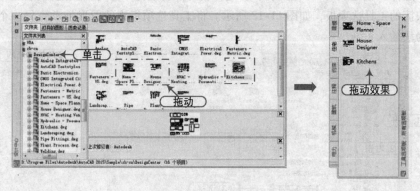

图 11-21 拖动图块

步骤4 ▶ 布置客厅,将工具选项板中的"Home Space Planner"图块拖动到当前图形中,利用缩放命令调整图块与当前图形的相对大小,如图 11-22 所示。然后对该图块进行分解,将其分解成多个单独的小图块,并通过"旋转"和"移动"等命令将"餐桌""家具"等图块分别移动到图形的相应位置，如图11-23所示。

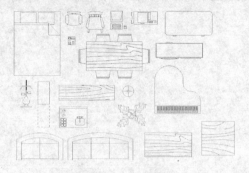

图11-22 插入图块

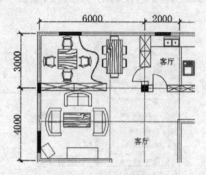

图11-23 布置客厅

步骤**5** ▶ 采用同样的方法布置其他房间设施。最终效果如图11-24所示。

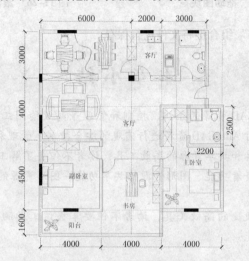

图11-24 居室布置平面图

11.4 上机练习——利用工具选项板绘制滚动轴承断面图

视频\11\利用工具选项板绘制滚动轴承断面图.avi
案例\11\滚动轴承断面图.dwg ------------------HIO

操作步骤如下：

步骤**1** ▶ 正常启动 AutoCAD 2015 软件，在"快速工具栏"中单击"新建"按钮 □，新建一个图形文件；再单击"保存"按钮 ▤，将其保存为"案例\ 11 \ 滚动轴承断面图.dwg"文件。

步骤**2** ▶ 按"Ctrl + 3"组合键，打开"工具选项板"，在"工具选项板"的"机械"选项卡中，将"滚珠轴承-公制"⊖图块拖动到当前图形中，如图11-25所示。

步骤**3** ▶ 执行"图案填充（H）"命令，在"创建图案填充"选项卡中的"图案"面板中选择图案"ANSI-31"作为填充图案，将比例因子设置为0.2，对滚动轴承进行填充。

⊖ 此为软件内核中名称，按现行国家标准应为"滚动轴承-米制"。

步骤**4** ▶ 这样利用"工具选项板"的图块就创建了一个滚动轴承断面图，效果如图 11-26 所示。

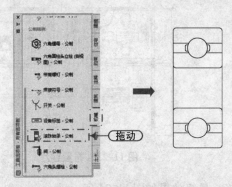

图 11-25　拖动图块　　　　　　　　　图 11-26　滚动轴承断面图效果

步骤**5** ▶ 按"Ctrl＋S"组合键将文件进行保存。

本 章 小 结

　　本章主要介绍了 AutoCAD 资源的组织、控制和管理等高效绘图工具，如图形设计中心、工具选项板等，以方便用户对 AutoCAD 资源进行宏观的综合控制、管理和共享。

　　设计中心是组织、查看和共享资源的高效工具，读者不但要了解工具窗口的组织和使用，还需要重点掌握图形的资源查看功能、图形资源的共享功能、图形资源的使用等，以便于快速方便地组合和引用更复杂图形。

　　工具选项板也是一种便捷的高效工具，读者不但要掌握该工具的具体使用方法，还需要掌握工具选项板的自定义功能。

第 3 篇

三维绘制

第 12 章
绘制和编辑三维表面

课前导读

AutoCAD 2015 提供了非常强大的三维绘图功能，可以通过对不同的视图设置多个面的旋转来观察图形，还可以通过材质的设置使设计的模型更加形象逼真。

本章主要介绍 AutoCAD 2015 三维建模的初步知识，学习如何绘制基本的三维图形，内容主要包括掌握用户坐标系的建立与转换、三维视图的设置和观察、三维网格曲面的创建、三维模型实体曲面的创建和三维曲面的编辑功能。

本章要点

- 认识 AutoCAD 的三维坐标系统。
- 坐标系的建立与设置。
- 视图的控制与动态观察。
- 三维网格曲面的绘制。
- 基本三维曲面的绘制。
- 编辑三维曲面的操作。
- 上机练习——通过曲面创建机架底座。

12.1 三维坐标系统

三维笛卡儿坐标系是在二维笛卡儿坐标系的基础上，根据右手定则增加第三坐标（即 Z 轴）而形成的。同二维坐标系一样，AutoCAD 中的三维坐标系有世界坐标系（WCS）和用户坐标系（UCS）两种形式。

在绘制三维模型时，经常会在形体表面上创建模型，这就需要用户不断地改变当前绘图面。如果不重新定义坐标系，系统将只默认以世界坐标系（WCS）的 XY 平面为基面进行绘图。这显然不能满足要求，所以在三维绘图中，用户必须自己定义当前绘图面的坐标系。这样才能在不同的三维面上使用绘图与编辑命令。

12.1.1 创建坐标系

为了更好地辅助绘图，在 AutoCAD 中用户可以在任意方向指定坐标系的原点、XY 平面和 Z 轴，从而得到一个新的用户坐标系（UCS）。

创建"用户坐标系（UCS）"主要有以下几种方法：

➢ 在菜单栏中，选择"工具|新建 UCS"菜单命令，如图 12-1 所示。

➢ 单击"UCS"工具栏上的相应按钮，如图 12-2 所示。

➢ 在命令行中输入"UCS"。

图 12-1 "UCS"工具菜单

图 12-2 "UCS"工具栏

执行上述操作后，系统将出现如下操作提示：

命令：UCS
当前 UCS 名称：＊世界＊
指定 UCS 的原点或［面(F)/命名(NA)/对象(OB)/上一个(P)/视图(V)/世界(W)/X/Y/
Z/Z 轴(ZA)］＜世界＞：

其中各选项含义如下：

➢ 指定 UCS 的原点：用于指定一点、两点或三点，以分别定位出新坐标系的原点、X 轴正方向和 Y 轴正方向，如果指定一点，当前 UCS 的原点将会移动而不会更改 X、Y、Z 轴的方向，如图 12-3 所示。指定三点，以分别定位出新坐标系的原点、X 轴正方向和 Y 轴正方向，如图 12-4 所示。

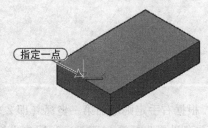

图 12-3 指定一点

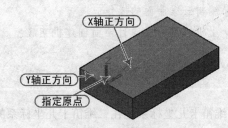

图 12-4 指定三点

➢ 面（F）：用于选择一个实体的平面作为新坐标系的 XY 平面。用户必须使用点选法选择实体，如图 12-5 所示。

➢ 命名（NA）：主要用于恢复其他坐标系为当前坐标系，为当前坐标系命名、保存以及删除不需要的坐标系。

➢ 上一个（P）：用于将当前坐标系恢复到前一次所设置的坐标系，直到将坐标系恢复为 WCS 坐标系。

➢ 对象（OB）：根据选定的三维对象来定义新的坐标系，其新的 UCS 的拉伸方向为选定对象的方向（X 轴），如图 12-6 所示。

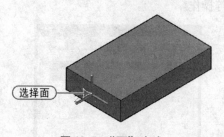

图 12-5 "面"方式

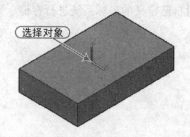

图 12-6 "对象"方式

➤视图（V）：选项表示将新建的用户坐标系的 X、Y 轴所在的面设置成与屏幕平行，其原点保持不变，Z 轴与 XY 平面正交，如图 12-7 所示。

➤Z 轴（ZA）：用于指定 Z 轴方向以确定新的 UCS 坐标系，如图 12-8 所示。

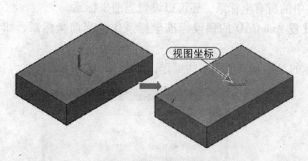

图 12-7 "视图"方式

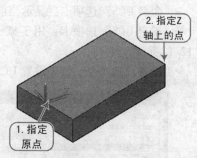

图 12-8 "Z 轴"方式

➤世界（W）：将 UCS 与世界坐标系（WCS）对齐。

➤X/Y/Z：原坐标系坐标平面分别绕 X、Y、Z 轴旋转而形成新的用户坐标系，如图 12-9 所示。

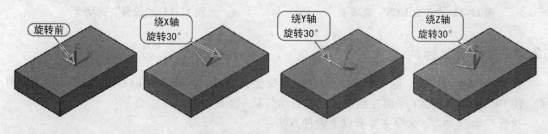

图 12-9 "X／Y／Z"轴旋转

12.1.2 坐标系设置

用户可以使用"UCS"命令删除、重命名或恢复已命名的 UCS 坐标系，也可以选择 AutoCAD 预设的标准 UCS 坐标系以及控制 UCS 图标的显示等。

执行"UCS"命令主要有以下几种方法：

➤执行"工具|命名 UCS"菜单命令。

➤单击"UCSⅡ"工具栏上的 凹，如图 12-10 所示。

➤在命令行中输入"UCSMAN"。

执行上述操作后，系统将弹出如图 12-11 所示的"UCS 对话框"。通过此对话框，可以很方便地对自己定义的坐标系统进行存储、删除和应用等操作。

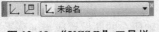

图 12-10 "UCS Ⅱ"工具栏

图 12-11 "UCS"对话框

在 UCS 对话框中，包括"命名 UCS""正交 UCS""设置"三个选项卡，其含义如下：

➤ "命名 UCS"选项卡：显示当前文件中的所有坐标系，还可以设置当前坐标系。

➤ "正交 UCS"选项卡：用于显示和设置 AutoCAD 的预设标准坐标系作为当前坐标系，如图 12-12 所示。

➤ "设置"选项卡：用于设置 UCS 图标的显示及其他的一些操作，如图 12-13 所示。

图 12-12 "正交 UCS"选项卡

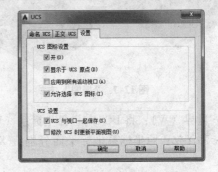

图 12-13 "设置"选项卡

12.1.3 动态坐标系

在 AutoCAD 2015 中，除了用 UCS 命令该改变坐标系外，用户也可以打开"动态 UCS"功能，使 UCS 坐标系的 XY 平面在绘图过程中自动与某一平面对齐。

执行"动态 UCS"命令主要有以下两种方法：

➤ 单击在状态栏上的 ，如图 12-14 所示。

图 12-14 单击"动态 UCS"按钮

➤ 按"F6"功能键。

使用"动态 UCS"功能，在启用二维或三维绘图命令时，将光标移动到要绘图的实体面，该实体面亮显，表示坐标系的 XY 平面临时与实体面对齐，绘制的对象将处于此面内。在图形完成后，UCS 坐标系又返回原来的状态。

12.2　观察模式

在绘制三维实体模型的过程中，常常需要从不同的角度、不同的方位观察、编辑图素。具有立体感的三维图形将有助于用户快捷、准确地理解实体模型的空间结构。

AutoCAD 2015 提供了多种观察实体模型的方案，用户可以方便地通过对应的命令，从各个不同的角度了解、观察和编辑实体。

12.2.1　动态观察

AutoCAD 2015 提供了具有交互控制功能的三维动态观察器，利用三维动态观察器用户可以实时地控制和改变当前视口中创建的三维视图，以得到期望的效果。动态观察分为三类：受约束的动态观察、自由动态观察和连续动态观察。

用户进行三维动态观察操作，可通过以下两种方法：

➢ 执行"视图|动态观察"菜单命令，如图 12-15 所示。

➢ 在动态观察工具栏上单击相应的按钮，如图 12-16 所示。

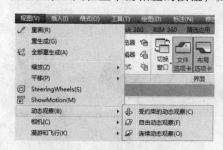

图 12-15　"动态观察"子菜单

图 12-16　"动态观察"工具栏

1. 受约束的动态观察

当选择受约束的动态观察后，视图的目标将保持静止，而视点将围绕目标移动，从用户的视点来看就像三维模型正在随着光标的移动而旋转一样。用户可以用此方式指定模型的任意视图。

此时，系统显示三维动态观察图标。如果水平拖动鼠标，相机将平行于世界坐标系（WCS）的 XY 平面移动；如果垂直拖动鼠标，相机将沿 Z 轴移动，如图 12-17 所示。

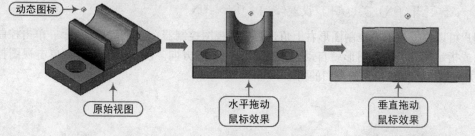

图 12-17　受约束的动态观察

2. 自由动态观察

当选择自由动态观察操作后，在当前视口中会出现一个绿色的大圆，在大圆上有四个绿色的小圆，如图 12-18 所示。此时，通过拖动鼠标就可以对视图进行旋转观察。

在三维动态观察中，查看目标的点被固定，用户可以利用鼠标控制相机位置绕观察对象得到动态的观察效果。当光标在绿色大圆的不同位置进行拖动时，光标的表现形式是不同的，视图的旋转方式也不同。视图的旋转是由光标的表现形式和位置决定的，如果拖动左、右侧的控制点，就可以对视图进行左、右的旋转与观察，如图 12-19 所示；如果拖动上、下侧的控制点，就可以对视图进行上、下旋转与观察，如图 12-20 所示。

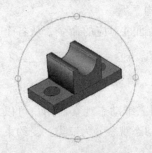

图 12-18 自由动态观察

图 12-19 左、右拖动观察

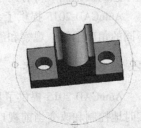

图 12-20 上、下拖动观察

3. 连续观察

当选择连续观察操作后，在绘图区鼠标会变成动态观察图标，按住鼠标左键拖动，图形会按照鼠标的拖动方向自动旋转，如图 12-21 所示。

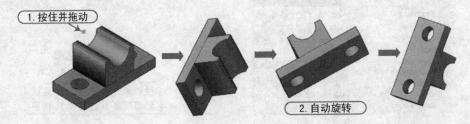

图 12-21 连续观察

12.2.2 视图控制器

使用视图控制器，可以方便地转换视图方向。用户可以在命令行中输入"NAVVCUBE"命令来执行"视图控制"命令，命令行提示如下：

命令:NAVVCUBE
输入选项[开(ON)/关(OFF)/设置(S)] < ON > :ON

用户可以根据要求来控制图形右上角是否显示视图控制器，如图 12-22 所示。单击控制器的显示面或指示箭头，截面图形就自动转换到相应的视图方向。图 12-23 所示为单击视图控制器"上"方面后，系统转换到俯视图的情形。

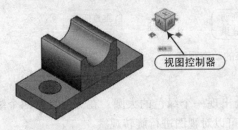

图 12-22 显示的视图控制器

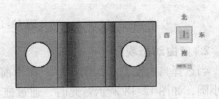

图 12-23 调整视图

12.3　三维面绘制

在 AutoCAD 2015 中，可以使用 3DFACE 命令通过指定每个顶点来创建三维面网格，常用来构造三边或四边组成的曲面，其光洁的、无网格的表面以及隐藏边界的功能使之优于 AutoCAD 2015 的带网格的曲面类型。

创建三维面主要有如下两种方法：

➢ 执行"绘图|建模|曲面|三维面"菜单命令。

➢ 在命令行中，输入"3DFACE"（快捷键"3D"）。

下面通过使用"三维面"命令绘制一个三维面，命令执行过程如下：

步骤 1 ▶ 执行"视图|三维视图|西南等轴测"菜单命令，将视图调整为西南等轴测图，按"F8"键打开"正交"模式。

步骤 2 ▶ 执行"绘图|建模|曲面|三维面"菜单命令，并单击指定第 1 点，如图 12-24 所示。

步骤 3 ▶ 拖动鼠标指针单击输入第 2 点的距离为 100mm，如图 12-25 所示。

步骤 4 ▶ 拖动鼠标指针单击输入第 3 点的距离为 100mm，如图 12-26 所示。

图12-24　指定第 1 点　　　　图 12-25　指定第 2 点　　　　图 12-26　指定第 3 点

步骤 5 ▶ 拖动鼠标指针单击输入第 4 点的距离为 100mm，如图 12-27 所示。

步骤 6 ▶ 指定了第 4 点后默认出现如图 12-28 所示情况，按回车键确定，即可创建三维面，如图 12-29 所示。

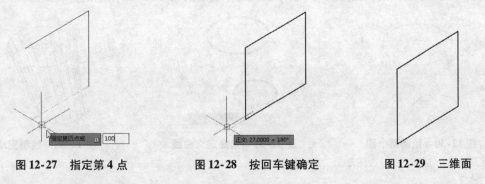

图 12-27　指定第 4 点　　　　图 12-28　按回车键确定　　　　图 12-29　三维面

操作过程中命令行提示如下：

命令:3DFACE	\\执行"三维面"命令
指定第一点或[不可见(I)]:	\\在绘图区域单击指定一点
指定第二点或[不可见(I)]:100	\\指定第 2 点
指定第三点或[不可见(I)]＜退出＞:100	\\指定第 3 点
指定第四点或[不可见(I)]＜创建三侧面＞:100	\\指定第 4 点
指定第三点或[不可见(I)]＜退出＞:＊取消＊	\\空格键退出

12.4 绘制三维网格曲面

在 AutoCAD 中可以使用多种方法以现有对象为基础创建多边形网格。使用 MESHTYPE 系统变量可控制新对象是否为有效的网格对象，还可以控制是使用传统多面几何图形还是多边几何图形创建该对象。

12.4.1 直纹曲面

"直纹网格"命令用于在两条曲线间创建一个直纹曲面的多边形网格，这是最常用的创建多边形网格的命令。执行"直纹网格"命令的方法有以下三种：

➢ 执行"绘图|建模|网格|直纹网格"菜单命令。
➢ 在"网格"选项卡下的"图元"面板中，单击"直纹网格"按钮◎。
➢ 在命令行中输入"RULESURF"

执行"直纹网格"后，命令提示如下：

命令:RULESURF
当前线框密度:SURFTAB1 = 6
选择第一条定义曲线:
选择第二条定义曲线:

下面，通过执行"直纹网格"生成一个简单的直纹曲面，操作步骤如下：

步骤 **1** ▶ 执行"视图|三维视图|西南等轴测"菜单命令，将视图调整为西南等轴测图。
步骤 **2** ▶ 绘制如图 12-30 所示的两个圆作为草图。
步骤 **3** ▶ 在命令行中输入"SURFTAB1"命令，将线框密度设置为20。
步骤 **4** ▶ 在命令行中输入"RULESURF"命令，根据命令行提示，分别选择两个圆作为第一条和第二条定义曲线，如图 12-31 所示。最后生成效果如图 12-32 所示的直纹曲面。

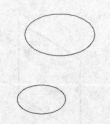

选择第二条定义曲线

图 12-30　绘制两个圆　　　　图 12-31　选择定义曲线　　　　图 12-32　绘制完成

> **注意** 对于闭合的轮廓曲线，AutoCAD 从一些预定位置开始构造曲面，而非对象的选择点。若边界为圆，则直纹面从 0° 象限点处开始绘制沿顺时针方向继续。若边界为闭合的多段线，曲面起于最后一个顶点而终于第一个顶点。如果边界为样条曲线，则第一个记录点开始直到最后一个点结束。

12.4.2 平移曲面

"平移网格"命令可以创建表示常规平移曲面的网格。曲面是由直线或曲线的延长线按照指定的方向和距离（称为方向矢量或路径）定义的。

执行"平移网格"命令的方法有以下几种：

➤ 执行"绘图|建模|网格|平移网格"菜单命令。

➤ 在"网格"选项卡下的"图元"面板中，单击"平移网格"按钮。

➤ 在命令行中输入"TABSURF"。

执行"平移网格"后，命令提示如下：

命令:TABSURF	\\执行"平移网格"命令
当前线框密度:SURFTAB1 =6	
选择用作轮廓曲线的对象:	\\选择曲面对象
选择用作方向矢量的对象:	\\指定方向矢量

在创建平移网格时，用户需要先确定被平移的对象和作为方向矢量的对象。如果选择多段线作为方向矢量，则系统将把多段线的第一个顶点到最后一个顶点的矢量作为方向矢量，而中间的任意顶点都将被忽略。

创建平移网格的过程比较简单，根据命令提示选择一条用来定义网格的轮廓曲线，然后再选择一个作为方向矢量的对象即可。

例如，执行"平移网格"命令选择如图 12-33 所示的多边形作为轮廓曲线对象，然后单击直线作为方向矢量的对象，创建的平移网格效果如图 12-34 所示。

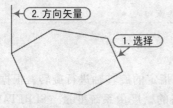
图 12-33　选择对象和方向矢量

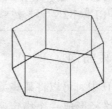
图 12-34　绘制完成

12.4.3　边界曲面

"边界网格"命令用于在四条相邻的边或曲线之间创建网格。四条用于定义网格的边可以是直线、圆弧、样条曲线或开放的多段线。这些边必须在端点处相交，以形成一个闭合路径。

执行"边界网格"命令的方法有以下几种：

➤ 执行"绘图|建模|网格|边界网格"菜单命令。

➤ 在"网格"选项卡下的"图元"面板中，单击"边界网格"按钮。

➤ 在命令行中输入"EDGESURF"

执行"边界网格"后，命令行提示如下：

命令:EDGESURF	\\执行"边界网格"命令
当前线框密度:SURFTAB1 =6　　SURFTAB2 =6	
选择用作曲面边界的对象 1:	\\选择边界 1
选择用作曲面边界的对象 2:	\\选择边界 2
选择用作曲面边界的对象 3:	\\选择边界 3
选择用作曲面边界的对象 4:	\\选择边界 4

下面通过执行"边界网格"命令创建一个简单的边界曲面，操作步骤如下：

步骤 **1** ▶ 执行"视图｜三维视图｜西南等轴测"菜单命令，将视图调整为西南等轴测图。

步骤 **2** ▶ 执行"直线（L）"命令绘制如图 12-35 所示的四条首尾相连的边界。

步骤 **3** ▶ 在命令行中输入"SURFTAB2"命令，将线框密度设置为20。

步骤 **4** ▶ 在命令行中输入"EDGESURF"命令，根据命令行提示，依次选择四条首尾连接的直线。最后生成效果如图 12-36 所示的直纹曲面。

图 12-35　选择对象和方向矢量

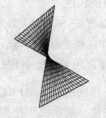

图 12-36　绘制完成

注意　　系统变量"SURFTAB1"为"直纹网格"和"偏移网格"命令设置要生成的表格数目，同时为"边界网格"和"旋转网格"命令设置在 M 方向的网格密度；系统变量"SURFTAB2"为"边界网格"和"旋转网格"命令设置在 N 方向的网格密度。系统变量"SURFTAB1"与"SURFTAB2"的系统默认值为6。

12.4.4　旋转曲面

在 AutoCAD 中，可以将某些类型的线框对象绕指定的旋转轴进行旋转，根据被旋转对象的轮廓和旋转的路径形成一个指定密度的网格，网格的密度由系统变量"SURFTAB1"和"SURFTAB2"控制。

执行"旋转网格"命令的方法有以下几种：

➢ 在菜单栏中，选择"绘图｜建模｜网格｜旋转网格"菜单命令。

➢ 在"网格"选项卡下的"图元"面板中，单击"旋转网格"按钮 ◎。

➢ 在命令行中输入"REVSURF"

执行"旋转网格"后，命令行提示如下：

命令：REVSURF	\\执行"旋转网格"命令
当前线框密度：SURFTAB1 =6　　SURFTAB2 =6	
选择要旋转的对象：	\\选择对象
选择定义旋转轴的对象：	\\定义旋转轴
指定起点角度 <0 > ：	\\指定旋转角度起点
指定夹角(+ =逆时针，－ =顺时针) <360 > ：	\\输入夹角

下面通过执行"旋转网格"命令创建一个简单的旋转网格曲面，操作步骤如下：

步骤 **1** ▶ 执行"视图｜三维视图｜西南等轴测"菜单命令，将视图调整为西南等轴测图。

步骤 **2** ▶ 执行"圆（C）"命令和"直线（L）"命令绘制如图 12-37 所示的圆和直线。

步骤 **3** ▶ 在命令行中分别输入"SURFTAB1"和"SURFTAB2"命令，将线框密度设置为20。

步骤 **4** ▶ 在命令行中输入"REVSURF"命令,单击选择圆作为旋转对象,如图12-38所示。

步骤 **5** ▶ 单击直线作为旋转轴的对象,如图12-39所示。

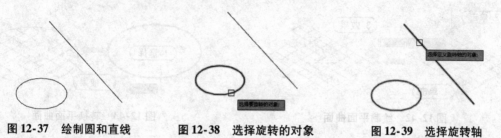

图 12-37 绘制圆和直线　　　图 12-38 选择旋转的对象　　　图 12-39 选择旋转轴

步骤 **6** ▶ 按两次回车键分别确定默认起点角度为0°和默认旋转角度为360°,如图12-40所示,旋转网格完成效果如图12-41所示。

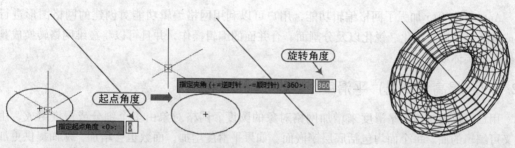

图 12-40 指定起点角度和旋转角度　　　　图 12-41 旋转网格效果

> **注意**　"旋转网格(REVSURF)"命令的用法与"旋转(REVOLVE)"命令大致相同,所不同的是"旋转网格(REVSURF)"只能生成网格模型,而"旋转(REVOLVE)"命令还可以生成实体模型。

12.4.5 平面曲面

使用"平面曲面"命令,用户可以通过命令指定矩形的对角点来创建一个矩形平面曲面,也可以将一个封闭图形转换为平面曲面。

执行"平面曲面"命令的方法有以下几种:

➢ 在菜单栏中,选择"绘图|建模|曲面|平面"菜单命令。

➢ 在"曲面"选项卡下的"创建"面板中,单击"平面曲面"按钮📐。

➢ 在命令行中输入"PLANESURF"(快捷键"PLANE")。

执行"平面网格"后,命令行提示如下:

命令:PLANESURF	\\执行"平移网格"命令
指定第一个角点或[对象(O)]<对象>:	\\单击指定平移网格的第一点
指定其他角点:	\\指定对角点

根据命令行提示,在屏幕上单击指定第一个角点,然后再指定其他角点即可完成平面曲面的绘制,如图12-42所示。

　　除此之外，用户也可以通过选择构成一个或多个封闭的一个或多个对象来创建平面曲面。例如，将封闭的圆对象，转换为平面曲面。在执行"旋转网格"后，选择"对象（O）"选项，然后选择圆对象即可完成平面曲面的创建，如图 12-43 所示。

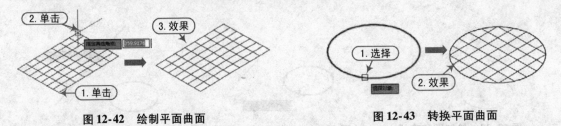

图 12-42　绘制平面曲面　　　　　　　　　　图 12-43　转换平面曲面

12.5　网格编辑

　　AutoCAD 2015 加强了网格编辑功能，用户可以利用网格编辑功能对创建的网格图形进行提高或降低平滑度、优化、锐化以及分割面、合并面的编辑操作，并且可以将三维网格转换成具有镶嵌面的实体或曲面。

12.5.1　提高（降低）平滑度

　　用户可以通过增加平滑度来增加网格对象的圆度。网格对象由多个细分或镶嵌组成，用于定义可编辑的面。每个面均包括底层镶嵌面。如果平滑度增加，面数也会增加，从而提供更加平滑、圆度更大的外观。

　　在 AutoCAD 2015 中，提高网格平滑度的执行方法如下：

　　➤ 在菜单栏中，选择"修改|网格编辑|提高平滑度"命令。

　　➤ 在"网格"选项卡的"网格"面板中，单击"提高平滑度"按钮，或单击"降低平滑度"按钮。

　　➤ 在命令行中输入"MESHSMOOTHMORE"。

　　执行上述操作后，命令行提示与操作如下：

命令:MESHSMOOTHMORE	\\执行"提高平滑度"命令
选择要提高平滑度的网格对象:找到 1 个	\\选择球对象
选择要提高平滑度的网格对象:	\\按"Enter"键确定

　　提高平滑度的示例如图 12-44 所示。

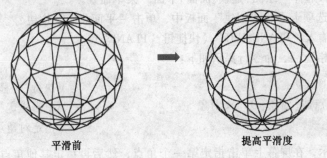

平滑前　　　　　　　　　　　　　提高平滑度

图 12-44　提高平滑度

12.5.2 其他网格编辑命令

在 AutoCAD 2015 的"修改"菜单下的"网格编辑"子菜单中，提供了多种网格编辑命令，如图 12-45 所示。

在"网格编辑"子菜单中，主要命令的含义如下：

➤ 优化网格：可以优化网格对象或子对象，以将底层镶嵌面转换为可编辑的面。可以优化平滑度为 1 或大于 1 的所有网格，如图 12-46 所示。

图 12-45 "网格编辑"子菜单

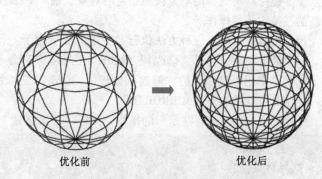

优化前　　　　　　　优化后

图 12-46 优化网格

➤ 锐化：向锐化的网格边添加锐化。可以向平滑度为 1 或大于 1 的网格对象添加锐化，如图 12-47 所示。

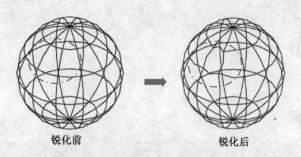

锐化前　　　　　　　锐化后

图 12-47 锐化网格

➤ 转换为具有镶嵌面的曲面：可将网格转换为具有镶嵌面的曲面。

➤ 转换为具有镶嵌面的实体：可将网格转换为具有镶嵌面的实体，如图 12-48 所示。

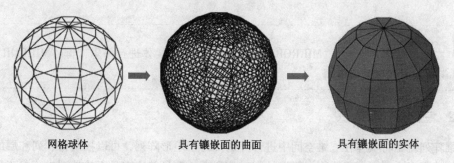

网格球体　　　　具有镶嵌面的曲面　　　　具有镶嵌面的实体

图 12-48 转换为具有镶嵌面的曲面或实体

12.6   编辑三维曲面

在创建三维模型时，无论是修改错误还是作为构建过程的一部分，都需要对模型进行编辑。有许多编辑命令是专门用于三维模型的，也有一些命令既可以用于三维模型，也可用于二维图形。

12.6.1   三维镜像

三维镜像是将选择的对象按照指定的对象、轴、平面、确定点来进行镜像操作，从而得到一个新的三维实体的操作。

用户可以通过以下三种方法执行"三维镜像"命令：

➤ 在菜单栏中，选择"修改|三维操作|三维镜像"命令。

➤ 在"常用"选项卡的"修改"面板中，单击"三维镜像"按钮%。

➤ 在命令行中输入"MIRROR3D"。

例如，要完成图 12-49 所示的操作，执行"三维镜像"命令后，命令行提示如下：

```
命令：_mirror                                          \\执行"三维镜像"命令
选择对象：找到 1 个                                     \\选择镜像对象
选择对象：                                             \\按"Enter"键
指定镜像平面(三点)的第一个点或[对象(O)/最近的(L)/Z 轴(Z)/视图(V)/XY 平面
    (XY)/YZ 平面(YZ)/ZX 平面(ZX)/三点(3)] <三点>：在镜像平面上指定第二点：在镜
    像平面上指定第三点：                                \\选择"三点(3)"选项
是否删除源对象？[是(Y)/否(N)] <否>：n                   \\选择"否"选项
```

其操作步骤如图 12-49 所示。

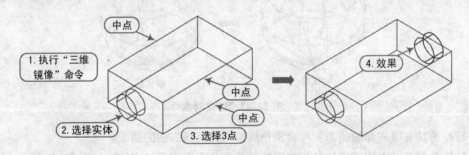

图 12-49   三维镜像操作

> **注意**   在绘制二维平面时，"MIRROR3D"命令可用于对实体进行编辑，而"MIRROR"命令同样也能对三维实体进行编辑。

12.6.2   三维阵列

三维阵列就是将实体在三维空间中进行阵列。对于矩形阵列，可以控制行、列和层的数量及他们之间的距离；对于环形阵列，可以控制对象副本的数量并决定是否旋转副本；对于创建多个指定距离的对象，阵列比复制要快。

用户可以通过以下三种方法执行"三维镜像"命令：

➢ 在菜单栏中，选择"修改|三维操作|三维阵列"命令。

➢ 在"常用"选项卡的"修改"面板中，单击"三维阵列"按钮▦。

➢ 在命令行中输入"3DARRAY"。

例如，要完成图 12-50 所示的矩形阵列操作，执行三维矩形阵列操作，其命令行提示如下：

命令:_3darray	\\执行"三维阵列"命令
选择对象:找到 1 个	\\选择立方体对象
选择对象:	\\按"Enter"键
输入阵列类型[矩形(R)/环形(P)]<矩形>:R	\\选择"矩形"阵列
输入行数(---)<1>:3	\\输入行数
输入列数(|||)<1>:4	\\输入列数
输入层数(...)<1>:2	\\输入层数
指定行间距(---):100	\\输入行间距值
指定列间距(|||):100	\\输入列间距值
指定层间距(...):100	\\输入层间距值

其操作步骤如图 12-50 所示。

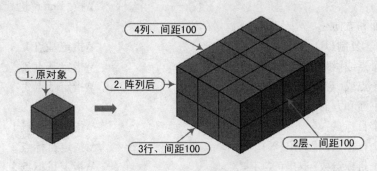

图 12-50 矩形阵列操作

例如，要完成图 12-51 所示的三维环形阵列操作，其命令行提示如下：

命令:_3darray	\\执行"三维阵列"命令
选择对象:找到 1 个	\\选择对象
选择对象:	\\按"Enter"键
输入阵列类型[矩形(R)/环形(P)]<矩形>:P	\\选择"环形阵列"
输入阵列中的项目数目:8	\\输入阵列数量
指定要填充的角度(+ =逆时针, – =顺时针)<360>:	\\输入阵列角度
旋转阵列对象? [是(Y)/否(N)]<Y>:Y	\\选择"是"选项
指定阵列的中心点:	\\指定中心点
指定旋转轴上的第二点:	\\指定第二点确定旋转轴

其操作步骤如图 12-51 所示。

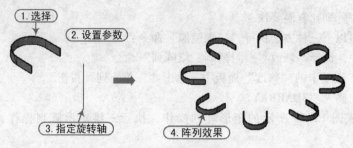

图 12-51　环形阵列操作

12.6.3　对齐对象

三维对齐是将选择的对象在三维空间中与其他对象进行对齐面、边和点的操作。用户可以通过以下三种方法执行"三维对齐"命令：

➢ 在菜单栏中，选择"修改｜三维操作｜三维对齐"命令。

➢ 在"常用"选项卡的"修改"面板中，单击"三维对齐"按钮 。

➢ 在命令行中输入"3DALIGN"。

例如，要完成图 12-52 所示的操作，执行"三维对齐"命令后，其命令行提示如下：

命令:_3dalign	\\执行"三维对齐"命令
选择对象:找到 1 个	\\选择对齐对象
选择对象:	\\按"Enter"键
指定源平面和方向…	
指定基点或[复制(C)]:	\\指定基点 1
指定第二个点或[继续(C)]<C>:	\\指定基点 2
指定第三个点或[继续(C)]<C>:	\\指定基点 3
指定目标平面和方向…	
指定第一个目标点:	\\指定目标点 1
指定第二个目标点或[退出(X)]<X>:	\\指定目标点 2
指定第三个目标点或[退出(X)]<X>:	\\指定目标点 3

其操作步骤如图 12-52 所示。

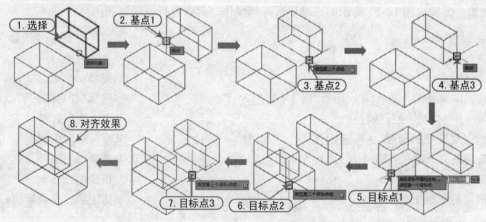

图 12-52　三维对齐操作

12.6.4　三维移动

三维移动是将选择的对象在三维空间内通过指定过的距离或位移进行移动操作。

用户可以通过以下 3 种方法执行"三维移动"命令：

➢ 在菜单栏中，选择"修改 | 三维操作 | 三维移动"命令。

➢ 在"常用"选项卡的"修改"面板中，单击"三维移动"按钮✛。

➢ 在命令行中输入"3DMOVE"。

例如，要完成图 12-53 所示的操作，执行"三维移动"命令后，其命令行提示如下：

命令:3DMOVE	\\执行"三维移动"命令
选择对象:找到 1 个	\\选择对象
选择对象:	\\按"Enter"键
指定基点或[位移(D)]<位移>:	\\指定基点
指定第二个点或<使用第一个点作为位移>:	\\指定目标点

其操作步骤如图 12-53 所示。

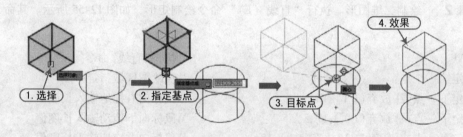

图 12-53　三维移动操作

12.6.5　三维旋转

三维旋转是将选择对象在三维空间内绕指定的轴进行旋转的操作。用户可以通过以下三种方法执行"三维旋转"命令：

➢ 在菜单栏中，选择"修改 | 三维操作 | 三维旋转"命令。

➢ 在"常用"选项卡的"修改"面板中，单击"三维旋转"按钮⚙。

➢ 在命令行中输入"3DROTATE"。

例如，要完成图 12-54 所示的操作，执行"三维旋转"命令后，其命令行提示如下：

命令:_3drotate	\\执行"三维旋转"命令
UCS 当前的正角方向： ANGDIR = 逆时针　ANGBASE = 0	
选择对象:找到 1 个	\\选择对象
指定基点：	\\指定基点
指定旋转角度或[基点(B)/复制(C)/放弃(U)/参照(R)/退出(X)]:90 正在重生成	
模型。	\\指定旋转角度

其操作步骤如图 12-54 所示。

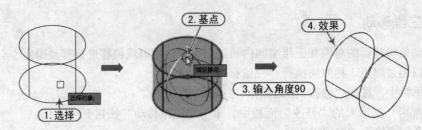

图 12-54 三维旋转操作

12.6.6 实例——滚动轴承立体图的绘制

视频\12\滚动轴承的绘制.avi
案例\12\滚动轴承.dwg

本节介绍滚动轴承立体图的绘制，操作步骤如下：

步骤 1 ▶ 正常启动 AutoCAD 2015 软件，在"快速工具栏"中单击"新建"按钮，新建一个图形文件；再单击"保存"按钮，将其保存为"案例 \ 12 \ 滚动轴承.dwg"文件。

步骤 2 ▶ 绘制二维图形。执行"直线（L）"命令绘制矩形，如图 12-55 所示。其命令行提示如下：

LINE	\\执行"直线"命令
指定第一个点：	\\在绘图区域指定一点
指定下一点或[放弃(U)]:18	\\鼠标向右拖地输入长度值
指定下一点或[放弃(U)]:17.5	\\鼠标向下拖动输入长度值
指定下一点或[闭合(C)/放弃(U)]:18	\\鼠标向左拖地输入长度值
指定下一点或[闭合(C)/放弃(U)]：	\\闭合图形

步骤 3 ▶ 执行"偏移（O）"命令，将下方的水平线段向下偏移 30mm，如图 12-56 所示。

步骤 4 ▶ 执行"直线（L）"命令，捕捉矩形中点绘制水平线段，如图 12-57 所示。

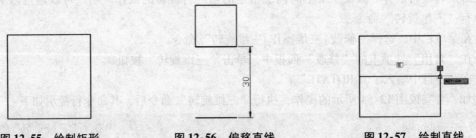

图 12-55 绘制矩形	图 12-56 偏移直线	图 12-57 绘制直线

步骤 5 ▶ 执行"圆（C）"命令，捕捉直线中点绘制直径为 8.75mm 的圆，如图 12-58 所示。

步骤 6 ▶ 执行"偏移（O）"命令，将中间的水平线段向两侧偏移 2.92mm，如图 12-59 所示。

步骤 7 ▶ 执行"修剪（TR）"命令，修剪图形，修剪效果如图 12-60 所示。

步骤 8 ▶ 执行"倒角（CHA）"命令，在图形相应位置进行倒角操作，倒角距离为 1.1mm × 1.1mm，效果如图 12-61 所示。

步骤 9 ▶ 执行"编辑多段线（PEDIT）"命令，分别将轴承的外圈剖面轮廓线编辑为闭合多段线，编辑后的图形选中效果如图 12-62 所示。

步骤 **10** ▶ 执行"球体（Sphere）"命令，绘制直径为 8.75mm 的球体，如图 12-63 所示。

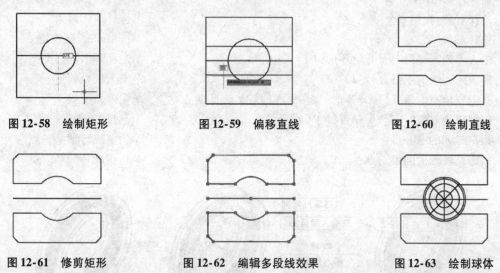

图 12-58　绘制矩形　　　　图 12-59　偏移直线　　　　图 12-60　绘制直线

图 12-61　修剪矩形　　　　图 12-62　编辑多段线效果　　　　图 12-63　绘制球体

步骤 **11** ▶ 执行"删除（E）"命令，删除中间的水平线段。

步骤 **12** ▶ 执行"旋转（REVOLVE）"命令，并设置模式为实体，然后依次单击选择要旋转的对象，如图 12-64 所示，命令行提示与操作如下：

```
命令:REVOLVE                                      \\执行旋转命令
当前线框密度： ISOLINES = 8,闭合轮廓创建模式 = 实体   \\设置为"实体"模式
选择要旋转的对象或[模式(MO)]:找到 1 个
选择要旋转的对象或[模式(MO)]:找到 1 个,总计 2 个    \\选择两个截面对象
选择要旋转的对象或[模式(MO)]:                      \\按"Enter"键确定
指定轴起点或根据以下选项之一定义轴
 [对象(O)/X/Y/Z]<对象>:                          \\指定旋转轴第一点
指定轴端点:                                       \\指定轴端点
指定旋转角度或[起点角度(ST)/反转(R)/表达式
 (EX)]<360>:360                                   \\输入角度值
```

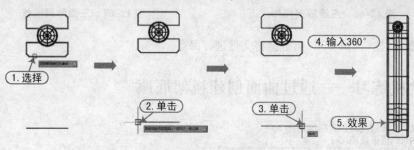

图 12-64　旋转操作

步骤 **13** ▶ 将当前视图切换至西南等轴测视图，执行"三维旋转（3DARRAY）"命令，选择滚珠模型，并对其进行环形阵列，设置其阵列数目为 20，如图 12-65 所示。其命令行提示与操

作如下：

命令：3DARRAY   \\执行"三维阵列"命令
选择对象：找到 1 个   \\选择球体对象
选择对象：   \\按"Enter"键确定
输入阵列类型［矩形（R）/环形（P）］＜矩形＞：P   \\选择环形阵列类型
输入阵列中的项目数目：20   \\输入项目数量
指定要填充的角度（＋＝逆时针，－＝顺时针）＜360＞：   \\输入角度值
旋转阵列对象？［是（Y）/否（N）］＜Y＞：Y   \\选择"是"选项
指定阵列的中心点：   \\指定旋转轴第一点
指定旋转轴上的第二点：   \\指定旋转轴第二点

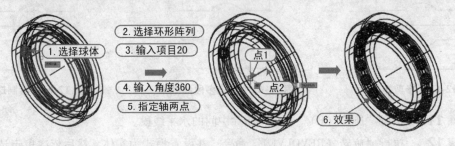

图 12-65　三维阵列操作

步骤 **14** ▶ 执行"删除（E）"命令，删除轴线，如图 12-66 所示。

步骤 **15** ▶ 执行"视图|视觉样式|真实"菜单命令，查看模型效果，如图 12-67 所示。至此，滚动轴承绘制完成。

图 12-66　三维阵列操作

图 12-67　三维阵列操作

步骤 **16** ▶ 按"Ctrl + S"组合键将文件进行保存。

12.7　上机练习——通过曲面创建机架底座

视频\12\通过曲面创建机架底座.avi
案例\12\机架底座.dwg

下面通过曲面创建机架底座，帮助读者掌握三维曲面的绘制及编辑操作。其操作步骤如下：

步骤 **1** ▶ 正常启动 AutoCAD 2015 软件，在"快速工具栏"中单击"新建"按钮，新建一个图形文件；再单击"保存"按钮，将其保存为"案例 \ 12 \ 机架底座.dwg"文件。

步骤 **2** ▶ 执行"图层（LA）"命令，打开"图层特性管理器"选项板，单击"新建图层"按钮，新建四个图层，并设置"底座顶面"为当前图层，如图 12-68 所示。

图 **12-68** 三维阵列操作

步骤 **3** ▶ 在"视图控件"中将"西南等轴测"视图置为当前视图。执行"矩形（REC）"命令，绘制 120mm × 120mm 的矩形，如图 12-69 所示。

步骤 **4** ▶ 执行"直线（L）"命令，以矩形的一个端点作为起点，绘制长度为 10mm 的线段，如图 12-70 所示。

步骤 **5** ▶ 在图层下拉列表中将"底座侧面"置为当前图层，在"网格"选项卡的"图元"面板中单击"平移曲面"按钮，将矩形作为平移对象，以绘制的垂线段作为方向矢量绘制底座侧面，如图 12-71 所示。

| 图 **12-69** 绘制矩形 | 图 **12-70** 绘制直线 | 图 **12-71** 平面偏移操作 |

步骤 **6** ▶ 在图层下拉列表中将"底座侧面"图层隐藏，将"底座顶面"图层置为当前图层，然后执行"直线（L）命令绘制一条对角线，并以矩形对角线中点为圆心，绘制半径为 20mm 的圆，如图 12-72 所示。

步骤 **7** ▶ 执行"修剪（TR）命令，修剪对角线和圆，如图 12-73 所示。

步骤 **8** ▶ 执行"分解（X）"分解矩形，执行"合并（J）命令，将矩形的如图 12-74 所示两个边合并为多段线。

| 图 **12-72** 绘制直线和圆 | 图 **12-73** 修剪操作 | 图 **12-74** 合并多段线 |

步骤 **9** ▶ 在命令行中分别输入"SURFTAB1"和"SURFTAB2"系统参数，设置曲面的网格密度为 30。命令行提示与操作如下：

命令：SURFTAB1
输入 SURFTAB1 的新值 <6 > :30
命令：SURFTAB2
输入 SURFTAB2 的新值 <6 > :30

步骤 **10** ▶ 在"网格"选项卡的"图元"面板中单击"边界曲面"按钮，创建如图 12-75 所示的曲面。

步骤 **11** ▶ 执行"镜像（MI）"命令，镜像上一步创建的曲面，如图 12-76 所示。

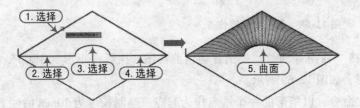

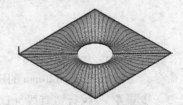

图 12-75　边界曲面操作　　　　　　　　　　　　　　　图 12-76　镜像操作

步骤 **12** ▶ 执行"移动（M）"命令，将创建的边界曲面对象垂直向下移动 10mm，如图 12-77 所示。

步骤 **13** ▶ 将两个曲面转换到"底座底面"图层，然后隐藏该图层。

步骤 **14** ▶ 执行"缩放（SC）"命令，以圆弧的圆心为基点，确定比例因子为 2，放大圆弧，如图 12-78 所示。

步骤 **15** ▶ 执行"修剪（TR）"命令，修剪多余线段，如图 12-79 所示。

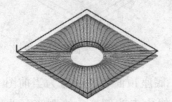

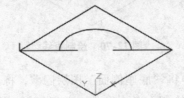

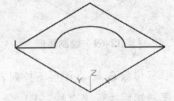

图 12-77　移动操作　　　　　　　图 12-78　缩放圆弧　　　　　　图 12-79　修剪圆弧对角线

步骤 **16** ▶ 再次执行"边界曲面"命令，创建曲面，如图 12-80 所示。

步骤 **17** ▶ 执行"镜像（MI）"命令，镜像曲面，如图 12-81 所示。

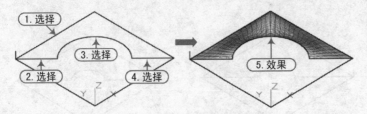

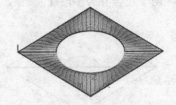

图 12-80　修剪圆弧对角线　　　　　　　　　　　　　　图 12-81　镜像操作

步骤 **18** ▶ 设置"圆筒面"图层切换至当前图层，执行"圆（C）"命令，捕捉圆弧圆心，绘制半径分别为 20mm 和 40mm 的同心圆，如图 12-82 所示。

步骤 **19** ▶ 执行"复制（CO）"命令，将同心圆向上复制 50mm，如图 12-83 所示。

步骤 **20** ▶ 执行"直线（L）"命令，绘制一条直线；并在"网格"选项卡的"图元"面板中单击"直纹网格"按钮，选择上方两个同心圆创建曲面，如图12-84所示。

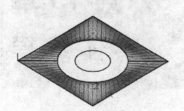
图12-82　绘制同心圆

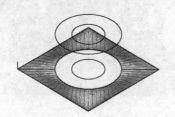
图12-83　复制同心圆

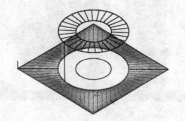
图12-84　创建顶面曲面

步骤 **21** ▶ 按空格键重复"直纹网格"命令，选择两个大圆创建圆筒侧面曲面，如图12-85所示。

步骤 **22** ▶ 在"图层特性管理器"中，将所有关闭的图层打开，如图12-86所示。在"视觉"选项卡的"视觉样式"面板中，选择"概念"视图，其最终效果如图12-87所示。至此，机架底座绘制完成。

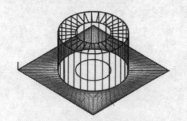
图12-85　创建侧面曲面

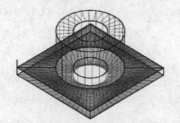
图12-86　显示所有图层

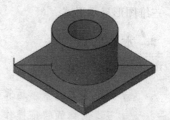
图12-87　概念视觉样式效果

步骤 **23** ▶ 按"Ctrl + S"组合键将文件进行保存。

本 章 小 结

本章主要学习了三维坐标系、三维表面的绘制方法以及编辑方法。读者需要重点掌握用户坐标系的创建和设置方法；三维绘图环境中图形的动态观察以及视图控制方法；三维网格面的绘制方法（包括三维面、多变网格面、三维网格的绘制方法）；三维曲面的绘制方法（包括直纹曲面、平移曲面、边界曲面、旋转曲面、平面曲面的绘制方法）；三维网格的编辑；三维曲面的编辑方法（包括三维镜像、三维阵列、三维对齐、三维移动、三维旋转等操作）。

第 13 章
实 体 建 模

课前导读

三维实体模型是三维图形中最重要的部分，它较前面介绍的三维表面更进一步，不仅描述对象的表面，而且具有实体的特征（如重心、体积、惯性等）。本章重点介绍建立长方体等基本三维实体模型的绘制方法、三维特征操作、三维实体的编辑操作、三维特殊视图的绘制方法以及三维图形显示形式。

本章要点

- 创建基本三维实体。
- 三维实体的布尔运算。
- 三维实体的特征操作。
- 实体三维操作。
- 特殊视图。
- 编辑实体。
- 三维实体的显示形式。
- 三维实体的贴图、材质与渲染。
- 上机练习——壳体零件立体造型的绘制。

13.1 创建基本三维实体

在 AutoCAD 2015 中，除创建基本的二维图形、三维曲面外，用户还可以建立一些基本的三维实体模型，包括长方体（Box）、球体（Sphere）、圆柱体（Cylinder）、圆锥体（Cone）、楔形体（Wedge）和圆环体（Torus）。

13.1.1 创建长方体

使用"长方体（BOX）"命令可以创建长方体。长方体是最常用的三维对象之一，是创建复杂模型的基础。创建时可以用底面顶点来定位，也可以用长方体中心来定位，所生成的长方体的底面平行于当前 UCS 的 XY 平面，长方体的高沿 Z 轴方向。

用户可以通过以下三种方式来执行"长方体（BOX）"命令：

➢ 在菜单栏中，选择"绘制|建模|长方体"菜单命令。

➢ 在"实体"选项卡的"建模"面板中，单击"长方体（BOX）"按钮▢。

➢ 在命令行中输入"BOX"。

利用"长方体（BOX）"命令绘制长方体的操作步骤如下：

步骤 **1** ▶ 在"实体"选项卡中的"图元"面板上，单击"长方体（BOX）"按钮▢，然后在绘图区域单击指定第一个角点。

步骤 **2** ▶ 移动鼠标指针单击指定其他角点。

步骤 **3** ▶ 移动鼠标指针单击指定高度或输入值，以完成长方体的绘制如图 13-1 所示。

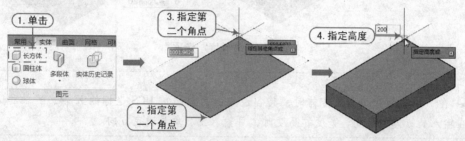

图 13-1　绘制长方体

操作过程中，命令行提示如下信息：

命令:_box   \\执行"长方体"命令
指定第一个角点或[中心(C)]:   \\在屏幕上指定一个点
指定其他角点或[立方体(C)/长度(L)]:   \\在屏幕上指定另一个点
指定高度或[两点(2P)]:200   \\输入长方体高度

其命令行各主要选项含义如下：

➢ 中心（C）：使用指定的中心点创建长方体。执行"长方体（BOX）"命令后，选择"中心（C）"选项，接着单击指定中心点，再移动鼠标指针单击指定其他角点，最后移动鼠标指针单击指定高度或输入值，如图 13-2 所示。

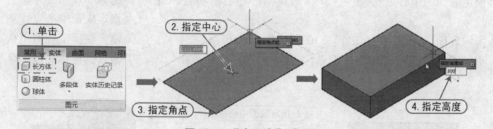

图 13-2　"中心点"选项

➢ 立方体（C）：创建长宽高相等的正方体。执行"长方体（BOX）"命令，然后在屏幕上单击指定第一个角点，接着选择"立方体（C）"选项，再输入立方体的长度，如图 13-3 所示。

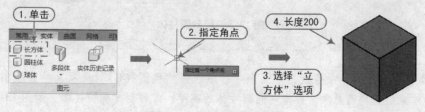

图 13-3　"立方体"选项

➢ 长度（L）：创建长、宽、高不相同的长方体。执行"长方体（BOX）"命令，然后单击指定第一个角点，接着选择"长度（L）"选项，再分别输入长度、宽度、高度绘制长方体，如图13-4所示。

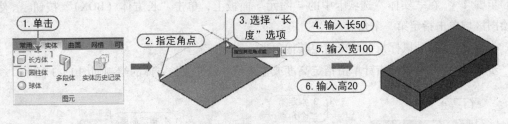

图13-4 "长度"选项

> **注意** 在 AutoCAD 中创建长方体时，其各边应分别与当前 UCS 坐标的 X 轴、Y 轴和 Z 轴平行，在输入长方体的长度、宽度和高度时，可输入正、负号确定方向。

13.1.2 创建圆柱体

"圆柱体"命令可以创建三维实心圆柱体，所生成的圆柱体、椭圆柱体的底面平行于 XY 平面，轴线与 Z 轴相平行。

执行"圆柱体（CYL）"命令主要有以下三种方法：

➢ 在菜单栏中，选择"绘制 | 建模 | 圆柱体"菜单命令。

➢ 在"实体"选项卡的"建模"面板中，单击"圆柱体（CYL）"按钮□。

➢ 在命令行中输入"CYLINDER"（快捷键 CYL）。

执行上述操作后，根据命令行提示进行操作，即可创建圆柱体，如图13-5所示。

命令:CYLINDER	\\执行"圆柱体"命令
指定底面的中心点或[三点(3P)/两点(2P)/切点、切点、半径(T)/椭圆(E)]:	
	\\指定底面中心点
指定底面半径或[直径(D)]<100.0000>:100	\\输入底面半径值100
指定高度或[两点(2P)/轴端点(A)]<200.0000>:200	\\输入圆柱体高度200

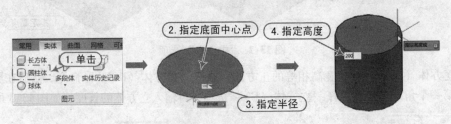

图13-5 绘制圆柱体

> **注意** 执行"圆柱体"命令后，可在命令行中选择"椭圆（E）"选项，参照绘制二维椭圆对象的方法来绘制椭圆对象，再指定椭圆柱体的高度，即可创建椭圆柱体，如图13-6所示。

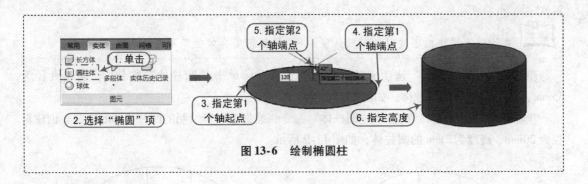

图 13-6　绘制椭圆柱

13.2　布尔运算

在 AutoCAD 2015 中，可以对三维基本实体进行并集、差集和交集三种布尔运算，以创建更加复杂的实体。

13.2.1　布尔运算简介

布尔运算在数学的集合运算中得到广泛应用，AutoCAD 也将该运算应用到了实体的创建过程中。用户可以对三维实体对象进行并集、交集、差集的运算。三维实体的布尔运算与平面图形类似。图 13-7 所示为长方体和圆柱体进行并集、交集、差集后的结果。

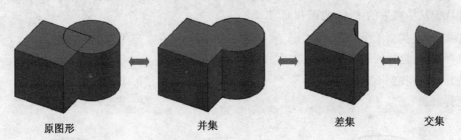

原图形　　　　　　并集　　　　　　差集　　　　　交集

图 13-7　实体布尔运算示例

13.2.2　实例——创建密封圈

视频\13\创建密封圈.avi
案例\13\密封圈.dwg

下面利用基本实体"圆柱体""球体"进行布尔运算中的"差集"运算，来绘制密封圈图形。其操作步骤如下：

步骤 **1** ▶ 启动 AutoCAD 2015 软件，按"Ctrl + N"组合键，新建一个图形文件。再按"Ctrl + S"组合键，将该文件保存为"案例 \ 13 \ 密封圈 . dwg"。

步骤 **2** ▶ 在窗口左上角的"视图"控件下拉菜单中选择"西南等轴测"视图，并将其作为当前视图。

步骤 **3** ▶ 在命令行中输入"ISOLINES"命令，设置线框密度为 10，命令行提示如下：

命令:ISOLINES
输入 ISOLINES 的新值 < 8 > :10

注意 在设置三维线框密度时，其默认值为8，线框密度有效值范围为0～205。

步骤 4 ▶ 在"实体"选项卡的"图元"面板中，单击"圆柱体"按钮⬚，创建直径为35mm、高度为6mm的圆柱体，如图13-8所示。

步骤 5 ▶ 按"Enter"键重复"圆柱体"命令，捕捉上一步绘制的圆柱体的底面圆心创建直径为20mm、高度为2mm的圆柱体，如图13-9所示。

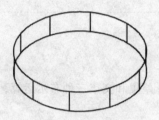

图13-8 绘制圆柱1

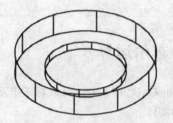

图13-9 绘制圆柱2

步骤 6 ▶ 在"实体"选项卡的"布尔值"面板中，单击"差集"按钮⬭，将外形轮廓和内部轮廓进行差集操作，操作过程如图13-10所示。其命令行提示与操作如下：

命令：_subtract	\\执行"差集"命令
选择要从中减去的实体、曲面和面域…	
选择对象：找到1个	\\选择大圆柱
选择对象：选择要减去的实体、曲面和面域…	
选择对象：找到1个	\\选择小圆柱
选择对象	\\按回车键结束命令

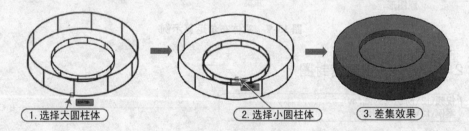

1.选择大圆柱体　　　2.选择小圆柱体　　　3.差集效果

图13-10 差集操作

注意 多方位观察差集效果。由于在二维线框视觉效果下无法观看差集后的效果，所以用户可以切换至"概念"视觉样式和"自由动态观察"视觉样式来观察底部差集的效果。

步骤 7 ▶ 在"实体"选项卡的"图元"面板中，单击"球体"按钮◯，捕捉小圆柱体顶面的圆心作为球心，绘制一个直径为20mm的球体对象，如图13-11所示。

步骤 8 ▶ 在"实体"选项卡的"布尔"面板中，单击"差集"按钮⬭，将外轮廓和球体进行差集操作，如图13-12所示，操作过程中命令行提示如下：

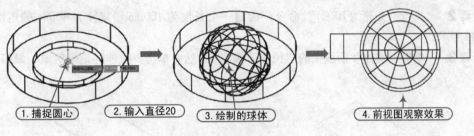

图 13-11 绘制球体

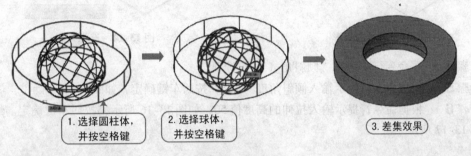

图 13-12 差集操作

命令:_subtract	\\执行"差集"命令
选择要从中减去的实体、曲面和面域…	\\选择圆柱体
选择对象:找到 1 个	\\空格键
选择对象:选择要减去的实体、曲面和面域…	\\选择球体
选择对象:找到 1 个	\\空格键
选择对象:	\\按"Enter"键结束命令

至此,盖密封圈实体绘制完成。

步骤 **9** ▶ 按"Ctrl + S"组合键将文件进行保存。

13.3 特征操作

当用户创建了一些三维实体和曲面后,还可以通过 AutoCAD 自身提供的编辑功能对其实体和实体的指定面进行拉伸、旋转、扫掠、放样、拖拽等操作。

13.3.1 拉伸

"拉伸"命令用于将闭合边界或面域,按照指定的高度拉伸成三维实心体模型,或将非闭合的二维图形拉伸为网格曲面。

执行"拉伸"命令主要有以下三种方法:

➤ 在菜单栏中,选择"绘制|建模|拉伸"菜单命令。

➤ 在"实体"选项卡的"实体"面板中,单击"拉伸"按钮。

➤ 在命令行中输入"EXTRUDE"(快捷键 EXT)。

下面利用"拉伸"命令将矩形创建为三维实体,操作步骤如下:

步骤 **1** ▶ 按"Ctrl + N"组合键新建一个图形文件,并将当前视图切换至"西南等轴测"视图。

273

步骤 **2** ▶ 执行"矩形（REC）"命令，绘制一个长度为 100mm、宽度为 40mm 的矩形，如图 13-13 所示。

步骤 **3** ▶ 单击"实体"面板中的"拉伸"按钮圖，然后单击要拉伸的矩形对象，如图 13-14 所示。

图 13-13　绘制矩形

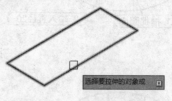

图 13-14　选择对象

步骤 **4** ▶ 在命令行中选择"倾斜角（T）"选项。

步骤 **5** ▶ 根据命令行提示输入倾斜角度为 15°，按回车键确定，如图 13-15 所示。

步骤 **6** ▶ 根据命令行提示输入拉伸的高度值 50，如图 13-16 所示，按回车键确定。绘制结果如图 13-17 所示。

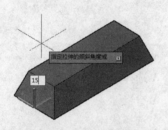

图 13-15　输入倾斜角度

图 13-16　输入拉伸高度

图 13-17　绘制完成

操作过程中，命令行提示如下：

```
命令:EXTRUDE                                        \\执行"拉伸"命令
当前线框密度:ISOLINES = 8,闭合轮廓创建模式 = 实体
选择要拉伸的对象或[模式(MO)]:找到 1 个                \\选择矩形对象
选择要拉伸的对象或[模式(MO)]:                         \\按回车键确定
指定拉伸的高度或[方向(D)/路径(P)/倾斜角(T)/表达式(E)] <50.0000 >:T
                                                   \\选择选项"T"
指定拉伸的倾斜角度或[表达式(E)] <15 >:15             \\输入倾斜角度
指定拉伸的高度或[方向(D)/路径(P)/倾斜角(T)/表达式(E)] <50.0000 >:50
                                                   \\输入拉伸高度
```

其命令行各主要选项含义如下：

➢ 方向（D）：用于将对象按指定光标指引的方向进行拉伸。

➢ 路径（P）：用于将闭合二维边界或面域，按照指定的直线或曲线路径进行拉伸。

➢ 倾斜角（T）：用于在拉伸实体的过程中，将实体进行一定的角度倾斜。

注意　拉伸时的角度，如果是正角度表示从基准对象逐渐变细的拉伸，如果是负角度则表示从基准对象逐渐变粗的拉伸。默认角度为 0，表示与二维对象所在平面垂直的方向上进行拉伸。

13.3.2　旋转

"旋转"命令用于将闭合的二维图形对象,绕坐标轴或选择的对象旋转为三维实体的操作。使用此命令还可以将非闭合图形绕指定的坐标轴或对象旋转为网格面。

执行"旋转"命令主要有以下三种方法:

➢ 在菜单栏中,选择"绘制|建模|旋转"菜单命令。

➢ 在"实体"选项卡的"实体"面板中,单击"旋转"按钮 。

➢ 在命令行中输入"REVOLVE"。

"旋转"命令经常用于创建一些回转体结构的模型。下面执行"旋转"命令将二维图形创建为回转实体,操作步骤如下:

步骤 1 ▶ 按"Ctrl + N"组合键新建一个图形文件,并将当前视图切换至"西南等轴测"视图。

步骤 2 ▶ 执行"绘图|三维多段线"命令,绘制闭合边界;然后执行"直线(L)"命令,绘制垂直的旋转轴,如图 13-18 所示。

步骤 3 ▶ 在"实体"选项卡的"实体"面板中,单击"旋转"按钮 ,选择多线段作为旋转对象,如图 13-19 所示。

步骤 4 ▶ 依次指定旋转轴的起点和端点,如图 13-20 所示。

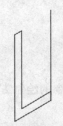
图 13-18　绘制闭合边界

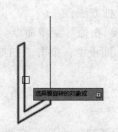
图 13-19　长方体表面

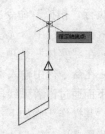
图 13-20　指定旋转轴

步骤 5 ▶ 输入旋转角度 360°,如图 13-21 所示。

步骤 6 ▶ 按回车键确定,绘制效果如图 13-22 所示。

步骤 7 ▶ 设置视觉样式为"概念",旋转效果如图 13-23 所示。

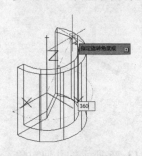
图 13-21　输入旋转角度

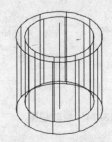
图 13-22　完成旋转

图 13-23　"概念"视觉样式效果

操作过程中,命令行提示如下:

命令:REVOLVE　　　　　　　　　　　　　　　　　　　　　　\\执行旋转命令
当前线框密度:ISOLINES = 10,闭合轮廓创建模式 = 实体

选择要旋转的对象或[模式(MO)]:找到 1 个	\\选择旋转对象
选择要旋转的对象或[模式(MO)]:	\\按空格键确定
指定轴起点或根据以下选项之一定义轴[对象(O)/X/Y/Z]<对象>:	\\指定轴起点
指定轴端点:	\\指定轴端点
指定旋转角度或[起点角度(ST)/反转(R)/表达式(EX)]<360>:	\\输入角度值

其命令行各主要选项含义如下：

➢ 对象（O）：用于选择现有的直线或多段线等作为旋转轴，轴的正方向是从这条直线上最近端点指向最远端点的。

➢ X 轴：使用当前坐标系的 X 轴正方向作为旋转轴的正方向。

➢ Y 轴：使用当前坐标系的 Y 轴正方向作为旋转轴的正方向。

 在 AutoCAD 中，输入正值时按逆时针方向旋转，输入负值时按顺时针方向旋转。

13.3.3　扫掠

"扫掠"命令可以通过沿开放（或闭合）的二维或三维路径扫掠开放（或闭合）的平面曲线（截面轮廓）来创建新的曲面（或实体）。

执行"扫掠"命令主要有以下三种方法：

➢ 在菜单栏中，选择"绘制|建模|扫掠"菜单命令。

➢ 在"实体"选项卡的"实体"面板中，单击"扫掠"按钮📍。

➢ 在命令行中输入"SWEEP"。

下面通过沿着弧线段和直线段，分别扫掠圆和圆弧，介绍"扫掠"命令的绘制方法和操作技巧。其操作步骤如下：

步骤 1 ▶ 按"Ctrl + N"组合键新建一个图形文件；然后在绘图区左上角，单击"视图控件"按钮，依次切换视图为"左视"→"西南等轴测"视图，以旋转视图，如图 13-24 所示。

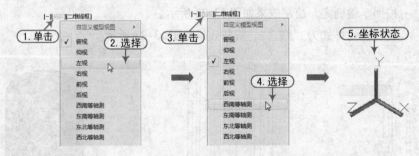

图 13-24　旋转视图

步骤 2 ▶ 执行"圆（C）"和"圆弧（ARC）"命令，绘制如图 13-25 所示的几何对象。

步骤 3 ▶ 在"实体"选项卡的"实体"面板中，单击"扫掠"按钮📍，选择圆作为扫掠的对象，如图 13-26 所示。

步骤 4 ▶ 单击圆弧作为扫掠路径，如图 13-27 所示。扫掠效果如图 13-28 所示。

步骤 5 ▶ 设置视觉样式为"概念"，效果如图 13-29 所示。

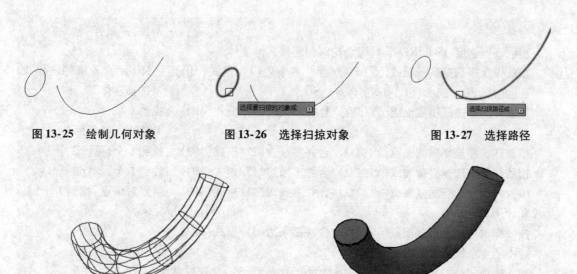

图 13-25　绘制几何对象　　　　　图 13-26　选择扫掠对象　　　　　图 13-27　选择路径

图 13-28　扫掠完成　　　　　　　　　图 13-29　"概念"效果

操作过程中，命令行提示与操作如下：

命令:_sweep　　　　　　　　　　　　　　　　　　　　　　\\执行"扫掠"命令

当前线框密度:ISOLINES = 10,闭合轮廓创建模式 = 实体

选择要扫掠的对象或[模式(MO)]:_MO 闭合轮廓创建模式[实体(SO)/曲面(SU)]<实体>:_SO

选择要扫掠的对象或[模式(MO)]:找到 1 个　　　　　　　　\\选择扫掠对象

选择要扫掠的对象或[模式(MO)]:　　　　　　　　　　　　\\按空格键确定

选择扫掠路径或[对齐(A)/基点(B)/比例(S)/扭曲(T)]:　　　\\选择路径

其命令行各主要选项含义如下：

➢ 对齐（A）：如果不想对齐于路径垂直的对象，可以选择该选项。

➢ 基点（B）：指定要扫掠的对象上的基点，以确定沿路径实际位于该对象上的点。

➢ 比例（S）：使用该选项缩放对象。

➢ 扭曲（T）：使用该选项沿路径扭曲对象。

> 注意　默认情况下，扫掠的轮廓曲线垂直于路径，如果轮廓曲线不垂直于（法线指向）路径曲线起点的切向，则轮廓曲线将自动对齐。出现对齐提示时输入 N，以避免该情况的发生。

13.3.4　放样

"放样"指在若干界面之间的空间中创建三维实体或曲面。在 AutoCAD 中，"放样"命令有以下三种执行方法：

➢ 在菜单栏中，"绘制│建模│放样"菜单命令。

➢ 在"实体"选项卡的"实体"面板中，单击"放样"按钮。

➢ 在命令行中输入"LOFT"。

执行实体"放样"命令后，根据以下命令行提示进行操作，可创建新的实体对象，如图 13-30 所示。

命令：_loft   \\执行"放样"命令
当前线框密度：ISOLINES＝4，闭合轮廓创建模式＝实体
按放样次序选择横截面或[点(PO)/合并多条边(J)/模式(MO)]：_MO 闭合轮廓创建模式
  [实体(SO)/曲面(SU)]＜实体＞：_SO   \\选择实体
按放样次序选择横截面或[点(PO)/合并多条边(J)/模式(MO)]：找到 1 个
                                              \\依次选择截面
按放样次序选择横截面或[点(PO)/合并多条边(J)/模式(MO)]：找到 1 个，总计 2 个
按放样次序选择横截面或[点(PO)/合并多条边(J)/模式(MO)]：找到 1 个，总计 3 个
按放样次序选择横截面或[点(PO)/合并多条边(J)/模式(MO)]：指定对角点：找到 1 个，总
  计 4 个
按放样次序选择横截面或[点(PO)/合并多条边(J)/模式(MO)]：
选中了 4 个横截面
输入选项[导向(G)/路径(P)/仅横截面(C)/设置(S)]＜仅横截面＞：C
                                              \\选择"截面"选项

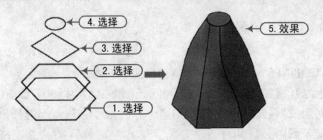

图 13-30　"概念"效果

13.3.5　按住并拖动

　　"按住并拖动"命令用于拉伸三维面或三维实体面。通过在绘图区中单击并按住鼠标左键拖动有边界的区域，然后移动光标或输入值以指定拉伸的距离完成。该命令会自动重复，直到用户按空格键或回车键结束命令。

　　"按住并拖动"命令的执行方法如下：

　　➢ 在菜单栏中，选择"绘制|建模|按住并拖动"菜单命令。

　　➢ 在"实体"选项卡的"实体"面板中，单击"按住并拖动"按钮🔲。

　　➢ 在命令行中输入"PRESSPULL"。

　　执行上述命令后，根据如图 13-31 所示的提示，选择要拉伸的实体面，然后鼠标拖动可指引拉伸实体的相应面。操作过程中命令行提示如下：

命令：_presspull   \\执行"按住并拖动"命令
选择对象或边界区域：   \\选择要拉伸的边界区域
指定拉伸高度或[多个(M)]：   \\指定拉伸高度
已创建 1 个拉伸

 注意　"按住并拖动"命令还可以将封闭的二维图形拉伸成为三维实体模型。

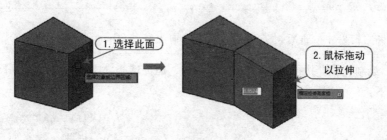

图 13-31　创建拖拽实体

13.3.6　实例——手轮的创建

视频\13\手轮的创建.avi
案例\13\手轮.dwg

下面通过绘制如图 13-41 所示的手轮,进一步介绍"拉伸(EXT)""旋转(REV)""扫掠(SWEEP)""放样(LOFT)""拖拽(PRESSPULL)"命令的绘制方法和操作技巧。绘制手轮的操作步骤如下:

步骤 1 ▶ 正常启动 AutoCAD2015 软件,按"Ctrl + N"组合键新建一个图形文件,按"Ctrl + S"组合键将文件保存为"案例 \ 13 \ 手轮 . dwg"。

步骤 2 ▶ 在"视图"控件中将当前视图切换至"西南等轴测"视图。在命令行中输入"ISOLINES",将线框密度设置为10。

步骤 3 ▶ 创建圆环。执行"绘图|建模|圆环体"菜单命令,绘制半径为100mm、圆管半径为10mm 的圆环,如图 13-32 所示。其命令行提示操作如下:

命令:_torus	\\执行"圆环体"命令
指定中心点或[三点(3P)/两点(2P)/切点、切点、半径(T)]:0,0,0	\\指定中心点
指定半径或[直径(D)] < 100.0000 > :100	\\输入半径值
指定圆管半径或[两点(2P)/直径(D)]:10	\\输入圆管半径值

步骤 4 ▶ 绘制球体。执行"绘图|建模|球体"菜单命令,绘制半径为20mm 的球体。其命令行提示操作如下:

命令:_sphere	\\执行"球体"命令
指定中心点或[三点(3P)/两点(2P)/切点、切点、半径(T)]:0,0,30	\\捕捉球心
指定半径或[直径(D)] < 100.0000 > :20	\\输入半径值

步骤 5 ▶ 转换视图。在"视图"控件中将当前视图切换至"前视",然后执行"移动(M)"命令,将球体移动到圆环的中心的正上方,图形效果如图 13-33 所示。

图 13-32　绘制圆环体

图 13-33　绘制球体

> 注意 首先将它们以中心进行对齐，然后将球体向上移动 30mm。

步骤 **6** ▶ 绘制直线。执行"直线（L）"命令，捕捉球心，绘制直线，如图 13-34 所示。其命令行操作如下：

命令：LINE	\\执行直线命令
指定第一个点：	\\捕捉球心
指定下一点或[放弃(U)]：100,0	\\输入坐标点

步骤 **7** ▶ 绘制圆。在"视图控件"中将当前视图切换至"左视"，执行"圆（C）"命令，捕捉球心，绘制半径为 5mm 的圆，效果如图 13-35 所示。

图 13-34　绘制直线

图 13-35　绘制圆

步骤 **8** ▶ 拉伸圆。在"视图控件"中将当前视图切换至"西南等轴测"视图，单击"实体"面板上的"拉伸"按钮，将半径为 5mm 的圆以直线为路径拉伸成为圆柱实体。其操作过程命令行提示如下：

命令：_extrude	\\执行"拉伸"命令
当前线框密度：ISOLINES = 10,闭合轮廓创建模式 = 实体	
选择要拉伸的对象或[模式(MO)]：_MO 闭合轮廓创建模式[实体(SO)/曲面(SU)]＜实体＞：_SO	
选择要拉伸的对象或[模式(MO)]：找到 1 个	\\选择圆
选择要拉伸的对象或[模式(MO)]：	\\按回车键确定
指定拉伸的高度或[方向(D)/路径(P)/倾斜角(T)/表达式(E)]：P	\\选择选项 P
选择拉伸路径或[倾斜角(T)]：	\\选择直线

步骤 **9** ▶ 执行"视图|消隐"命令，进行消隐处理后的图形如图 13-36 所示。

步骤 **10** ▶ 阵列拉伸后生成的圆柱体。执行"修改|三维操作|三维阵列"菜单命令，将圆柱体进行项目为 6 的环形阵列，如图 13-37 所示。阵列操作过程中命令行提示入如下：

命令：_arraypolar	\\执行"环形"阵列命令
选择对象：找到 1 个	\\选择圆柱体
选择对象：	\\按回车键确定
类型 = 极轴　关联 = 是	
指定阵列的中心点或[基点(B)/旋转轴(A)]：A	\\选择选项 A
指定旋转轴上的第一个点：	\\捕捉球心
指定旋转轴上的第二个点：	\\捕捉圆环体中心点
选择夹点以编辑阵列或[关联(AS)/基点(B)/项目(I)/项目间角度(A)/填充角度(F)/行(ROW)/层(L)/旋转项目(ROT)/退出(X)]＜退出＞：I	\\选择选项 I
输入阵列中的项目数或[表达式(E)]＜6＞:6	\\输入项目数

选择夹点以编辑阵列或[关联（AS）/基点（B）/项目（I）/项目间角度（A）/填充角度（F）/行（ROW）/层（L）/旋转项目（ROT）/退出（X）]＜退出＞：＊取消＊　\\按回车键结束命令

步骤 **11** ▶ 创建长方体。执行"长方体（BOX）"命令，以中心点方式创建长方体，以原点为长方体的中心点，绘制长、宽、高分别为 15mm、15mm、120mm 的长方体，如图 13-38 所示。

图 13-36　拉伸圆

图 13-37　阵列圆柱体

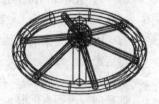

图 13-38　绘制长方体

步骤 **12** ▶ 在"常用"选项卡的"实体编辑"面板中，单击"差集"按钮◎，以球体减去长方体进行差集操作，如图 13-39 所示。

步骤 **13** ▶ 执行"修改|三维操作|剖切"菜单命令，对球体进行对称剖切操作（具体操作方法见 13.5.1 节），剖切效果如图 13-40 所示。

步骤 **14** ▶ 在"常用"选项卡的"实体编辑"面板中，单击"并集"按钮◎，将圆环体、球体以及拉伸的实体进行并集操作，效果如图 13-41 所示。至此，手轮实体绘制完成。

图 13-39　差集效果

图 13-40　剖切效果

图 13-41　并集效果

步骤 **15** ▶ 按"Ctrl + S"组合键将文件保存。

13.4　实体三维操作

对于所创建的实体对象，用户可以进行诸如圆角和倒角之类的操作，从而使三维对象的操作更加灵活方便。

13.4.1　倒角边

使用"倒角边"命令可以对实体的棱边进行倒角处理，它与二维命令中的"倒角"命令类似，用于实体的倒角操作。执行"倒角边"命令有以下三种方法：

➢ 在菜单栏中，选择"修改|实体编辑|倒角边"菜单命令。

➢ 在"实体"选项卡的"实体编辑"面板中，单击"倒角边"按钮◎。

➢ 在命令行中输入"CHAMFEREDGE"（快捷键"CHA"）。

下面是将长方体的端面进行倒角操作的实例，其操作步骤如下：

步骤 **1** ▶ 将当前视图切换至"西南等轴测"视图。

步骤 **2** ▶ 执行"长方体（BOX）"命令创建长、宽、高分别为 200mm、120mm、100mm 的长方体。

步骤 **3** ▶ 单击"实体编辑"面板中的倒角边"按钮 ▣，选择长方体的边，对长方体进行倒角边操作。倒角后将图形切换至"概念"视觉样式，效果如图 13-42 所示。其命令行操作如下：

命令：_CHAMFEREDGE 距离 1 = 10.0,距离 2 = 10.0	\\执行"倒角边"命令
选择一条边或[环(L)/距离(D)]：	\\选择边
选择同一个面上的其他边或[环(L)/距离(D)]：D	\\选择选项 D
指定距离 1 或[表达式(E)] <10.0>：12	\\输入距离 1 值
指定距离 2 或[表达式(E)] <10.0>：12	\\输入距离 2 值
选择同一个面上的其他边或[环(L)/距离(D)]：	\\按回车键
按 Enter 键接受倒角或[距离(D)]：*取消*	\\按回车键

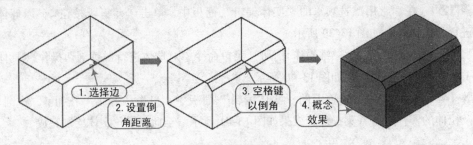

图 13-42 倒角边操作

13.4.2 圆角

"圆角边"命令与"倒角边"命令类似，不仅可以对二维图形进行圆角，还可以对三维实体的边棱进行磨合细化。执行"圆角边"命令有以下三种方法：

➢ 在菜单栏中，执行"修改|实体编辑|圆角边"菜单命令。

➢ 在"实体"选项卡的"实体编辑"面板中，单击"圆角边"按钮 ▣。

➢ 在命令行中输入"FILLET"。

下面是将长方体进行圆角操作的实例，操作步骤如下：

步骤 **1** ▶ 将当前视图切换至"西南等轴测"视图。

步骤 **2** ▶ 执行"长方体（BOX）"命令创建长、宽、高分别为 200mm、120mm、100mm 的长方体。

步骤 **3** ▶ 单击"实体编辑"面板中的倒角边"按钮 ▣，选择长方体的边，对长方体进行圆角边操作，圆角后将图形切换至概念视图，效果如图 13-43 所示。其命令行操作如下：

命令：_FILLETEDGE 半径 = 1.0	\\执行"圆角"命令
选择边或[链(C)/环(L)/半径(R)]：	\\选择边
已选定 1 个边用于圆角。	\\按回车键确定
按 Enter 键接受圆角或[半径(R)]：r	\\选择选项 R
指定半径或[表达式(E)] <1.0>：12	\\输入半径值
按 Enter 键接受圆角或[半径(R)]：12	\\按回车键确定

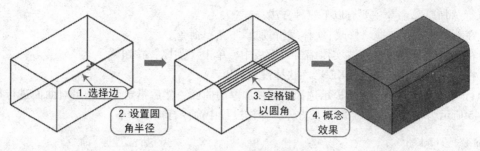

图 13-43 圆角边操作

13.4.3 提取边

"提取边"命令用于从三维实体或曲面中提取棱边，以创建相应结构的线框。执行"提取边"命令主要有以下三种方法：

> 执行"修改|实体编辑|提取边"菜单命令。
> 在"实体"选项卡的"实体编辑"面板中，单击"提取边"按钮🖸。
> 在命令行中输入"XEDGES"。

执行"提取边"命令后，根据提示选择需要被提取边的对象，再空格键即可提取出实体的边。图 13-44 所示为在实体棱锥上提取边的操作，其操作过程中命令行提示如下：

命令:_xedges   \\执行"提取边"命令
选择对象:找到 1 个   \\选择棱锥体
选择对象   \\空格键确定

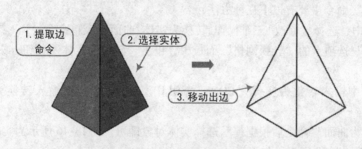

图 13-44 提取边操作

> **注意** 默认情况下提取的边和实体重合在一起，需要移动出实体才能看到提取的边。对于整个对象，"提取边"命令将提取对象上的所有边。如果要提取单个边，可以在激活"提取边"命令后，在按住 Ctrl 键不放的同时单击所要提取的边。

13.4.4 加厚

使用"加厚"命令可以加厚曲面，从而把它转换成实体。只能将该命令用于由"平面曲面""拉伸""扫掠""放样"或者"旋转"命令等创建的曲面对象。当然，也可以使用"转换为曲面"命令将面域或者圆弧等转换为曲面，然后再使用"加厚"命令将其转化为实体。

执行"加厚"命令主要有以下三种方法：

➢ 在菜单栏中，选择"修改|实体编辑|加厚"菜单命令。

➢ 在"实体"选项卡的"实体编辑"面板中，单击"加厚"按钮◈。

➢ 在命令行中输入"THICKEN"（快捷键"THIC"）。

执行"加厚"命令，根据提示选择需要被加厚的曲面，然后指定厚度即可对曲面进行加厚。图 13-45 所示为将平面网格加厚为长方体，操作过程中命令行提示如下：

命令:_Thicken	\\执行"加厚"命令
选择要加厚的曲面:找到 1 个	\\选择曲面对象
选择要加厚的曲面:指定厚度 <0.0000>:100	\\指定厚度

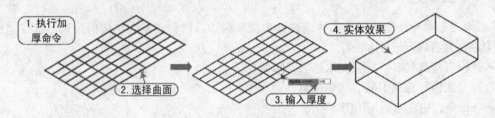

图 13-45 将平面网格加厚为长方体

13.4.5 转换为实体（曲面）

"转换为实体"命令可以将具有一定厚度的三维网格、多段线和圆转换为三维实体。"转换为曲面"命令可以将三维实体和曲面转换为 NURBS 曲面。

执行"加厚"命令主要有以下三种方法：

➢ 在菜单栏中，选择"修改|三维操作|转换为实体|曲面"菜单命令。

➢ 在"网格"选项卡的"转换网格"面板中，单击"转换为实体"按钮🗗或"转换为曲面"按钮🗗。

➢ 在命令行中输入转化为实体"CONVTOSOLID"；在命令行中输入转换为曲面"CONVTONURBS"。

执行"转换为曲面"命令后根据提示选择实体对象即可。图 13-46 所示为实体转换曲面操作示例，其操作过程中命令行提示如下：

命令:CONVTOSURFACE	\\执行"转换为曲面"命令
网格转换设置为:平滑处理并优化	
选择对象:找到 1 个	\\选择实体
选择对象:	\\按"Enter"键确定

执行"转换为实体"命令后根据提示选择曲面对象即可。图 13-47 所示为曲面转换为实体操作示例，其操作过程中命令行提示如下：

命令:CONVTOSOLID	\\执行"转换为实体面"命令
网格转换设置为:平滑处理并优化	
选择对象:找到 1 个	\\选择曲面
选择对象:	\\按"Enter"键确定

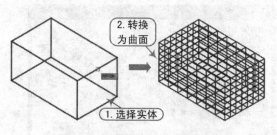

图 13-46 实体转换为曲面操作

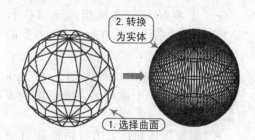

图 13-47 曲面转换为实体操作

13.4.6 干涉检查

"干涉检查"命令用于干涉检查对象组,其与"交集"命令类似,只是"干涉检查"命令会保留原始实体,以两个实体的公共部分创建第三个实体。"干涉检查"命令也可用于高亮显示两个实体的公共体积。

执行"干涉检查"命令主要有以下几种方法:

➤ 在菜单栏中,选择"修改|三维操作|干涉检查"菜单命令。

➤ 在"实体"选项卡的"实体编辑"面板中,单击"干涉检查"按钮🗗。

➤ 在命令行中输入"INTERF"。

对于图 13-48 所示的操作,利用"干涉检查"命令创建实体,其操作步骤如下:

步骤 1 ▶ 在"实体编辑"面板中,单击"干涉检查"按钮🗗,选择第一组对象。

步骤 2 ▶ 继续单击选择第二组对象。

步骤 3 ▶ 按回车键确定,即可看到创建的新的实体。其具体操作过程如图 13-48 所示。

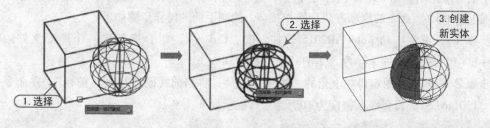

图 13-48 干涉检查操作

操作过程中命令行提示如下:

命令:_interfere	\\执行"干涉检查"命令
选择第一组对象或[嵌套选择(N)/设置(S)]:找到 1 个	\\选择正方体
选择第一组对象或[嵌套选择(N)/设置(S)]:找到 1 个,总计 2 个	
	\\选择球体
选择第一组对象或[嵌套选择(N)/设置(S)]:	\\按回车键
选择第二组对象或[嵌套选择(N)/检查第一组(K)]＜检查＞:按 ESC 或 ENTER 键退出,或者单击鼠标右键显示快捷菜单。	\\显示"干涉检查"对话框

此时,弹出干涉对话框,如图 13-49 所示。

在"干涉检查"对话框中,用户可循环、缩放及删除或保留干涉对象。其各主要选项含义如下:

➢"干涉对象"选项组：显示执行"INTERFERE"命令时，在每组之间找到的干涉数目。

➢"亮显"选项组：使用"上一个"和"下一个"在对象中循环时，将亮显干涉对象。

➢"缩放"按钮：关闭对话框并启动ZOOM命令。

➢"平移"按钮：关闭对话框并启动PAN命令。

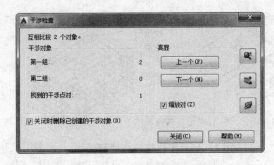

图13-49 "干涉检查"对话框

➢"三维动态观察"按钮：关闭对话框并启动3DORBIT命令。

➢"关闭时删除已创建的干涉对象"复选框：关闭对话框时删除干涉对象。

> **注意** 可以使用"干涉检查"命令检查错误和区分复杂图形，例如可以使用该命令确定哪一个实体需要从其他实体中减去。新的对象创建在当前图层上，也可以在使用该命令之前改变当前图层，这样做可以更清楚地区分新创建的实体。

13.4.7 实例——手柄的创建

视频\13\手柄的创建.avi
案例\13\手柄.dwg

下面通过绘制如图13-62所示的手柄，进一步介绍"旋转（REVO）""倒角边（CHA）""圆角边（FILL）"命令的绘制方法和操作技巧。绘制手柄的操作步骤如下：

步骤 **1** ▶ 正常启动AutoCAD2015软件，按"Ctrl + N"组合键新建一个图形文件；再按"Ctrl + S"组合键将文件保存为"案例 \ 13 \ 手柄.dwg"。

步骤 **2** ▶ 单击绘图窗口左上角的"视图"控件，将当前视图切换至"前视"。在命令行中输入"ISOLINES"，设置线框密度为10，命令行提示如下：

命令：ISOLINES
输入ISOLINES的新值 < 4 > :10

步骤 **3** ▶ 绘制手柄把手截面。执行"构造线（XL）"命令，绘制一组十字中心线，如图13-50所示。

步骤 **4** ▶ 执行"偏移（O）"命令，将竖直中心线向右偏移83mm，如图13-51所示。

图13-50 绘制十字中心线　　　　　　　　图13-51 偏移竖直中心线

步骤 **5** ▶ 执行"圆（C）"命令，以左侧的十字中心线交点为圆心，绘制半径为13mm的圆，以右侧的十字中心线交点为圆心，绘制半径为7mm的圆，如图13-52所示。

步骤 **6** ▶ 再次执行"偏移（O）"命令，将水平中心线向上偏移13mm，如图13-53所示。

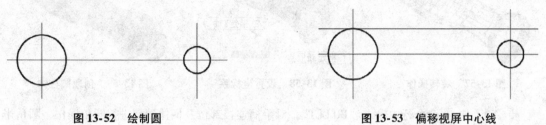

图 13-52　绘制圆　　　　　　　　　　　　　　　　图 13-53　偏移视屏中心线

步骤 **7** ▶ 再次执行"圆（C）"命令，绘制与半径为7mm的圆及偏移的水平辅助线相切的圆，其半径为65mm；接着绘制与半径为65mm的圆及半径为13mm的圆相切的圆，其半径为45mm，如图13-54所示。

步骤 **8** ▶ 执行"修剪（TR）"命令，对图形进行修剪，修剪效果如图13-55所示。

步骤 **9** ▶ 执行"直线（L）"命令，沿着辅助线绘制连接图形的直线；再执行"删除（E）"命令，将辅助线删除，如图13-56所示。

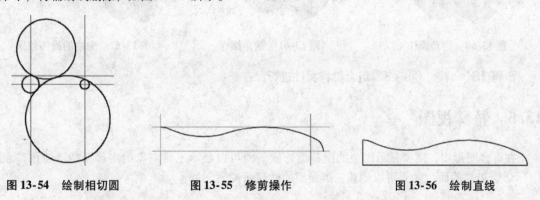

图 13-54　绘制相切圆　　　　　　图 13-55　修剪操作　　　　　　图 13-56　绘制直线

步骤 **10** ▶ 在命令行中输入"REGION"，选择全部图形进行面域操作。

步骤 **11** ▶ 执行"三维旋转（REVOLVE）"命令，以水平线作为旋转轴，将面域的图形进行旋转360°操作。

步骤 **12** ▶ 重新设置坐标系。单击绘图窗口左上角的"视图"控件，将当前视图依次切换至"左视"→"西南等轴测"视图，旋转后图形效果如图13-57所示。

步骤 **13** ▶ 单击绘图窗口左上角的"视觉样式"控件按钮，切换为"概念"模式；执行"UCS"命令，根据命令提示指定左侧圆面圆心为新UCS原点，然后再正交下指定X轴上的点，以将坐标建立到圆面上，如图13-58所示。

步骤 **14** ▶ 创建圆柱体。执行"圆柱体（CYL）"命令，以坐标原点为圆心绘制半径为8mm、高为15mm的圆柱体，如图13-59所示。

步骤 **15** ▶ 在命令行中输入"CHAMFEREDGE"，对圆柱体顶部进行倒角操作，倒角距离为2mm×2mm，如图13-60所示。

步骤 **16** ▶ 在命令行中输入"UNION"，对图形进行并集操作。

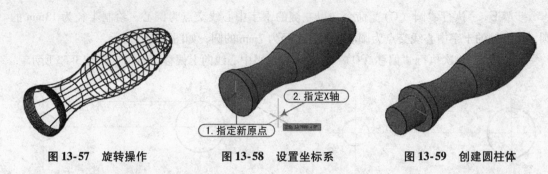

图 13-57　旋转操作　　　　　图 13-58　设置坐标系　　　　　图 13-59　创建圆柱体

步骤 **17** ▶ 在命令行中输入 "FILLET"，对手柄连接部位及柄体端面进行圆角操作，圆角半径为 1mm，圆角操作效果如图 13-61 所示。完成的最终效果如图 13-62 所示。至此，手柄实体绘制完成。

图 13-60　倒角操作　　　　　图 13-61　圆角操作　　　　　图 13-62　完成的最终效果

步骤 **18** ▶ 按 "Ctrl + S" 组合键将文件进行保存。

13.5　特殊视图

在许多图形中，需要显示模型的横截面。横截面可以显示三维对象的内部结构。使用"剖切"命令和"截面"命令可以创建三维模型的横截面视图。

13.5.1　剖切截面

使用"剖切"命令可以根据指定的剖切平面将一个实体分割为两个独立的实体，并可以继续剖切，将其任意切割为多个独立的实体。

"剖切"命令的执行方法主要有以下三种：

➢ 在菜单栏中，选择"修改｜三维操作｜剖切"菜单命令。

➢ 在"实体"选项卡的"实体编辑"面板中，单击"剖切"按钮🗡。

➢ 在命令行中输入 "SLICE"。

执行"剖切"命令后，可以通过两点或三点指定剖切平面，也可以使用某个对象或曲面进行剖切。一个实体只能切成位于剖切平面两侧的两部分，被切成的两部分可全部保留，也可只保留其中一部分。

对于图 13-63 所示的利用三点剖切平面，其操作步骤如下：

步骤 **1** ▶ 在"实体编辑"面板中，单击"剖切"按钮🗡，然后单击选择对象，按 "Enter" 键。

步骤 **2** ▶ 顺序单击指定平面上第一点、第二点和第三点。

步骤 **3** ▶ 单击需要保留的侧面，即可保留所选的剖切部分对象，效果如图 13-63 所示。

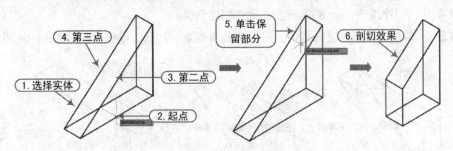

图 13-63 利用三点剖切平面

执行"剖切"命令操作过程中，命令行提示如下：

命令:_slice   \\执行"剖切"命令
选择要剖切的对象:找到 1 个   \\选择剖切对象
选择要剖切的对象: \\按回车键确定
指定切面的起点或[平面对象(O)/曲面(S)/z 轴(Z)/视图(V)/xy(XY)/yz(YZ)/zx(ZX)/
  三点(3)]<三点>：
指定平面上的第二点：   \\依次指定平面上两点
在所需的侧面上指定点或[保留两个侧面(B)]<保留两个侧面>：\\指定保留的侧面

其各主要选项含义如下：
➤ 平面对象：将剖切平面与包含以下选定对象的平面对齐：圆、椭圆、圆弧、椭圆弧、二维样条曲线、二维多段线或平面三维多段线。
➤ 曲面：将剖切平面与选定的曲面对齐。
➤ Z 轴：通过平面上指定一点和在平面的 Z 轴（法向）上指定另一点来定义剖切平面。
➤ 视图：将剖切平面与当前视口的视图平面平行对齐。
➤ XY：将剖切平面与当前 UCS 的 XY 平面对齐。
➤ YZ：将剖切平面与当前 UCS 的 XY 平面对齐。
➤ XZ：将剖切平面与当前 UCS 的 XZ 平面对齐。三点：用三点定义剖切平面。

注意 剖切平面是通过两个或三个点定义的，方法是指定坐标系的主要平面，或选择曲面对象（非网格对象）。可以保留剖切三维实体的一个或两个侧面。

13.5.2 创建截面

使用"截面"命令可以创建三维实体的剖面，得到表示三维实体剖面形状的二维图形。一般而言，AutoCAD 会在当前层生成剖面，并放在平面与实体的相交处。当选择多个实体时，系统可以为每个实体生成各自独立的剖面。"截面"命令的执行方法如下：
➤ 在命令行中输入"SECTION"（快捷键"SEC"）。
对于图 13-64 所示的利用"截面"命令创建截面，其操作步骤如下：
步骤 **1** ▶ 在命令行中输入"SECTION"，按回车键确定。然后单击选择对象并按回车键。
步骤 **2** ▶ 单击指定截面上的第一点。

步骤 **3** ▶ 单击指定平面上的第二点。

步骤 **4** ▶ 单击指定平面上的第三点，截面创建完成。

步骤 **5** ▶ 单击选择所创建的截面，可看到截面效果。其具体操作过程如图 13-64 所示。

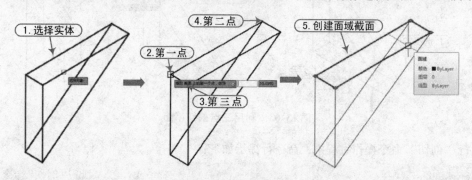

图 13-64　剖切截面操作

操作过程中命令行提示如下：

命令：SECTION　　　　　　　　　　　　　　　　\\执行"截面"命令

选择对象：找到 1 个　　　　　　　　　　　　　　\\选择对象

选择对象：　　　　　　　　　　　　　　　　　　\\回车键确定

指定截面上的第一个点，依照[对象(O)/Z 轴(Z)/视图(V)/XY(XY)/YZ(YZ)/ZX(ZX)/三

　　点(3)]＜三点＞：

指定平面上的第二个点：

指定平面上的第三个点：　　　　　　　　　　　　\\依次指定第一、第二、第三个点

13.5.3　截面平面

使用"截面平面"命令可以创建可移动的截面对象，以显示三维模型的内部结构。在活动该截面打开时，随着截面平面的移动，可以实时看到最终得到的横截面。可以翻转截面平面以展示对象的另一半。

"截面平面"命令的执行有以下三种：

➤ 在菜单栏中，选择"绘图|建模|截面平面"菜单命令。

➤ 在"实体"选项卡的"截面"面板中，单击"截面平面"按钮⬛。

➤ 在命令行中输入"SECTIONPLANE"或"SECTIONP"。

对于图 13-65 所示的操作，执行上述操作后，只需单击选择面，即可创建截面平面。其具体操作过程如图 13-65 所示。

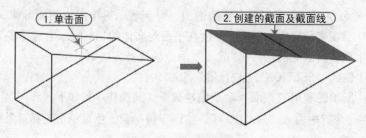

图 13-65　截面平面操作

执行"截面平面"命令操作过程中，命令行提示如下：

| 命令:_sectionplane | \\执行"截面平面"命令 |
| 选择面或任意点以定位截面线或[绘制截面(D)/正交(O)]: | \\选择面 |

13.6　编辑实体

当用户创建了三维实体和曲面后，还可以通过 AutoCAD 自身提供的编辑功能对其实体和实体的指定面进行拉伸、移动、偏移面的操作，或者将实体进行抽壳和分割。

13.6.1　拉伸面

"拉伸面"就是将指定的实体表面按指定的长度或指定的路径进行拉伸的操作。首先执行"拉伸面"命令，再选择实体上的面，选择完毕后按"Enter"键确定，接着再输入拉伸的高度值，按"Enter"键确定，并根据需要输入拉伸倾斜角度值。

执行"拉伸面"命令的执行方法主要有以下几种：

➢ 在菜单栏中，选择"修改|三维操作|拉伸面"菜单命令。

➢ 在"实体"选项卡的"实体编辑"面板中，单击"拉伸面"按钮 。

➢ 在命令行中输入"SOLIDEDIT"。

对于图 13-66 所示的操作，执行"拉伸面"命令后，按照如下命令行提示可拉伸指定的面，操作步骤如图 13-66 所示。

命令_extrude	\\执行"拉伸面"命令
选择面或[放弃(U)/删除(R)]:找到一个面。	\\选择面
指定拉伸高度或[路径(P)]:10	\\指定拉伸高度值
指定拉伸的倾斜角度 <0> :	\\指定角度值
已开始实体校验。	

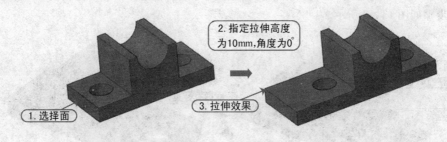

图 13-66　拉伸面操作

13.6.2　移动面

"移动面"就是将指定的实体表面按指定的距离进行移动的操作。首先执行"移动面"命令，选择实体上的面，选择完毕后按"Enter"键确定，再分别捕捉第一点和第二点即可。

执行"移动面"命令的执行方法主要有以下几种：

➢ 在菜单栏执行"修改|三维操作|移动面"菜单命令。

➢ 在"实体"选项卡的"实体编辑"面板中，单击"移动面"按钮 。

➢ 在命令行中输入"SOLIDEDIT"。

对于图 13-67 所示的操作，当执行"移动面"命令后，按照如下命令行提示即可移动指定的面，操作步骤如图 13-67 所示。

命令:move	\\执行"移动面"命令
选择面或[放弃(U)/删除(R)]:找到一个面。	\\选择面
选择面或[放弃(U)/删除(R)/全部(ALL)]:	\\按"Enter"键确认
指定基点或位移:	\\指定圆心为基点
指定位移的第二点:	\\指定象限点为目标点

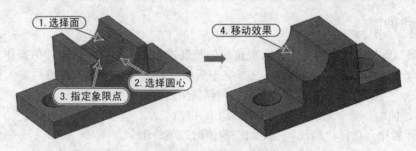

图 13-67　移动面操作

13.6.3　偏移面

"偏移面"就是将指定的实体表面按指定的距离进行偏移的操作。首先执行"偏移面"命令，选择实体上的面，选择完毕后按回车键确定，然后输入偏移距离并按回车键即可。

执行"偏移面"命令的执行方法主要有以下几种：

➢ 执行"修改|三维操作|偏移面"菜单命令。

➢ 在"实体"选项卡的"实体编辑"面板中，单击"偏移面"按钮⬚。

➢ 在命令行中输入"SOLIDEDIT"。

对于图 13-68 所示的操作，当执行"偏移面"命令后，按照如下命令行提示即可偏移指定的面，操作步骤如图 13-68 所示。

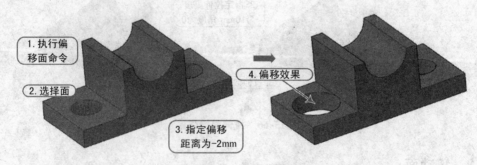

图 13-68　偏移面操作

命令:SOLIDEDIT
实体编辑自动检查:SOLIDCHECK = 1
输入面编辑选项[拉伸(E)/移动(M)/旋转(R)/偏移(O)/倾斜(T)/删除(D)/复制(C)/颜色(L)/材质(A)/放弃(U)/退出(X)]<退出>:O　　　　\\执行"偏移面"命令

选择面或[放弃(U)/删除(R)]:找到一个面。	\\选择要偏移的面
选择面或[放弃(U)/删除(R)/全部(ALL)]:	\\按"Enter"键确认
指定偏移距离:-2	\\输入偏移距离

> **注意** 偏移面的方向是由距离的正负号决定的,距离为正值则向内偏移,距离为负值则向外偏移。

13.6.4 抽壳

"抽壳"就是以指定的厚度在实体对象上创建中空的薄壁的操作。用户可以通过以下三种方式来执行"抽壳"命令:

> 在菜单栏中,选择"修改|三维操作|抽壳"菜单命令。
> 在"实体"选项卡的"实体编辑"面板中,单击"抽壳"按钮🔲。
> 在命令行中输入"SOLIDEDIT"。

对于图 13-69 所示的操作,当执行"抽壳"命令后,按照如下命令行提示即可偏移指定的面,操作步骤如图 13-69 所示。

命令:_SOLIDEDIT	\\执行"抽壳"命令
实体编辑自动检查:SOLIDCHECK = 1	
输入实体编辑选项[面(F)/边(E)/体(B)/放弃(U)/退出(X)] < 退出 > :_body	
输入体编辑选项	
[压印(I)/分割实体(P)/抽壳(S)/清除(L)/检查(C)/放弃(U)/退出(X)] < 退出 > :_shell	
选择三维实体:	\\选择实体
删除面或[放弃(U)/添加(A)/全部(ALL)]:找到一个面,已删除1个。	\\选择删除面
删除面或[放弃(U)/添加(A)/全部(ALL)]:	\\按"Enter"键确认
输入抽壳偏移距离:5	\\输入距离

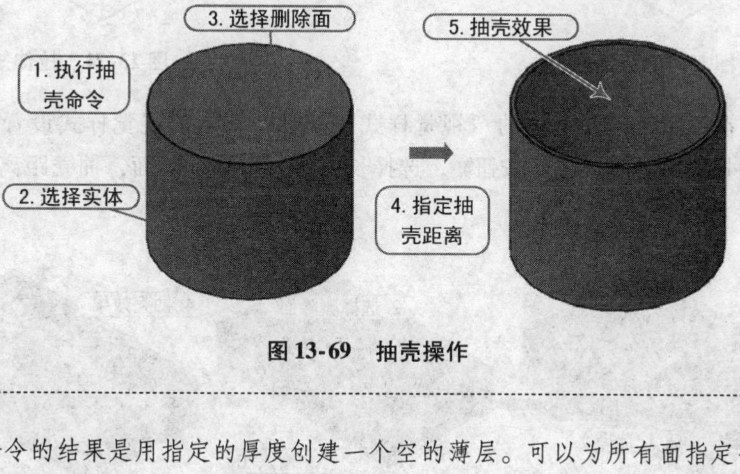

图 13-69 抽壳操作

> **注意** 抽壳命令的结果是用指定的厚度创建一个空的薄层。可以为所有面指定一个固定的薄层厚度,通过选择某面可以将这些面排除在壳外。一个三维实体只能有一个壳,通过将现有面偏移出其原位置来创建新的面。

13.6.5 实例——水盆的绘制

视频\13\水盆的绘制.avi
案例\13\水盆.dwg

掌握了实体编辑命令后，下面利用"矩形""拉伸""拉伸面""复制面""移动面""抽壳"等命令绘制水盆模型。操作步骤如下：

步骤**1** ▶ 正常启动 AutoCAD2015 软件，在快速工具栏中个单击"新建"按钮，新建一个图形文件；再单击"保存"按钮，将其保存为"案例 \ 13 \ 水盆.dwg"文件。

步骤**2** ▶ 在绘图区域左上角的"视图"控件中将当前视图设置为"西南等轴测"。执行"矩形（REC）"命令，绘制一个长为 760mm、宽为 450mm 的矩形，如图 13-70 所示。

步骤**3** ▶ 然后执行"拉伸（EXT）"命令，将绘制的矩形向上进行拉伸，高度为 150mm，如图 13-71 所示。命令行操作与提示如下：

命令:_extrude	\\执行"拉伸"命令
当前线框密度:ISOLINES = 4,闭合轮廓创建模式 = 实体	
选择要拉伸的对象或[模式(MO)]:_MO 闭合轮廓创建模式[实体(SO)/曲面(SU)] < 实体 >:_SO	
选择要拉伸的对象或[模式(MO)]:找到 1 个	\\选择矩形
选择要拉伸的对象或[模式(MO)]:	\\按"Enter"键确定
指定拉伸的高度或[方向(D)/路径(P)/倾斜角(T)/表达式(E)]< 154.4417 >:150	\\输入拉伸高度值 150

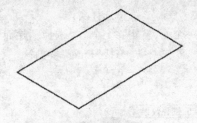

图 13-70　绘制矩形

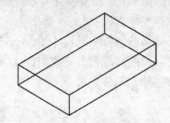

图 13-71　拉伸矩形

步骤**4** ▶ 在绘图区域左上角的"视觉样式"控件中将当前视觉样式设置为"概念"。在"实体编辑"面板中单击"抽壳"按钮，选择长方体，删除上表面，抽壳距离为 20mm，抽壳效果如图 13-72 所示。

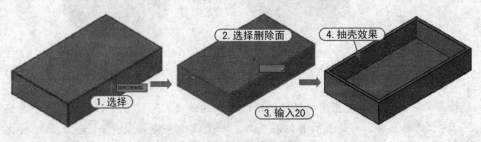

图 13-72　抽壳操作

步骤 **5** ▶ 执行 SOLIDEDIT 命令，将右内侧面沿 X 轴向左移动 400mm，如图 13-73 所示。

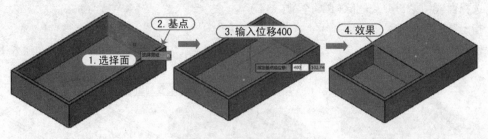

图 13-73 偏移面操作

步骤 **6** ▶ 再次执行"抽壳"命令，选择偏移面操作后的上表面，抽壳距离为 20mm，如图 13-74 所示。

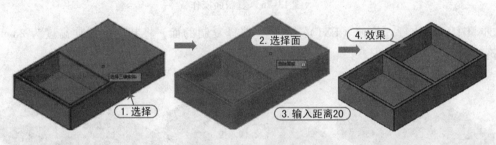

图 13-74 抽壳操作

步骤 **7** ▶ 再次执行"移动面（SOLIDEDIT）"命令，将抽壳后的后内侧沿 Y 轴向前移动 80mm。如图 13-75 所示。

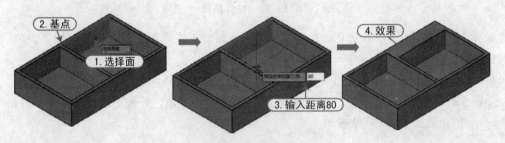

图 13-75 移动面操作

步骤 **8** ▶ 执行"UCS"命令，调整坐标轴使 Y 轴向上。

步骤 **9** ▶ 执行 SOLIDEDIT 命令，对实体上表面进行复制，复制距离为 1mm。复制后将其切换至"二维线框"视觉，然后选择，复制的面效果如图 13-76 所示。命令行操作与提示如下：

```
命令:_SOLIDEDIT
实体编辑自动检查:SOLIDCHECK = 1
输入实体编辑选项[面(F)/边(E)/体(B)/放弃(U)/退出(X)] <退出 >:_face
输入面编辑选项
[拉伸(E)/移动(M)/旋转(R)/偏移(O)/倾斜(T)/删除(D)/复制(C)/颜色(L)/材质
  (A)/放弃(U)/退出(X)] <退出 >:_copy
```

选择面或[放弃(U)/删除(R)]:找到一个面。　　　　　　\\选择面
选择面或[放弃(U)/删除(R)/全部(ALL)]:　　　　　　　\\按"Enter"键
指定基点或位移:　　　　　　　　　　　　　　　　　　\\指定基点
指定位移的第二点:1　　　　　　　　　　　　　　　　　\\鼠标向上移动输入1

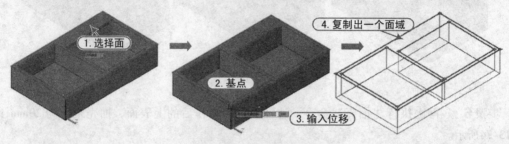

图 13-76　复制面操作

步骤 **10** ▶ 执行"拉伸(EXT)"命令,选择复制的面,将其向上拉伸高度为 2mm,如图 13-77 所示。

图 13-77　拉伸操作

步骤 **11** ▶ 执行 SOLIDEDIT 命令,将拉伸 2mm 高的实体的四个侧面向外拉伸 20mm,使得其四边都比下方的盆边长出来 20mm,如图 13-78 所示。

步骤 **12** ▶ 执行"移动(M)"命令,将拉伸后实体向下移动 1mm。

步骤 **13** ▶ 执行"圆角边(FILLETEDGE)"命令,将盆池内外侧边进行倒圆角,圆角半径为 50mm,圆角效果如图 13-79 所示。

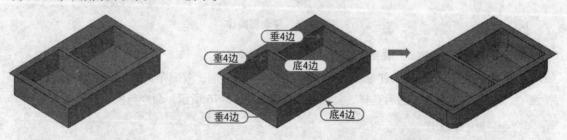

图 13-78　拉伸面操作　　　　　　　　　　图 13-79　圆角操作

注意　　在执行"圆角边"命令时,设置好圆角半径后,在选择对象时必须一次性地将需要圆角的边都选择才能达到这样的圆滑过渡效果,否则会出现尖角。

步骤 **14** ▶ 重复执行"圆角边（FILLETEDGE）"命令，将表面实体侧面边缘的四个角进行圆角，圆角半径为10mm，再将表面实体的上表面四条边进行圆角，圆角半径为1mm，如图13-80所示。

步骤 **15** ▶ 将当前视图切换至"俯视图"。在水盆的底部中心位置绘制半径为40mm的圆，再将当前视图切换至"西南等轴测"，执行"拉伸"命令将圆进行拉伸，拉伸高度为30mm，如图13-81所示。

图 13-80　上表面倒

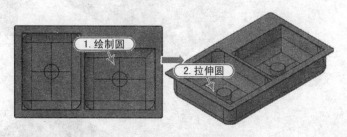

图 13-81　绘制和拉伸圆

步骤 **16** ▶ 将当前视图切换至"前视图"。执行"移动"命令，将拉伸的圆柱体向下移动25mm，如图13-82所示。

步骤 **17** ▶ 将当前视图切换至"西南等轴测"，执行"差集"命令将圆柱体从盆中减去，效果如图13-83所示。

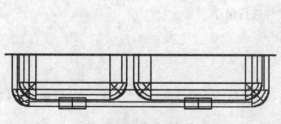

图 13-82　移动圆柱体

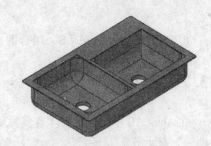

图 13-83　差集效果

步骤 **18** ▶ 将当前视图切换至"俯视图"；执行"矩形（REC）"命令在相应位置绘制长200mm、宽50mm、圆角半径为20mm的圆角矩形；再将当前视图切换至"西南等轴测视图"，执行"拉伸（EXT）"命令，将圆角矩形进行拉伸，拉伸高度为–1mm，效果如图13-84所示。

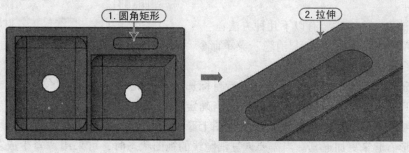

图 13-84　绘制并拉伸矩形

步骤 **19** ▶ 执行"差集（SU）"命令，将圆角长方体从表面实体中减去，差集效果如图 13-85 所示。

至此，水盆模型图绘制完成，效果如图 13-86 所示。

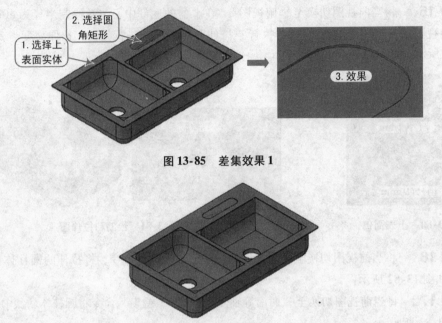

图 13-85　差集效果 1

图 13-86　差集效果 2

步骤 **20** ▶ 按"Ctrl + S"组合键，将文件进行保存。

13.7　显示形式

在 AutoCAD 中，三维实体有多种显示形式，包括"二维线框""三维线框""概念""真实""消隐"显示等。

13.7.1　消隐

"消隐"命令用于重生成不显示隐藏线的三维线框模型。对三维图形进行隐藏，可以消除屏幕上存在而实际上应该被遮住的轮廓线或其他线条，隐藏后的实体更加符合显示中的视觉感受，如图 13-87 所示。

执行"消隐"命令主要有以下几种方法：

➤ 在菜单栏中，选择"视图|消隐"菜单命令。

➤ 在命令行中输入"HIDE"。

执行"消隐"命令后，用户不需要进行目标选择，AutoCAD2015 会检查图形中的每根线，当确定线位于其他物体的后面时，将把该线条从视图上隐藏，这样图形看起来更加逼真。当需要恢复消隐线的视图状态时，可采用"重生成"命令实现。图形消隐后，不能使用"实时缩放"和"平移"命令。

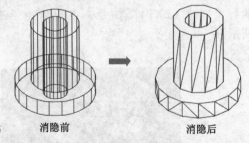

消隐前　　　　　　　消隐后

图 13-87　图形消隐

13.7.2 视觉样式

"视觉样式"命令用于设置当前视口的视觉样式，主要表现为二维线框形式、三维线框形式、三维隐藏形式等。

要调整模型的视觉样式，其操作方法如下：

➢ 在菜单栏中，选择"视图|视觉样式"菜单命令中的相应子命令。

➢ 在命令行中输入"VSCURRENT"。

执行上述操作后，命令行提示如下：

> 命令：_vscurrent
> 输入选项[二维线框(2)/线框(W)/隐藏(H)/真实(R)/概念(C)/着色(S)/带边缘着色(E)/灰度(G)/勾画(SK)/X射线(X)/其他(O)] <二维线框>：

其各选项含义如下：

➢ 二维线框：显示用直线和曲线表示边界的对象。光栅和OLE对象、线型和线宽都是可见的，即使将COMPASS系统变量的值设置为1，它也不会出现在二维线框视图中，如图13-88所示。

➢ 线框：显示用直线和曲线表示边界的对象。其UCS为一个着色的三维图标。

➢ 隐藏：显示用三维线框表示的对象并隐藏表示后向面的直线，如图13-89所示。

➢ 真实：着色多边形平面间的对象，并使对象的边平滑化。将显示已附着到对象的材质，如图13-90所示。

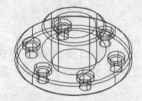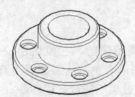

图13-88 二维线框　　　图13-89 隐藏　　　图13-90 真实

➢ 概念：着色多边形平面间的对象，并使对象的边平滑化。着色使用冷色和暖色之间的过渡，效果缺乏真实感，但是可以更方便地查看模型的细节，如图13-91所示。

➢ 灰度：使用单色面颜色模式可以产生灰色效果，如图13-92所示。

➢ X射线：更改面的透明度使整个场景变成部分透明，如图13-93所示。

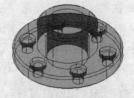

图13-91 概念　　　图13-92 灰度　　　图13-93 X射线

13.7.3 视觉样式管理器

视觉样式是一组自定义设置，用来控制当前视口中三维实体和曲面的边、着色、背景和阴影的显示。"视觉样式管理器"用于创建和修改视觉样式，并将视觉样式应用于视口。

执行"视觉样式管理器"命令的主要有以下两种方法：

➢ 在菜单栏中，选择"视图|视觉样式|视觉样式管理器"菜单命令。

➢ 在命令行中输入"VISUALSTYLES"。

执行上述操作后，系统打开"视觉样式管理器"面板，如图13-94所示，在其中用户可以对每个视觉样式的参数进行设置。

图13-94　视觉样式管理

> **注意** 用户可以通过单击绘图区域中左上角的"视觉样式"控件中进行视觉样式的切换，更方便地观察图形显示效果。

13.8　渲染实体

渲染是基于三维场景来创建二维图像的。它使用已设置的源、已应用的材质和环境设置（例如背景和雾化），为场景的几何图形着色，从而能够更真实地表达图形的外观和纹理。渲染是输出图形前的关键步骤，尤其是在效果图的设计中。

13.8.1　贴图

贴图的功能是在实体附着带纹理的材质后，调整实体或面上纹理贴图的方向。当材质被映射后，调整材质以适应对象的形状，将合适的材质贴图类型应用到对象中，可以使之更加适合于对象。

"贴图"命令的执行方法主要有以下三种：

➢ 在菜单栏中，选择"视图|渲染|贴图"菜单命令。

➢ 在"可视化"选项卡的"材质"面板中，单击"材质贴图"按钮 。

➢ 在命令行中输入"MATERIALMAP"。

在命令行中输入"MATERIALMAP"，或在菜单中选择相应的选项后，命令行提示如下：

```
命令:MATERIALMAP                                    \\执行"贴图"命令
选择选项[长方体(B)/平面(P)/球面(S)/柱面(C)/复制贴图至(Y)/重置贴图(R)]＜长
    方体＞:B
选择面或对象:找到1个                                 \\选择贴图对象
选择面或对象:                                       \\按"Enter"键确定
接受贴图或[移动(M)/旋转(R)/重置(T)/切换贴图模式(W)]:  \\按"Enter"键确定
```

其中各选项含义如下：

➢ 移动：显示"移动"小控件以移动贴图。

➢ 旋转：显示"旋转"小控件以旋转贴图。

➢ 切换贴图模式：重新显示主命令提示，可从中选择其他的贴图类型。

➢ 重置贴图：将 UV 坐标重置为贴图的默认坐标。使用此选项可反转先前通过贴图小控件对贴图的位置和方向所做的所有调整。

13.8.2 材质

为了更加真实地反映物体表面的颜色、材料、纹理和透明度等显示效果，在 AutoCAD 中用户可为指定的图形对象定义材质。

1. 创建材质

用户可以通过以下方法来执行"材质"命令：

➢ 执行"视图|渲染|材质浏览器"菜单命令。

➢ 在"可视化"选项卡的"材质"面板中，单击"材质浏览器"按钮 ⊗。

执行上述命令后，系统弹出"材质浏览器"选项板，在该选项板中用户可以为选择的三维模型实体对象创建指定的材质，如图 13-95 所示。

2. 编辑材质

用户可以通过以下方法来对材质进行编辑：

➢ 在菜单栏中，选择"视图|渲染|材质编辑器"菜单命令。

➢ 在"可视化"选项卡的"材质"面板中，单击右下角的按钮 ↘。

➢ 在命令行中输入"MATERIALS"。

执行上述命令后，系统弹出"材质编辑器"面板，如图 13-96 所示。在该选项板中，用户可以编辑材质外观，如颜色、反射率和透明度等；在"信息"选项卡中，可以对材质信息进行编辑，如描述和关键字等。

图 13-95 "材质浏览器"面板

图 13-96 "材质编辑器"面板

13.8.3 渲染

当对三维实体添加并设置好材质后，即可对其进行渲染操作，从而才能使所添加的材质效果更加形象逼真。

1. 设置渲染环境

使用环境功能来设置雾化效果或背景图像。通过雾化效果或将位图图像添加为背景，来增强渲染图像。

设置渲染环境的执行方法主要有以下三种：

➤ 在菜单栏中，执行"视图|渲染|渲染环境"菜单命令。

➤ 在"渲染"工具栏中，单击"环境"按钮 ▣。

➤ 在命令行中输入"RENDERENVIRONMENT"。

执行上述命令后，系统弹出"渲染环境"对话框，如图 13-97 所示。在该对话框中，可对雾化和深度进行设置。雾化和深度设置是同一效果的两个极端：雾化为白色，而传统的深度设置为黑色。可以使用期间的任意一种颜色。

2. 创建渲染

渲染环境设置完成后，即可对图形进行渲染。用户可以通过以下几种方式来执行渲染命令：

➤ 在菜单栏中，选择"视图|渲染|渲染"菜单命令。

➤ 在"渲染"工具栏中，单击"渲染"按钮 ▱。

➤ 在命令行中输入"RENDER"。

执行"渲染"命令后，弹出"渲染"窗口，如图 13-98 所示。渲染窗口中显示了当前视图中图形的染效果。在其右边的列表框中，显示了图形图像的质量、光源和材质等详细信息；在其下面的文件列表中，显示了当前渲染图像的文件名称、大小和渲染时间等信息。

图 13-97 "渲染环境"对话框

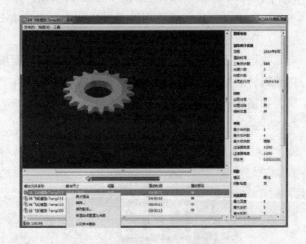

图 13-98 "渲染"窗口

用户可以在"输入文件名称"栏某一渲染图形上单击鼠标右键，在弹出的快捷菜单中选择相应的命令保存、删除渲染图像。

> **注意** 在"渲染"选项卡的"渲染"面板中，单击右下角的 ▨ 按钮，将弹出"高级渲染设置"选项板，可以通过更多的参数来设置渲染环境，如设置渲染的等级、输出尺寸和材质等，如图 13-99 所示。

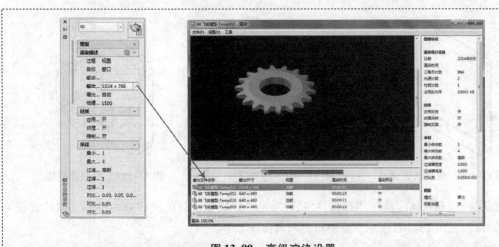

图 13-99　高级渲染设置

13.8.4　实例——阀体的创建

视频\13\阀体的创建.avi
案例\13\阀体.dwg

下面利用"圆""拉伸""差集""圆柱体""长方体""三维阵列""三维镜像""抽壳"等命令，绘制一个壳体零件造型图，操作步骤如下：

步骤 1 ▶ 正常启动 AutoCAD 2015 软件，按"Ctrl + N"组合键新建一个图形文件，按"Ctrl + S"组合键将文件保存为"案例 \ 13 \ 阀体.dwg"。

步骤 2 ▶ 在命令行中，输入"ISOLINES"设置线框密度为 10。在"视图"控件当中，将"西南等轴测视图"切换至当前视图。

步骤 3 ▶ 设置坐标系。在命令行中输入"UCS"，选择 X 轴选项，将坐标系沿 X 轴旋转 90°。

步骤 4 ▶ 绘制长方体。执行"长方体（BOX）"命令，以坐标原点为中心点，创建长 75mm、宽 75mm、高 12mm 的长方体，如图 13-100 所示。

步骤 5 ▶ 执行"圆角边（FILLETEDGE）"命令，将长方体的四个棱角进行倒圆角操作，圆角半径为 12.5mm，如图 13-101 所示。

步骤 6 ▶ 创建外形圆柱。执行"UCS"命令，将坐标原点移动至点（0,0,6），执行"圆柱体（CYL）"命令，以坐标原点为圆心，创建底面直径为 55mm、高为 17mm 的圆柱体，如图 13-102 所示。命令行提示与操作如下：

命令:_cylinder	\\执行圆柱体命令
指定底面的中心点或[三点(3P)/两点(2P)/切点、切点、半径(T)/椭圆(E)]:0,0,0	
	\\指定该中心点
指定底面半径或[直径(D)] < 10.0000 > :d	\\选择直径选项
指定直径 < 20.0000 > :55	\\输入直径值为 55
指定高度或[两点(2P)/轴端点(A)] < 12.0000 > :17	\\输入高度值为 17

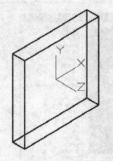

图 13-100　绘制长方体

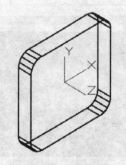

图 13-101　圆角操作

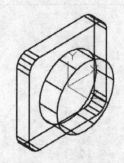

图 13-102　绘制圆柱体

步骤 **7** ▶ 创建球体。执行"球体（SPH）"命令，以坐标（0,0,17）为圆心，创建直径为 55mm 的球体，如图 13-103 所示。命令行提示与操作如下：

命令：_sphere　　　　　　　　　　　　　　　　　　　　　\\指定球体命令
指定中心点或［三点(3P)/两点(2P)/切点、切点、半径(T)］:0,0,17　\\指定中心点
指定半径或［直径(D)］＜27.5000＞:d　　　　　　　　　　　\\选择执行选项
指定直径＜55.0000＞:55　　　　　　　　　　　　　　　　　\\输入直径值55

步骤 **8** ▶ 继续创建圆柱体。执行"UCS"命令，将坐标原点移动至点（0,0,63），执行"圆柱体（CYL）"命令，以坐标（0,0,0）为圆心，创建直径为 36mm、高为 −17mm，以及直径为 32mm，高为 −34mm 的圆柱体，如图 13-104 所示。

步骤 **9** ▶ 执行"并集（UI）"命令，将所有实体进行并集操作，并执行"视图|视觉样式|隐藏"命令，效果如图 13-105 所示。

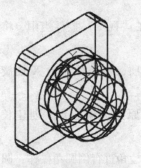

图 13-103　绘制球体

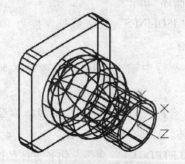

图 13-104　创建圆柱体

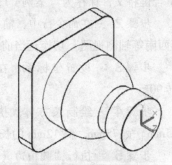

图 13-105　并集隐藏效果

步骤 **10** ▶ 接着创建内形圆柱体，执行"圆柱体（CYL）"命令，分别创建五个圆柱体，命令行操作与提示如下：

命令：_cylinder　　　　　　　　　　　　　　　　　　　　　\\执行"圆柱体"命令
指定底面的中心点或［三点(3P)/两点(2P)/切点、切点、半径(T)/椭圆(E)］:0,0,0
　　　　　　　　　　　　　　　　　　　　　　　　　　　　\\指定中心点
指定底面半径或［直径(D)］＜10.0000＞:d　　　　　　　　　\\选择直径选项
指定直径＜20.0000＞;28.5　　　　　　　　　　　　　　　　\\输入直径值28.5
指定高度或［两点(2P)/轴端点(A)］＜34.0000＞:−5　　　　　\\输入高度值−5
命令：CYLINDER　　　　　　　　　　　　　　　　　　　　　\\重复"圆柱体"命令

指定底面的中心点或[三点(3P)/两点(2P)/切点、切点、半径(T)/椭圆(E)]:0,0,0	
指定底面半径或[直径(D)]<14.2500>:d	\\选择直径选项
指定直径<28.5000>:20	\\输入直径值20
指定高度或[两点(2P)/轴端点(A)]<-5.0000>:-34	\\输入高度值-34
命令:CYLINDER	\\重复"圆柱体"命令
指定底面的中心点或[三点(3P)/两点(2P)/切点、切点、半径(T)/椭圆(E)]:0,0,-34	
指定底面半径或[直径(D)]<10.0000>:d	\\选择直径选项
指定直径<20.0000>:35	\\输入直径值35
指定高度或[两点(2P)/轴端点(A)]<-34.0000>:-7	\\输入高度值-7
命令:CYLINDER	\\重复"圆柱体"命令
指定底面的中心点或[三点(3P)/两点(2P)/切点、切点、半径(T)/椭圆(E)]:0,0,-41	
指定底面半径或[直径(D)]<17.5000>:d	\\选择直径选项
指定直径<35.0000>:43	\\输入直径值43
指定高度或[两点(2P)/轴端点(A)]<-7.0000>:-29	\\输入高度值-29
命令:CYLINDER	\\重复"圆柱体"命令
指定底面的中心点或[三点(3P)/两点(2P)/切点、切点、半径(T)/椭圆(E)]:0,0,-70	
指定底面半径或[直径(D)]<21.5000>:d	\\选择直径选项
指定直径<43.0000>:50	\\输入直径值50
指定高度或[两点(2P)/轴端点(A)]<-29.0000>:-5	\\输入高度值-5

创建效果如图13-106所示。

步骤 **11** ▶ 再次设置用户坐标系。执行"UCS"命令，将坐标系移至点（0,56,-54），并将其绕 X 轴旋转90°，效果如图13-107所示。

步骤 **12** ▶ 执行"圆柱体（CYL）"命令，以坐标点（0,0,0）为圆心，绘制直径为36mm、高为50mm的圆柱体，如图13-108所示。

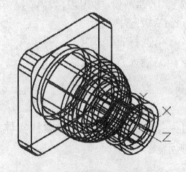 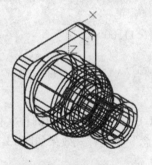 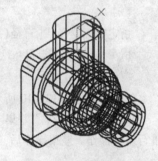

图13-106　创建内形圆柱体　　　　图13-107　设置坐标系　　　　图13-108　绘制圆柱体

步骤 **13** ▶ 执行"并集（UNI）"命令，将外形圆柱实体与直径为36mm的圆柱体进行并集操作；执行"差集（SU）"命令，将外形圆柱实体与内形圆柱实体的五个圆柱体进行差集操作。差集操作后"概念"视觉样式效果如图13-109所示。

步骤 **14** ▶ 再次创建内形圆柱体，执行"圆柱体（CYL）"命令，分别创建五个圆柱体，命令行提示与如下：

命令:CYLCYLINDER   \\执行"圆柱体"命令
指定底面的中心点或[三点(3P)/两点(2P)/切点、切点、半径(T)/椭圆(E)]:0,0,0
　　　　　　　　　　　　　　　　　　　　　　　　　　　　　　　　　　　　\\指定中心点

指定底面半径或[直径(D)]<18.0000>:d   \\选择直径选项
指定直径<36.0000>:26   \\输入直径值26
指定高度或[两点(2P)/轴端点(A)]<50.0000>:4   \\输入高度值4
命令: CYLINDER   \\执行"圆柱体"命令
指定底面的中心点或[三点(3P)/两点(2P)/切点、切点、半径(T)/椭圆(E)]:0,0,4
　　　　　　　　　　　　　　　　　　　　　　　　　　　　　　　　　　　　\\指定中心点

指定底面半径或[直径(D)]<13.0000>:d   \\选择直径选项
指定直径<26.0000>:24   \\输入直径值24
指定高度或[两点(2P)/轴端点(A)]<4.0000>:9   \\输入高度值9
命令: CYLINDER   \\执行"圆柱体"命令
指定底面的中心点或[三点(3P)/两点(2P)/切点、切点、半径(T)/椭圆(E)]:0,0,13
　　　　　　　　　　　　　　　　　　　　　　　　　　　　　　　　　　　　\\指定中心点

指定底面半径或[直径(D)]<12.0000>:d   \\选择直径选项
指定直径<24.0000>:24.3   \\输入直径值24.3
指定高度或[两点(2P)/轴端点(A)]<4.0000>:3   \\输入高度值3
命令: CYLINDER   \\执行"圆柱体"命令
指定底面的中心点或[三点(3P)/两点(2P)/切点、切点、半径(T)/椭圆(E)]:0,0,16
　　　　　　　　　　　　　　　　　　　　　　　　　　　　　　　　　　　　\\指定中心点

指定底面半径或[直径(D)]<12.1500>:d   \\选择直径选项
指定直径<24.3000>:22   \\输入直径值22
指定高度或[两点(2P)/轴端点(A)]<3.0000>:13   \\输入高度值13
命令: CYLINDER   \\执行"圆柱体"命令
指定底面的中心点或[三点(3P)/两点(2P)/切点、切点、半径(T)/椭圆(E)]:0,0,29
　　　　　　　　　　　　　　　　　　　　　　　　　　　　　　　　　　　　\\指定中心点

指定底面半径或[直径(D)]<11.0000>:d   \\选择直径选项
指定直径<22.0000>:18   \\输入直径值18
指定高度或[两点(2P)/轴端点(A)]<13.0000>:27   \\输入高度值27

创建效果如图13-110所示。

步骤**15** ▶ 执行"差集(SU)"命令,将外形圆柱实体与上一步绘制的五个内形圆柱实体进行差集操作。差集操作后"概念"视觉样式效果如图13-111所示。

图 13-109　差集操作效果

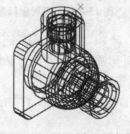
图 13-110　绘制内形圆柱体

图 13-111　差集操作效果

步骤 **16** ▶ 绘制二维图形。在"视图"控件中将当前视图切换至"俯视图",执行"圆(C)"命令,以坐标(0,0)为圆心分别绘制直径为26mm和36mm的同心圆;再执行"直线(L)"以坐标(0,0)和(@18<45)绘制一条直线,再以坐标(0,0)和(@18<135)绘制另一条直线如图13-112所示。

步骤 **17** ▶ 执行"修剪"命令,将二维图形进行修剪,如图13-113所示;执行"面域(REG)"命令,将修剪后的图形进行面域操作,如图13-114所示。

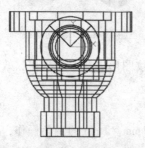

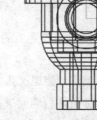

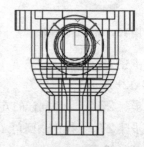

图 13-112 绘制圆和直线　　　　图 13-113 修剪操作　　　　图 13-114 面域操作

步骤 **18** ▶ 将视图切换回"西南等轴测"视图。执行"拉伸(EXT)"命令,将面域图形进行拉伸操作,拉伸高度为-2mm,将视觉样式切换至"概念"视觉样式,效果如图13-115所示。

步骤 **19** ▶ 执行"差集(SU)"命令,将实体与拉伸实体进行差集操作,效果如图13-116所示。

步骤 **20** ▶ 创建阀体外螺纹。在"视图"控件中,将"左视"作为当前视图。

步骤 **21** ▶ 执行"正多边形"命令绘制一个边长为2mm的正三角形,再执行"构造线"命令,过三角形底边绘制水平辅助线,并利用"偏移"命令将水平辅助线向上偏移18mm,如图13-117所示。

图 13-115 拉伸操作效果　　　　图 13-116 差集操作　　　　图13-117 绘制三角形

步骤 **22** ▶ 执行"旋转(REVO)"命令,将正三角形绕着偏移辅助线进行旋转,旋转完成后删除辅助线,将视图切换至"西南等轴测",观察图形效果如图13-118所示。

步骤 **23** ▶ 执行"修改│三维操作│三维阵列"命令,旋转后的实体进行1行、8列的阵列,列间距为2mm,并将阵列后的实体进行"并集"操作,如图13-119所示。

步骤 **24** ▶ 执行"移动(M)"命令,将阵列后图形以右端面圆心为基点,将其移动到阀体右端面圆心,如图13-120所示。

图 13-118　旋转操作

图 13-119　阵列及并集操作效果

图 13-120　移动螺纹

步骤 **25** ▶ 执行"差集（SU）"命令，将实体和阵列后的螺纹图形进行差集操作，效果如图 13-121 所示。

步骤 **26** ▶ 采用同样的方法，分别对阀体上端创建螺纹孔。

步骤 **27** ▶ 执行"倒角（CHA）"命令，对阀体右端面进行 1mm×1mm 的倒角操作，效果如图 13-122 所示。

步骤 **28** ▶ 执行"视图|渲染|渲染"菜单命令，对图形进行渲染操作，效果如图 13-123 所示。至此，阀体模型绘制完成。

图 13-121　差集效果

图 13-122　创建其他螺纹孔

图 13-123　渲染效果

步骤 **29** ▶ 按"Ctrl＋S"组合键将文件进行保存。

13.9　上机练习——壳体零件立体造型图的绘制

视频\13\壳体零件立体造型图的绘制.avi
案例\13\壳体零件.dwg

下面利用"圆""拉伸""差集""圆柱体""长方体""三维阵列""三维镜像""抽壳"等命令，绘制一个壳体零件造型图，操作步骤如下：

步骤 **1** ▶ 正常启动 AutoCAD 2015 软件，按"Ctrl＋N"组合键新建一个图形文件；按"Ctrl＋S"组合键将文件保存为"案例 \ 13 \ 壳体零件.dwg"。

步骤 **2** ▶ 执行"圆（C）"命令，以坐标点（0，0，27）为圆心，绘制两个同心且同位置的圆，圆的半径为 25mm，如图 13-124 所示。

步骤 **3** ▶ 在绘图区域左上角，单击"视图"控件将"东北等轴测"切换至当前视图，结果如图 13-125 所示。

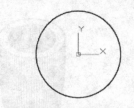

图13-124　绘制两个相同圆

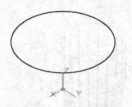

图13-125　切换视图

步骤**4** ▶ 在命令行中输入"ISOLINES",将线框密度设置为20。在命令行中输入"FACETRES",将FACETRES值设为10。

步骤**5** ▶ 在菜单栏中,选择"绘制|建模|拉伸"菜单命令,对同心圆进行拉伸操作,拉伸效果如图13-126所示。命令行提示与操作如下:

```
命令:EXTRUDE                                              \\执行"拉伸"命令
当前线框密度:ISOLINES=20,闭合轮廓创建模式=实体
选择要拉伸的对象或[模式(MO)]:找到1个                      \\选择圆
选择要拉伸的对象或[模式(MO)]:                              \\按"Enter"键
指定拉伸的高度或[方向(D)/路径(P)/倾斜角(T)/表达式(E)]:30
                                                          \\输入30按"Enter"键

命令:EXTRUDE                                              \\重复"拉伸"命令
选择要拉伸的对象或[模式(MO)]:找到1个                      \\选择另一个圆
选择要拉伸的对象或[模式(MO)]:                              \\按"Enter"键
指定拉伸的高度或[方向(D)/路径(P)/倾斜角(T)/表达式(E)]<30.0000>:t
                                                          \\选择t选项
指定拉伸的倾斜角度或[表达式(E)]<0>:7                       \\输入7按"Enter"键
指定拉伸的高度或[方向(D)/路径(P)/倾斜角(T)/表达式(E)]<30.0000>:-67
                                                          \\输入-67按"Enter"键
```

步骤**6** ▶ 执行"并集(UNI)"命令,将两个拉伸实体进行合并操作。

步骤**7** ▶ 在菜单栏中,选择"修改|三维操作|抽壳"菜单命令,对并集后的实体进行抽壳编辑,抽壳效果如图13-127所示,图形消隐效果如图13-128所示。命令行提示操作如下:

```
命令:_solidedit
实体编辑自动检查:SOLIDCHECK=1
输入实体编辑选项[面(F)/边(E)/体(B)/放弃(U)/退出(X)]<退出>:_body
输入体编辑选项
[压印(I)/分割实体(P)/抽壳(S)/清除(L)/检查(C)/放弃(U)/退出(X)]<退出>:_shell
选择三维实体:                                             \\选择实体
删除面或[放弃(U)/添加(A)/全部(ALL)]:找到一个面,已删除1个。 \\选择实体表面
删除面或[放弃(U)/添加(A)/全部(ALL)]:                      \\按"Enter"键
输入抽壳偏移距离:7                                        \\输入7按"Enter"键
输入体编辑选项                                            \\按"Enter"键
[压印(I)/分割实体(P)/抽壳(S)/清除(L)/检查(C)/放弃(U)/退出(X)]<退出>:
实体编辑自动检查:SOLIDCHECK=1
输入实体编辑选项[面(F)/边(E)/体(B)/放弃(U)/退出(X)]<退出>:\\按"Enter"键
```

图 13-126 切换视图　　　图 13-127 抽壳效果　　　图 13-128 消隐效果

步骤 **8** ▶ 在菜单栏中，选择"修改|三维操作|剖切"菜单命令，对抽壳后的实体进行剖切，如图 13-129 所示。命令行提示操作如下：

命令:_slice　　　　　　　　　　　　　　　　　　　　\\执行"剖切"命令
选择要剖切的对象:找到 1 个　　　　　　　　　　　\\选择实体
选择要剖切的对象:　　　　　　　　　　　　　　　　\\按"Enter"键
指定切面的起点或[平面对象(O)/曲面(S)/z 轴(Z)/视图(V)/xy(XY)/yz(YZ)/zx(ZX)/
　　三点(3)]<三点>:XY
指定 XY 平面上的点<0,0,0>:0,0,50　　　　　　　　\\输入 XY 平面上一点
在所需的侧面上指定点或[保留两个侧面(B)]<保留两个侧面>:　\\捕捉底面圆心

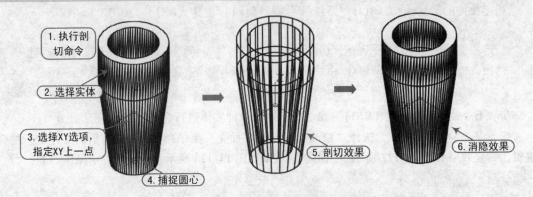

图 13-129 剖切实体

步骤 **9** ▶ 执行"长方体（BOX）"命令，创建长为 80mm、宽为 20mm、高为 20mm 的长方体，如图 13-130 所示。命令行提示操作如下：

命令:BOX
指定第一个角点或[中心(C)]:40,-10,50
指定其他角点或[立方体(C)/长度(L)]:@-80,20,-20

步骤 **10** ▶ 执行"圆角（FILLET）"命令，选择如图 13-131 所示的长方体的四个棱边进行圆角操作，圆角半径为 10mm，圆角效果如图 13-132 所示。命令行提示操作如下：

命令:_FILLETEDGE　　　　　　　　　　　　　　　　\\执行"圆角"命令
半径=1.0000

选择边或[链(C)/环(L)/半径(R)]:r	\\选择 r 选项
输入圆角半径或[表达式(E)] < 1.0000 > :10	\\输入半径值
选择边或[链(C)/环(L)/半径(R)]:	\\选择长方体的一条棱
选择边或[链(C)/环(L)/半径(R)]:	\\选择长方体的一条棱
选择边或[链(C)/环(L)/半径(R)]:	\\选择长方体的一条棱
选择边或[链(C)/环(L)/半径(R)]:	\\选择长方体的一条棱
选择边或[链(C)/环(L)/半径(R)]:	\\按"Enter"键
已选定四个边用于圆角。	

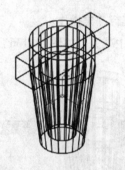  

图 13-130　绘制长方体　　　　图 13-131　绘制四条棱　　　　图 13-132　圆角效果

步骤 **11** ▶ 执行"圆柱体（CYL）"命令，创建螺钉孔结构，如图13-133所示。命令行提示操作如下：

命令:CYL	\\执行"圆柱体"命令
指定底面的中心点或[三点(3P)/两点(2P)/切点、切点、半径(T)/椭圆(E)]:30,0,36	
	\\输入坐标
指定底面半径或[直径(D)] < 18.0000 > :4	\\输入底面半径值
指定高度或[两点(2P)/轴端点(A)] < 23.0000 > :14	\\输入高度值
命令：　CYLINDER	\\按"Enter"键重复命令
指定底面的中心点或[三点(3P)/两点(2P)/切点、切点、半径(T)/椭圆(E)]: - 30,0,36	
	\\输入坐标
指定底面半径或[直径(D)] < 4.0000 > :	\\输入底面半径值
指定高度或[两点(2P)/轴端点(A)] < 14.0000 > :	\\输入高度值

步骤 **12** ▶ 按"Enter"键重复"圆柱体（CYL）"命令，绘制半径为18mm、高度为23mm的圆柱体。效果如图13-134所示，消隐效果如图13-135所示。命令行提示操作如下：

命令:CYLCYLINDER	\\执行"圆柱体"命令
指定底面的中心点或[三点(3P)/两点(2P)/切点、切点、半径(T)/椭圆(E)]:0,0,27	
	\\输入坐标
指定底面半径或[直径(D)] < 4.0000 > :18	\\输入底面半径值
指定高度或[两点(2P)/轴端点(A)] < 14.0000 > :23	\\输入高度值

图 13-133　绘制两侧圆柱体

图 13-134　绘制中间的柱体

图 13-135　消隐效果

步骤 **13** ▶ 执行"并集（UNI）"命令，将抽壳实体和长方体进行并集操作。

步骤 **14** ▶ 执行"差集（SU）"命令，将两个小圆柱体从实体中减去，如图 13-136 所示。

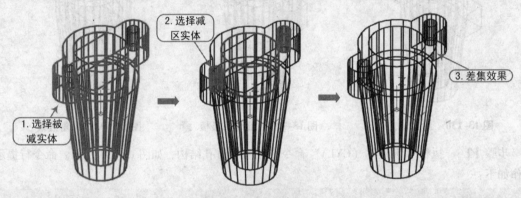

图 13-136　差集操作

步骤 **15** ▶ 在命令行中输入"UI"对模型进行消隐，效果如图 13-137 所示。

步骤 **16** ▶ 执行"UCS"命令选择 X 轴选项，将坐标绕 X 轴旋转 90°，结果如图 13-138 所示。

步骤 **17** ▶ 在绘图区域左上角，单击"视图样式"控件，将"三维线框"模式置为当前视觉样式，效果如图 13-139 所示。

图 13-137　消隐效果

图 13-138　旋转坐标系

图 13-139　三维线框效果

步骤 **18** ▶ 执行"圆柱体（CYL）"命令，创建半径分别为 18mm、25mm 的圆柱体。如图 13-140所示。命令行提示操作如下：

命令:CYLCYLINDER	\\执行"圆柱体"命令
指定底面的中心点或[三点(3P)/两点(2P)/切点、切点、半径(T)/椭圆(E)]:0,0,-55	
	\\输入坐标
指定底面半径或[直径(D)]<25.0000>:18	\\输入半径值
指定高度或[两点(2P)/轴端点(A)]<14.0000>:110	\\输入高度值
命令:CYLINDER	\\重复"圆柱体"命令
指定底面的中心点或[三点(3P)/两点(2P)/切点、切点、半径(T)/椭圆(E)]:@	
	\\@ 按"Enter"键
指定底面半径或[直径(D)]<18.0000>:25	\\输入半径值
指定高度或[两点(2P)/轴端点(A)]<110.0000>:14	\\输入高度值

步骤 **19** ▶ 执行"圆柱体(CYL)"命令,创建半径分别为45mm、6mm 的圆柱体,如图 13-141 所示。命令行提示操作如下:

命令:CYLCYLINDER	\\执行"圆柱体"命令
指定底面的中心点或[三点(3P)/两点(2P)/切点、切点、半径(T)/椭圆(E)]:0,0,-53	
	\\输入坐标
指定底面半径或[直径(D)]<18.0000>:45	\\输入半径值
指定高度或[两点(2P)/轴端点(A)]<-20.0000>:12	\\输入高度值
命令:CYLCYLINDER	\\执行"圆柱体"命令
指定底面的中心点或[三点(3P)/两点(2P)/切点、切点、半径(T)/椭圆(E)]:25,25,-53	
	\\输入坐标
指定底面半径或[直径(D)]<45.0000>:6	\\输入半径值
指定高度或[两点(2P)/轴端点(A)]<12.0000>:12	\\输入高度值

图 13-140 绘制圆柱体   图 13-141 绘制圆柱体

步骤 **20** ▶ 执行"修改|三维操作|三维阵列"命令,以 Z 轴为阵列中心,阵列半径为6mm 的圆柱体,如图 13-142 所示。命令行提示操作如下:

命令:_ ARRAY	\\执行"阵列"命令
选择对象:找到 1 个	\\选择小圆柱体
选择对象:输入阵列类型[矩形(R)/环形(P)]<R>:_P	\\选择 P 选项
输入阵列中项目的数目:4	\\输入项目数

指定填充角度(+ = 逆时针, − = 顺时针) < 360 > :360.0000000000000   \\指定角度值
是否旋转阵列中的对象? [是(Y)/否(N)] < Y > :_Y   \\选择选项 Y
指定阵列的中心点: \\捕捉圆心
指定旋转轴上的第二点:_. UCS   \\捕捉 Z 轴上一点

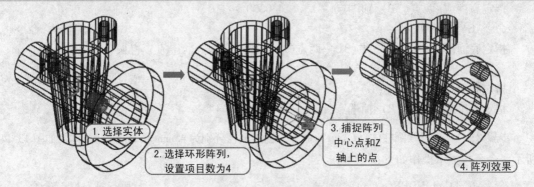

图 13-142 三维阵列操作

步骤 **21** ▶ 执行"并集(UNI)"命令, 将半径为 25mm 和 45mm 的两个圆柱体进行并集操作, 如图 13-143 所示。

步骤 **22** ▶ 执行"差集(UI)"命令, 将阵列后的四个小圆柱体进行差集操作。操作后图形消隐效果如图 13-144 所示。

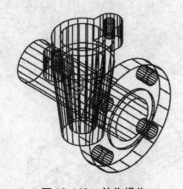

图 13-143 并集操作

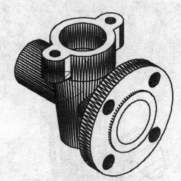

图 13-144 差集操作

步骤 **23** ▶ 执行"修改|三维操作|三维镜像"命令, 以 XY 平面为镜像面, 将右侧差集后的圆柱体进行镜像操作, 镜像效果如图 13-145 所示。命令行提示操作如下:

命令:_mirror3d   \\执行"三维镜像"命令
选择对象:找到 1 个   \\选择实体对象
选择对象: \\按"Enter"键
指定镜像平面(三点)的第一个点或
[对象(O)/最近的(L)/Z 轴(Z)/视图(V)/XY 平面(XY)/YZ 平面(YZ)/ZX 平面(ZX)/三
    点(3)] < 三点 > :XY   \\选择 XY 平面
指定 XY 平面上的点 <0,0,0> :   \\捕捉圆心
是否删除源对象? [是(Y)/否(N)] < 否 > :N   \\选择选项 N

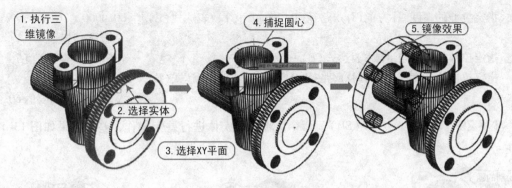

图 13-145　三维阵列操作

步骤 **24** ▶ 执行"并集"命令，并集所有实体，并集后图形消隐效果如图 13-146 所示。

步骤 **25** ▶ 执行"圆柱体（CYL）"命令，创建半径为 10mm、高度为 110mm 的圆柱体，如图 13-147 所示。命令行提示如下：

命令：CYLINDER	\\执行"圆柱体"命令
指定底面的中心点或［三点(3P)/两点(2P)/切点、切点、半径(T)/椭圆(E)］:0,0,－53	
	\\输入坐标
指定底面半径或［直径(D)］<6.0000>:10	\\指定底面半径值10
指定高度或［两点(2P)/轴端点(A)］<12.0000>:110	\\指定高度值为110

步骤 **26** ▶ 执行"差集（SU）"命令，将创建的圆柱体从实体中减去，效果如图 13-148 所示。

图 13-146　并集消隐效果

图 13-147　绘制圆柱体

图 13-148　差集效果

步骤 **27** ▶ 执行"UCS"命令，将当前坐标系恢复为世界坐标系，然后执行"圆（C）"命令以点（0，0，27）为圆心，绘制半径为 18mm 的圆，效果如图 13-149 所示。

步骤 **28** ▶ 再执行"拉伸（EXT）"命令，将刚才绘制的圆进行拉伸操作，拉伸效果如图 13-150 所示。命令行提示与操作如下：

命令：_extrude	\\执行"拉伸"命令
当前线框密度：ISOLINES=20,闭合轮廓创建模式=实体	\\
选择要拉伸的对象或［模式(MO)］:_MO 闭合轮廓创建模式［实体(SO)/曲面(SU)］<实体>:	
_SO	
选择要拉伸的对象或［模式(MO)］:找到 1 个	\\选择圆
选择要拉伸的对象或［模式(MO)］:	\\按"Enter"键

指定拉伸的高度或［方向（D）/路径（P）/倾斜角（T）/表达式（E）］＜60.0000＞:t

\\选择 t 选项

指定拉伸的倾斜角度或［表达式（E）］＜7＞:7　　　　　　　　\\输入倾斜角度值 7

指定拉伸的高度或［方向（D）/路径（P）/倾斜角（T）/表达式（E）］＜60.0000＞:60

\\输入拉伸高度值 60

步骤 **29** ▶ 执行"差集（SU）"命令，将拉伸实体进行差集操作，差集效果如图 13-151 所示。

图 13-149　绘制圆

图 13-150　拉伸圆效果

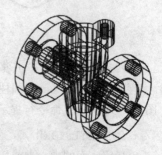

图 13-151　差集效果

步骤 **30** ▶ 使用"动态观察器"功能调整视图，观看其消隐效果如图 13-152 所示。

步骤 **31** ▶ 将视图恢复至"西北等轴测"视图，然后对模型进行渲染，最终效果如图 13-153 所示。至此，壳体零件立体造型图绘制完成。

图 13-152　动态观察消隐效果

图 13-153　渲染效果

步骤 **32** ▶ 按"Ctrl＋S"组合键，将文件进行保存。

本 章 小 结

　　本章主要介绍了 AutoCAD 中各种基本几何实体和复杂几何实体的创建方法和编辑技巧，通过本章内容的学习，读者需要掌握基本几何体（包括长方体、圆柱体、球体等）的创建、绘制复杂几何实体的相关命令的操作方法（包括拉伸、旋转、阵列等操作）、组合实体的方法（包括并集、差集、交集实体）。通过这些三维绘图以及编辑命令的运用，读者应能够完成几何实体图形的创建。

第 4 篇

综合实战

第 14 章
机械设计工程实例

📀 课前导读

机械设计（machinedesign），是根据使用要求对机械产品的工作原理、结构、运动方式、力和能量的传递方式、各个零件的材料和形状尺寸、润滑方法等进行构思、分析和计算，并将其转化为具体的描述以作为制造依据的工作过程。机械设计是机械工程的重要组成部分，是机械生产的第一步，是决定机械产品性能的最主要的因素。

📖 本章要点

- 📟 练习机械二维视图的绘制。
- 📟 练习机械三维视图的绘制。
- 📟 掌握机械零件工程图的绘制。

14.1　机械二维图形的绘制

读者在学习了 AutoCAD 二维图形的绘制和编辑之后，就可以绘制一些基本的机械二维图形了。

14.1.1　固定零件的绘制

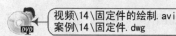

视频\14\固定件的绘制.avi
案例\14\固定件.dwg

在绘制如图 14-1 所示○的"固定件"图形对象时，首先要绘制十字中心线和直径为 80mm、30mm 的圆对象，并且要将多余的圆弧进行修剪；接着再偏移和旋转中心线，使用圆弧和直线命令，绘制另外两个轮廓效果。其具体操作步骤如下：

步骤 1 ▶ 启动 AutoCAD 2015 软件，按"Ctrl + O"组合键，打开"机械样板.dwt"文件。

步骤 2 ▶ 按"Ctrl + Shift + S"组合键，将该样板文件另存为"固定件.dwg"文件。

步骤 3 ▶ 在"图层"面板的"图层控制"下拉列表中，选择"粗实线"图层作为当前图层。

步骤 4 ▶ 执行"构造线"命令（XL），绘制一条水平和垂直的构造线，且将其构造线转换

○　本节所有实例均只画相关图形，而未进行尺寸标注。

为"中心线"图层。

步骤 **5** ▶ 执行"圆"命令（C），捕捉交点来绘制直径为80mm的圆对象；再捕捉左右两侧象限点，来绘制半径为15mm的两个圆对象，如图14-2所示。

步骤 **6** ▶ 执行"修剪"命令（TR），将多余的圆弧对象进行修剪，以及打断圆弧，且将打断后的两圆弧转换为"中心线"图层，如图14-3所示。

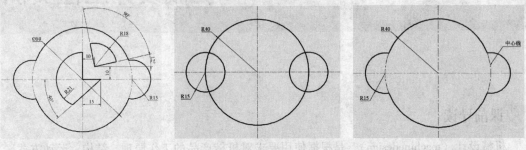

图 14-1　要绘制的图形　　　　图 14-2　绘制线段及圆　　　　图 14-3　修剪打断圆

步骤 **7** ▶ 执行"偏移"命令（O），将中心线按照图14-4所示来进行偏移，并将多余的中心线进行修剪。

步骤 **8** ▶ 执行"旋转"命令（RO），将指定的中心线按照图14-5所示进行旋转。

步骤 **9** ▶ 执行"圆"命令（C），捕捉指定的中心点来绘制半径为18mm的圆弧，再连接直线段，如图14-6所示。

图 14-4　偏移修剪线段　　　　图 14-5　旋转线段　　　　图 14-6　绘制轮廓

步骤 **10** ▶ 同样，再按照前面的方法，绘制另一轮廓效果，如图14-7所示。至此，该图形绘制已完成。

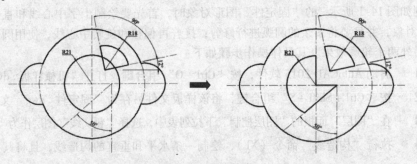

图 14-7　绘制轮廓

步骤 **11** ▶ 按"Ctrl＋S"组合键将文件进行保存。

14.1.2 转动架的绘制

视频\14\转动架的绘制.avi
案例\14\转动架.dwg

在绘制如图 14-8 所示的图形对象时,首先要绘制等边三角形,再以其三个角点分别绘制三组同心圆对象,然后进行圆角修剪处理即可,具体操作步骤如下:

步骤 1 ▶ 启动 AutoCAD 2015 软件,按"Ctrl + O"组合键,打开"机械样板.dwt"文件。

步骤 2 ▶ 按"Ctrl + Shift + S"组合键,将该样板文件另存为"转动架.dwg"文件。

步骤 3 ▶ 在"图层"面板的"图层控制"下拉列表中,选择"粗实线"图层作为当前图层。

步骤 4 ▶ 执行"构造线"命令(XL),绘制一条水平和垂直构造线;执行"偏移"命令(O),将其垂直构造线向左偏移 100mm,然后将其转为"中心线"图层,如图 14-9 所示。

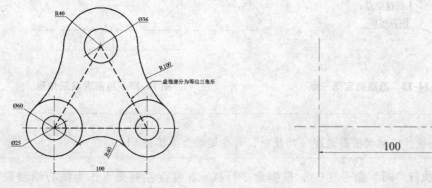

图 14-8 要绘制的图形   图 14-9 绘制中心线

步骤 5 ▶ 在状态栏中右击"捕捉模式"按钮,从弹出的快捷菜单中选择"设置"选项,即可弹出"草图设置"对话框,并自动切换至"捕捉和栅格"选项卡,从中可进行相应的设置,如图 14-10 所示。

步骤 6 ▶ 切换到"极轴追踪"选项卡,勾选"启用极轴追踪"和"附加角"复选框,再单击"新建"按钮,并输入 60,从而设置极轴角度,单击"确定"按钮退出,如图 14-11 所示。

图 14-10 捕捉和栅格选项卡   图 14-11 极轴追踪选项卡

步骤 **7** ▶ 执行"直线"命令（L），根据命令行提示，捕捉左侧中心线的交点作为直线的起点，将光标向右上侧移动并采用极轴追踪的方式，待"角度值"文本框中出现60°，且出现极轴追踪虚线时，在键盘上按"Tab"键跳至"距离值"文本框，在其中输入100，如图 14-12 所示。

步骤 **8** ▶ 按＜空格键＞绘制好了一条线段，根据命令行提示"指定下一点或【放弃（U）】"，捕捉右侧中心线的交点单击，"指定下一点或【闭合（C）放弃（U）】"，输入"C"，完成等边三角形的绘制，然后将其转为"粗虚线"图层，如图 14-13 所示。

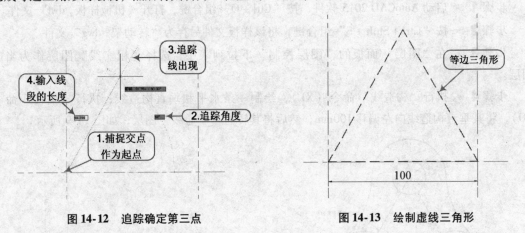

图 14-12 追踪确定第三点　　　　　　图 14-13 绘制虚线三角形

> **注意** 用户在执行"对象捕捉追踪"功能时，可在键盘上直接按 F11 键。

步骤 **9** ▶ 执行"圆"命令（C），根据命令行提示，捕捉左侧交点作为圆心绘制直径为25mm 和 60mm 的同心圆，执行"复制"命令（CO），将左侧的两个同心圆复制到右侧交点位置处，如图 14-14 所示。

步骤 **10** ▶ 执行"圆"命令（C），根据命令行提示，捕捉上侧交点作为圆心绘制直径为36mm 和 80mm 的同心圆，如图 14-15 所示。

步骤 **11** ▶ 执行"圆"命令（C），根据命令行提示，选择"切点、切点、半径（T）"项，绘制半径为40mm 和两个100mm 的圆；再执行"修剪"命令（TR），修剪多余的圆弧，如图 14-16 所示。至此，转动架的绘制已完成。

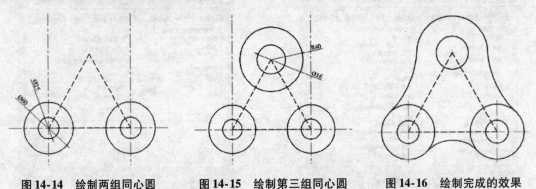

图 14-14 绘制两组同心圆　　图 14-15 绘制第三组同心圆　　图 14-16 绘制完成的效果

步骤 **12** ▶ 按"Ctrl＋S"组合键，将该文件保存。

14.1.3 锁钩的绘制

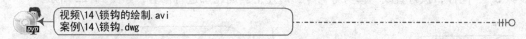
视频\14\锁钩的绘制.avi
案例\14\锁钩.dwg

在绘制如图 14-26 所示的"锁钩"图形对象时，首先要绘制多条中心线，接着再绘制多组同心圆对象，然后通过圆角、直线、修剪等命令来绘制外轮廓对象，再偏移中心线确定圆心点，最后使用圆、圆角、修剪等命令来绘制内轮廓。具体操作步骤如下：

步骤 **1** ▶ 启动 AutoCAD 2015 软件，按"Ctrl + O"组合键，打开"机械样板.dwt"文件。

步骤 **2** ▶ 按"Ctrl + Shift + S"组合键，将该样板文件另存为"锁钩.dwg"文件。

步骤 **3** ▶ 在"图层"面板的"图层控制"下拉列表中，选择"粗实线"图层作为当前图层。

步骤 **4** ▶ 执行"构造线"命令（XL），根据命令行提示，按照图 14-17 所示来绘制多条构造线，并且将其转换为"中心线"图层。

步骤 **5** ▶ 执行"圆"命令（C），捕捉中心线的交点作为圆心点，分别绘制多组同心圆对象，如图 14-18 所示。

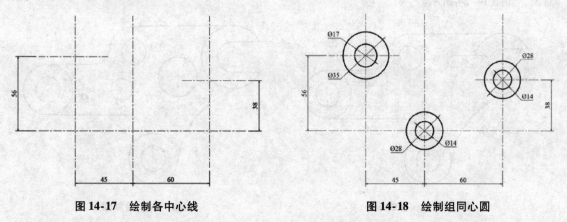

图 14-17 绘制各中心线　　　　　　　　　　　　　图 14-18 绘制组同心圆

步骤 **6** ▶ 执行"偏移"命令（O），将指定的轴线进行偏移操作，如图 14-19 所示。

步骤 **7** ▶ 执行"圆"命令（C），捕捉偏移中心线的交点作为圆心点，绘制直径为 14mm 和 28mm 的两个同心圆对象，如图 14-20 所示。

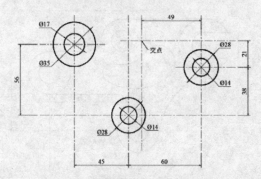

图 14-19 确定第四组同心圆的圆心

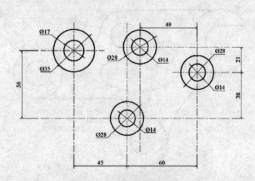

图 14-20 绘制第四组同心圆

步骤 **8** ▶ 执行直线、圆等命令，按照图 14-21 所示来绘制直线段、圆等轮廓对象。

步骤 **9** ▶ 同样，执行直线、修剪等命令，对左上侧的轮廓进行修剪，如图 14-22 所示。

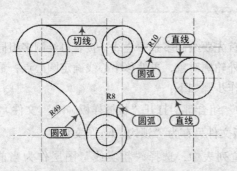

图 14-21　绘制线段和圆弧

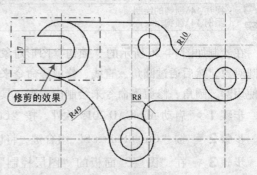

图 14-22　绘制缺口

步骤 **10** ▶ 再执行"偏移"命令（O），将中心线按照如图 14-23 所示进行偏移，形成两个交点。

步骤 **11** ▶ 再执行"圆"命令（C），分别捕捉两交点来绘制半径为 11mm 和 6mm 的两个圆对象，如图 14-24 所示。

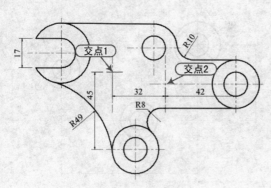

图 14-23　偏移线段

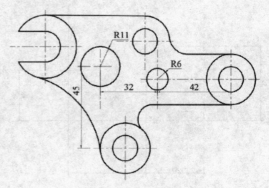

图 14-24　绘制圆

步骤 **12** ▶ 再执行圆、修剪等命令，将上一步所绘制的两个圆对象按照如图 14-25 所示来进行绘制。至此，锁钩的绘制已完成。

步骤 **13** ▶ 按"Ctrl + S"组合键，将该文件保存。

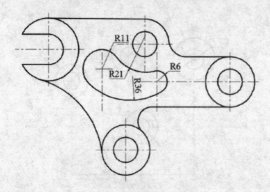

图 14-25　绘制完成的图形

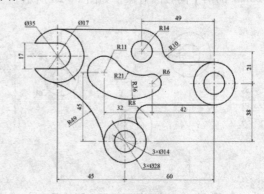

图 14-26　要绘制的图形

14.2 机械三视图的绘制

三视图是观测者从三个不同位置观察同一个空间几何体而画出的图形，能够正确反映物体长、宽、高尺寸的正投影工程图（主视图、俯视图、左视图三个基本视图）。三视图是工程界一种对物体几何形状约定俗成的抽象表达方式。

14.2.1 支撑座三视图的绘制

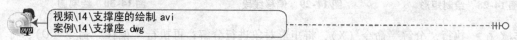
视频\14\支撑座的绘制.avi
案例\14\支撑座.dwg

从图 14-27 所示⊖的三视图可以看出，它是由主视图、俯视图和左视图三个部分组成的，在绘制的时候，要综合三视图的相关尺寸，先绘制俯视图，再以此来绘制主视图和左视图。

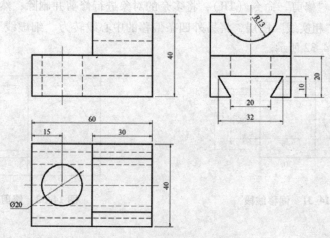

图 14-27 支撑座三视图效果

1. 绘制俯视图

具体操作步骤如下：

步骤 1 ▶ 启动 AutoCAD 2015 软件，按"Ctrl + O"组合键，打开"机械样板.dwt"文件。

步骤 2 ▶ 按"Ctrl + Shift + S"组合键，将该样板文件另存为"支撑座.dwg"文件。

步骤 3 ▶ 在"图层"面板的"图层控制"下拉列表中，选择"粗实线"图层作为当前图层。

步骤 4 ▶ 执行"矩形"命令（REC），在视图中指定任意一点作为矩形的第一角点，然后输入"@60,40"作为对角点，从而绘制 60mm×40mm 的矩形对象，如图 14-28 所示。

步骤 5 ▶ 执行"构造线"命令（XL），过矩形的中点绘制一条水平构造线，过矩形左侧端点绘制一条垂直构造线，并将垂直构造线向右移动 15mm；然后将两条构造线转为"中心线"图层，如图 14-29 所示。

步骤 6 ▶ 执行"圆"命令（C），捕捉中心线的交点作为圆心，绘制直径为 20mm 的圆对

⊖ 本节所有实例均只画相关图形，而未进行尺寸标注。

象，如图 14-30 所示。

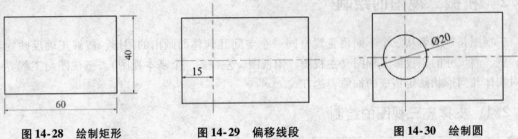

图 14-28　绘制矩形　　　　图 14-29　偏移线段　　　　图 14-30　绘制圆

步骤 **7** ▶ 执行"分解"命令（X），将矩形对象进行分解；再执行"偏移"命令（O），将水平中心线向上下各偏移 10mm、13mm、16mm 的距离。

步骤 **8** ▶ 执行"偏移"命令（O），将右侧的垂直线段向左偏移 30mm，如图 14-31 所示。

步骤 **9** ▶ 执行"修剪"命令（TR），将多余的对象进行修剪并删除；然后将偏移为 26mm 的两条中心线转为"粗实线"图层，将另外四条偏移的中心线转为"细虚线"图层，从而形成俯视图效果，如图 14-32 所示。

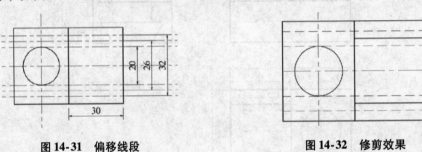

图 14-31　偏移线段　　　　　　　图 14-32　修剪效果

2. 绘制主视图

具体操作步骤如下：

步骤 **1** ▶ 执行"直线"命令（L），过俯视图轮廓的相应交点向上引伸直线段，并在引出的线段绘制一条与之相垂直的线段，如图 14-33 所示。

步骤 **2** ▶ 执行"偏移"命令（O），将绘制的水平线段向上依次偏移 10mm、20mm、27mm 和 40mm 的距离，如图 14-34 所示。

步骤 **3** ▶ 执行"修剪"命令（TR），将多余的对象进行修剪和删除，并将相应的四条直线转为"细虚线"图层，从而形成主视图效果，如图 14-35 所示。

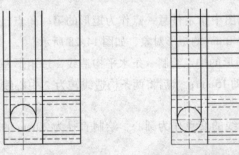 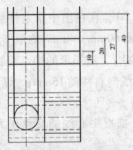

图 14-33　绘制引伸线　　　　图 14-34　偏移线段　　　　图 14-35　修剪后的主视图效果

3. 绘制左视图

具体操作步骤如下：

步骤 **1** ▶ 执行"直线"命令（L），过主视图轮廓的相应交点向右引伸直线段，并在引出的线段绘制一条与之相垂直的线段，如图 14-36 所示。

步骤 **2** ▶ 执行"偏移"命令（O），将绘制的垂直线段向左依次偏移 10mm、16mm、20mm，再向右依次偏移 10mm、16mm、20mm；再执行"直线"命令（L），捕捉相应的交点来进行直线连接，如图 14-37 所示。

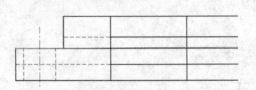

图 14-36　绘制引伸线

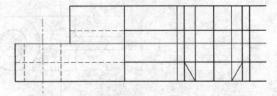

图 14-37　偏移线段

注意　在执行偏移后的对象较多时，可在偏移的同时立刻进行修剪，以免在后面出现较多的线条时出错。

步骤 **3** ▶ 执行"圆"命令（C），捕捉最上侧的引伸直线与绘制的垂直直线的交点作为圆心点，再捕捉从上向下第二条引伸直线与绘制的垂直直线的交点之间的距离作为圆的半径，来绘制圆对象，如图 14-38 所示。

步骤 **4** ▶ 执行"修剪"命令（TR），修剪和删除多余的对象，并将指定的线段转换为"细虚线"图层，从而形成左视图效果，如图 14-39 所示。至此，该支撑座三视图已经绘制完成。

图 14-38　绘制圆

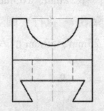

图 14-39　修剪效果

步骤 **5** ▶ 按"Ctrl + S"组合键，将文件进行保存。

14.2.2　脚踏座三视图的绘制

视频\14\脚踏座的绘制.avi
案例\14\脚踏座.dwg

从图 14-40 所示的三视图可以看出，它是由俯视图、主视图和左视图三个部分组成的，在绘制的时候，要综合三视图的相关尺寸，先绘制俯视图，再以此来绘制主视图和左视图。

1. 绘制俯视图

具体操作步骤如下：

步骤 **1** ▶ 启动 AutoCAD 2015 软件，按"Ctrl + O"组合键，打开"机械样板.dwt"文件。

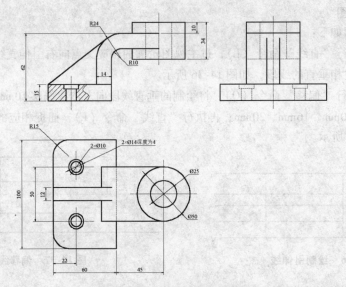

图 14-40   脚踏座三视图效果

步骤 **2** ▶ 按 "Ctrl + Shift + S" 组合键，将该样板文件另存为 "脚踏座 . dwg" 文件。

步骤 **3** ▶ 在 "图层" 面板的 "图层控制" 下拉列表中，选择 "粗实线" 图层作为当前图层。

步骤 **4** ▶ 执行 "矩形" 命令（REC），绘制一个 60mm × 100mm 的矩形对象；再执行 "构造线" 命令（XL），过矩形的中点绘制一条水平构造线，过矩形的左侧端点绘制一条垂直构造线，然后将绘制的构造线转为 "中心线" 图层，如图 14-41 所示。

步骤 **5** ▶ 执行 "偏移" 命令（O），将水平中心线向上下各偏移 25mm、6mm，将垂直中心线向右偏移 22mm、105mm，并将原垂直中心线删除，如图 14-42 所示。

步骤 **6** ▶ 执行 "圆" 命令（C），捕捉相应的中心线的交点作为圆心，绘制直径为 10mm、14mm、25mm、50mm 的六个圆对象，如图 14-43 所示。

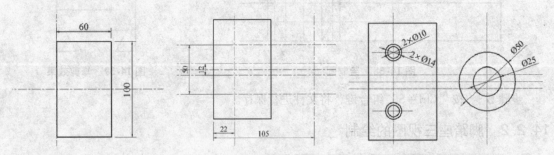

图 14-41   绘制矩形和线段   图 14-42   偏移线段   图 14-43   绘制圆

步骤 **7** ▶ 执行 "分解" 命令（X），将矩形对象进行分解操作。

步骤 **8** ▶ 执行 "偏移" 命令（O），将矩形右侧垂直线段向左偏移 14mm；再执行 "直线" 命令（L），过右边外圆上的下侧象限点绘制直线段与偏移的对象相垂直，如图 14-44 所示。

步骤 **9** ▶ 在 "修改" 面板中单击 "打断于点" 按钮 ⌐，将矩形右侧的线段对象打断成三个部分，再将其中间段转为 "细虚线" 图层，将偏移为 6mm 的两个中心线转为 "粗实线" 图层，并将多余的对象进行修剪删除，如图14-45所示。

步骤**10** ▶ 执行"圆"命令（C），根据命令行提示，选择"切点、切点、半径（T）"项，绘制两个半径为15mm的相切圆；再执行"修剪"命令（TR），将多余的对象进行修剪和删除，完成俯视图效果如图14-46所示。

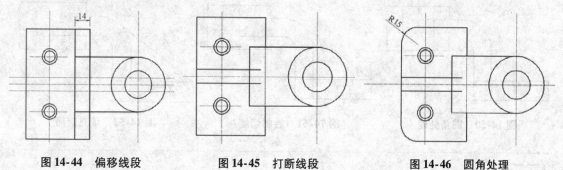

图14-44 偏移线段　　　　　图14-45 打断线段　　　　　图14-46 圆角处理

2. 绘制主视图

具体操作步骤如下：

步骤**1** ▶ 执行"直线"命令（L），过俯视图轮廓的相应交点向上引伸直线段，并在引出的线段绘制一条垂直的线段，如图14-47所示。

步骤**2** ▶ 执行"偏移"命令（O），将绘制的水平直线向上偏移11mm、15mm、62mm、10mm和34mm，如图14-48所示。再执行"修剪"命令（TR），将多余的对象进行修剪并删除，如图14-49所示。

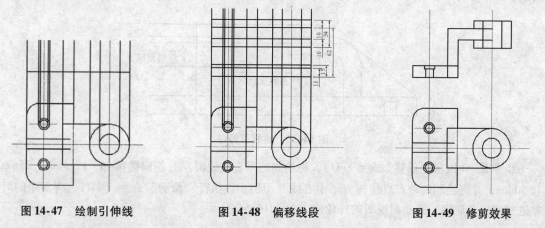

图14-47 绘制引伸线　　　　图14-48 偏移线段　　　　　图14-49 修剪效果

步骤**3** ▶ 执行"圆"命令（C），选择"切点、切点、半径（T）"选项，绘制两个半径为10mm、24mm的相切圆；再执行"修剪"命令（TR），将多余的对象进行修剪和删除，如图14-50所示。

步骤**4** ▶ 执行"直线"命令（L），捕捉左上侧的端点作为直线的起点位置，捕捉外圆的切点作为终点进行直线连接，将右侧垂直中心线两侧的线段转为"细虚线"图层，完成的主视图效果如图14-51所示。

注意　在拾取圆切点时，按住Ctrl键的同时右击鼠标，在弹出捕捉的快捷菜单中，选择"切点"选项，即可捕捉到圆的切点。

步骤 **5** ▶ 在"绘制"面板中单击"样条曲线"按钮 ，在下侧内部进行样条曲线的绘制。再切换到"剖面线"图层，执行"图案填充"命令（H），对前视图内部进行填充操作，设置填充图案为"ANSI 31"，填充比例为"1"，即可完成剖面图形的绘制，如图 14-52 所示。

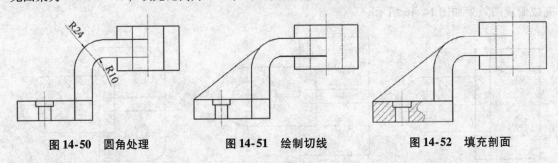

图 14-50　圆角处理　　　　图 14-51　绘制切线　　　　图 14-52　填充剖面

> 注意　在绘制样条曲线时，需关掉"正交"模式。如果用户对所绘制的样条曲线不满意或是需要编辑，则可用鼠标选中该曲线，在出现的夹点上进行拖动、修改等操作，可改变当前样条曲线的形状。

3. 绘制左视图

具体操作步骤如下：

步骤 **1** ▶ 执行"直线"命令（L），过主视图轮廓的相应交点向左引伸直线段，并在引出的线段绘制一条与知相垂直的线段，如图 14-53 所示。

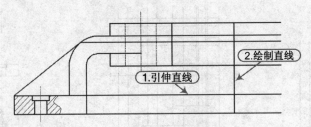

图 14-53　绘制引伸线

步骤 **2** ▶ 执行"偏移"命令（O），将绘制的垂直直线向左右各偏移 6mm、12.5mm、25mm 和 50mm，并将绘制的垂直直线转为"中心线"图层；再执行"修剪"命令（TR），将多余的对象进行修剪和删除，完成侧视图的外轮廓，如图 14-54 所示。

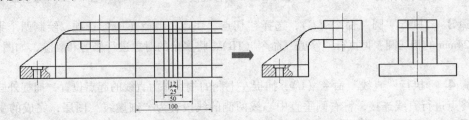

图 14-54　偏移、修剪出轮廓

步骤 **3** ▶ 执行"复制"命令（CO），将前视图的下内侧的对象复制到侧视图的内部，并将侧视图的内部对象转为"细虚线"图层，如图 14-55 所示。至此，脚踏座的绘制已完成。

步骤 **4** ▶ 按"Ctrl + S"组合键，将文件进行保存。

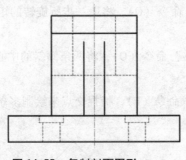

图 14-55　复制剖面图形

14.3　机械零件工程图的绘制

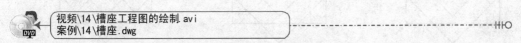

视频\14\槽座工程图的绘制.avi
案例\14\槽座.dwg

从图 14-56 所示的零件工程图可以看出，该槽座工程图是由主视图和剖视图两个部分组成的，在绘制的时候，要综合零件工程图的相关尺寸，先绘制主视图，再以此来绘制剖面图，最后对其进行尺寸和公差的标注。

14.3.1　槽座主视图的绘制

具体操作步骤如下：

步骤 **1** ▶ 启动 AutoCAD 2015 软件，按 "Ctrl + O" 组合键，打开 "机械样板.dwt" 文件。

步骤 **2** ▶ 按 "Ctrl + Shift + S" 组合键，将该样板文件另存为 "槽座.dwg" 文件。

步骤 **3** ▶ 在 "图层" 面板的 "图层控制" 下拉列表中，选择 "粗实线" 图层作为当前图层。

步骤 **4** ▶ 执行 "矩形" 命令（REC），绘制 120mm × 120mm 的矩形对象；再执行 "构造线" 命令（XL），过矩

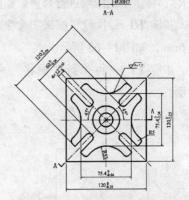

图 14-56　"槽座" 工程图效果

形的中点绘制一条水平和垂直的构造线，并将构造线转为 "中心线" 图层，如图 14-57 所示。

步骤 **5** ▶ 执行 "旋转" 命令（RO），选择上一步所绘制的矩形和中心线对象，将该矩形绕中心点旋转复制 45°，如图 14-58 所示。

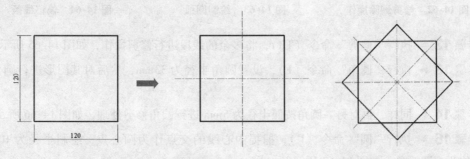

图 14-57　绘制矩形和中心线　　　　　　图 14-58　旋转复制

331

步骤 **6** ▶ 执行"偏移"命令（O），将上一步所旋转的矩形对象向内偏移 24mm，如图 14-59 所示。

步骤 **7** ▶ 再执行"偏移"命令（O），将两条倾斜的中心线向两侧各偏移 6mm，如图 14-60 所示。

步骤 **8** ▶ 执行"直线"命令（L），捕捉交点来绘制多条直线段，如图 14-61 所示。

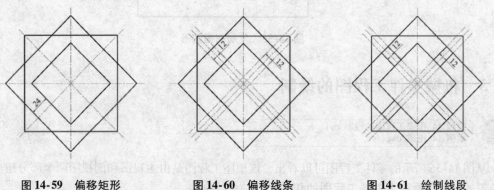

图 14-59　偏移矩形　　　　　图 14-60　偏移线条　　　　　图 14-61　绘制线段

步骤 **9** ▶ 将前面所偏移的中心线和最内侧的矩形对象删除，然后再通过"修剪"命令（TR），将多余的线段进行修剪，如图 14-62 所示。

步骤 **10** ▶ 执行"圆弧"命令（ARC），在相应的绘制中绘制多个半圆弧，且圆弧的半径值为 6mm，如图 14-63 所示。

步骤 **11** ▶ 再执行"偏移"命令（O），将指定的斜线段向外偏移 11mm，如图 14-64 所示。

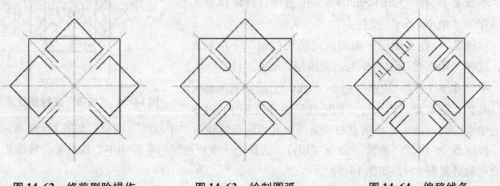

图 14-62　修剪删除操作　　　　图 14-63　绘制圆弧　　　　图 14-64　偏移线条

步骤 **12** ▶ 执行"修剪"命令（TR），将多余的线段进行修剪操作，如图 14-65 所示。

步骤 **13** ▶ 执行"圆角"命令（F），设置圆角半径为 33mm，然后对其图形进行圆角修剪处理。

步骤 **14** ▶ 同样，再对另一圆角按照半径为 5mm 进行圆角修剪处理，如图 14-66 所示。

步骤 **15** ▶ 执行"圆"命令（C），捕捉中心线的交点作为圆心点，绘制半径为 10mm 和 20mm 的两个圆对象，如图 14-67 所示。

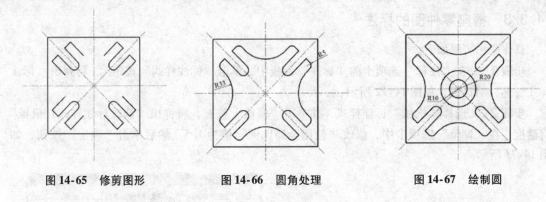

图 14-65　修剪图形　　　　　图 14-66　圆角处理　　　　　图 14-67　绘制圆

14.3.2　槽座剖视图的绘制

具体操作步骤如下：

步骤 **1** ▶ 执行"直线"命令（L），过主视图的轮廓端点向上引伸多条垂直线段，然后在适当位置绘制一条水平直线，如图 14-68 所示。

步骤 **2** ▶ 执行"偏移"命令（O），将绘制的水平直线向上各偏移 43mm、10mm、15mm，如图 14-69 所示；再执行"修剪"命令（TR），将多余的对象进行修剪删除操作，如图 14-70 所示。

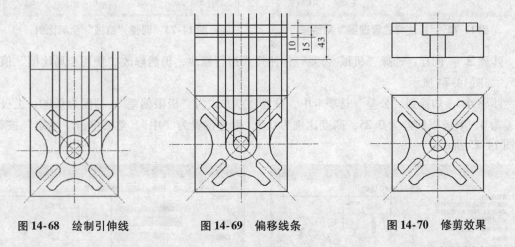

图 14-68　绘制引伸线　　　　　图 14-69　偏移线条　　　　　图 14-70　修剪效果

步骤 **3** ▶ 切换到"剖面线"图层，执行"图案填充"命令（H），设置图案样例为"ANSI 31"，比例为 1，在指定的位置进行图案填充操作，如图 14-71 所示。

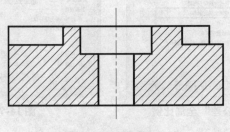

图 14-71　图案填充

14.3.3 槽座零件图的标注

具体操作步骤如下：

步骤 **1** ▶ 在"注释"选项卡的"标注"面板中，单击"标注样式"按钮 ，将弹出"标注样式管理"对话框，如图 14-72 所示。

步骤 **2** ▶ 选择"机械"标注样式，并单击"修改"按钮，将弹出"修改标注样式：机械"对话框，在"调整"选项卡中，修改"使用全局比例"值为 1.5，然后单击"确定"按钮，如图 14-73 所示。

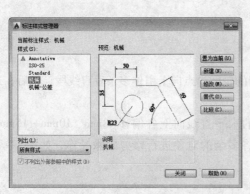

图 14-72 "标注样式管理器"对话框

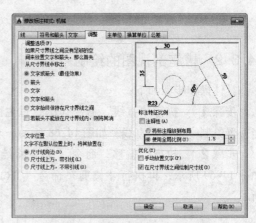

图 14-73 调整"机械"全局比例

步骤 **3** ▶ 同样，选择"机械-公差"标注样式进行修改，仍然修改"使用全局比例"值为 1.5，如图 14-74 所示。

步骤 **4** ▶ 切换到"公差"选项卡中，设置公差方式为"极限偏差"，精度为 0.00，上极限偏差为 0，下极限偏差为 0.25，高度比例为 0.7，垂直位置为"中"，然后单击"确定"按钮，如图 14-75 所示。

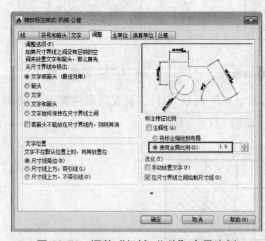

图 14-74 调整"机械-公差"全局比例

图 14-75 调整极限偏差

步骤 **5** ▶ 切换到"尺寸与公差"图层，选择"机械"标注样式作为当前样式，在"注释"选项卡的"标注"面板中，单击"线性标注"按钮 ，对主视图多处进行线性标注，如图 14-76 所示。

步骤**6** ▶ 再单击"对齐标注"按钮✎，对主视图进行对齐标注操作，如图14-77所示。

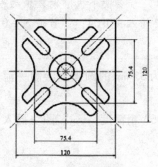

图14-76 线性标注

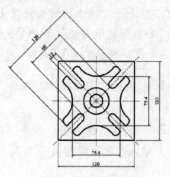

图14-77 对齐标注

步骤**7** ▶ 再单击"角度标注"按钮△，对主视图进行角度标注操作，如图14-78所示。

步骤**8** ▶ 再单击"半径标注"按钮◎，对主视图进行半径标注操作，如图14-79所示。

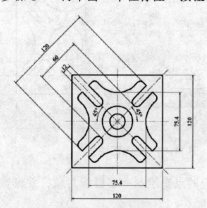

图14-78 角度标注

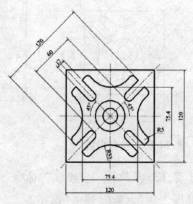

图14-79 半径标注

步骤**9** ▶ 使用鼠标选择主视图中的线性和对齐标注对象，将其转换为"机械-公差"标注样式，如图14-80所示。

步骤**10** ▶ 用户这时会发现，所有的公差值都是一样的，这时就需要来对其进行修改。选择需要修改的公差标注对象，按"Ctrl＋1"键打开"特性"面板，如图14-81所示。

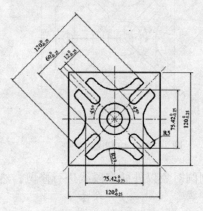

图14-80 公差标注

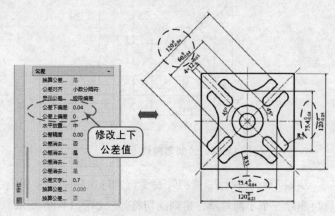

图14-81 修改公差值

注意 用户在通过"特性"面板修改上下极限偏差值时，若要使下极限偏差值为 – 0.04，那么直接在"公差下极限偏差"荐中输入 0.04 即可，不要输入 – 0.04；如若输入 – 0.04，那么在公差下偏差值中将显示 + 0.04。

步骤 **1-1** ▷ 执行"引线标注"命令（LE），过半径为 33mm 的圆弧上绘制一箭头引线，如图 14-82 所示。

步骤 **12** ▷ 执行"插入块"命令（I），将"案例 \ 06 \ 粗糙度.dwg"图块插入到上一步箭头引线上，并输入表面粗糙度值为 3.2，如图 14-83 所示。

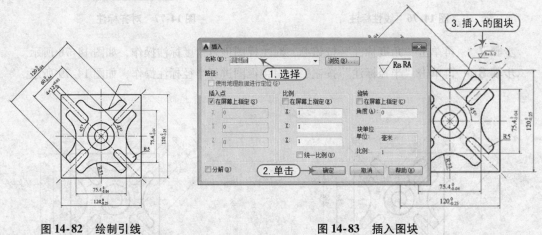

图 14-82　绘制引线　　　　　　　图 14-83　插入图块

步骤 **13** ▷ 执行"多段线"命令（PL），捕捉相应的点来绘制一多段线对象，并设置多段线的宽度为 0.5，如图 14-84 所示。

步骤 **14** ▷ 执行"圆"命令（C），绘制半径为 6mm 的三个圆对象，如图 14-85 所示。

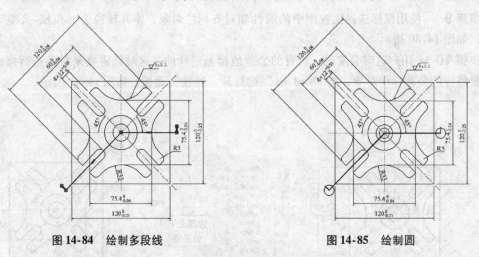

图 14-84　绘制多段线　　　　　　图 14-85　绘制圆

步骤 **15** ▷ 执行"修剪"命令（TR），将上一步所绘制圆对象以外的多段线进行修剪，然后再删除三个小圆对象，得到剖切符号，如图 14-86 所示。

步骤 **16** ▷ 执行"单行文字"命令（DT），在剖切符号的两端输入文字 A，从而完成主视图的标注，如图 14-87 所示。

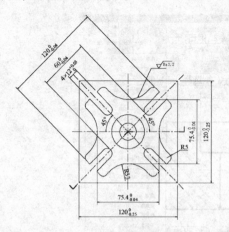

图 14-86　修剪效果

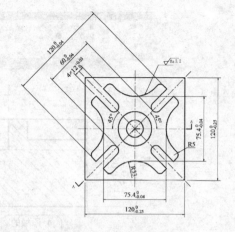

图 14-87　输入单行文字

> 对于机械工程图中，其剖切符号对象，应将其转换为"文字"图层。

步骤 17 ▶ 同样，单击"线性标注"按钮 ⊓ ，对图形上侧的剖视图进行线性标注，如图 14-88所示。

步骤 18 ▶ 选择部分线性标注对象，将其转换为"机械-公差"标注样式，然后按照前面的方法来修改公差值，如图 14-89 所示。

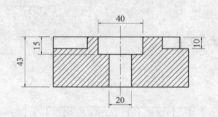

图 14-88　线性标注

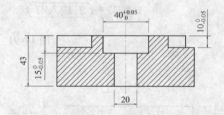

图 14-89　公差标注

> 由于剖视图中线性标注为 20 和 40 的标注对象，是作为圆孔的直径的，所以应在前面添加直径符号 φ。

步骤 19 ▶ 双击线性标注为 20 的标注对象，使之该标注对象的文字呈现为编辑状态，这时在"插入"面板的"符号"下中选择"直径%%C"项，从而在该标注对象前加上直径符号 φ，如图 14-90 所示。

步骤 20 ▶ 继续上一步，在直径为 20 的后面，输入 H7，然后将鼠标在其他空白位置单击，完成该标注文字的修改，如图 14-91 所示。

步骤 21 ▶ 同样，修改直径为 40 的标注值。再执行"插入块"命令（I），将"粗糙度"图块插入到剖视图中，表面粗糙度值为 3.2，如图 14-92 所示。

步骤 22 ▶ 使用"单行文字"命令（DT），在剖视图的下方输入 A-A，从而完成剖视图的标注，如图 14-93 所示。

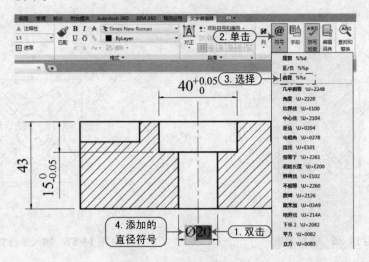

图 14-90　添加直径符号

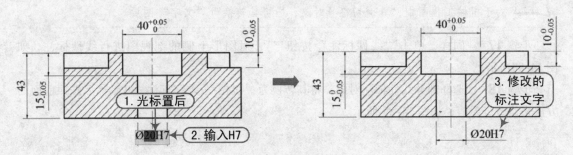

图 14-91　修改标注文字

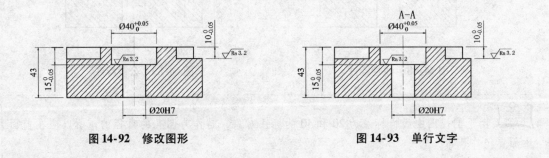

图 14-92　修改图形　　　　　　　图 14-93　单行文字

> **注意**　用户在进行剖视图的文字注释时，选择 Standard 文字样式作为当前文字样式，且设置文字的高度为 3.5。

至此，该槽座工程图已经绘制完成。

步骤 **23** ▶ 按 "Ctrl + S" 组合键进行保存。

AutoCAD 2015

第 15 章
建筑设计工程实例

课前导读

建筑设计（Architectural Design），是指建筑物在建造之前，设计者按照建设任务，把施工过程和使用过程中所存在的或可能发生的问题，事先作好通盘的设想，拟定好解决这些问题的办法、方案，并将其用图样和文件表达出来的过程。这些图样和文件作为备料、施工组织工作和各工种在制作、建造工作中互相配合协作的共同依据，便于整个工程得以在预定的投资限额范围内，按照周密考虑的预定方案，统一步调，顺利进行，并使建成的建筑物充分满足使用者和社会所期望的各种要求。

本章要点

☞ 掌握建筑平面图的绘制方法。

☞ 掌握建筑立面图的绘制方法。

☞ 掌握建筑剖面图的绘制方法。

15.1　建筑平面图的绘制

视频\15\单元楼标准层平面图的绘制.avi
案例\15\单元楼标准层平面图.dwg

绘制平面图前，首先设计"建筑平面图.dwt"样板文件，将其另存为"单元楼标准层平面图.dwg"文件；接着绘制辅助网线，使用多线绘制门、窗，再布置部分设施，进行内部尺寸及文字标注，然后进行镜像操作，形成单元楼的轮廓；最后绘制楼梯对象，进行尺寸标注、轴线编号及图名的标注，其最终效果如图 15-1 所示。

15.1.1　设置绘图环境

在绘制建筑平面图之前，同样需要设置绘图环境，包括绘图区域的设置、图层的规划、文字和标注样式的设置等。

1. 绘图区的设置

具体操作步骤如下：

步骤 **1** ▶ 启动 AutoCAD 2015 软件，系统自动创建一个新的空白文档。

步骤 **2** ▶ 使用"图形单位"命令（UN），打开"图形单位"对话框，把"长度"类型设定

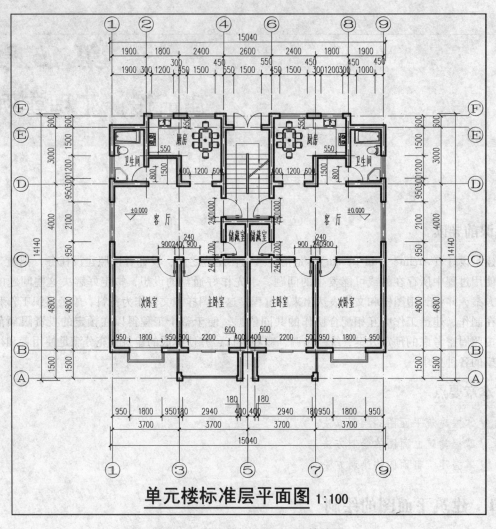

单元楼标准层平面图 1:100

图 15-1 单元楼标准层平面图的效果

为"小数","精度"设置为"0.000","角度"类型设置为"十进制度数","精度"后两位"0.00",然后单击"确定"按钮,如图 15-2 所示。

　　步骤 3 ▶ 执行"图形界限"命令(Limits),依照命令行的提示,设定图形界限的左下角为(0,0),右上角为(42000,29700)。

　　步骤 4 ▶ 在命令行输入<Z>→<空格>→<A>,使设置的图形界限区域全部显示在图形窗口内。

> 注意　标准的 A3 图纸幅面是 297mm×420mm,A2 图纸幅面是 420mm×594mm,A1 图纸幅面
> 是 594mm×841mm,其图框的尺寸见相关的制图标准。

2. 规划图层

　　由图 15-1 可知,该建筑平面图主要由轴线、门窗、墙体、楼梯、设施、文本标注、尺寸标注等元素组成,因此绘制平面图形时,应建立图层设置表,见表 15-1。

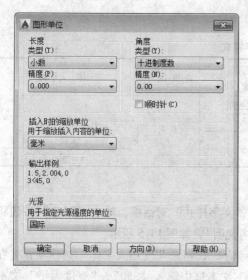

图 15-2　"图形单位"对话框

表 15-1　图层设置

序号	图层名	颜色	线型	线宽
1	标高	12	CONTINUOUS	默认
2	尺寸标注	蓝	CONTINUOUS	默认
3	楼梯	132	CONTINUOUS	默认
4	门窗	200	CONTINUOUS	默认
5	剖切符号	白	CONTINUOUS	默认
6	其他	8	CONTINUOUS	默认
7	墙体	白	CONTINUOUS	0.3mm
8	散水	31	CONTINUOUS	0.3mm
9	设施	151	CONTINUOUS	默认
10	文字标注	白	CONTINUOUS	默认
11	轴线	红	ACAD_ ISO04W100	默认
12	轴线编号	绿	CONTINUOUS	默认
13	柱子	白	CONTINUOUS	默认

步骤 **1** ▶ 执行"图层"命令（LA），打开"图层特性管理器"面板，根据表 15-1 来设置图层的名称、线宽、线型和颜色等，如图 15-3 所示。

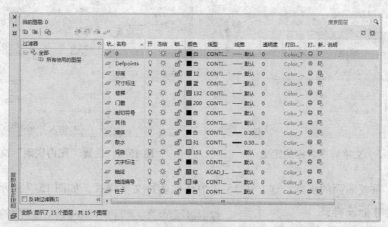

图 15-3　规划图层

步骤 **2** ▶ 执行"线型"命令（LT），打开"线型管理器"对话框，单击"显示细节"按钮，打开"细节选项组，输入"全局比例因子"为 100，然后单击"确定"按钮，如图 15-4 所示。

3. 设置文字样式

由 15-1 可知，该建筑平面图上的文字有尺寸文字、标高文字、图内文字说明、剖切符号文字、图名文字、轴线符号等，打印比例为 1∶100，文字样式中的高度为打印到图纸上的文字高度与打印比例倒数的乘积。根据建筑制图标准，该平面

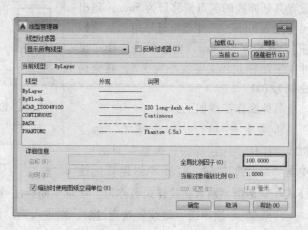

图 15-4　设置线型比例

图文字样式的规划见表15-2。

表15-2　文字样式

文字样式名	打印到图样上的 文字高度/mm	图形文字高度 （文字样式高度）/mm	宽 度 因 子	字体｜大字体
尺寸文字	3.5	（由尺寸样式控制）	0.7	Tssdeng/gbcbig
图内说明	3.5	350		
图名	7	700		
轴号文字	5	500		complex

具体操作步骤如下：

步骤 **1** ▷ 执行"文字样式"命令（ST），弹出"文字样式"对话框，单击"新建"按钮将打开"新建文字样式"对话框，样式名定义为"图内说明"，如图15-5所示。

步骤 **2** ▷ 在"字体"下拉列表中选择字体"Tssdeng"，勾选"使用大字体"选择项，并在"大字体"下拉列表中选择字体"gbcib"，在"高度"文本框中输入"350"，"宽度因子"文本框中输入"0.7"，单击"应用"按钮，完成该文字样式的设置，如图15-6所示。

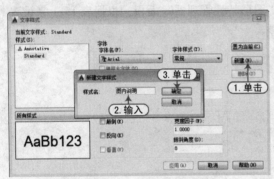

图15-5　文字样式名称的定义　　　　**图15-6　设置"图内说明"文字样式**

步骤 **3** ▷ 重复前面的步骤，建立表15-2中其他各种文字样式，如图15-7所示。

4. 设置尺寸标注样式

根据建筑平面图的尺寸标注要求，应设置其延伸线的起点偏移量为5mm，超出尺寸线2.5mm，尺寸起止符号用"建筑标注"，其长度为2mm，文字样式选择"尺寸文字"样式，文字大小为3.5，其全局比例为100。

具体操作步骤如下：

步骤 **1** ▷ 执行"标注样式"命令（D），打开"标注样式管理器"对话框，单击"新建"按钮，打开"创建新标注样式"对话框，输入新建样式名称为"建筑平面标注-100"，如图15-8所示。

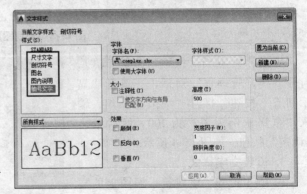

图15-7　其他文字样式

步骤 **2** ▷ 当单击"继续"按钮过后，则进入到"新建标注样式"对话框，然后分别在各选项卡中设置相应的参数，其设置后的效果见表15-3。

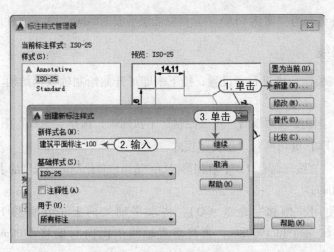

图 15-8 标注样式名称的定义

表 15-3 "建筑平面标注-100"标注样式的参数设置

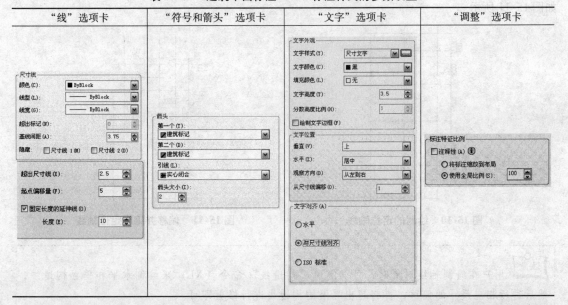

"线"选项卡	"符号和箭头"选项卡	"文字"选项卡	"调整"选项卡

步骤 **3** ▶ 前面所建立的绘制环境，为了今后绘图的需要，用户可以将其保存为样板文件。按下"Ctrl + S"组合键，打开"图形另存为"对话框，在下拉列表中选择"AutoCAD 图形样板（＊.dwt）"，将文件另存为"案例\15\建筑平面图.dwt"样板文件，如图 15-9 所示。

步骤 **4** ▶ 本实例中，在样板文件的基础上，再另存为图形文件。再按下"Ctrl + S"组合键，打开"图形另存为"对话框，在下拉列表中选择"AutoCAD 2015 图形

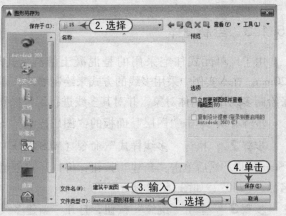

图 15-9 保存为样板文件

（＊．dwg）"，将文件另存为"案例＼15＼单元楼标准层平面图．dwg"图形文件。

15.1.2　绘制轴线

在前面已经将其绘制环境进行了设置，接下来即可开始绘制轴线网结构了，具体操作步骤如下：

步骤 1 ▶ 单击"图层"面板的"图层控制"下拉列表，选择"轴线"图层为当前层。

步骤 2 ▶ 按【F8】键切换到"正交"模式。

步骤 3 ▶ 执行"直线"命令（L），在图形窗口的适当位置绘制适当长度的水平线（≈8000mm）和垂直轴线（≈17000mm）。

步骤 4 ▶ 再使用"偏移"命令（O），将水平轴线向上依次偏移 1500mm、4800mm、4000mm、3000mm、600mm 和 1900mm，再将垂直轴线依次向右偏移 3700mm 和 3700mm，如图 15-10 所示。

步骤 5 ▶ 执行"修剪"命令（TR），按照提供的尺寸，修剪掉多余的线段，形成轴网线，如图 15-11 所示。

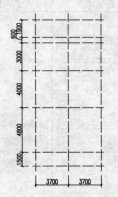

图 15-10　绘制的定位轴线

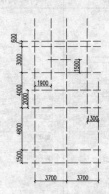

图 15-11　偏移并编辑定位轴线

> 注意　用户在绘制轴线对象时，可以使用"构造线"命令（XL）来绘制水平和垂直构造线，然后进行相应尺寸的偏移，再将超出界限的构造线进行修剪即可。

15.1.3　绘制墙体

由于该单元式住宅采用的是混凝土结构，其外墙的厚度为 240mm，部分内墙的厚度为 120mm。在本实例中采用多线的方式来绘制墙体，即应建立 Q240 和 Q120 的两种多线样式，然后来绘制多线作为墙体对象，并对其多线进行编辑操作等。具体操作步骤如下：

步骤 1 ▶ 单击"图层"面板的"图层控制"下拉列表，选择"墙体"图层为当前层。

步骤 2 ▶ 执行"多线样式"命令（MLSTYLE），打开"多线样式"对话框，其默认样式为"Standard"；然后单击"新建"按钮，将打开"创建新的多线样式"对话框，在名称栏输入多线名称"Q240"，如图 15-12 所示。

步骤 3 ▶ 单击"继续"按钮，打开"新建多线样式：Q240"对话框，然后设置图元的偏移量分别为 120 和-120，再单击"确定"按钮，如图 15-13 所示。

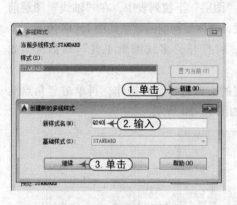

图 15-12　新建多线样式

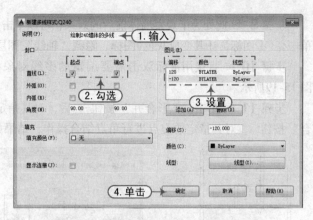

图 15-13　新建"Q240"多线样式的参数

步骤 **4** ▶ 参照前面的方法，新建"Q120"多线样式，如图 15-14 所示。

步骤 **5** ▶ 执行"多线"命令（ML），根据命令行的提示，选择"ST"选项将多线样式"Q240"置为当前；输入"J"选项将对正方式定义为"无（Z）"；输入"S"选项设定多线的比例为 1，然后捕捉左下角的一个轴线交点作为起点。

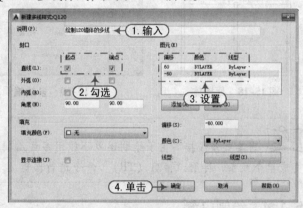

图 15-14　新建"Q120"多线样式

步骤 **6** ▶ 按【F8】键切换到"正交"模式，根据要求依次捕捉相应的轴线交点，最后按"闭合（C）"选项对其多线进行闭合操作，从而完成外墙的绘制，如图 15-15 所示。

步骤 **7** ▶ 同样，执行"多线"命令（ML），绘制内部的其他 Q240 墙体对象，并对其进行适当的修剪，如图 15-16 所示。

步骤 **8** ▶ 重复执行"多线"命令（ML），选择"ST"选项将多线样式"Q120"置为当前，输入"J"将对正方式定义为"上"，然后在图形的左上角的指定位置从左至右绘制 120 墙体对象，如图 15-17 所示。

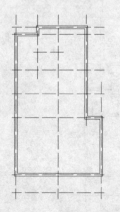

图 15-15　绘制的外墙

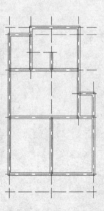

图 15-16　绘制内部墙体

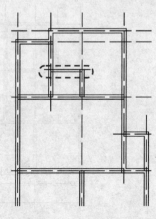

图 15-17　绘制 120 墙体

步骤 **9** ▶ 此处为了观察墙体前后的效果，可以单击"图层"下拉列表中，在"轴线"图层前单击亮色💡图标，让其变成灰色💡图标，隐藏"轴线"图层，墙体编辑前的效果如图 15-18 所示。

步骤 **10** ▶ 直接用鼠标双击需要编辑的多线对象，将打开"多线编辑工具"对话框，如图 15-19 所示。

步骤 **11** ▶ 单击"T 形合并"按钮╤后，对其指定的交点进行合并操作，再单击"角点结合"按钮╚，对其指定的交点进行角点结合操作，结果如图 15-20 所示。

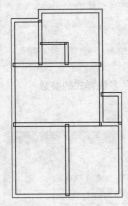

图 15-18　原墙体

图 15-19　多线编辑功能

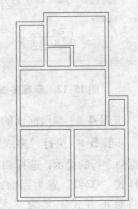

图 15-20　编辑后的墙体

> 📖**注意**　当某些多线接头由于绘制误差不能用多线编辑进行修剪时，则需要把多线打散，使之变成单个线条，再用"修剪（TR）"命令进行修剪。

15.1.4　绘制门窗

在绘制门窗的时候，首先要开启门窗洞口，再根据需要绘制相应的门窗平面图块，然后将制作好的门窗图块插入到相应的门窗洞口位置即可。具体操作步骤如下：

步骤 **1** ▶ 执行"偏移"命令（O），将下侧的垂直轴线进行偏移，再使用"修剪"命令（TR）进行修剪，从而形成底侧窗洞口，如图 15-21 所示。

步骤 **2** ▶ 用同样的方法，再对其图形的中间部分进行门窗洞口的开启，如图 15-22 所示。

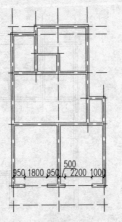

图 15-21　开启底侧的门窗洞口

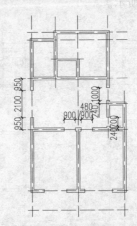

图 15-22　开启中间的门窗洞口

步骤 **3** ▶ 用同样的方法，再对其图形的上侧部分进行门窗洞口的开启，如图 15-23 所示。

步骤 **4** ▶ 再执行"偏移"命令（O），对下侧的垂直轴线进行偏移，再使用"多线"命令（ML）绘制 240Q 对象，并进行修剪，从而完成下侧的阳台的墙体，如图 15-24 所示。

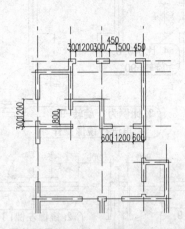

图 15-23　开启上侧的门窗洞口

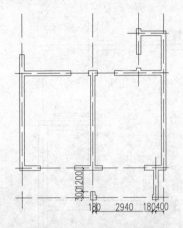

图 15-24　绘制的阳台对象

步骤 **5** ▶ 单击"图层"面板的"图层控制"下拉列表，选择"门窗"图层为当前层。

步骤 **6** ▶ 使用"插入块"命令（I），将"案例\15\M1000.dwg"文件，比例为 1.022，旋转 270°，插入到相应的位置，如图 15-25 所示。

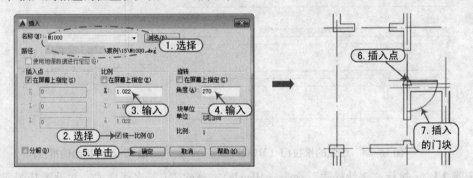

图 15-25　插入的门块

> **注意**　由于插入的标准门图块宽度为 1000mm，此处可将进行相应比例的缩放即可，设置比例为（1022÷1000 = 1.022），以此类推。

步骤 **7** ▶ 由于此时所插入的门块对象不符合要求，因此执行"镜像"命令（MI），将其门块进行镜像，如图 15-26 所示。

步骤 **8** ▶ 按照同样的方法，分别在其他门洞口位置插入该门块，并作适当的缩放、旋转、镜像等操作，结果如图 15-27 所示。

步骤 **9** ▶ 使用"矩形"（REC）、"直线"（L）、"修剪"（TR）等命令，在图形的下侧绘制推拉门（M1822）的平面图效果，如图 15-28 所示。

步骤 **10** ▶ 使用 "移动" 命令（M），将推拉门对象移动到底侧的窗洞口处，如图 15-29 所示。

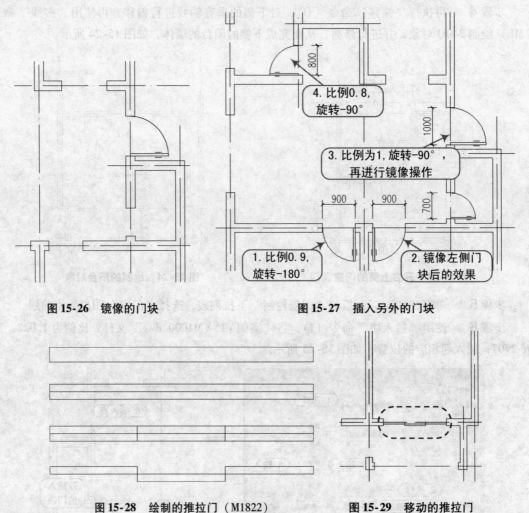

图 15-26　镜像的门块　　　　　　　　图 15-27　插入另外的门块

图 15-28　绘制的推拉门（M1822）　　　　图 15-29　移动的推拉门

步骤 **11** ▶ 执行 "多线样式" 命令（Mlstyle），新建 "C" 多线样式，并设置其图元的偏移量分别为 120、60、–60、–120，然后单击 "确定" 按钮，并返回到 "多线样式" 对话框中，将 "C" 样式置为当前，设置后的多线效果如图 15-30 所示。

图 15-30　新建 "C" 多线样式

步骤 **12** ▶ 执行 "多线" 命令（ML），设置比例为 1，对正方式为 "无"，然后在图形上侧、左上侧的位置绘制相应的窗效果，如图 15-31 所示。

步骤 **13** ▶ 执行 "多段线" 命令（PL），在图形左下侧的相应位置绘制凸窗（C1800）效果，如图 15-32 所示。

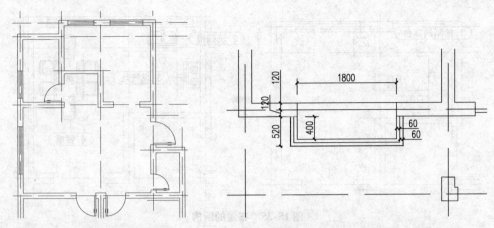

图 15-31　绘制的推拉窗　　　　　　　　图 15-32　绘制的凸窗（C1819）

步骤 **14** ▶ 执行"多线样式"命令（Mlstyle），新建"C-1"多线样式，并设置其图元的偏移量分别为 120、80、40、0，然后单击"确定"按钮，设置后的多线效果如图 15-33 所示。

图 15-33　新建"C-1"多线样式

步骤 **15** ▶ 执行"多线"命令（ML），选择多线样式"C-1"，设置比例为 1，对正方式为"上"，然后在图形的下侧阳台位置绘制相应的推拉窗效果，如图 15-34 所示。

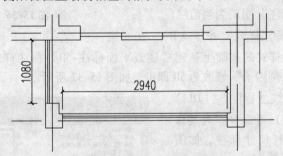

图 15-34　绘制的推拉窗对象

15.1.5　布置设施

厨房、卫生间的主要设施有灶台、燃气灶、洗涤池、水龙头、浴盆等，用户可以根据需要临时绘制，但为了能够更加快速地制图，可将事先准备好的图块"布置"到相应的位置。具体操作步骤如下：

步骤 **1** ▶ 单击"图层"面板的"图层控制"下拉列表，选择"设施"图层为当前层。

步骤 **2** ▶ 执行"直线"命令（L），绘制厨房的操作案台，其操作案台的宽度为 550mm。

步骤 **3** ▶ 再执行"插入块"命令，将"案例\15"文件夹下的"洗碗槽、燃气灶、餐桌"

等图块，插入到厨房的相应位置，如图 15-35 所示。

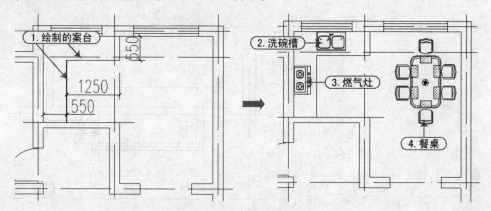

图 15-35 布置的厨房

步骤 4 ▶ 同样，执行"插入块"命令，将"案例\15"文件夹下面的"浴缸、坐便器、洗脸盆"等图块，插入到卫生间的相应位置，并作相应的旋转和缩放操作，如图 15-36 所示。

15.1.6 内部尺寸及文字标注

通过前面的操作，大致已将其中的一套住宅图绘制完毕，接下来对其套房内部的尺寸、标高和文字等进行标注。具体操作步骤如下：

步骤 1 ▶ 单击"图层"面板的"图层控制"下拉列表，选择"尺寸标注"图层为当前层。

步骤 2 ▶ 执行"标注样式"命令（D），在"建筑平面标注-100"标注样式的基础上新建"建筑平面标注-50"标注样式，其他的参数设置不变，只需将其"全局比例因子"修改为 50 即可，如图 15-37 所示。

步骤 3 ▶ 执行"线性标注"（DLI）和"连续标注"（DCO）等命令，对其该套房内部的门窗等进行尺寸标注，如图 15-38 所示。

步骤 4 ▶ 单击"图层"面板的"图层控制"下拉列表，选择"文字标注"图层为当前层。

步骤 5 ▶ 单击"注释"选项板中的"文字"面板，选择"图内说明"文字样式。

步骤 6 ▶ 执行"单行文字"命令（DT），分别进行文字大小为 600 的标注，如图 15-39 所示。

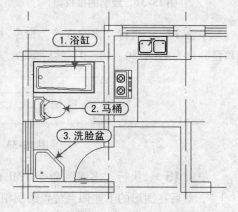

图 15-36 布置的卫生间

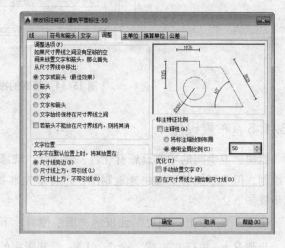

图 15-37 新建并修改标注样式

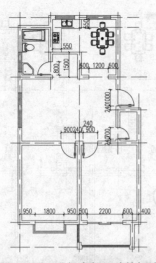

图15-38　进行内部尺寸的标注

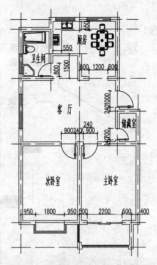

图15-39　进行内部文字的标注

步骤7 ▶ 执行"插入"命令（I），将弹出"插入"对话框，选择已经定义的属性图块"案例\15\标高.dwg"文件，单击"确定"按钮，此时在视图的客厅位置捕捉一点作为插入图块的基点，再根据要求输入标高值为"%%P0.000"（即±0.000），如图15-40所示。

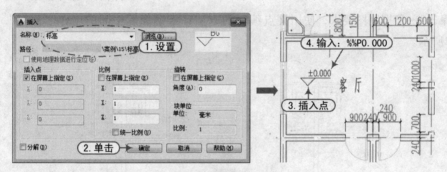

图15-40　插入的标高

> **注意**　在AutoCAD中，输入"%%P"即输入正负号"±"；输入"%%C"即输入直径符号"Φ"；输入"%%D"即输入度数符号"°"。

15.1.7　水平镜像和绘制楼梯

通过前面的操作步骤，已经将其中的一套住房平面图绘制完成。根据要求，要绘制的是一个单元楼的平面图，一个单元楼里面有两套住房，所以接下来将其左侧的住房平面图进行水平镜像，从而完成一个单元楼住房的绘制。具体操作步骤如下：

步骤1 ▶ 使用直线、阵列、多段线、修剪等命令，绘制该单元楼的楼梯间，再在楼梯处插入双开门。

步骤2 ▶ 执行"镜像"命令（MI），选择视图中已经绘制的所有图形对象作为镜像的对象（除水平主轴线外），再选择最右侧的垂直轴线作为镜像的轴线，从而对其左侧住宅套房进行水平镜像，如图15-41所示。

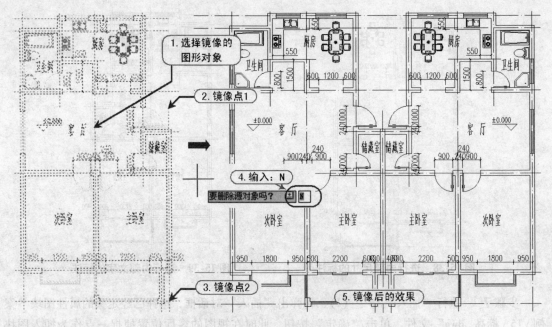

图 15-41　水平镜像套房

步骤 **3** ▶ 根据制图要求，使用夹点编辑的方法，将镜像后中间的墙体"修补"完整，如图 15-42 所示。

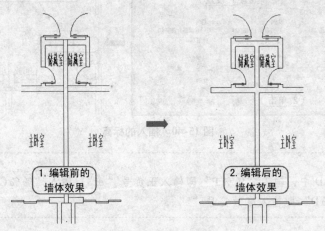

图 15-42　修中间的墙体

步骤 **4** ▶ 单击"图层"面板的"图层控制"下拉列表，选择"墙体"图层为当前层。

步骤 **5** ▶ 执行"多线"命令（ML），选择"Q240"多线样式在该单元楼的楼梯间位置绘制水平墙；再执行"修剪"（TR）和"偏移"（O）等命令，偏移一定距离的轴线，再修剪掉多余的线段，从而开启楼梯间的门洞口，如图 15-43 所示。

步骤 **6** ▶ 单击"图层"工具栏的"图层控制"下拉列表，选择"门窗"图层为当前层。

步骤 **7** ▶ 使用"插入"命令（I），在弹出"插入"对话框，选择"案例 \ 15 \ M1000.dwg"图块文件，设置比例为 0.75，将其插入左侧的位置，如图 15-44 所示。

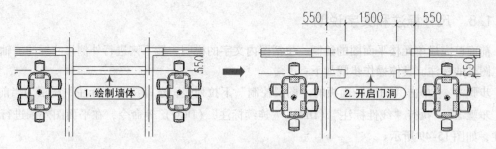

图 15-43　开启楼梯间的门洞口

步骤 8 ▷ 使用"镜像"命令（MI），将插入的图块向右进行镜像操作，如图 15-45 所示。

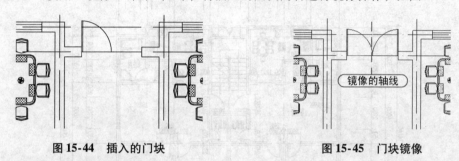

图 15-44　插入的门块　　　　**图 15-45　门块镜像**

步骤 9 ▷ 单击"图层"面板的"图层控制"下拉列表，选择"楼梯"图层为当前层。

步骤 10 ▷ 使用直线、阵列、修剪、多段线、单行文字等命令，绘制楼梯平面图，如图 15-46 所示。

步骤 11 ▷ 执行"编组"命令（G），选择绘制好的楼梯对象，组合成一个整体，如图 15-47 所示。

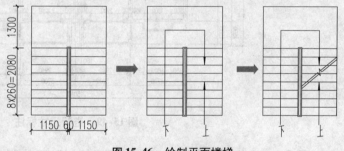

图 15-46　绘制平面楼梯

步骤 12 ▷ 使用"移动"命令（M）将编组的楼梯对象移至视图中楼梯间的相应位置，如图 15-48 所示。

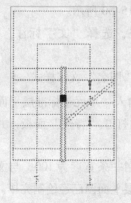

图 15-47　进行编组操作

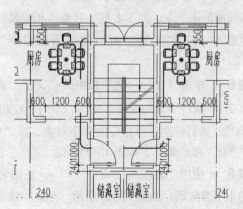

图 15-48　移动的楼梯对象

15.1.8 尺寸标注和文字说明

前面已完成单元楼平面图的绘制，包括图内文字的说明，接下来进行外侧尺寸标注、轴线编号、图名的标注。具体操作步骤如下：

步骤 1 ▶ 单击"图层"面板的"图层控制"下拉列表，选择"尺寸标注"图层为当前层。

步骤 2 ▶ 执行"线性标注"（DLI）、"连续标注"（DCO）等命令，在平面图外围进行尺寸标注，如图 15-49 所示。

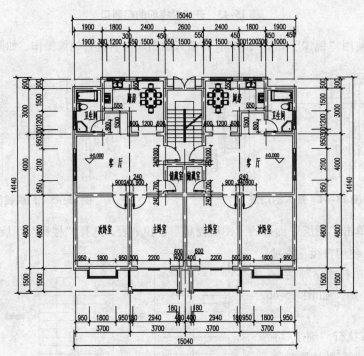

图 15-49　进行尺寸标注

步骤 3 ▶ 单击"图层"面板的"图层控制"下拉列表，选择"轴线编号"图层为当前层。

步骤 4 ▶ 使用"插入"命令（I），打开"插入"对话框，将"案例 \ 15 \ 轴线编号 . dwg"插入到平面图的上、下、左、右侧，并修改相应属性值，如图 15-50 所示。

步骤 5 ▶ 单击"图层"面板的"图层控制"下拉列表，选择"文字标注"图层为当前层。

步骤 6 ▶ 单击"注释"选项板中的"文字"面板，选择"图名"文字样式。

步骤 7 ▶ 执行"单行文字"命令（DT），在相应的位置输入"单元楼标准层平面图"和比例"1:100"，然后分别选择相应的文字对象，按"Ctrl + 1"键打开"特性"面板，并修改文字大小为"700"和"500"，如图 15-51 所示。

步骤 8 ▶ 使用"多段线"命令（PL），在图名的下侧绘制一条宽度为 100，与文字标注大约等长的水平多线段，如图 15-52 所示。至此，该单元楼标准层平面图已经绘制完毕。

步骤 9 ▶ 按"Ctrl + S"组合键进行保存。

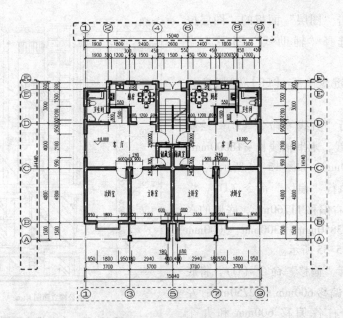

图 15-50　插入的轴线编号

图 15-51　输入图名和比例

图 15-52　进行图名标注

15.2　建筑立面图的绘制

视频\15\办公楼立面图的绘制.avi
案例\15\办公楼立面图.dwg

　　在绘制建筑立面图前，也需要设置立面图的绘图环境。在本节中，借助前面所建立好的"建筑平面图.dwt"样板文件，对其作适当的修改，即可作为立面图的样板文件。首先，使用直线、偏移、修剪、图案填充、矩形等命令，完成底层立面的绘制；其次，使用偏移、直线等命令，形成标准层的轮廓，然后绘制并插入阳台对象，接着使用矩形、阵列命令，形成电梯井，以及填充墙体，完成标准层立面的绘制；第三，使用偏移、修剪等命令，完成顶层立面的绘制；第四，进行尺寸标注、引线标注、文字标注、标高标注、图名标注，从而完成办公楼立面图的绘制，最终效果如图 15-53 所示。

15.2.1　绘制底层立面图

　　使用直线、偏移等命令，绘制办公楼立面图的定位线；再使用偏移、修剪、复制、矩形、移动、镜像、图案填充等命令，从而绘制好底层立面图。具体操作步骤如下：

　　步骤 **1** ▶ 启动 AutoCAD 2015 软件，打开"建筑平面图.dwt"样板文件，再按"Ctrl + Shift + S"组合键，将其另存为"办公楼立面图.dwg"图形文件。

步骤 **2** ▶ 单击"图层"面板的"图层控制"下拉列表，选择"辅助线"图层为当前层。

步骤 **3** ▶ 在键盘上按【F8】键切换到"正交"模式。

步骤 **4** ▶ 执行"直线"命令（L），绘制两条相交的垂直轴线，水平轴线长≈18000mm，垂直轴线长≈15250mm，如图 15-54 所示。

步骤 **5** ▶ 再执行"偏移"命令（O），将左侧的垂直线段向右偏移 11760mm，底侧的水平线段向上各偏移 3850mm、3300mm、3000mm 和 1100mm，如图 15-55 所示。

步骤 **6** ▶ 执行"偏移"命令（O），将底侧的水平线段向上偏移 600mm 和 2750mm；左侧的垂直线段向右各偏移 600mm 和九个 1200mm，如图 15-56 所示。

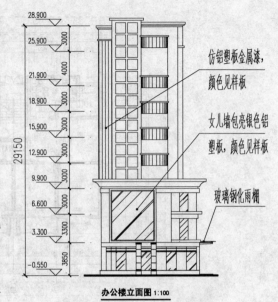

图 15-53 办公楼立面图的效果

步骤 **7** ▶ 执行"修剪"命令（TR），修剪掉多余的线段，如图 15-57 所示。

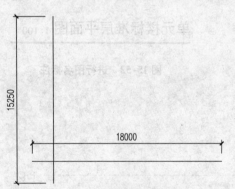

图 15-54 绘制线段

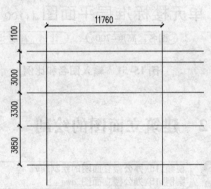

图 15-55 偏移线段

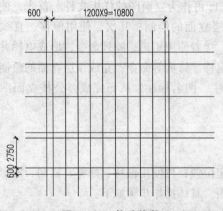

图 15-56 偏移线段

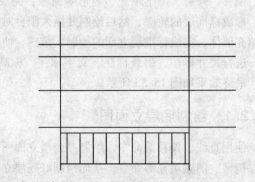

图 15-57 修剪掉多余的线段

步骤 **8** ▶ 执行"偏移"（O）和"修剪"（TR）命令，按照下图的尺寸，偏移和修剪线段，如图 15-58 所示。

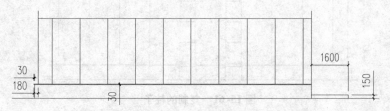

图 15-58　偏移和修剪线段

步骤 **9** ▶ 单击"图层"面板的"图层控制"下拉列表，选择"柱子"图层为当前层。

步骤 **10** ▶ 执行"偏移"（O）和"修剪"（TR）命令，偏移和修剪线段，形成柱子的轮廓，如图 15-59 所示。

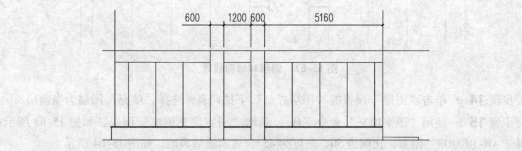

图 15-59　偏移和修剪线段

步骤 **11** ▶ 执行"直线"（L）、"偏移"（O）、"复制"（CO）、"矩形"（REC）、"修剪"（TR）等命令，细化柱子对象，结果如图 15-60 所示。

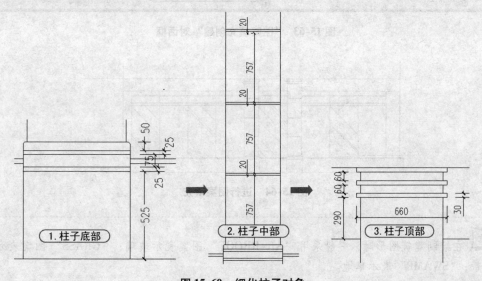

图 15-60　细化柱子对象

步骤 **12** ▶ 执行"复制"命令（CO），将上一步绘制的柱子向右复制一份，结果如图 15-61 所示。

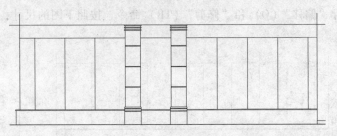

图 15-61 复制的柱子

步骤 **13** ▶ 执行"偏移"（O）和"修剪"（TR）命令，偏移和修剪线段，如图 15-62 所示。

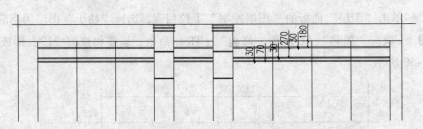

图 15-62 偏移和修剪线段

步骤 **14** ▶ 单击"图层"面板的"图层控制"下拉列表，选择"填充"图层为当前层。

步骤 **15** ▶ 使用"图案填充"命令（H），新增"图案填充创建"面板，如图 15-63 所示；选择"AR-RROOF"图案，比例为 50，角度为 45°，表示玻璃幕墙，如图 15-64 所示。

图 15-63 "图案填充创建"对话框

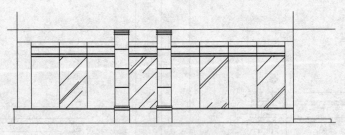

图 15-64 进行图案填充

> **注意** 在绘制建筑图形时，一般采用"AR-RROOF"图案表示玻璃；"GRASS"图案表示绿化地带；"SWAMP"表示草地。

步骤 **16** ▶ 单击"图层"面板的"图层控制"下拉列表，选择"其他"图层为当前层。

步骤 **17** ▶ 执行"直线"（L）、"偏移"（O）、"修剪"（TR）等命令，绘制钢化雨棚，如图 15-65 所示。

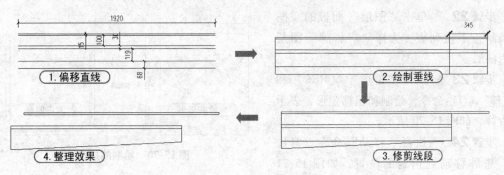

图 15-65　绘制的钢化雨棚

步骤 **18** ▶ 执行"直线"（L）、"偏移"（O）、"删除"（E）、"镜像"（MI）等命令，绘制雨棚的支架，如图 15-66 所示。

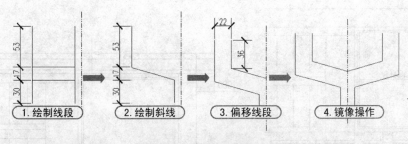

图 15-66　绘制雨棚的支架

步骤 **19** ▶ 执行"复制"命令（CO），将绘制的雨棚支架复制到相应的位置，如图 15-67 所示。

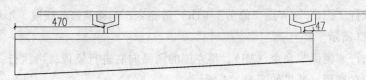

图 15-67　复制的雨棚支架

步骤 **20** ▶ 执行"移动"命令（M），将整个钢化雨棚进行移动操作，如图 15-68 所示。

步骤 **21** ▶ 执行"偏移"（O）、"修剪"（TR）等命令，偏移及修剪线段，结果如图 15-69 所示。

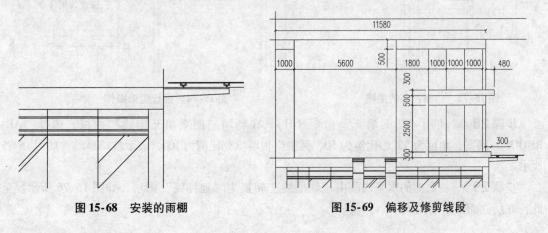

图 15-68　安装的雨棚　　　　　　　图 15-69　偏移及修剪线段

步骤 **22** ▶ 单击"图层"面板的"图层控制"下拉列表，选择"广告牌"图层为当前层。

步骤 **23** ▶ 执行"矩形"（REC）和"偏移"（O）命令，绘制和偏移矩形，表示广告牌，如图 15-70 所示。

步骤 **24** ▶ 执行"移动"命令（M），将广告牌移动到指定的位置，如图 15-71 所示。

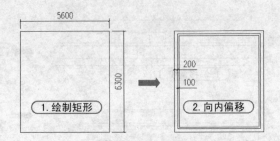

图 15-70 绘制的广告牌

步骤 **25** ▶ 执行"偏移"（O）、"修剪"（TR）等命令，偏移及修剪线段，结果如图 15-72 所示。

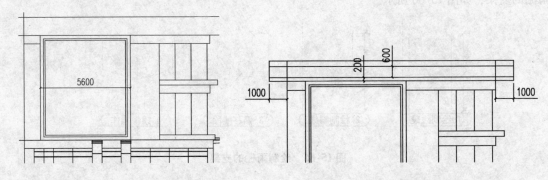

图 15-71 安装广告牌　　　　　　　　　　**图 15-72** 偏移及修剪线段

步骤 **26** ▶ 执行"圆弧"（A）、"修剪"（TR）等命令，偏移及修剪线段，形成左上角的屋檐效果，如图 15-73 所示。

步骤 **27** ▶ 执行"镜像"命令（MI），将左侧的圆弧向右进行镜像；再执行"修剪"命令（TR），修剪掉多余的线段，结果如图 15-74 所示。

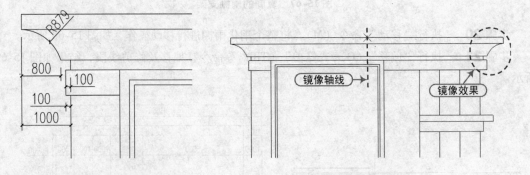

图 15-73 绘制左侧的屋檐　　　　　　　　**图 15-74** 进行镜像操作

步骤 **28** ▶ 使用"图案填充"命令（H），在新增"图案填充创建"面板，选择"AR-RROOF"图案，角度为 45°，比例为 50，其中广告墙填充比例为 100，表示玻璃幕墙，如图 15-75 所示。

步骤 **29** ▶ 将底侧的水平线段由"辅助线"转换为"地坪线"图层，如图 15-76 所示。至此，底层立面图绘制完成。

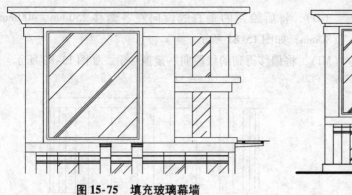

图 15-75 填充玻璃幕墙

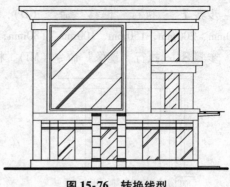

图 15-76 转换线型

15.2.2 绘制标准层立面图

标准层由阳台、窗、和电梯井组成，其立面图绘制步骤如下：

步骤 **1** ▶ 单击"图层"面板中的"图层控制"下拉列表，将"辅助线"图层置为当前层。

步骤 **2** ▶ 执行"偏移"命令（O），将底层立面图的最上侧的水平线段向上各偏移 1600mm、3020mm、3020mm、3020mm 和 4650mm，如图 15-77 所示。

步骤 **3** ▶ 执行"直线"命令（L），绘制高 15310mm 的垂直线段；再执行"偏移"命令（O），将垂直线段向左各偏移 600mm、1200mm、3180mm 和 3480mm，如图 15-78 所示。

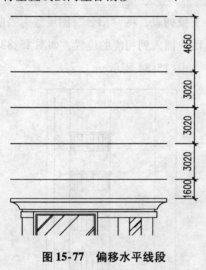

图 15-77 偏移水平线段

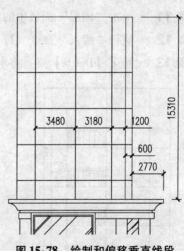

图 15-78 绘制和偏移垂直线段

步骤 **4** ▶ 单击"图层"面板中的"图层控制"下拉列表，将"0"图层置为当前层。

步骤 **5** ▶ 执行"矩形"（REC）和"多线段"（PL）命令，绘制阳台的外轮廓，如图 15-79 所示。

步骤 **6** ▶ 执行"直线"命令（L），过阳台上下中点绘制一条垂直线段，如图 15-80 所示。

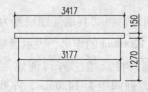

图 15-79 绘制的阳台外轮廓

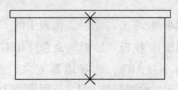

图 15-80 绘制垂直线段

步骤 **7** ▶ 执行"偏移"命令（O），将所绘制的垂直线段向左各偏移 250mm、400mm、350mm、200mm、150mm、100mm 和 80mm，如图 15-81 所示。

步骤 **8** ▶ 执行"镜像"命令（MI），将偏移得到的线段向右镜像一份，如图 15-82 所示。

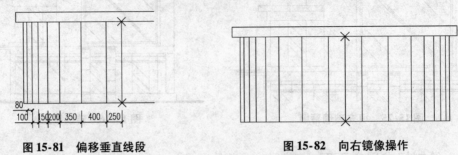

图 15-81　偏移垂直线段　　　　　　　　　图 15-82　向右镜像操作

步骤 **9** ▶ 执行"删除"命令（E），将中间位置的垂直线段删除。

步骤 **10** ▶ 执行"块定义"命令（B），选择上一步绘制对象，保存为"阳台"。

> **注意**　执行"块"（B）命令，可将图形对象保存为内部图块，但只能在当前文件中引用；而执行"写块"（W）命令，则是将图形对象以文件的形式，保存为外部图块，可在不同的文件之间相互引用。

步骤 **11** ▶ 单击"图层"面板中的"图层控制"下拉列表，将"阳台"图层置为当前层。

步骤 **12** ▶ 执行"插入"命令（I），将"阳台"图块插入到相应的位置，如图 15-83 所示。

步骤 **13** ▶ 按下【Delete】键，将水平线段删除，如图 15-84 所示。

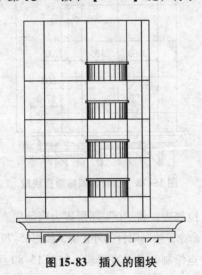 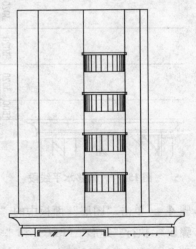

图 15-83　插入的图块　　　　　　　　　图 15-84　删除水平线段

步骤 **14** ▶ 单击"图层"面板中的"图层控制"下拉列表，将"其他"图层置为当前层。

步骤 **15** ▶ 执行"矩形"命令（REC），绘制 1200mm×1200mm 的矩形，表示墙幕；再执行"阵列"命令（AR），选择墙幕对象，选择"矩形"阵列，将新增"阵列创建"面板，如图 15-85 所示，设置行数为 2，行间距为 1420mm；列数为 2，列间距为 1420mm，阵列的效果如图 15-86 所示。

图15-85 "阵列创建"面板

步骤 16 ▶ 执行"移动"命令（M），将阵列后的墙幕移动到指定的位置，结果如图15-87所示。

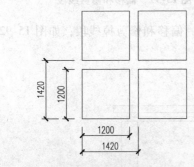

图15-86 矩形阵列的效果

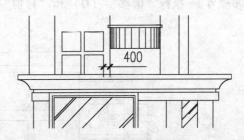

图15-87 移动的墙幕

步骤 17 ▶ 继续执行"阵列"命令（AR），选择阵列后的墙幕对象，选择"矩形"阵列，在新增"阵列创建"面板，设置行数为6，行间距为2840mm；列数为1，并取消"关联"，其阵列的效果如图15-88所示。

步骤 18 ▶ 执行"图案填充"命令（H），选择"LINE"图案，比例为120，角度为90°，进行图案填充，结果如图15-89所示。

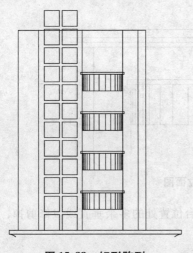

图15-88 矩形阵列

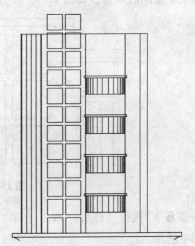

图15-89 图案填充

15.2.3 绘制顶层立面图

接下来绘制办公楼立面图的顶层部分，要使用偏移、修剪等命令，具体操作步骤如下：

步骤 1 ▶ 单击"图层"面板中的"图层控制"下拉列表，将"辅助线"图层置为当前层。

步骤 2 ▶ 执行"直线"命令（L），绘制高3470mm的垂直线段，如图15-90所示。

步骤 **3** ▶ 执行"偏移"（O）和"修剪"（TR）命令，偏移和修剪掉线段，如图 15-91 所示。

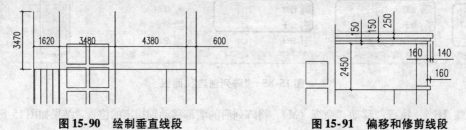

图 15-90　绘制垂直线段　　　　　　　　图 15-91　偏移和修剪线段

步骤 **4** ▶ 执行"偏移"（O）和"修剪"（TR）命令，偏移和修剪掉线段，如图 15-92 所示。

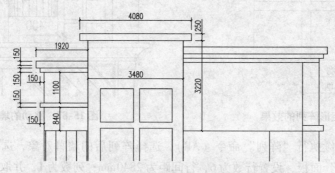

图 15-92　偏移和修剪线段

步骤 **5** ▶ 执行"图案填充"（H）、"复制"（CO）、"插入"（I）和"修剪"（TR）命令，完成顶层立面图的布置，如图 15-93 所示。

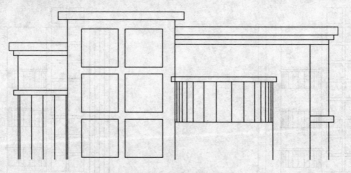

图 15-93　完善顶层立面图

步骤 **6** ▶ 执行"修剪"命令（TR），将每一个阳台位置处的多余垂直线段修剪掉，结果如图 15-94 所示。

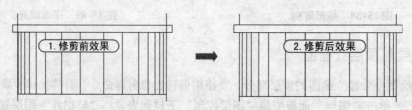

1. 修剪前效果　　　　　　2. 修剪后效果

图 15-94　修剪多余的线段

15.2.4 尺寸标注和文字说明

前面已完成办公楼立面图的绘制，接下来进行文字说明、尺寸标注、图名的标注，具体操作步骤如下：

步骤 1 ▶ 单击"图层"面板的"图层控制"下拉列表，选择"尺寸标注"图层为当前层。

步骤 2 ▶ 在"标注"面板的"标注样式"下拉列表中选择"建筑立面标注-100"样式，使其置为当前。

步骤 3 ▶ 执行"线性标注"（DLI）和"连续标注"（DCO）等命令，对立面图进行内部的尺寸标注，如图 15-95 所示。

步骤 4 ▶ 将"建筑立面标注-150"样式置为当前。执行"线性标注"命令（DLI），对立面图进行外围的尺寸标注，如图 15-96 所示。

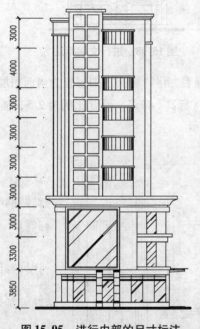

图 15-95 进行内部的尺寸标注

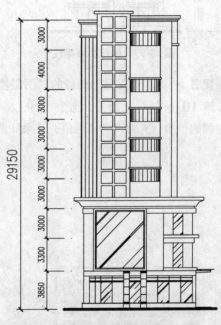

图 15-96 进行外围的尺寸标注

步骤 5 ▶ 单击"图层"面板的"图层控制"下拉列表，选择"文字标注"图层为当前层。

步骤 6 ▶ 单击"注释"选项板中的"文字"面板，选择"图内说明"文字样式。

步骤 7 ▶ 执行"引线标注"命令（LE），对图形进行引线标注，如图 15-97 所示。

步骤 8 ▶ 执行"单行文字"命令（DT），对图形进行文字说明，文字大小"1800"，如图 15-98 所示。

> **注意** 在进行引线标注时，也可使用"QL"快捷命令，在适当的位置插入引线后，可在"特性"选项板中设置其"箭头"样式、箭头大小、尺寸线线宽、尺寸线颜色等参数，选择引线的类型，包括有箭头直线、无箭头直线、有箭头样条曲线、无箭头样条曲线，如图 15-99 所示。

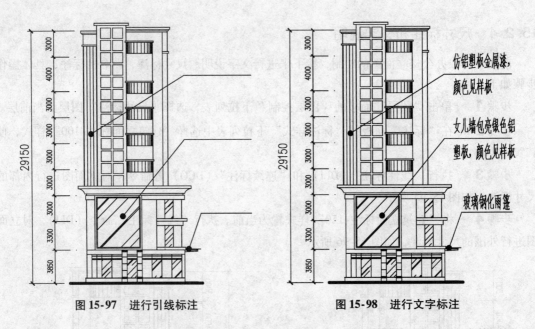

图 15-97 进行引线标注　　　　　　图 15-98 进行文字标注

步骤 **9** ▶ 单击"图层"面板的"图层控制"下拉列表，将"标高"图层置为当前图层。

步骤 **10** ▶ 执行"插入"命令（I），将"案例\05\标高.dwg"，设置比例为 2.5，插入到图形左侧的位置，并修改其属性值，结果如图 15-100 所示。

图 15-99 设置引线标注的参数

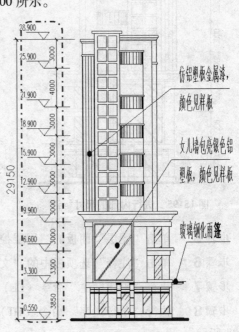

图 15-100 插入的标高

> **注意** 立面图中需标注房屋主要部位的相对标高，如楼地面、阳台、檐口、女儿墙、台阶、平台等处的标高。上顶面标高应注建筑标高（包括粉刷层，如女儿墙顶面），下底面标高应注结构标高（不包括粉刷层，如雨篷、门窗洞口）。

在建筑立面图、剖面图的标高标注时，其常用的标注形式如图 15-101 所示。

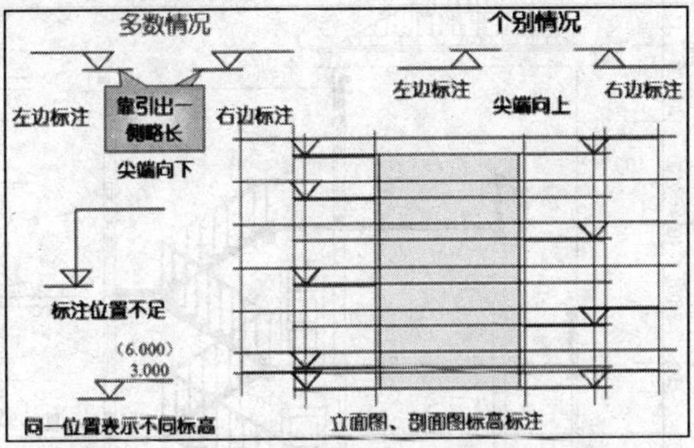

图 15-101　立面图、剖面图的标高形式

步骤 **11** ▶ 单击"注释"选项板中的"文字"面板，选择"图名"文字样式。

步骤 **12** ▶ 执行"单行文字"命令（DT），在相应的位置输入"办公楼立面图"和比例 "1:100"，然后分别选择相应的文字对象，按"Ctrl + 1"键打开"特性"面板，并修改文字大小 为"700"和"500"。

步骤 **13** ▶ 使用"多段线"命令（PL），在图名的下 侧绘制一条宽度为 100，与文字标注大约等长的水平多线 段，如图 15-102 所示。

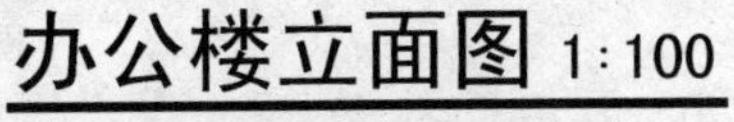

办公楼立面图 1:100

图 15-102　进行图名标注

步骤 **14** ▶ 执行"清理"命令（Purg），将图形中多余的图形元素清除掉，从而减少文件的 存储空间。至此，该办公楼立面图已经绘制完毕。

步骤 **15** ▶ 按"Ctrl + S"组合键进行保存。

15.3　建筑剖面图的绘制

视频\15\居民楼1-1剖面图的绘制.avi
案例\15\居民楼1-1剖面图.dwg

剖面图的绘制，是建立在平面图和立面图绘制的基础上来进行的。本节中以绘制居民楼剖 面图为例，来介绍建筑剖面图绘制的具体过程与方法技巧：首先，调用"建筑平面图.dwt"样 板文件，将其另存为"居民楼1-1 剖面图.dwg"文件；其次，通过对照居民楼的平、立面图， 使用直线、偏移、修剪等命令，形成剖面图的轮廓；第三，使用偏移、修剪、直线、填充等命 令，绘制楼板对象；第四，使用直线、阵列、镜像、复制、修剪、填充等命令，绘制楼梯、扶 手、栏杆对象；第五，使用偏移、修剪、直线、填充等命令，绘制好屋顶部分；最后，进行尺寸 标注、轴线编号及图名的标注。其最终效果如图 15-103 所示。

15.3.1　调用绘图环境

打开"建筑平面图.dwt"样板文件，调用其绘图环境，将其保存为"居民楼 1-1 剖面 图.dwg"图形文件，以便于绘制该剖面图。具体操作步骤如下：

步骤 **1** ▶ 启动 AutoCAD 2015 软件，打开"建筑平面图.dwt"样板文件。

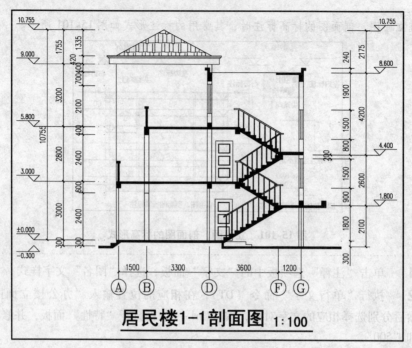

居民楼1-1剖面图 1:100

图 15-103 居民楼剖面图的效果

步骤 **2** ▶ 再按"Ctrl + Shift + S"组合键，将其另存为"居民楼 1-1 剖面图.dwg"文件。

15.3.2 绘制底层和标准层剖面图

首先通过对照居民楼平、立面图，使用直线、偏移、修剪等命令，形成剖面图的轮廓；再使用偏移、修剪、直线、填充等命令，绘制楼板对象；再使用直线、阵列、镜像、复制、修剪、填充等命令，绘制楼梯、扶手、栏杆对象；最后使用偏移、修剪、直线、填充等命令，绘制好屋顶部分，从而完成整个剖面图的绘制。具体操作步骤如下：

步骤 **1** ▶ 在绘制居民楼剖面图前，执行"插入"命令（I），将"案例\15\居民楼平面图.dwg"文件插入到当前视图中，如图 15-104 所示。

步骤 **2** ▶ 在"常用"选项板中选择"图层"面板，在"图层"下拉列表中，将标高、文字标注、尺寸标注、轴线编号、散水、楼梯等图层隐藏，效果如图 15-105所示。

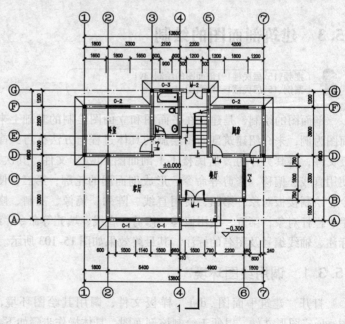

图 15-104 插入的居民楼平面图

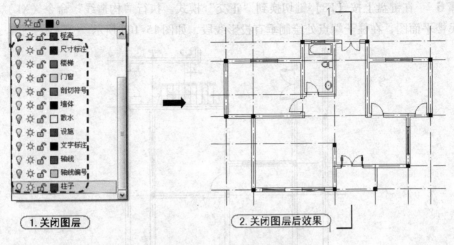

1. 关闭图层

2. 关闭图层后效果

图 15-105   关闭图层的效果

> **注意**　此处将"案例\15\居民楼平面图.dwg"以图块的方式插入到当前视图中,所以具有图形的相关的图层特性,因此为了减少视图中对象的显示数量,需要将部分图层进行隐藏,这样才能快速找到1-1剖切的位置,从而准确地绘制投影线段。
>
> 　　单击相应图层的小灯泡图标💡,此时变成小灯泡颜色转为灰色💡,表明该图层的对象已经进行了隐藏,不能在视图中显示和打印出来。

步骤3 ▶ 执行"旋转"命令(RO),将居民楼平面图旋转 – 90°,结果如图 15-106 所示。

步骤4 ▶ 继续执行"插入"命令(I),将"案例\15\居民楼立面图.dwg"文件插入到当前文件中;再使用上面隐藏图层的方法,将尺寸标注、标高、文字标注等图层进行隐藏,如图 15-107所示。

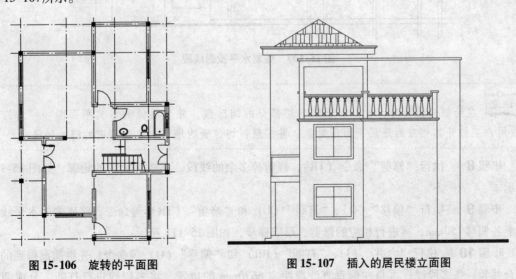

图 15-106   旋转的平面图

图 15-107   插入的居民楼立面图

步骤5 ▶ 单击"图层"面板的"图层控制"下拉列表,选择"辅助线"图层为当前层。

步骤 **6** ▶ 在键盘上按【F8】键切换到"正交"模式。执行"构造线"命令（XL），过旋转后的居民楼平面图，在柱子端点处绘制垂直投影线段，如图 15-108 所示。

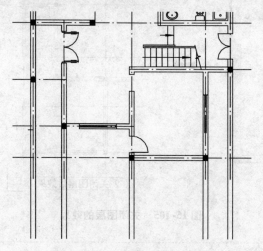

图 15-108 绘制垂直投影线段

步骤 **7** ▶ 按下【Enter】键，继续执行"构造线"命令（XL），过居民楼立面图，在左侧分别捕捉交点，绘制水平直投影线段，如图 15-109 所示。

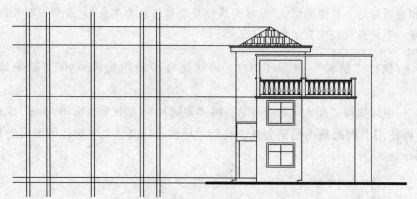

图 15-109 绘制水平投影线段

> 注意　在绘制剖面图时，首先要绘制剖切部分的辅助线，并且要做到与其平面图一一对应，故用户应打开其相应的底层平面图对象，再按照剖切位置的墙体对象作相应的辅助轴线。

步骤 **8** ▶ 执行"修剪"命令（TR），修剪掉多余的线段，形成剖面图的轮廓，如图 15-110 所示。

步骤 **9** ▶ 执行"偏移"（O）、"直线"（L）和"修剪"（TR）等命令，将底侧的水平线段向上各偏移 150mm，再进行相应的修剪，形成梯步，如图 15-111 所示。

步骤 **10** ▶ 执行"合并"（J）、"打断"（BR）和"偏移"（O）等命令，先将前面得到的线段合并为一条多段线；再与左侧垂直线段距离 5670mm 的位置，将多段线进行打断，分成两部分；然后将左侧的多段线向上、下各偏移 50mm，结果如图 15-112 所示。

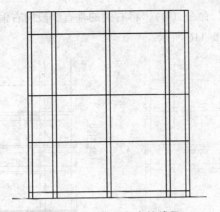

图 15-110　修剪多余的线段

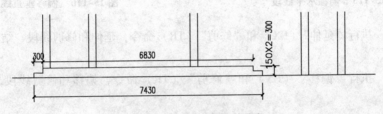

图 15-111　偏移和修剪线段

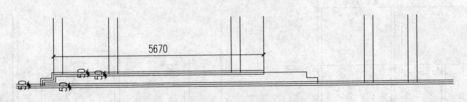

图 15-112　合并和偏移线段

步骤 **11** ▶ 执行"直线"（L）、"删除"（E）和"修剪"（TR）命令，在左、右两侧绘制封口的垂直线段，并删除和修剪多余的线段；然后将其转换为"地坪线"图层，结果如图 15-113 所示。

图 15-113　转换"地坪线"

步骤 **12** ▶ 执行"图案填充"命令（H），选择图案"SOLID"，对底侧的图形内填充图案，效果如图 15-114 所示。

图 15-114　进行图案填充

步骤 **13** ▶ 执行"偏移"命令（O），将水平线段向上偏移 1160mm、240mm 和 150mm，向下偏移 100mm、240mm、620mm、240mm 和 100mm，如图 15-115 所示。

371

步骤 **14** ▶ 执行"偏移"命令（O），将右侧的垂直线段向右偏移960mm和240mm，向左偏移3330mm和240mm，如图15-116所示。

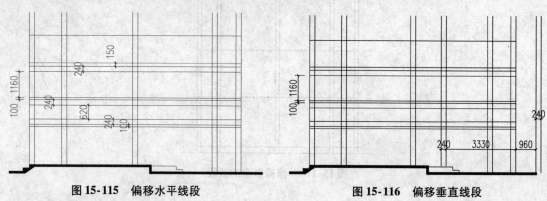

图 15-115　偏移水平线段　　　　　　　　　　图 15-116　偏移垂直线段

步骤 **15** ▶ 执行"延伸"（EX）和"修剪"（TR）命令，延伸和修剪线段，结果如图15-117所示。

步骤 **16** ▶ 执行"偏移"（EX）和"修剪"（TR）命令，偏移和修剪线段，如图15-118所示。

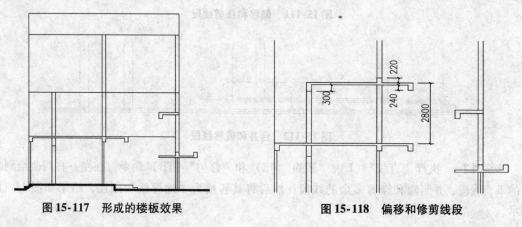

图 15-117　形成的楼板效果　　　　　　　　　图 15-118　偏移和修剪线段

步骤 **17** ▶ 单击"图层"面板的"图层控制"下拉列表，选择"楼板"图层为当前层。

步骤 **18** ▶ 执行"图案填充"命令（H），对楼梯进行"SOLID"图案的填充，结果如图15-119所示。

步骤 **19** ▶ 单击"图层"面板的"图层控制"下拉列表，选择"栏杆"图层为当前层。

步骤 **20** ▶ 执行"多段线"（PL）、"图案填充"（H）和"复制"（CO）命令，绘制多段线表示剖面的栏杆，将栏杆复制到指定的楼板位置，如图15-120所示。

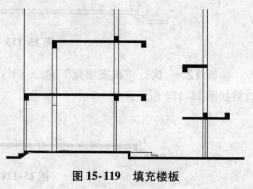

图 15-119　填充楼板

步骤 **21** ▶ 单击"图层"面板的"图层控制"下拉列表，选择"门窗"图层为当前层。

步骤 **22** ▶ 执行"偏移"（O）和"修剪"（TR）命令，偏移和修剪线段，开启窗洞口，如

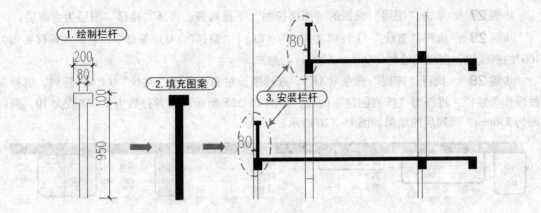

图 15-120 安装栏杆

图 15-121 所示。

步骤 **23** ▶ 按下【F8】键，打开正交模式。使用"多线"命令（ML），根据命令行的提示，将比例设为"1"，对正方式设为"无"，再分别捕捉相应的轴线交点，绘制剖面窗，如图 15-122 所示。

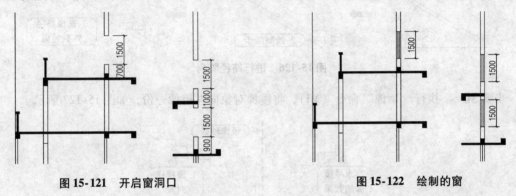

图 15-121 开启窗洞口   图 15-122 绘制的窗

步骤 **24** ▶ 执行"矩形"（REC）、"偏移"（O）、"复制"（CO）等命令，绘制门，如图 15-123 所示。

步骤 **25** ▶ 执行"写块"命令（W），将绘制的门保存为"案例 \ 15 \ M900. dwg"。

步骤 **26** ▶ 使用"插入"命令（I），在打开的"插入块"对话框，将文件"案例 \ 15 \ M900. dwg"插入到相应的位置，如图 15-124 所示。

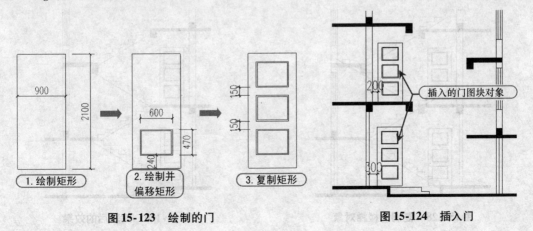

图 15-123 绘制的门   图 15-124 插入门

步骤 **27** ▶ 单击"图层"面板的"图层控制"下拉列表，选择"楼梯"图层为当前层。

步骤 **28** ▶ 执行"直线"（L）、"多段线"（PL）、"偏移"（O）等命令，绘制和偏移夹角为 100°的斜线段，在底侧绘制 290mm×170mm 的踏步。

步骤 **29** ▶ 执行"阵列"命令（AR），选择踏步对象，进行"路径"（PA）阵列，选择斜线段作为路径，将新增"阵列创建"面板，如图 15-125 所示；设置行数为 1，列数为 10，列间距为 336mm，阵列后的结果如图 15-126 所示。

图 15-125 "阵列创建"面板

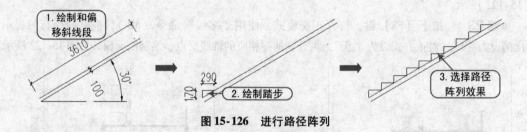

图 15-126 进行路径阵列

步骤 **30** ▶ 执行"镜像"命令（MI），将楼梯对象向左镜像一份，如图 15-127 所示。

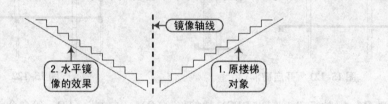

图 15-127 进行镜像操作

步骤 **31** ▶ 执行"复制"命令（CO），将楼梯对象复制到相应的位置，如图 15-128 所示。

步骤 **32** ▶ 执行"分解"（X）、"删除"（E）和"修剪"（TR）等命令，对楼梯对象进行编辑，如图 15-129 所示。

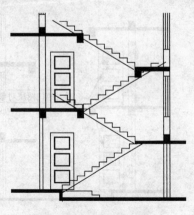

图 15-128 复制的楼梯对象

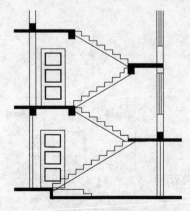

图 15-129 编辑后的效果

步骤 **33** ▶ 执行"图案填充"命令（H），选择"SOLID"图案，对楼梯进行图案填充，如图 15-130 所示。

步骤 **34** ▶ 单击"图层"面板的"图层控制"下拉列表，选择"栏杆"图层为当前层。

步骤 **35** ▶ 执行"偏移"（O）和"直线"（L）等命令，将楼梯处的斜线段向上偏移 1125mm 和 50mm，表示扶手；然后在底侧第一个踏步中间，绘制高 1089mm 的线段，表示楼梯的栏杆，如图 15-131 所示。

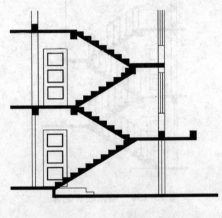

图 15-130　进行图案填充

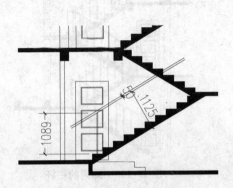

图 15-131　偏移和绘制线段

步骤 **36** ▶ 执行"镜像"（MI）和"复制"（CO）等命令，将表示扶手的斜线段进行相应的操作，如图 15-132 所示。

步骤 **37** ▶ 执行"直线"（L）、"修剪"（TR）、"合并"（J）等命令，将编辑后的扶手对象组合成一个整体，如图 15-133 所示。

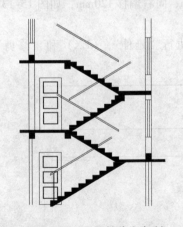

图 15-132　进行镜像和复制

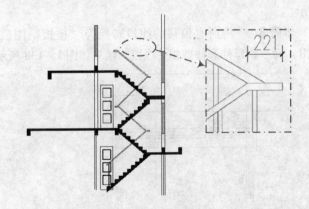

图 15-133　编辑后的扶手

步骤 **38** ▶ 执行"阵列"命令（AR），选择绘制的扶手，进行"路径"（PA）阵列，将新增"阵列创建"面板，如图 15-134 所示；设置行数为 1，列数为 37，列间距为 336mm，阵列后的结果如图 15-135 所示。

步骤 **39** ▶ 执行"分解"（X）、"移动"（M）等命令，将阵列后的栏杆对象进行相应的编辑，结果如图 15-136 所示。

图 15-134 "阵列创建"面板

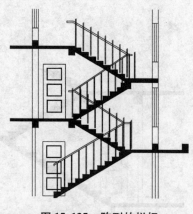

图 15-135 阵列的栏杆

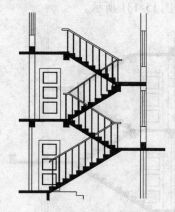

图 15-136 编辑栏杆对象

15.3.3 绘制顶层剖面图

绘制好居民楼的底层和标准层的剖面部分后，接下来绘制顶层。具体操作步骤如下：

步骤 **1** ▶ 单击"图层"面板的"图层控制"下拉列表，选择"楼板"图层为当前层。

步骤 **2** ▶ 执行"偏移"命令（O），将顶侧向下第二水平线段向下各偏移 600mm、120mm、120mm、100mm 和 340mm；将右侧的垂直线段向左偏移 1440mm，向右偏移 120mm，如图 15-137 所示。

步骤 **3** ▶ 将所有偏移的线段转换为"楼板"图层。再执行"延伸"（EX）和"修剪"（TR）命令，延伸和修剪相关线段，结果如图 15-138 所示。

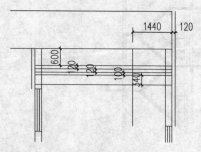

图 15-137 偏移线段

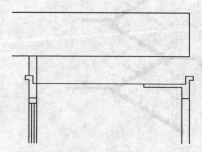

图 15-138 延伸和修剪线段

步骤 **4** ▶ 执行"图案填充"命令（H），选择"SOLID"图案，对楼板进行图案填充，如图 15-139 所示。

步骤 **5** ▶ 执行"偏移"命令（O），将顶侧第二水平线段向下各偏移 60mm、60mm 和 300mm，将左侧的垂直线段向左各偏移 380mm、60mm 和 60mm，向右各偏移 2520mm、2520mm、380mm、60mm 和 60mm，如图 15-140 所示。

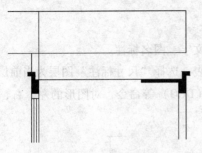

| 图 15-139 进行图案填充 | 图 15-140 偏移线段 |

步骤 6 ▶ 执行"修剪"命令（TR），修剪掉多余的线段，结果如图 15-141 所示。

步骤 7 ▶ 单击"图层"面板的"图层控制"下拉列表，选择"0"图层为当前层。

步骤 8 ▶ 执行"直线"（L）和"删除"（E）等命令，绘制和删除线段，表示屋顶，如图 15-142 所示。

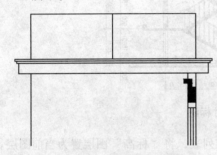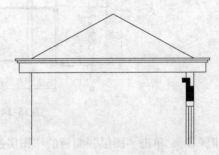

| 图 15-141 修剪多余的线段 | 图 15-142 绘制和删除线段 |

步骤 9 ▶ 执行"图案填充"命令（H），将新增"图案填充创建"面板，如图 15-143 所示；选择"AR-RSHKE"图案，设置比例为 40，填充后的效果如图 15-144 所示。

图 15-143 "图案填充创建"面板

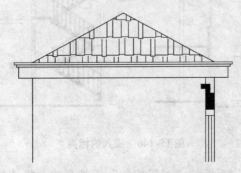

图 15-144 进行图案填充

15.3.4 居民楼房剖面图的标注

已经对居民楼剖面图绘制好，接下来进行尺寸标注、文字、图名标注。

步骤 1 ▶ 单击"图层"面板的"图层控制"下拉列表，选择"尺寸标注"图层为当前层。

步骤 2 ▶ 执行"线性标注"（DLI）和"连续标注"（DCO）等命令，对图形的左、右、底侧进行尺寸标注，如图 15-145 所示。

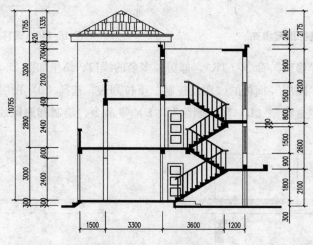

图 15-145　进行尺寸标注

步骤 3 ▶ 单击"图层"面板的"图层控制"下拉列表，将"标高"图层置为当前图层。

步骤 4 ▶ 执行"插入"命令（I），将打开"插入"对话框，选择"案例 \ 15 \ 标高 . dwg"文件；分别插入到图形左、右侧的位置；再执行"镜像"（MI）和"属性编辑"（ATE）等命令，插入的标高效果如图 15-146 所示。

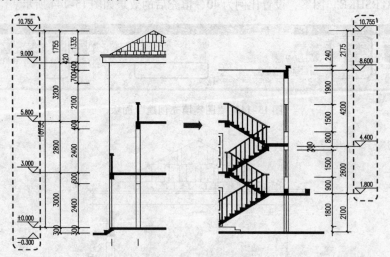

图 15-146　插入的标高

步骤 5 ▶ 单击"图层"面板的"图层控制"下拉列表，将"轴线编号"图层置为当前图层。

步骤 **6** ▶ 执行"插入"命令（I），将"案例 \ 15 \ 轴线编号 . dwg"插入到图形底侧的位置，并修改其属性值，效果如图 15-147 所示。

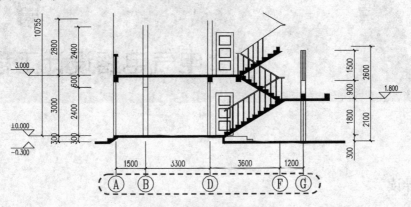

图 15-147　插入的轴线编号

步骤 **7** ▶ 单击"图层"面板的"图层控制"下拉列表，选择"文字标注"图层为当前层。

步骤 **8** ▶ 单击"注释"选项板中的"文字"面板，选择"图名"文字样式。

步骤 **9** ▶ 执行"单行文字"命令（DT），在相应的位置输入"居民楼 1-1 剖面图"和比例"1∶100"，然后分别选择相应的文字对象，按【Ctrl + 1】键打开"特性"面板，并修改文字大小为"700"和"500"。

步骤 **10** ▶ 使用"多段线"命令（PL），在图名的下侧绘制一条宽度为 50，与文字标注大约等长的水平多线段，如图 15-148 所示。至此，该居民楼剖面图已经绘制完毕。

居民楼1-1剖面图 1∶100

图 15-148　绘制多段线

步骤 **11** ▶ 按【Ctrl + S】组合键进行保存。

第 16 章
电气电路设计工程实例

课前导读

电气工程图是用图的形式来表示信息的一种技术文件，主要用图形符号、线框等来表示系统中有关组成部分的关系，是一种简图。

电气工程图根据表达形式和工作内容不同，一般可分为电气系统图、原理电路图、安装接线图、电气平面图、设备布置图、大样图、产品使用说明书电气图和其他电气图等。

本章要点

- 掌握常用符号的绘制方法。
- 掌握录音机电路图的绘制方法。
- 掌握车床电气线路图的绘制方法。

16.1 常用电气符号的绘制

在绘制电气工程图的过程中，经常要用到各种电气元件符号。

16.1.1 电阻的绘制

视频\16\电阻的绘制.avi
案例\16\电阻.dwg

电阻的主要物理特征是变电能为热能，也可以说，电阻是一个耗能元件，电流经过它就产生内能。电阻表示为导体对电流的阻碍作用的大小，用符号 R 表示。电阻的单位有欧姆（Ω）、千欧（kΩ）、兆欧（MΩ）。$1M\Omega = 1000k\Omega$，$1k\Omega = 1000\Omega$。电阻符号是由一个矩形对象和两段直线组成，其绘制步骤如下：

步骤 1 ▶ 启动 AutoCAD 2015 软件，按 "Ctrl + S" 组合键保存该文件为 "案例 \ 16 \ 电阻.dwg" 文件。

步骤 2 ▶ 按 < F8 > 键打开 "正交" 模式；执行 "矩形" 命令（REC），在视图中绘制 30mm × 10mm 的矩形对象。

步骤 3 ▶ 按 < F3 > 键打开 "对象捕捉"；执行 "直线" 命令（L），捕捉矩形左右两侧的垂直边的中点，分别向外绘制两条长度为 10mm 的水平线段，如图 16-1 所示。

步骤 4 ▶ 执行 "基点" 命令（Base），指定电阻左侧线段端点为基点，如图 16-2 所示。至此，电阻符号已绘制完成。

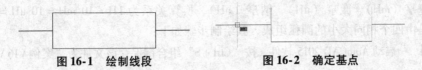

图 16-1　绘制线段　　　　　　　　　图 16-2　确定基点

> **注意**　"base"命令为指定基点命令，指定了基点，以后插入该图形时，将以此点进行插入到相应位置。后面所绘制的电气元件符号同样按照此方法来定义基点。

步骤5 ▶ 按"Ctrl + S"组合键将该文件保存。

16.1.2　电容的绘制

视频\16\电容的绘制.avi
案例\16\电容.dwg

电容指的是在给定电位差下的电荷储藏量，记为 C，法定计量单位是法拉（F）。电容器的符号是由两段水平直线和两段垂直直线组成的，其绘制步骤如下：

步骤1 ▶ 启动 AutoCAD 2015 软件，按"Ctrl + S"组合键保存该文件为"案例\16\电容.dwg"文件。

步骤2 ▶ 按 < F8 > 键打开"正交"模式；再按 < F12 > 键打开"动态输入"模式。

步骤3 ▶ 执行"矩形"命令（REC），绘制 3mm × 8mm 的矩形对象。

步骤4 ▶ 执行"分解"命令（X），将绘制的矩形对象进行分解操作。

步骤5 ▶ 按 < F3 > 键打开"对象捕捉"功能；执行"直线"命令（L），捕捉左侧的垂直线段的中点，向左绘制一条长度为 6mm 的水平线段，如图 16-3 所示。

步骤6 ▶ 按 < 空格键 > 执行上一步命令，捕捉右侧的垂直线段的中点，向右绘制一条长度为 6mm 的水平线段，如图 16-4 所示。

步骤7 ▶ 执行"删除"命令（E），将矩形上下水平线进行删除操作，如图 16-5 所示。

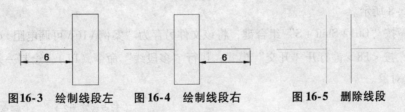

图 16-3　绘制线段左　　图 16-4　绘制线段右　　　图 16-5　删除线段

步骤8 ▶ 执行"基点"命令（Base），指定电容符号左侧线段端点为基点。至此，电容器符号已绘制完成。

步骤9 ▶ 按"Ctrl + S"组合键将该文件保存。

16.1.3　电感的绘制

视频\16\电感的绘制.avi
案例\16\电感.dwg

电感器是依据电磁感应原理，由导线绕制而成的元件。电感在电路中具有通直流、阻交流的作用，在电路图中用符号 L 表示，主要参数是电感量，法定计量单位是亨利，用 H 表示。电感常用的有毫亨（mH）、微亨（uH）、纳亨（nH），换算关系为 $1H = 10^3 mH = 10^6 uH = 10^9 nH$。电感器符号是由四个相同大小的圆弧组成，其绘制步骤如下：

步骤 **1** ▶ 启动 AutoCAD 2015 软件，按"Ctrl + S"组合键保存该文件为"案例\16\电感.dwg"文件。

步骤 **2** ▶ 执行"圆弧"命令（A），绘制半径为 2mm 的半圆弧对象，如图 16-6 所示。

> **注意** 绘制圆弧时，需要注意指定端点或圆心，指定端点的时针方向即为维拉圆弧的方向。

步骤 **3** ▶ 执行"阵列"命令（AR），将圆弧进行四列，列间距为 4mm 的矩形阵列操作，如图 16-7 所示。

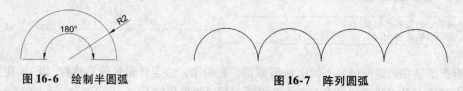

图 16-6 绘制半圆弧   图 16-7 阵列圆弧

步骤 **4** ▶ 执行"基点"命令（Base），指定电感符号左侧端点为基点。至此，电感符号绘制完成。

步骤 **5** ▶ 按 < Ctrl + S > 组合键将该电感符号进行保存。

16.1.4 可调电阻的绘制

视频\16\可调电阻的绘制.avi
案例\16\可调电阻.dwg

可调电阻又称为可变电阻，是电阻的一类，其电阻值的大小可以进行调整，以满足电路的需要。可调电阻符号可以在电阻的基础上来进行绘制，其操作步骤如下：

步骤 **1** ▶ 启动 AutoCAD 2015 软件，按"Ctrl + O"组合键，打开"案例\16\电阻.dwg"文件，如图 16-8 所示。

步骤 **2** ▶ 按"Ctrl + Shift + S"组合键，将该文件另存为"案例\16\可调电阻.dwg"文件。

步骤 **3** ▶ 按 < F8 > 键打开"开交"模式；执行"多段线"命令（PL），绘制一条如图 16-9 所示的多段线对象。

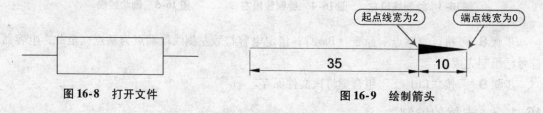

图 16-8 打开文件   图 16-9 绘制箭头

> **注意** 多段线即由多条线段构造的一个图形，这些线段可以是直线、圆弧等对象，多段线所构成的图形是一个整体，用户可对其进行整体编辑。

步骤 **4** ▶ 关闭"正交"模式；执行"旋转"命令（RO），选择上步绘制的多段线，指定左端点为旋转基点，输入角度为45°，将箭头图形旋转45°，如图16-10所示。

步骤 **5** ▶ 执行"移动"命令（M），将旋转后的对象移动到如图16-11所示的位置。

图16-10　旋转操作　　　　　　　　　　图16-11　移动

步骤 **6** ▶ 执行"基点"命令（Base），指定可调电阻符号左侧端点为基点。至此，可调电阻符号绘制完成。

步骤 **7** ▶ 按 < Ctrl + S > 组合键将该文件进行保存。

16.1.5　导线与连接器件

导线与连接器件是将各分散元件组合成一个完整电路图的必备元素。导线的一般符号是一条直线，可用于表示一根导线、导线组、电线、电缆、电路、传输电路、母线、总线等，根据具体情况加粗、延长或缩小。

在绘制电气工程图时，一般的导线表示单根导线。对于多根导线，可以分别画出，也可以只画一根图线，但需加标志。若导线根数少于四根，可用短划线数量代表根数；若多于四根，则可在短划线旁边加数字表示。导线与连接件符号见表16-1。

表16-1　导线与连接件符号

名　　称	图　形　符　号	名　　称	图　形　符　号
导线、电缆和母线一般符号	——————	三根导线的单线表示	///
多根导线	n	二股绞合导线	
导线的连接		导线的多线连接	
柔软导线		同轴电缆	
屏蔽导线		电缆终端头	

16.1.6　二极管的绘制

视频\16\二极管的绘制.avi
案例\16\二极管.dwg

二极管是半导体器件的一种，广泛应用于各种电子设备中，它是由 P 型半导体和 N 型半导体有机结合而形成的电子器件。二极管具有单向导电性，也就是在正向电压的作用下导通电阻很小，而在反向电压作用下导通电阻极大或无穷大。二极管符号是由一个正三角形和两条直线段组成的，其绘制步骤如下：

步骤 **1** ▶ 启动 AutoCAD 2015 软件，按"Ctrl + S"组合键保存为"案例 \ 16 \ 二极管 . dwg"文件。

步骤 **2** ▶ 执行"多边形"命令（POL），绘制一个内接于圆（R = 3）的正三边形对象，如图 16-12 所示。

步骤 **3** ▶ 执行"旋转"命令（RO），以三角形右侧的端点作为旋转基点，旋转角度为 30°，将三角形对象进行旋转操作，如图 16-13 所示。

图 16-12　正三边形

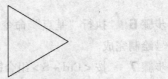
图 16-13　旋转操作

步骤 **4** ▶ 执行"直线"命令（L），过三角形右侧的端点绘制一条长 15mm 的水平线段，使直线的中点与三角形的中点重合，如图 16-14 所示。

步骤 **5** ▶ 执行"直线"命令（L），在正三角形的右端点处向上、下分别绘制长为 3mm 的垂直线段，如图 16-15 所示。

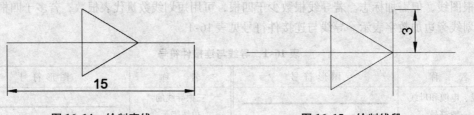

图 16-14　绘制直线　　　　　　　　　　图 16-15　绘制线段

步骤 **6** ▶ 执行"基点"命令（Base），指定二极管符号左侧端点为基点。至此，二极管符号绘制完成。

步骤 **7** ▶ 按 < Ctrl + S > 组合键将该文件进行保存。

16.1.7　单极开关的绘制

视频 \16\ 单极开关的绘制 . avi
案例 \16\ 单极开关 . dwg

单极开关就是一个翘板的开关，是只分一根导线的开关。单极开关的极数是指开关断开（闭合）电源的线数，如对 220V 的单相线路可以使用单极开关断开相线（火线），而零线（N线）不经过开关，单极单控开关一个开关控制一条线路，通常是两个接线柱，一进一出。单极开关由直线组成，其符号绘制步骤如下：

步骤 **1** ▶ 启动 AutoCAD 2015 软件，按"Ctrl + S"组合键保存该文件为"案例 \ 16 \ 单极开关 . dwg"文件。

步骤 **2** ▶ 按 < F8 > 键打开"正交"模式；执行"直线"命令（L），连续绘制三条依次为

4mm、8mm、4mm，首尾相连的水平直线段，如图 16-16 所示。

步骤 **3** ▶ 执行"旋转"命令（RO），将中间的水平线段左侧端点为旋转基点，将中间线段逆时针旋转 20°，从而完成单极开关的绘制，如图 16-17 所示。

图 16-16　绘制线段　　　　　　　　　　　图 16-17　旋转线段

步骤 **4** ▶ 执行"基点"命令（Base），指定单极开关符号左侧端点为基点。至此，单极开关符号绘制完成。

步骤 **5** ▶ 按 < Ctrl + S > 组合键将该文件进行保存。

16.1.8　多极开关的绘制

视频\16\多极开关的绘制.avi
案例\16\多极开关.dwg

多极开关就是多翘板连为一体的开关，是分多根导线的开关。多极开关符号可以在单极开关的基础上来进行绘制，其操作步骤如下：

步骤 **1** ▶ 启动 AutoCAD 2015 软件，按"Ctrl + O"组合键，打开"案例 \ 16 \ 单极开关.dwg"文件，如图 16-18 所示。

步骤 **2** ▶ 按"Ctrl + Shift + S"组合键，将该文件另存为"案例 \ 16 \ 多极开关.dwg"文件。

步骤 **3** ▶ 按 < F8 > 键打开"正交"模式；执行"复制"命令（CO），将图 16-18 中的所有对象向下复制出两份，复制距离为 10mm，如图 16-19 所示。

图 16-18　打开文件　　　　　　　　　　　图 16-19　向下复制

步骤 **4** ▶ 选择"格式|线型"菜单命令，弹出"线型管理器"对话框，单击"加载"按钮，随后弹出"加载或重载线型"对话框，在"可用线型"下拉列表中选择"ACAD-IS003W100"线型，然后单击"确定"按钮进行加载，如图 16-20 所示。

步骤 **5** ▶ 在"特性"工具栏中的"线型"列表中，选择"ACAD-IS003W100"线型作为当前线型，如图 16-21 所示。

步骤 **6** ▶ 执行"直线"命令（L），捕捉斜线段的中点进行直线连接操作，如图 16-22 所示。

步骤 **7** ▶ 执行"基点"命令（Base），指定多极开关左上侧线段端点为基点，如图 16-23 所示。至此，该多极开关已绘制完成。

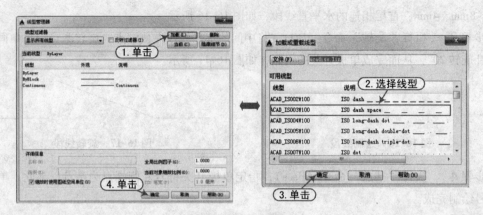

图 16-20　加载线型

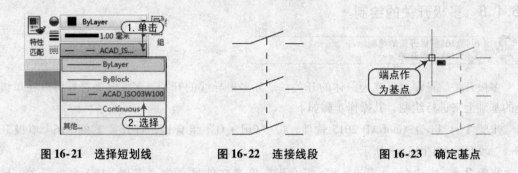

图 16-21　选择短划线　　　　图 16-22　连接线段　　　　图 16-23　确定基点

步骤 **8** ▶ 按"Ctrl + S"组合键将该文件进行保存。

16.1.9　常开按钮的绘制

视频\16\常开按钮开关的绘制.avi
案例\16\常开按钮.dwg

按键开关有常开式和常闭式两种，两种开关结构不一样，所以价格有些差异。按通式常开按钮，常用在电器、数码、小家电等产品上；而按断式常闭按钮，常用在汽车制动、自行车车把制动等。这两种开关的性能非常稳定。

下面来绘制常开按钮符号。常开按钮符号可以在"单极开关"的基础上来进行绘制，其操作步骤如下：

步骤 **1** ▶ 启动 AutoCAD 2015 软件，按"Ctrl + S"组合键保存为"案例 \ 16 \ 常开按钮 . dwg"文件。

步骤 **2** ▶ 执行"插入块"命令（I），将"案例 \ 16 \ 单极开关 . dwg"文件插入到视图中，如图 16-24 所示。

步骤 **3** ▶ 执行"直线"命令（L），捕捉斜线段的中点作为直线的起点，向左绘制一条长 8mm 的水平线段，如图 16-25 所示。

步骤 **4** ▶ 选择上一步绘制的水平线段，然后单击"默认"标签下的"特性"面板中单击"线型"的下拉菜单，选择"ACAD-ISO03W100"作为这条水平线段的线型，如图 16-26 所示。

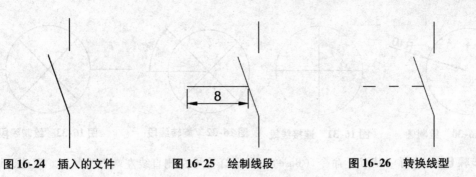

图 16-24　插入的文件　　　图 16-25　绘制线段　　　图 16-26　转换线型

步骤 5 ▶ 执行"矩形"命令（REC），在视图中任意处绘制一个 2mm × 6mm 的矩形对象，如图 16-27 所示。

步骤 6 ▶ 执行"移动"命令（M），捕捉矩形左侧垂直线的中点作为移动的基点，移动到另一个图形的左侧水平线的端点处，如图 16-28 所示。

步骤 7 ▶ 执行"修剪"命令（TR），将矩形对象的右侧垂直线段修剪掉，从而完成常开按钮符号绘制完成，如图 16-29 所示。

图 16-27　绘制矩形　　　图 16-28　移动矩形　　　图 16-29　删除线段

步骤 8 ▶ 执行"基点"命令（Base），指定常开按钮符号直线上侧端点为基点。至此，常开按钮符号绘制完成。

步骤 9 ▶ 按 < Ctrl + S > 组合键将该文件进行保存。

16.1.10　灯的绘制

视频\16\灯的绘制.avi
案例\16\灯.dwg

灯符号是由圆和直线组成的，其绘制步骤如下：

步骤 1 ▶ 启动 AutoCAD 2015 软件，按"Ctrl + S"键保存为"案例 \ 16 \ 灯 . dwg"文件。

步骤 2 ▶ 执行"圆"命令（C），绘制半径为 10mm 的圆对象，如图 16-30 所示。

步骤 3 ▶ 执行"直线"命令（L），捕捉圆的象限点绘制一条水平和垂直线段，如图 16-31 所示。

步骤 4 ▶ 执行"旋转"命令（RO），以圆心作为旋转的基点，将上一步绘制的两条线段进行 45°的旋转操作，如图 16-32 所示。

步骤 5 ▶ 按 < F8 > 键打开"正交"模式；执行"直线"命令（L），捕捉圆的左右象限点，分别向外绘制两条长 10mm 的水平线段，如图 16-33 所示。

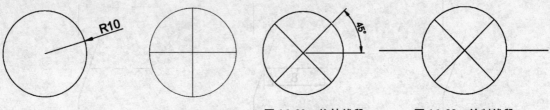

| 图 16-30 绘制圆 | 图 16-31 连接线段 | 图 16-32 旋转线段 | 图 16-33 绘制线段 |

步骤 **6** ▶ 执行"基点"命令（Base），指定灯符号左侧直线左端点为基点。至此，灯符号绘制完成。

步骤 **7** ▶ 按 < Ctrl + S > 组合键将该文件进行保存。

16. 1. 11 电铃的绘制

视频\16\电铃的绘制.avi
案例\16\电铃.dwg

电铃符号是由圆弧和直线组成的，其绘制步骤如下：

步骤 **1** ▶ 启动 AutoCAD 2015 软件，按"Ctrl + S"组合键保存该文件为"案例 \ 16 \ 电铃 . dwg"文件。

步骤 **2** ▶ 按 < F8 > 键打开"正交"模式；执行"直线"命令（L），绘制一条长 16mm 的水平线段。

步骤 **3** ▶ 执行"圆弧"命令（A），以直线的中点作为圆弧的圆心，以直线的两端点作为圆弧的起点和终点，绘制圆弧对象，如图 16-34 所示。

步骤 **4** ▶ 执行"直线"命令（L），捕捉水平直线的中点作为直线的起点，向下绘制一条长 4mm 的垂直线段，如图 16-35 所示。

| 图 16-34 绘制圆弧 | 图 16-35 绘制垂线段 |

步骤 **5** ▶ 执行"偏移"命令（O），将垂直线段向两侧各偏移 4mm，如图 16-36 所示。

步骤 **6** ▶ 执行"删除"命令（E），删除掉中间的垂直线段；再执行"直线"命令（L），捕捉两条垂直线段的下侧端点作为直线的起点，分别向外绘制长 7mm 的水平线段，如图 16-37 所示。

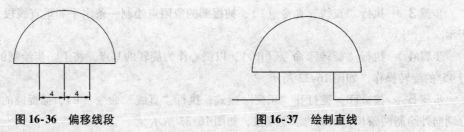

| 图 16-36 偏移线段 | 图 16-37 绘制直线 |

步骤 **7** ▶ 执行"基点"命令（Base），指定电铃符号左侧直线左端点为基点。至此，电铃符号绘制完成。

步骤 **8** ▶ 按 < Ctrl + S > 组合键将该文件进行保存。

16.1.12 电动机的绘制

视频\16\电动机的绘制.avi
案例\16\电动机.dwg

电动机主要由定子与转子组成。交流电动机符号由圆和直线组成，其绘制步骤如下：

步骤 **1** ▶ 启动 AutoCAD 2015 软件，按"Ctrl + S"组合键保存该文件为"案例\16\电动机.dwg"文件。

步骤 **2** ▶ 执行"圆"命令（C），在视图中绘制半径为5mm的圆对象，如图16-38所示。

步骤 **3** ▶ 按 < F8 > 键打开"正交"模式；执行"直线"命令（L），捕捉圆心点向上绘制一条长10mm的垂直线段，如图16-39所示。

步骤 **4** ▶ 执行"偏移"命令（O），将垂直线段向左右两侧各偏移6mm的距离，如图16-40所示。

图 16-38　绘制圆　　　　图 16-39　绘制直线　　　　图 16-40　偏移线段

步骤 **5** ▶ 执行"直线"命令（L），捕捉圆心点作为直线的起点，再捕捉偏移后垂直线段的中点作为直线的终点，绘制两条斜线段，如图16-41所示。

步骤 **6** ▶ 执行"修剪"命令（TR），将多余的对象进行修剪操作，如图16-42所示。

步骤 **7** ▶ 执行"多行文字"命令（MT），在圆内拖出矩形文本框，设置文字高度为"3"，其他保持默认，输入字母"M"后按回车键跳到下一行，再输入"3～"，然后选中"～"符号设置其文字高度为"2"，如图16-43所示。

图 16-41　连接线段　　　　图 16-42　修剪操作　　　　图 16-43　输入文字

步骤 **8** ▶ 执行"基点"命令（Base），指定电动机符号圆心为基点。至此，交流电动机符号绘制完成。

步骤 **9** ▶ 按 < Ctrl + S > 组合键将该文件进行保存。

16.1.13　三相变压器的绘制

视频\16\三相变压器的绘制.avi
案例\16\三相变压器.dwg

三相变压器是三个相同的容量单相变压器的组合。它有三个铁心，每个铁心柱都绕着同一相的两个线圈，一个是高压线圈，另一个是低压线圈。三相变压器符号由圆、直线文字组成，其绘制步骤如下：

步骤 **1** ▶ 启动 AutoCAD 2015 软件，按"Ctrl + S"组合键保存该文件为"案例 \ 16 \ 三相变压器.dwg"文件。

步骤 **2** ▶ 执行"圆"命令（C），绘制半径为 5mm 的圆对象。

步骤 **3** ▶ 按 < F8 > 键打开"正交"模式；执行"复制"命令（CO），将圆向下复制 8mm 的距离，如图 16-44 所示。

步骤 **4** ▶ 执行"直线"命令（L），捕捉上侧圆的上象限点作为直线的起点，向上绘制一条长 8mm 的垂直线段，如图 16-45 所示。

步骤 **5** ▶ 执行"直线"命令（L），捕捉下侧圆的下象限点作为直线的起点，向下绘制一条长 8mm 的垂直线段，如图 16-46 所示。

步骤 **6** ▶ 执行"直线"命令（L），过上侧垂直线段的中点绘制一条长 4mm 的水平线段，使垂直线段与绘制的水平线段的中点重合，如图 16-47 所示。

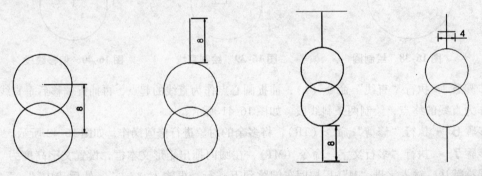

图 16-44　复制的圆　　　图 16-45　绘制线段上　　图 16-46　绘制线段下　　图 16-47　绘制线段

步骤 **7** ▶ 执行"旋转"命令（RO），将上一步绘制的线段进行 30°的旋转操作，如图 16-48 所示。

步骤 **8** ▶ 执行"复制"命令（CO），将旋转后的对象向上、下各复制 1mm 的距离，如图 16-49 所示。

步骤 **9** ▶ 执行"复制"命令（CO），将上侧的三条斜线段复制到下侧垂直线段的中点位置处，如图 16-50 所示。

步骤 **10** ▶ 执行"单行文字"命令（DT），指定圆心为文字对正的中间位置，文字高度为"3"，在两个圆内部各输入字母"Y"，如图 16-51 所示。

步骤 **11** ▶ 执行"基点"命令（Base），指定三相变压器符号上侧直线的端点为基点。至此，三相变压器符号绘制完成。

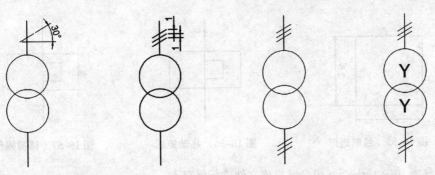

图16-48 旋转线段　　　图16-49 复制　　　图16-50 向下复制　　　图16-51 输入文字

步骤 **12** ▶ 按 < Ctrl + S > 组合键将该文件进行保存。

16.1.14 热继电器的绘制

视频\16\热继电器的绘制.avi
案例\16\热继电器.dwg

热继电器主要用来对异步电动机进行过载保护的。热继电器符号是由矩形、直线等构成，其绘制步骤如下：

步骤 **1** ▶ 启动 AutoCAD 2015 软件，按"Ctrl + S"组合键保存该文件为"案例\16 热继电器.dwg"文件。

步骤 **2** ▶ 执行"矩形"命令（REC），矩形 5mm×10mm 的矩形对象；执行"直线"命令（L），捕捉矩形的角点进行斜线连接，如图16-52 所示。

步骤 **3** ▶ 执行"直线"命令（L），过矩形内斜线的交点绘制一条长 15mm 的垂直线段，使绘制的线段中点与交点重合，如图16-53 所示。

步骤 **4** ▶ 执行"删除"命令（E），删除掉两条斜线段，如图16-54 所示。

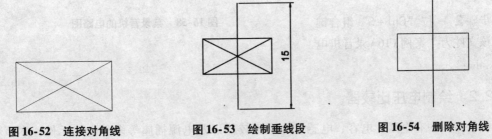

图16-52 连接对角线　　　图16-53 绘制垂线段　　　图16-54 删除对角线

步骤 **5** ▶ 执行"矩形"命令（REC），在视图中绘制 2.5mm×2.5mm 的矩形对象，如图16-55 所示。

步骤 **6** ▶ 执行"移动"命令（M），捕捉上一步绘制的矩形右侧垂直边的中点作为移动的基点，移动到垂直线段的中点位置处，如图16-56 所示。

步骤 **7** ▶ 执行"修剪"命令（TR），将多余的对象进行修剪操作，如图16-57 所示。

步骤 **8** ▶ 执行"基点"命令（Base），指定热继电器符号上侧直线的端点为基点。至此，热继电器符号绘制完成。

图 16-55　绘制矩形　　　　图 16-56　移动矩形　　　　图 16-57　修剪操作

步骤 9 ▶ 按 < Ctrl + S > 组合键将该文件进行保存。

16.2　录音机电路图的绘制

视频\16\录音机电路图的绘制.avi
案例\16\录音机电路图.dwg

录音机是一种常见的家用电器，图 16-58 所示为某录音机的电路原理图。本节就来绘制该电路图。

16.2.1　设置绘图环境

在绘制该电路原理图时，首先要建立新的图形文件，操作步骤如下：

步骤 1 ▶ 启动 AutoCAD 2015 软件，在"快速入门"下的"样板"右侧单击"倒三角"按钮，再选择"无样板-公制"方法建立新文件。

步骤 2 ▶ 按"Ctrl + S"组合键保存该文件为"案例\16\录音机电路图.dwg"。

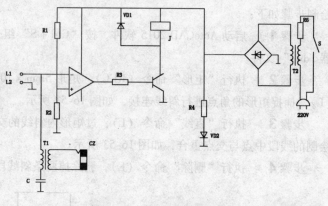

图 16-58　某录音机的电路图

16.2.2　绘制电压比较器

该电路图中有电阻、电容、电感、电压比较器以及电源插座等多种电气元件。本节将介绍电压比较器的绘制，要用到多边形、直线、旋转、分解、单行文字等命令。具体操作步骤如下：

步骤 1 ▶ 执行"多边形"命令（POL），绘制内接于圆的正三角形对象，其半径为 20mm。

步骤 2 ▶ 再执行"旋转"命令（RO），将绘制的三角形进行 30°的旋转操作，如图 16-59 所示。

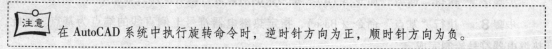

注意　在 AutoCAD 系统中执行旋转命令时，逆时针方向为正，顺时针方向为负。

步骤 **3** ▶ 执行"分解"命令（X），将三角形进行分解操作；再执行"偏移"命令（O），将旋转后的三角形左侧垂直边向右偏移15mm的距离，如图16-60所示。

步骤 **4** ▶ 按<F8>键打开"正交"模式；执行"直线"命令（L），捕捉偏移后的对象与三角形的交点作为直线的起点，向左分别绘制长30mm的两条水平线段，如图16-61所示。

图16-59 旋转30°效果

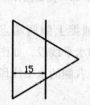

图16-60 偏移线段

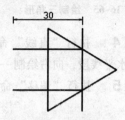

图16-61 绘制线段

步骤 **5** ▶ 执行"修剪"命令（TR），将多余的线段进行修剪操作，如图16-62所示。

步骤 **6** ▶ 执行"直线"命令（L），捕捉三角形右角点作为直线的起点，向右绘制一条长10mm的水平线段，如图16-63所示。

步骤 **7** ▶ 选择"格式|文字样式"菜单命令，在弹出的"文字样式"对话框中选择文字的样式为默认的"Standard"样式，设置字体为宋体，高度为5，然后分别单击"应用""置为当前"和"关闭"按钮。

步骤 **8** ▶ 执行"单行文字"命令（DT），在相应位置输入文字"－"和"＋"，如图16-64所示。

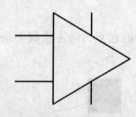

图16-62 修剪操作

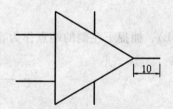

图16-63 绘制线段

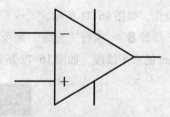

图16-64 输入符号

> **注意**
> 用户在输入单行文字时按<Enter>键不会结束文字的输入，而是表示换行输入。如要结束单行文字的输入，按<Ese>键或将光标移到别处单击即可。

16.2.3 绘制信号输出装置

下面将介绍信号输出装置的绘制，要用到多边形、镜像、直线、偏移、修剪和删除等命令。具体操作步骤如下：

步骤 **1** ▶ 执行"多边形"命令（POL），在视图任意处绘制内接于圆的正三角形对象，使其半径为3mm，如图16-65所示。

步骤 **2** ▶ 执行"镜像"命令（MI），将正三角形进行镜像并删除源对象操作，如图16-66所示。

步骤 **3** ▶ 执行"修剪"命令（TR），将上侧水平线进行修剪操作，如图16-67所示。

图 16-65　绘制三角形　　　　图 16-66　镜像操作　　　　图 16-67　删除线段

步骤 4 ▶ 执行"直线"命令（L），捕捉上侧两端点作为直线的起点，向左绘制一条长 10mm 的水平线段，向右绘制一条长 8mm 的水平线段，如图 16-68 所示。

步骤 5 ▶ 执行"偏移"命令（O），将右侧的水平线段向下各偏移 8mm 的距离，如图 16-69 所示。

步骤 6 ▶ 执行"直线"命令（L），捕捉相应的端点进行直线连接，如图 16-70 所示。

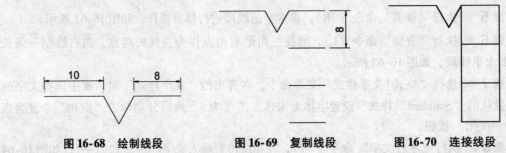

图 16-68　绘制线段　　　　图 16-69　复制线段　　　　图 16-70　连接线段

步骤 7 ▶ 执行"图案填充"命令（H），设置图案为"SOLID"，在相应位置处进行图案填充操作，如图 16-71 所示。

步骤 8 ▶ 执行"直线"命令（L），捕捉下左侧的端点作为直线的起点，向左绘制一条长 10mm 的水平线段，如图 16-72 所示。

图 16-71　图案填充　　　　　　　　图 16-72　绘制线段

16.2.4　绘制插座

下面将介绍插座符号的绘制，借用前面创建的"电铃"图形符号，在此基础上来绘制插座符号，要用到插入块、拉伸、修剪和删除等命令。具体操作步骤如下：

步骤 1 ▶ 执行"插入块"命令（I），在"插入"对话框中，勾选"统一比例"和"分解"复选框，将"案例\16\电铃.dwg"文件插入到视图中，如图 16-73 所示。

步骤 2 ▶ 执行"删除"命令（E），将多余的线段进行删除操作，如图 16-74 所示。

步骤 3 ▶ 执行"拉伸"命令（S），将图中的两条垂直线段向上各拉伸 16mm，如图 16-75 所示。

步骤 **4** ▷ 执行"修剪"命令（TR），将多余的线段进行修剪操作，如图16-76所示。

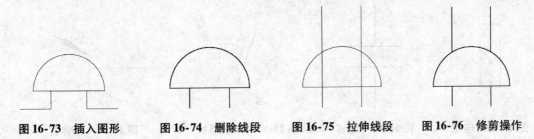

图16-73　插入图形　　　图16-74　删除线段　　　图16-75　拉伸线段　　　图16-76　修剪操作

16.2.5　绘制电感器

下面将介绍电感器的绘制，借用前面创建的"电感"图形符号，此基础上来绘制电感器，要用到插入块、直线、移动、镜像、等命令。具体操作步骤如下：

步骤 **1** ▷ 执行"插入块"命令（I），在"插入"对话框中，勾选"统一比例"，并设置旋转角度为90°，比例为1.5，将"案例\16\电感.dwg"文件插入到视图中，如图16-77所示。

步骤 **2** ▷ 执行"直线"命令（L），捕捉上下圆弧的端点进行直线连接操作，如图16-78所示。

步骤 **3** ▷ 执行"移动"命令（M），将上一步绘制的垂直线段水平向左移动6mm，如图16-79所示。

步骤 **4** ▷ 执行"镜像"命令（MI），将插入的图形以移动后的线段端点作为镜像的第一端点和第二端点，进行水平镜像复制操作，如图16-80所示。

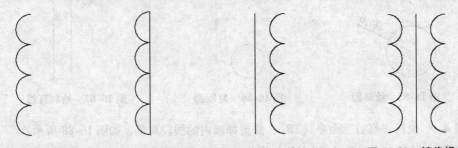

图16-77　插入图形　　　图16-78　连接线段　　　图16-79　移动线段　　　图16-80　镜像操作

16.2.6　绘制其他电气元件

下面将介绍其他电气元件的绘制，借用前面的"电容""电阻""单极开关""晶体管"图形符号，使用插入块命令将其插入到视图中。具体操作步骤如下：

步骤 **1** ▷ 执行"插入块"命令（I），在"插入"对话框中，设置旋转角度为90°，比例为0.8，将"案例\16\电阻.dwg"文件插入到视图中，如图16-81所示。

步骤 **2** ▷ 执行"插入块"命令（I），将"案例\16\电容.dwg"文件插入到视图中，并设置旋转角度为90°，比例为0.3，如图16-82所示。

步骤 **3** ▷ 执行"插入块"命令（I），在"插入"对话框中，设置旋转角度为90°，将"案例\16单极开关.dwg"文件插入到视图中，如图16-83所示。

步骤 **4** ▷ 执行"插入块"命令（I），在"插入"对话框中，设置比例为3，将"案例\16\

晶体管 . dwg"文件插入到视图中，如图 16-84 所示。

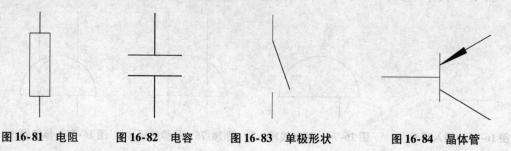

图 16-81　电阻　　　图 16-82　电容　　　图 16-83　单极形状　　　图 16-84　晶体管

16.2.7　组合图形

将前面绘制好的电气元件符号进行组合，根据符号的放置位置绘制导线连接，要利用矩形、圆、直线、复制、移动、旋转等命令。具体操作步骤如下：

步骤 **1** ▶ 执行"圆"命令（C），在图形绘制半径为 1.5mm 的圆，如图 16-85 所示。

步骤 **2** ▶ 执行"复制"命令（CO），将绘制的圆对象垂直向下复制 10mm 的距离，如图 16-86 所示。

步骤 **3** ▶ 打开"正交"模式；执行"直线"命令（L），绘制如图 16-87 所示的直线段。

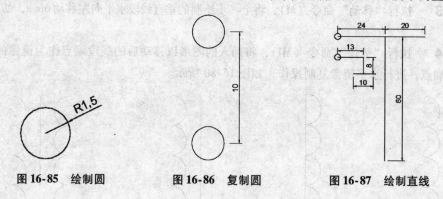

图 16-85　绘制圆　　　　　图 16-86　复制圆　　　　　图 16-87　绘制直线

步骤 **4** ▶ 执行"修剪"命令（TR），修剪掉圆内的线段对象，如图 16-88 所示。

步骤 **5** ▶ 执行"移动"命令（M），将前面绘制好的"电压比较器"移动到如图 16-89 所示的位置处。

步骤 **6** ▶ 执行"复制"命令（CO），将"电感器"和"电阻"复制到如图 16-90 所示的位置处。

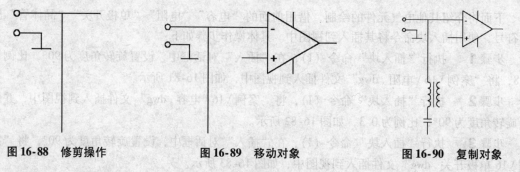

图 16-88　修剪操作　　　　　图 16-89　移动对象　　　　　图 16-90　复制对象

步骤 **7** ▶ 执行"移动"命令（M），将"信号输出装置"移动到如图 16-91 所示的位置处；

再执行"直线"命令（L），绘制相连接的导线。

步骤 **8** ► 执行"复制"命令（CO），将图中的"晶体管""电容"等元件复制到相应的位置处，并将"二极管"插入到图形中，绘制过程中根据需要绘制导线，如图 16-92 所示。

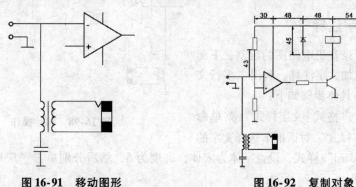

图 16-91　移动图形　　　　　　　图 16-92　复制对象

步骤 **9** ► 执行"矩形"命令（REC），绘制 24mm×24mm 的矩形对象；再执行"旋转"命令（RO），将绘制的矩形进行 45°的旋转操作，如图 16-93 所示。

步骤 **10** ► 执行"复制"命令（CO），将前面插入的"二极管"复制到如图 16-94 所示的位置处。

步骤 **11** ► 执行"直线"命令（L），依次绘制若干条水平和垂直线段，进行导线连接，其尺寸及位置如图 16-95 所示。

图 16-93　绘制矩形并旋转　　图 16-94　复制图块　　　图 16-95　连接线段

步骤 **12** ► 执行"复制"命令（CO），将"电感器"复制到如图 16-96 所示的位置。

步骤 **13** ► 用前面类似的方法依次向图中插入电阻、开关和插座等电气元件，插入过程中根据需要绘制导线，图 16-97 所示。

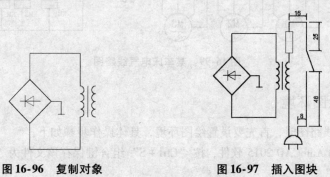

图 16-96　复制对象　　　　　　　图 16-97　插入图块

步骤 **14** ▶ 执行"移动"命令（M），将图形中的对象移动到图16-98所示的位置，从而完成录音机电路图的绘制。

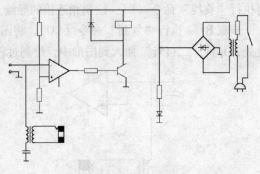

16.2.8 添加文字注释

前面已经完成了录音机电路图的绘制，下面分别在相应位置处添加文字注释，利用"多行文字"命令进行操作，具体步骤如下：

图16-98 移动操作

步骤 **1** ▶ 选择"格式｜文字样式"菜单命令，在弹出的"文字样式"对话框下选择文字的样式为默认的"Standard"样式，设置字体为宋体，高度为5，然后分别单击"应用""置为当前"和"关闭"按钮。

步骤 **2** ▶ 执行"单行文字"命令（DT），在相应位置输入相关的文字说明，以完成录音机电路图文字注释，最终效果如图16-58所示。至此，该录音机电路图的绘制已完成。

步骤 **3** ▶ 按 < Ctrl + S > 组合键进行保存。

16.3　车床电气线路图的绘制

视频\16\普通车床电气线路图的绘制.avi
案例\16\普通车床电气线路图.dwg

如图16-99所示为某普通车床电气线路图。该电路图中有熔断器、电感、继电器、连接片、接机壳、电动机、多种开关等多种电气元件。本节就来绘制该电路图。

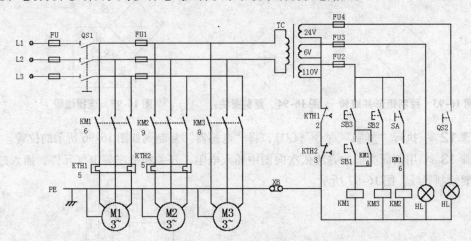

图16-99　某车床电气线路图

16.3.1　设置绘图环境

在绘制该电气线路图时，首先要设置绘图环境，具体操作步骤如下：

步骤 **1** ▶ 启动 AutoCAD 2015 软件，按"Ctrl + S"组合键保存该文件为"案例 \ 16 \ 普通车床电气线路图.dwg"。

步骤**2** ▶ 在"图层"面板中单击"图层特性"按钮，打开"图层特性管理器"，新建导线、实体符号、文字三个图层，然后将"导线"图层设为当前图层。

16.3.2 绘制主连接线

该电路图是由主电路和电气元件组成的，下面将介绍主连接线的绘制，采用多段线命令进行该图形的绘制，具体操作步骤如下：

步骤**1** ▶ 按<F8>键打开"正交"模式；执行"多段线"命令（PL），绘制如图16-100所示多段线对象。

步骤**2** ▶ 按<空格键>执行上一步多段线命令，继续绘制如图16-101所示多段线对象。

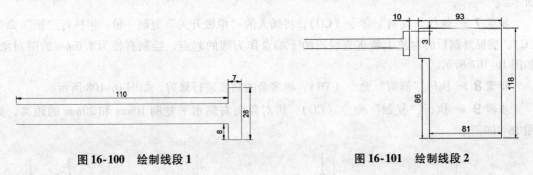

图16-100　绘制线段1　　　　　　　　　图16-101　绘制线段2

16.3.3 绘制开关符号

绘制完了线路图的主连接线结构，接下来将绘制电气元件。首先来绘制开关符号，调用前面的相应电气符号，在此基础上来完成相关绘制，具体操作步骤如下：

步骤**1** ▶ 在"图层控制"下拉列表中，选择"实体符号"图层设为当前图层。

步骤**2** ▶ 执行"插入块"命令（I），将"案例\16\常开按钮.dwg"文件插入到视图中，如图16-102所示。

步骤**3** ▶ 执行"复制"命令（CO），将插入的常开按钮复制一份；再执行"删除"命令（E），将复制后的对象中的多余线段删除，从而完成手动开关符号的绘制，如图16-103所示。

图16-102　插入图块　　　　　　　　　图16-103　修改对象

步骤**4** ▶ 执行"复制"命令（CO），将上一步完成的手动开关符号复制一份；再将复制后的相应对象向右侧水平复制10mm和20mm的距离，并删除多余的线段，如图16-104所示。

步骤**5** ▶ 执行"直线"命令（L），绘制三条长为2mm的水平线段，如图16-105所示。

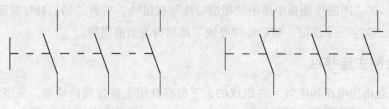

图 16-104　复制操作　　　　　　　　图 16-105　连接线段

步骤 **6** ▶ 执行"插入块"命令（I），在"插入"对话框中，勾选"统一比例"和"分解"复选框，并设置旋转角度为90°，将"案例\16\单极开关.dwg"文件插入到视图中，如图 16-106 所示。

步骤 **7** ▶ 执行"复制"命令（CO），将插入的"单极开关"复制一份；再执行"圆"命令（C），捕捉复制后的对象上侧垂直线段的下端点作为圆的起点，绘制直径为 1.6mm 的圆对象，如图 16-107 所示。

步骤 **8** ▶ 执行"修剪"命令（TR），将多余的圆弧进行修剪，如图 16-108 所示。

步骤 **9** ▶ 执行"复制"命令（CO），将对象向右侧水平复制 10mm 和 20mm 的距离，如图 16-109所示。

图 16-106　插入图块　　　图 16-107　绘制圆　　　图 16-108　修剪圆　　　图 16-109　复制操作

步骤 **10** ▶ 执行"直线"命令（L），捕捉斜线段的中点，绘制一条水平线段，如图 16-110 所示。

步骤 **11** ▶ 选择上一步绘制的水平线段，然后在"默认"标签下的"特性"面板中单击"线型"的下拉菜单，选择"ACAD-ISO03W100"作为这条水平线段的线型，如图 16-111 所示。

图 16-110　连接线段　　　　　　　　图 16-111　转换线型

> **注意**　如果所设置的线段样式不能显示出来，可在"线形管理器"对话框中选择需要设置的线型，并单击"显示细节"按钮，半显示该线性的细节，并在"全局比例因子"文本框中输入一个较大的比例因子即可。

步骤 **12** ▶ 执行"复制"命令（CO），将"手动开关"符号复制一份，如图 16-112 所示。

步骤 **13** ▶ 执行 "镜像" 命令（MI），将复制后的手动开关进行水平镜像操作，并删除源对象，如图 16-113 所示。

步骤 **14** ▶ 执行 "删除" 命令（E），将右侧的垂直线段删除；再执行 "矩形" 命令（REC），绘制 1mm×1mm 的矩形对象，如图 16-114 所示。

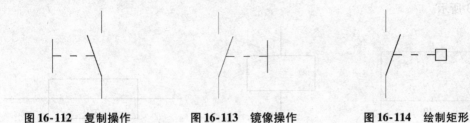

图 16-112　复制操作　　　　图 16-113　镜像操作　　　　图 16-114　绘制矩形

步骤 **15** ▶ 执行 "直线" 命令（L），捕捉矩形右侧的上下端点作为直线的起点，向外绘制两条长 0.75mm 的垂直线段，并修剪掉矩形右侧的垂直边，如图 16-115 所示。

步骤 **16** ▶ 执行 "直线" 命令（L），捕捉左上侧垂直线段的下端点作为直线的起点，向右绘制一条长 4mm 的水平线段，如图 16-116 所示。

步骤 **17** ▶ 利用拉长命令将斜线段拉长 2mm，与上一步绘制的水平线段相交，如图 16-117 所示。

图 16-115　绘制线段　　　　图 16-116　绘制线段　　　　图 16-117　拉长线段

16.3.4　绘制灯、继电器、熔断器符号

下面介绍灯、断电器、熔断器符号的绘制，调用前面创建的熔断器符号，使用圆、矩形、直线、旋转等命令，具体操作步骤如下：

步骤 **1** ▶ 执行 "圆" 命令（C），绘制半径为 5mm 的圆对象，如图 16-118 所示。

步骤 **2** ▶ 执行 "直线" 命令（L），捕捉圆的象限点，绘制一条水平和垂直线段，如图 16-119 所示。

步骤 **3** ▶ 执行 "旋转" 命令（RO），将圆内的水平和垂直线段以圆心为基点，进行 45°的旋转操作，从而完成信号灯符号的绘制，如图 16-120 所示。

图 16-118　绘制圆　　　　图 16-119　绘制直线　　　　图 16-120　旋转操作

步骤 **4** ▶ 执行 "矩形" 命令（REC），在视图任意处绘制 10mm×5mm 的矩形对象，如

图 16-121 所示。

步骤 **5** ▶ 执行"直线"命令（L），捕捉矩形上、下侧的水平边中点作为直线的起点，向外绘制长 4mm 的垂直线段，如图 16-122 所示。

步骤 **6** ▶ 执行"插入块"命令（I），将"案例 \ 16 \ 熔断器 . dwg"文件插入到视图中，如图 16-123 所示。

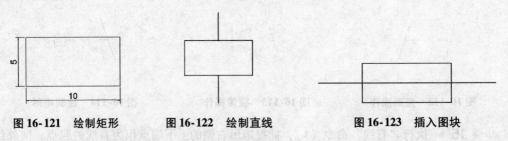

图 16-121　绘制矩形　　　图 16-122　绘制直线　　　图 16-123　插入图块

16.3.5　绘制三相热断电器、电动机符号

下面介绍三相热断电器、电动机符号的绘制。调用前面的"热继电器"和"电动机"符号，在此基础上进行绘制，具体操作步骤如下：

步骤 **1** ▶ 执行"插入块"命令（I），将"案例 \ 16 \ 热继电器 . dwg"文件插入到视图中，如图 16-124 所示。

步骤 **2** ▶ 执行"分解"命令（X），将插入的热继电器符号中的矩形对象进行分解操作；再利用拉长命令将矩形上下侧的水平边向右侧拉长 17.5mm，并删除矩形右侧的垂直边，如图 16-125 所示。

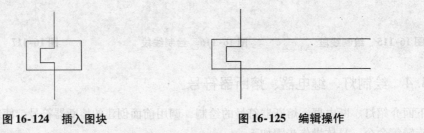

图 16-124　插入图块　　　　　　　图 16-125　编辑操作

步骤 **3** ▶ 执行"复制"命令（CO），将相应的对象向右侧水平复制 10mm 和 20mm 的距离，如图 16-126 所示。

步骤 **4** ▶ 执行"直线"命令（L），将相应的点进行直线连接，并删除多余的对象，如图 16-127 所示。

步骤 **5** ▶ 执行"插入块"命令（I），在"插入"对话框中，勾选"统一比例"，并设置比例为 1.5，将"案例 \ 16 \ 电机机 . dwg"文件插入到视图中，如图 16-128 所示。

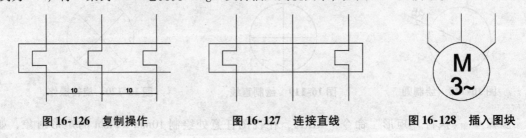

图 16-126　复制操作　　　　图 16-127　连接直线　　　　图 16-128　插入图块

步骤 **6** ▶ 双击文字，在文字"M"后加上"1"，如图 16-129 所示。

步骤 **7** ▶ 执行"复制"命令（CO），将上一步形成的图形复制两份，并将文字"1"改为"2"和"3"，如图 16-130 和图 16-131 所示。

图 16-129 编辑文字 1 　　　 图 16-130 编辑文字 2 　　　 图 16-131 编辑文字 3

16.3.6 绘制其他电气符号

下面介绍其他电气符号的绘制。调用前面创建的相应符号，在此基础上完成绘制，具体操作步骤如下：

步骤 **1** ▶ 执行"插入块"命令（I），将"案例\16\电感.dwg"文件插入到视图中，如图 16-132所示。

步骤 **2** ▶ 执行"复制"命令（CO），将插入的电感向下垂直复制 16mm 的距离，如图 16-133 所示。

步骤 **3** ▶ 执行"直线"命令（L），捕捉上下圆弧的端点进行直线连接操作，如图 16-134 所示。

步骤 **4** ▶ 执行"移动"命令（M），将上一步绘制的垂直线段水平向左移动 4mm，如图 16-135 所示。

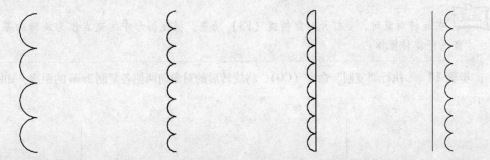

图 16-132 插入图块 　　 图 16-133 复制操作 　　 图 16-134 连接线段 　　 图 16-135 移动操作

步骤 **5** ▶ 执行"圆"命令（C），在视图中绘制半径为 1.5mm 的圆对象，如图 16-136 所示。

步骤 **6** ▶ 执行"复制"命令（CO），将圆对象向右水平复制 5mm 的距离；再执行"直线"命令（L），捕捉圆的象限点进行直线连接操作，如图 16-137 所示。

图 16-136 绘制圆 　　　　　 图 16-137 复制圆并绘制连线

步骤 **7** ▶ 执行"直线"命令（L），捕捉圆的象限点，向外绘制如图 16-138 所示的直线段。

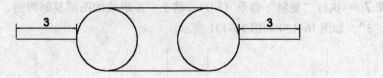

图 16-138　绘制线段

步骤 **8** ▶ 执行"直线"命令（L），绘制一条长 6mm 的水平线段和一条长 8mm 的垂直线段，使水平线的中点与垂直线段的下端点重合，如图 16-139 所示。

步骤 **9** ▶ 执行"直线"命令（L），捕捉交点作为直线的起点，向下绘制一条长 3mm 的垂直线段，如图 16-140 所示。

图 16-139　绘制线段 1　　　　　　　　　　　　　　**图 16-140　绘制线段 2**

步骤 **10** ▶ 执行"旋转"命令（RO），将上一步绘制的垂直线段进行 −45°旋转操作，如图 16-141 所示。

> **注意**　在旋转对象时，要打开对象捕捉（F3）功能，捕捉图形中的交点作为旋转的基点，然后才能进行旋转操作。

步骤 **11** ▶ 执行"复制"命令（CO），将旋转后的对象向两侧各复制 2mm 的距离，如图 16-142 所示。

图 16-141　旋转线段　　　　　　　　　　　　　**图 16-142　复制线段**

16.3.7　组合图形

将前面绘制好的电气符号和线路结构图，利用复制、移动、旋转等命令将其进行操作，具体操作步骤如下：

步骤 **1** ▶ 多次使用复制和移动命令进行操作，将符号放置在相应位置处，根据符号放置的位置绘制导线，然后再进行修改，图 16-143 所示为左半部分符号的插入。

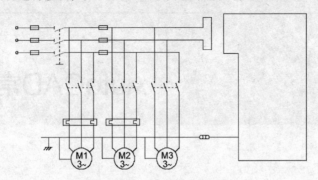

图 16-143 布置左半部分图形

步骤 **2** ▶ 再次使用复制和移动命令，将符号放置相应的右半部分，再根据符号放置的位置绘制导线，最后再进行修改，如图 16-144 所示。

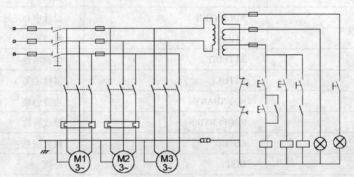

图 16-144 布置右半部分图形

16.3.8 添加文字注释

前面已经完成了该普通车床电气线路图的绘制，下面分别在相应位置处添加文字注释，利用"多行文字"命令进行操作，具体操作步骤如下：

步骤 **1** ▶ 在"图层控制"下拉列表中，选择"文字"图层设为当前图层。

步骤 **2** ▶ 选择"格式|文字样式"菜单命令，在弹出的"文字样式"对话框下选择文字的样式为默认的"Standard"样式，设置字体为宋体，高度为 3.5，然后分别单击"应用""置为当前"和"关闭"按钮。

步骤 **3** ▶ 执行"单行文字"命令（DT），在相应位置输入相关的文字说明，以完成该普通车床电气线路图的文字注释，最终效果如图 16-99 所示。至此，该普通车床电气线路图的绘制已完成。

步骤 **4** ▶ 按 < Ctrl + S > 组合键进行保存。

附 录

AutoCAD常用快捷键

快 捷 键	命 令	含 义
1. 对象特性		
AA	AREA	面积
ADC	ADCENTER	设计中心
AL	ALIGN	对齐
ATE	ATTEDIT	编辑属性
ATT	ATTDEF	属性定义
BO	BOUNDARY	边界创建
CH	PROPERTIES	修改特性
COL	COLOR	设置颜色
DI	DIST	距离
DS	DSETTINGS	设置极轴追踪
EXIT	QUIT	退出
EXP	EXPORT	输出文件
IMP	IMPORT	输入文件
LA	LAYER	图层操作
LI	LIST	显示数据信息
LT	LINETYPE	线形
LTS	LTSCALE	线形比例
LW	LWEIGHT	线宽
MA	MATCHPROP	属性匹配
OP	OPTIONS	自定义设置
OS	OSNAP	设置捕捉模式
PRE	PREVIEW	打印预览
PRINT	PLOT	打印
PU	PURGE	清除垃圾
R	REDRAW	重新生成
REN	RENAME	重命名
SN	SNAP	捕捉栅格

（续）

快　捷　键	命　　令	含　　义
1. 对象特性		
ST	STYLE	文字样式
TO	TOOLBAR	工具栏
UN	UNITS	图形单位
V	VIEW	命名视图
2. 绘图命令		
A	ARC	圆弧
B	BLOCK	块定义
C	CIRCLE	圆
DIV	DIVIDE	等分
DO	DONUT	圆环
EL	ELLIPSE	椭圆
H	BHATCH	填充
I	INSERT	插入块
L	LINE	直线
ML	MLINE	多线
MT	MTEXT	多行文本
PL	PLINE	多段线
PO	POINT	点
POL	POLYGON	正多边形
REC	RECTANGLE	矩形
REG	REGION	面域
SPL	SPLINE	样条曲线
T	MTEXT	多行文本
W	WBLOCK	定义块文件
XL	XLINE	构造线
3. 修改命令		
AR	ARRAY	阵列
BR	BREAK	打断
CHA	CHAMFER	倒角
CO	COPY	复制
E	ERASE	删除
ED	DDEDIT	修改文本
EX	EXTEND	延伸
F	FILLET	倒圆角
LEN	LENGTHEN	直线拉长
M	MOVE	移动

（续）

快 捷 键	命 令	含 义
3. 修改命令		
MI	MIRROR	镜像
O	OFFSET	偏移
PE	PEDIT	多段线编辑
RO	ROTATE	旋转
S	STRETCH	拉伸
SC	SCALE	比例缩放
TR	TRIM	修剪
X	EXPLODE	分解
4. 视窗缩放		
P	PAN	平移
Z		局部放大
Z + E		显示全图
Z + P		返回上一视图
Z + 双空格		实时缩放
5. 尺寸标注		
D	DIMSTYLE	标注样式
DAL	DIMALIGNED	对齐标注
DAN	DIMANGULAR	角度标注
DBA	DIMBASELINE	基线标注
DCE	DIMCENTER	中心标注
DCO	DIMCONTINUE	连续标注
DDI	DIMDIAMETER	直径标注
DED	DIMEDIT	编辑标注
DLI	DIMLINEAR	直线标注
DOR	DIMORDINATE	点标注
DOV	DIMOVERRIDE	替换标注
DRA	DIMRADIUS	半径标注
LE	QLEADER	快速引出标注
TOL	TOLERANCE	标注形位公差
6. 常用 Ctrl 快捷键		
Ctrl + 1	PROPERTIES	修改特性
Ctrl + L	ORTHO	正交
Ctrl + N	NEW	新建文件
Ctrl + 2	ADCENTER	设计中心
Ctrl + B	SNAP	栅格捕捉
Ctrl + C	COPYCLIP	复制

（续）

快 捷 键	命 令	含 义
6. 常用 Ctrl 快捷键		
Ctrl + F	OSNAP	对象捕捉
Ctrl + G	GRID	栅格
Ctrl + O	OPEN	打开文件
Ctrl + P	PRINT	打印文件
Ctrl + S	SAVE	保存文件
Ctrl + U		极轴
Ctrl + V	PASTECLIP	粘贴
Ctrl + W		对象追踪
Ctrl + X	CUTCLIP	剪切
Ctrl + Z	UNDO	放弃
7. 常用功能键		
F1	HELP	帮助
F2		文本窗口
F3	OSNAP	对象捕捉
F7	GRIP	栅格
F8	ORTHO	正交